整合管理体系运行指南

质量·环境·职业健康安全三合一解决方案

◉ 卓屼 编著

中国质检出版社
中国标准出版社
北京

图书在版编目(CIP)数据

整合管理体系运行指南:质量·环境·职业健康安全三合一解决方案/卓屼编著.—北京:中国标准出版社,2011

ISBN 978-7-5066-6588-9

Ⅰ.①整… Ⅱ.①卓… Ⅲ.①质量管理体系—国际标准—指南②环境管理—体系—国际标准—指南③劳动保护—劳动管理—体系—国际标准—指南④劳动卫生—卫生管理—体系—国际标准—指南 Ⅳ.①F273.2-62②X32-62

中国版本图书馆 CIP 数据核字(2011)第 232633 号

中国质检出版社
中国标准出版社 出版发行

北京市朝阳区和平里西街甲2号(100013)

北京市西城区三里河北街16号(100045)

网址:www.spc.net.cn

总编室:(010)64275323 发行中心:(010)51780235

读者服务部:(010)68523946

中国标准出版社秦皇岛印刷厂印刷

各地新华书店经销

*

开本 787×1092 1/16 印张 19.75 字数 478 千字

2011 年 12 月第一版 2011 年 12 月第一次印刷

*

定价 **59.00** 元

序 言

无论《财富》杂志的排行榜还是英特品牌评估的公司排名，无可质疑地表明，企业管理体系的建立，尤其是质量管理、职业健康安全管理和环境管理三合一的整合管理体系的有效运行，不仅使得企业在运营管理质量方面领先一步，而且关键在可持续发展方面也取得明显优势。中国企业在这个领域里还有很长的路要走，任重道远。相信企业只要坚持管理八项原则，坚持管理体系的有效性，走在各行业之前列，是有条件的。

许多事实表明，响应的快慢，效率的高低及学习能力的强弱对企业竞争力影响很大。有强大分支机构的通用电器公司靠的是响应速度优势；通过集中的国际经营以建立成本优势的花王公司靠的是运行效率优势；由母公司扩散知识和能力见长的AT&T公司则以学习能力优势见长。然而，所有企业竞争力优势的提升和突显，没有好的基础、没有有效的管理体系运行的支持是不可能实现的。

本书在某种意义上是作者近二十年在深圳以及珠江三角各类企业管理体系运行经验的总结，书中列举了大量实际案例。许多经验证明，管理体系文件固然重要，但管理体系运行却更重要；管理体系运行固然重要，但管理体系运行的有效性却更加重要。管理体系如何有效地运行，是我们广大企业所关注的，也是本书所关注的。本书有如下几个显著特点。

不仅为三个体系整合也为更多体系整合提供了清晰的思路。在统一管理体系的“过程模式”的基础上，比较要素类型，可以合并的合并，例如文件控制；不可以合并的，同类型分述，例如质量方针、环境方针和职业健康安全方针；不同类型的要素则分别描述，例如环境因素识别和危险源识别等。各个要素展开(即过程启动)均按照PDCA循环进行，将持续改进融入管理行为并使之制度化。

全书强调执行法律法规和标准无论对于管理体系运行还是承担并履行社会责任都是必不可少的。书中涉及的内容较丰富，横跨制造业、公共事业和服务业，相互比较对照，便于读者深化认识、操作运行。

本书对于标准条款的解读改变了习惯的“理解实施”一个栏目到底的叙述

方式，作者使用“认知理解”、“操作运行”、“知识链接”、“资料链接”和“不符合项案例”几个栏目分别阐述，为读者准确把握标准提供更多视角，并落实到践行能力上来。

尤其是针对“空壳体系”、“孤岛体系”和“黑洞体系”等体系问题，书中提出管理体系有效运行6个定理，别开生面，具有一定参考价值。

此外，书中语言朴实无华，深入浅出，信息量颇大；融会贯通诸多概念术语和具体方法，以表格的方式列出常用数据，具有效率手册的特点，方便查阅。

“人类总得不断地总结经验，有所发现，有所发明，有所创造，有所前进。”在建设资源节约型和环境友好型社会方面，打造有效运行的管理体系是关键；而在研究和打造有效运行的管理体系方面，领导是关键。我们不仅需要大批运行管理体系的专门人才，需要大批咨询和审核的专门人才，更需要一批具有战略眼光、质量管理意识和社会责任感的行业领袖——真正的企业家。

总之，离开可持续发展，必将重蹈旧工业化的覆辙；

抓住可持续发展，才能视野高远，“给力”无限；

离开有效运行，管理体系或者浪费资源，或者空转，“浮云”一片；

抓住有效运行，管理体系才能永远创造价值，基业常青。

让我们肩负使命，脚踏实地孜孜以求管理体系的有效性，推动可持续发展；让我们勇于担当，使得质量安全不仅走进组织机构，也走进每个家庭，携手共筑质量和社会责任的防护大堤，迎接深圳质量和中国质量时代的到来！

深圳市政协常委　深圳市质量协会会长

李　榕

2011年8月

前言

管理体系的发展是不可避免的，管理体系在发展中横向拓展也是不可避免的。因此，如何成功驾驭整合管理体系，如何确保和提高管理体系运行的有效性，成为人们普遍关注的问题。

当前解决多体系整合，虽然不是个新问题，方法也很多，但是，必须强调的是，这种方法应当是高效且普遍适用的。能否以更低的管理成本和更高的管理效率实现整合，尤其是确保整合体系和各个分体系运行的有效性，应该说绝非易事。一些将三个体系整合的企业走上了卓越绩效之路，为我们提供了有益的启示。本书正是试图与读者分享在这方面的探索和实践。

经济全球化为管理体系的发展和深化提供的机遇是空前的，世界经济的动荡和金融危机对管理体系提出的挑战也是空前的。20多年来，伴随ISO 9001标准的版本更新，基于ISO 9001的TL9000、ISO/IEC 16949和RIRS等行业标准也陆续产生了；ISO 14001、QHSAS 18001和ISO 26000等并列的标准也陆续出台了。重新审视和解决管理体系有效性问题，从来没有像今天这样迫切。

非常感谢中国质检出版社张宁老师在构建《2008版ISO 9001质量管理体系运行指南》框架结构和逻辑层次方面的指导，为读者提供了系统的、着眼于运行实际、信息量较大的参考读物和工具书。作为姊妹篇，《整合管理体系运行指南》继续采用了同样形式，并且在内容翻新的同时增加了情景案例。只是由于篇幅限制，“忍痛割爱”删除“质量管理体系基础”。这是ISO 9000：2005由12个部分组成的一个章节。由于论述主题不限于质量管理体系，许多章节包括术语都不同程度增加了新的内容。根据读者意见，各个要素的解读，不仅设立“认知理解”，“操作运行”栏目，还继续以“不符合项案例”栏目表明运行中容易出现的问题，以及这些问题在运行的体系中如何简捷清晰地描述，等等。至于这些真实案例中，没有能发表“纠正措施”的内容，是出于避免商业秘密泄露(保密承诺)的考虑，只能烦请读者尝试自行完成吧。三个体系固然有许多共性，但请读者更加留意其特殊性，三个体系从概念、内容到方法相互区别的重点在于方针目标、策划、运行控制、不合格控制、应急响应和监视测量几个环节。只有抓住特殊性，才具有专业性。

非常感谢深圳质量协会李榕会长百忙中为本书作序，感谢珠海质量协会邓卫秘书长的支持。改革开放30年，深圳市曾经以速度和效率让世界刮目相看。在迎接下一个30年时提出要把“深圳速度”改写成“深圳质量”。这将无疑是一次历史性的跨越。本书许多案例取自深圳、珠海和珠江三角洲，涉及电力等公共事业和电子、服装、玩具等制造业。因此，本书首先献给深圳、珠海和珠江三角洲的企业家、管理者、咨询师和内审员！

打造管理体系运行有效性是本书的目的。但是由于水平所限，错误和不足在所难免。如果确实由此给读者带来不便，这里深表歉意，并烦请来信来函说明。

欢迎企业家、管理者、咨询师和内审员，尤其是认证认可行业的领导和专家对于本书提出批评意见；欢迎读者来信来函交流实践中的成功经验，也恳切希望读者对于本书提出批评意见和改进的建设性意见。谢谢。

编著者

2010年10月呼和浩特初稿

2011年11月深圳修改

Zhanrr3@qq.com

目 录

第1章 绪 论

1.1 多体系整合是趋势

"整合管理体系"IMS(Integrated Management System),又称为"一体化管理体系"、"综合管理体系",就是指两个、三个或多个管理体系并存,将公共要素整合在一起,两个、三个或多个体系在统一的管理构架下运行的模式。例如三个体系整合(集成)是指将质量管理体系(简称 QMS)ISO 9001:2008 标准、环境管理体系(简称 EMS)ISO 14001:2004 标准、职业健康安全管理体系(简称 OHSMS)OHSAS 18001:2007 标准合而为一。尽管 ISO 9001、ISO 14001、OHSMS 18001 系列标准如何实现一体化,一体化的模型是什么样,企业应如何建立 IMS,如何开展第三方认证审核等问题还没有定论,但学术界、企业界仍对 IMS 普遍看好,并着力进行研究。尤其是澳大利亚和新西兰两国已建立共同的研究机构,在 ISO 9000 1994 版的基础上提出了一套企业如何建立综合管理体系的方法。英国方面也召开了一系列研讨会,专题对此进行研讨,越来越多的组织认识到了一体化管理体系能带来管理效率的提高,以及体系建立、认证和维护的费用降低等好处,已经开始或准备将现有的管理体系进行整合,推行 QMS、EMS、OHSMS 一体化管理体系。至今,ISO/TC 176(ISO 9000 标准化技术委员会)和 ISO/TC 207(ISO 14000 标准化技术委员会)在制定各自标准的过程中,均涉及了职业健康安全问题,两个标准化技术委员会均有意涉足职业健康安全管理体系标准化工作,但是实际上内容远远超出两个技术委员会的工作范围,因而在 ISO 9001 和 ISO 14001 标准中均没有包含职业健康安全的内容。因此尽管整合是趋势,但是标准至今依然还是处于分立的状态。

20 世纪下半叶 ISO 9001 的推出和广为传播,国际标准化组织 ISO 作出了杰出的历史性贡献。但是,经历 20 多年的发展,ISO 究竟要把世人带到何处?不要说一般人不知道,就是置身于 ISO 9001 的人们以及某些专业人士也都未必清楚,国际标准化组织未来的战略是什么?可持续发展,方向在哪里?从 20 世纪 80 年代末建立起来的质量管理体系上面还要叠加多少新的体系?这个问题并非不重要。而最有资格回答这个问题的是国际标准化组织 ISO 秘书长阿兰·布莱顿先生。

由美国质量学会主办的 2007 年度世界质量与改进大会上,国际标准化组织 ISO 秘书长阿兰·布莱顿先生的主题演讲为《更大的责任:从质量到可持续发展——国际标准如何帮助你做到这一点》。阿兰先生介绍了国际标准化组织在经济发展、环境和谐和社会平等方面所作的贡献,以及全面管理的方法。阿兰先生认为当今世界所面临的形势是:地球村的相互依赖和紧密关系、贸易全球化、气候变化、有限的自然资源和对安全的威胁。他还指出当前出现的新经济形式和新技术为交流和沟通提供了便利,集体智慧大于个人智慧,顾客认知产品的能力超过了组织。质量已经成为组织可持续发展和履行公民责任方面的重要因素。阿兰先生指出,国际标准帮助实现可持续发展的途径——通过经济发展、环境和谐以及社会平等相互结合,实现可持续发展。所有的组织都处于全球环境之下,只有全面地协调管理问题,才能确保组织的可持续发展,并为可持续发展的社会目标作贡献——全面管理的方法,如图 1-1 所示(其中"质量"、"环境"和"职业健康安全"部分是本书讨论的范围)。

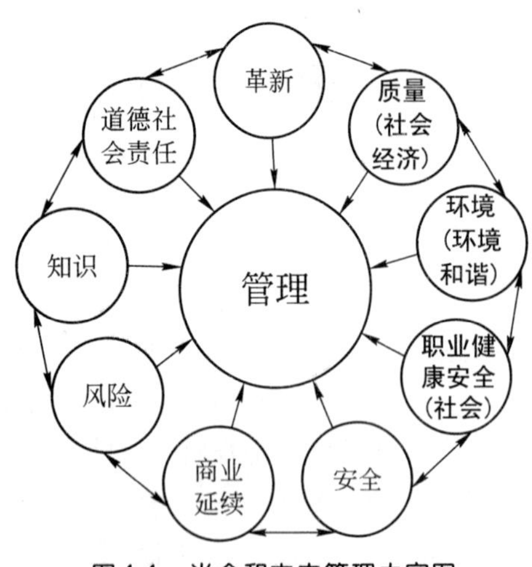

图1-1 当今和未来管理内容图

未来主义、趋势和革新专家吉米·卡罗尔先生提醒人们始终保持对影响自己的最新趋势的了解,并通过自我挑战来应对无情的和不断变化的世界。他在分析社会、消费者和生产者之间的问题,人口统计和生活方式的问题,新技术以及经济和商业趋势等问题时都体现出其批判性的思维和商业性的观点。提出了一个新的思路——发掘未来的需求。提出主动分析未来的人口发展趋势,设想未来的生活方式,挖掘未来可能的消费趋势,从而帮助组织主动理解明天,应对未来。这实质上是对以顾客为关注焦点,追求顾客满意质量观念的创新和升华。

我们面临的未来世界和发展趋势告诉我们,各种挑战要求我们的管理体系需要继续拓展,现有的体系尚且不能满足要求;就像质量管理体系迎接环境的挑战还要叠加环境管理体系,迎接社会挑战要叠加职业健康和安全管理体系一样。

总之,迎接社会经济挑战的质量管理体系,只是个需要拓展的体系的起点,还有若干新的体系要求陆续提出,并且需要继续"叠加"。于是,又有一个新的问题出现了;当遇到多体系需要叠加时,我们应当如何做?

显然,我们有三种选择:

(1) 分别建立体系,分别运作,形成并行的各自独立的体系;

(2) 把三个体系融合成一个"统一标准",再依据一体化"统一标准"建立体系;

(3) 选择一个框架模式(例如ISO 9001),然后将同类要素集中到一起,根据要素内容有分有合地处理。选择统一模式参见图2-11、图2-12、图2-13;整合后的体系参见图2-14和表2-2;整合体系与三标准要素对照参见表2-3。

第一种选择的结果:形成质量,环境,职业健康安全等多个体系分立的局面。①为了满足不同标准认证的要求,出现了三本或以上手册、三套或以上程序文件、重复内审、重复管理评审的现象,导致管理体系运行效率低下;②认证审核不统一,为三种或以上证书接受三种或以上审核,认证机构的审核费、交通费和接待费用叠加,资源的浪费,增加企业负担,阻碍认证工作的进展;③三个不同的管理体系,企业内部协调工作量大,内部还会出现管理部门争资源、信息不能共享、政令不统一、加剧了职能围墙作用,过程方法难以贯彻,甚至可能出现互相排斥的情况。运行得好一些,也不是没有可能,就需要逐步改进上述弊端。

第二种选择,是国际标准化组织要做的事情,否则会出现政出多门的情况,势必形成五花八门的"中间标准",使得标准的贯彻失去严肃性,甚至出现诸多随意性,使得标准的贯彻走向扭曲和混乱的局面。

第三种做法在于避免前两种做法的弊端。原因是:关于避免第一种弊端:避免形成文件重复规定,组织重复设置,任务重复执行的情况。既影响效率,也难免在执行中出现矛盾和冲突。避开第二种,也就是避免改变标准的结构,改变标准要素的编排和描述,避免改变标准内容和组织需要对于标准进行二次理解,作为单独体系审核时则十分不便。我们基于ISO 9001的集成(整合),既考虑与环境体系,职业健康安全体系兼容,也考虑与ISO 9004乃

至卓越管理体系的兼容;此外有许多在 ISO 9001 基础上衍生的行业标准,如汽车行业的 ISO/TS 16949、电信行业的 TL 9000 可能与 ISO 14001 等整合,也是可以同样操作如法炮制,使其具备更广泛的实用性。

由于国际标准化组织 ISO 还没有在标准的层次上完成整合工作,因此目前整合管理体系均来自基层,又多从实践中总结和实用的角度出发提出,就难免出现多种方法。读者应注意比较选择最适合自己的方法。

1.2 多体系整合的可行性

"人类有权在一种能够过尊严和福利的生活的环境中,享有自由、平等和充足的生活条件的基本权利,并且负有保护和改善这一代和将来的世世代代的环境的庄严使命。为了这一代和将来的世世代代的利益,地球上的自然资源,其中包括空气、水、土地、植物和动物,特别是自然生态类中具有代表性的标本,必须通过周密计划或适当管理加以保护。"(《人类环境宣言》,1972 年 6 月 16 日,斯德哥尔摩)

组织为了迎接未来的挑战,通过经济发展、环境和谐以及社会平等的相互结合,实现可持续发展。目前,对于已经建立 ISO 9001 质量管理体系的组织来说,适时地嫁接或叠加建立 ISO 14001 和 OHSAS 18001 体系,或者三个管理体系一起从零开始同时建立三合一的整合管理体系,已经势在必行。不少企业已经这样做了。

尽管多个体系有了整合的要求,并非意味着具备现实可行性。假如它们不兼容,假如整合的工程量巨大,那么整合或许就是件得不偿失的事情。

幸好国际标准化组织 ISO 在制定标准时,实际上已经考虑了管理体系整合的因素。随着整合管理体系的建立,组织管理要素的拓展,原来质量管理体系中的顾客,供方和员工的角色也有相应的调整。在整合管理体系中,顾客不仅是接受产品和服务的对象,而且也是需要施加环境影响的相关方,实施职业健康安全风险控制的对象。供方不仅是提供分包原材料,产品和服务的供应商,也是施加环境影响的相关方,实施职业健康安全风险控制的对象。员工不仅要贯彻质量方针,还要贯彻环境方针和职业健康安全方针;不仅是生产的操作者和管理者,也是污染预防、节约资源的参与者,还是职业健康安全风险控制的主要对象。最高管理者不仅是质量方针,而且是环境方针和职业健康安全方针的制定者。我们只要分析 ISO 9001,ISO 14001 和 OHSAS 18001 的共同性,就可以发现整合的可行性是显而易见的。首先看三个体系的共同点。如前所述,看共同点的目的就是为了把它们整合到一起,成为一个整体;也方便寻找一个整合的模式。三个体系的共同点:

(1) 均要求建立文件系统,并且各个标准拟订/修订均考虑相互具有兼容性,保证了文件描述方法的一致性;

(2) 均实行过程方法,保证文件逻辑结构的一致性;

(3) 均实行方针/目标管理和通过"策划—实施—检查—处置"PDCA 循环持续改进;确保了策划/文件/运行方式的一致;

(4) 均运用内部审核和管理评审评价体系,确保了评价体系方式的一致性。

让我们再讨论三个体系的异同点。为什么分析异同点? 事物的性质的不同,是因为其内涵本质的不同决定的。如果看不到这一点,就把握不住事物各自的本质,就不能在体系的建立和运行上体现出专业性。正如摩托车手若只看到摩托车和汽车的机动的共性,还不能很好地驾驶汽车，只有把握住它们各自不同的特点，才能自如地驾驶汽车。我们常说的“内行”和“外行”的区别主要在于矛盾特殊性的把握上。

决不能因为整合，影响到任何一个体系的完整性和符合性，不能对于任何体系留下管理真空和管理盲点；否则失去整合的意义。

另外，从异同点来看，体系的叠加，只是丰富了体系的内容，就像在质量管理体系中改变产品结构而使得主过程的输入/输出改变那样，它可以改变目标、范围、方法等具体内容，但是并没有改变体系运行方式；当然，在体系叠加时，由于这里涉足了不同领域，引入新的概念术语，新的要素；由于引入新的要素，体系自然横向拓展了。以下是三个体系的异同点：

1）目的不同。

QMS：产品/服务质量达到顾客满意。

EMS：环境表现提升，相关方满意。

OHSAS：职业健康安全绩效提升，员工和相关方满意。

2）范围不同。

QMS：主过程预期的结果：产品/服务质量达到和超过顾客预期。

EMS：主过程预期的结果：产品实现/服务活动所排放的水/气/声/渣污染物达到标准和减低资源消耗。

OHSAS：控制产品实现/服务活动中影响职业健康和安全的危险源和风险因素，降低职业病发生率和提升安全水平，达到法律法规要求。

3）内容和专业方法不同。

QMS：统计过程控制，质量指标测量和检验技术。

EMS：环境因素识别和评估，环境因素控制，环境指标检测技术，污染预防和治理技术。

OHSAS：危险源识别和风险评估技术，职业病预防和危险源控制技术。

4）绩效及其描述方法不同。

QMS：产品/服务质量达到顾客满意。

EMS：环境表现提升，相关方满意。

OHSAS：职业健康安全绩效提升。

1.3　多体系整合的集成原则

（1）作为建立实施和审核管理体系的依据，原原本本保持每个标准条款表述文字不变，并均予以满足。

所谓“原原本本”，是指标准的陈述不更改、不删增，尽管作了必要的组合，但是各个要素包括编号均保持原貌，以便于核对；“均予以满足”，是指运作有合有分，合则为整合体系，分则各自构成独立的体系，每个体系可以各自单独审核，各自均满足要求。不赞成某些行业先将 ISO 标准变成中间的“集成标准”的做法。这样完全像一个应用手册，几乎脱离了标准的编号/语言和描述方法，甚至擅自删改标准的一些章节。这样建立的“标准”本身有失标准的准确性，不足为凭；尽管也下了不少工夫，仍不便于使用，不仅需要对于“过度标准”二次理解，而且还有损标准的本意，并不能取代原来的分立的三个标准。国际标准，基于 ISO 9001 的行业标准，例如汽车行业的 ISO/TS 16949 和电信行业的 TL 9000，均原原本本地在引用和保留 ISO 9001 所有条款的基础上，运用附加条款的方式，并不改变条款编号和语言描述。

忠于标准的描述方式,是原原本本贯彻标准的必要前提条件。三个标准实际上归属不同的行政管理部门,任何一个部门都可能独立地对于他们管理的标准进行单独的审核;只有保持标准原貌,才可以确保这样的操作顺利进行。迄今为止,认证机构还是单独审核和发放证书的,并没有二合一或三合一的证书。

(2) 不因重复陈述而增加管理体系文件的篇幅和数量,形成精练的文件系统。

凡是各个标准要求一致的地方,不因体系不同而另行编写文件;各个标准要求不一致的地方,可以在一个文件描述的也不另行编写文件,除非标准有编写文件要求。在满足标准要求的前提下,避免文件过多,繁琐重叠,不便于执行。

(3) 精兵简政,不设置臃肿冗余机构和重叠部门。

凡是各个标准要求一致的地方,不因为体系不同而另设机构人员管理;各个标准要求不一致的地方,可以兼管的,也不另设机构人员管理。也避免临时机构设置的随意性。避免造成常设机构忙闲不均,有的忙有的闲散,工作量不足。

(4) ISO 9001 阐述充分的要素,自动涵盖 ISO 14001 和 OHSAS 18001 相应阐述不足的要素;反过来亦如此。

ISO 9001 的要素明显分别多于 ISO 14001 和 OHSAS 18001,这些多出来的要素,如果适用,应视为各个体系公用要素。例如标识,不因为分体系不同而区别处理,质量体系标识,环境体系就不标识。其余以此类推。

1.4 整合管理体系环境和边界条件

供应链:供方→组织→顾客

供应链是组织的生命链,也是 IMS 的生命链。

供应链是在市场环境下产生和发展的,因此需分析市场环境对 IMS 的影响(见表 1-1)。

表 1-1 整合管理体系环境影响对策表

市场环境		对 IMS 的影响	对策
自然	气候、自然灾害、资源	设计开发; 预防自然灾害风险; 环境影响; 职业健康安全	提高自然环境适应性、抗自然灾害风险性能; 建立灾害应急机制; 环境因素管理控制
法律	世界范围、WTO目标国际市场中国	市场准入; 设计开发; 预防法律风险	收集信息,确保设计开发输入的充分性; 法律法规识别获取; 合规性评价
经济	税率、竞争方式(垄断)、购买力	营销方式、市场份额	提高产品竞争力
文化	信仰、价值观、风俗习惯	产品/服务个性化; 预防文化冲突的风险	增强产品个性化水平,提高顾客满意度
人口	年龄结构、健康状况	市场细分、设计开发; 职业健康安全风险	增强产品个性化水平,提高顾客满意度,危险源识别,提升职业健康安全绩效
科技		产品、部件、流程、产品生命周期	以持续改进机制,推动可持续发展,不断创新

ISO 9001:2008可以提供组织外部使用,例如对供货方提出的要求;也可以提供组织内部使用,例如证实其有能力提供满足顾客要求和适用法规要求的产品或旨在持续改进增强顾客满意度。当组织内部使用时,能否发挥作用和发挥作用大小,取决于外部环境影响的程度,也取决于组织引入质量管理体系的目的和对于标准理解、满足的程度。

许多成功的或不成功的经验表明,建立维持和持续改进ISO 9001等管理体系对环境条件是有要求的。外部环境影响质量管理体系运行,如果严重到不可克服的程度,这种严重的外部环境影响叫做外部边界条件。组织无法逾越的外部边界条件是:

(1) 遭遇不可抗力的大破坏(自然灾害,战争等);

(2) 重大法律障碍和重大文化冲突;

(3) 经济大萧条,市场失去公平竞争的生态条件。

许多成功或不成功的经验也表明,建立维持和持续改进ISO 9001等管理体系对组织内部状态也是有要求的。把组织内部不能满足的起码的条件叫做内部边界条件。组织如果不越过内部边界条件,是无论如何也不能奏效的。这些边界条件是:

(1) 组织状态不合格:组织不具备法人资格,其经营活动不具备合法性,无法承担社会责任和义务。

合法经营是起码的条件,这是很容易理解的。不具备合法经营条件,经营活动随时会遇到法律强制性制约;在成为合格纳税人之前,无法证明你对社会和顾客是负责任的。与此同时,即将清盘的组织和尚未达到经营运作起码条件的组织,例如资源条件尚未到位,由于没有正常稳定的运作作为基础,也无法建立和形成运作的体系。

(2) 最高管理者状态不合格:最高管理者的理念和意识与标准要求相违背。

质量管理八项基本原则已经成为举世公认的原则,倘若得不到最高管理者的认同,就很难让他推动ISO 9001的建立;勉强建立了,也无法保持和持续改进。例如没有以顾客为关注焦点的意识,没有法律法规意识,没有持续改进意识,没有与供方互利的意识,等等,干脆就不要建立ISO 9001质量管理体系,即使建立了也不可能把各个要素执行彻底,反而加大成本。因为各个要素的规定就是根据这八项管理原则制定的。某些基层积极分子推动而不成功的例子不少,就是因为得不到领导的支持,没有资源保证。

(3) 人员能力状态不合格:运行中没有理解和满足要求。

尽管ISO 9001:2008标准比较容易理解,但是如果在一个组织内部,使得各个层次人员都准确理解和应用,也是需要下一番工夫的。一些组织反映"标准一看就懂,一用就错",这是接触标准初期的反应。但是如果这个问题不解决,就很难满足标准的要求了,为运作空壳体系埋下了隐患。这显然是人力资源管理出了问题。在理解和执行问题上,广大员工是基础,管理者代表和中层管理者是关键。管理是相通的,如果一个团队对ISO 9001:2008标准无法理解,相信对其他任何先进管理模式也一定无法理解。此时,这个不被理解的ISO 9001:2008标准的作用不幸变成了试金石,它告诉我们这是一个没有任何识别鉴别能力的体系,没有管理的体系。EMS和OHSAS当然也是如此。

1.5 如何学习ISO管理标准和阅读本书

本书是围绕管理体系运行的有效性问题展开的,因此读者除了掌握标准外,还要掌握各个体系的基础知识,基本技能和技术工具,包括质量、审核、环境和职业健康安全几个领域。

但这里只是重点讲如何学习标准。虽然不少地方只说 ISO 9001，但对于 ISO 14001 和 OHSMS 18001 同样适用，因为规律是相同的。

相信本书会给读者带来收益。本书在内容安排方面各章节之间较独立，使您的阅读选择可以灵活多样。

您可系统地按顺序阅读，尤其是在参加培训时有教师辅导，这样阅读效果较好。本书在解读标准条款/要素时，按照人们的认识规律，将内容分割为“标准原文”、“认知理解”、“操作运行”和“不符合项案例”等若干部分。在认知理解部分通过例举事实、案例及分析，力求使得标准解读深入浅出、通俗易懂而又不失准确。在操作运行部分，则强调要素管理的目的十分明确，毫不含糊；控制范围准确而不笼统；定义涉及的概念术语，直接引自 ISO 9000：2005，避免在理解标准上出现偏离和误解；要素的职责分为主次；程序用体现时间性较好的流程图语言描述；对于过程应当保留的记录也加以明确。这些实际上已经构成了质量手册的各个章节的内容。为了避免和防止读者在要素运行中进入误区，编者选择一些不符合项报告案例，又组成了一个版块。这是第三方认证真实情况的一个反映，可以从中看到通常容易发生的错误，供研究借鉴，相信对于防止类似错误再发生，有深度地运行该要素非常有益。ISO 9001：2008 标准涉及丰富的资料内容和多个知识领域，为方便各位阅读和查阅，在适当处加贴“知识链接”、“资料链接”和“示例”，并且文后加设附录。

当然，您也可以先选择自己感兴趣的章节，感兴趣的要素阅读；也可以选择某个要素的认知理解部分或操作运行部分或不符合项案例部分阅读；您在工作中遇到问题，或学习中需要，想去查阅 ISO 9001：2008 标准某项条款、ISO 9000：2005 标准的质量管理体系原则或 ISO 14001：2004 或 OHSAS 18001：2007 的内容、标准术语的中英文对照和中文解释等，都十分方便。

这里，我们推荐华罗庚教授提倡的。“由厚到薄，由薄到厚”的学习方法，并且与诸位分享学习标准的体会。下面以学习 ISO 9001 标准为例予以说明。

由厚到薄的过程：

学习 ISO 9001 标准首先要理解，并且在理解的基础上加以记忆。把一段段枯燥乏味的文字，变成一个个容易记忆的树形图。

理解要兼顾两个方面：既要理解其整体要求，又要理解各个要素的要求。通读便于理解整体要求，逐个要素细读则便于理解各个要素的具体要求。

通读时，为了理解标准整体要求，在通读 ISO 9001 标准时，要结合查阅 ISO 9000：2005 的八项基本原则和质量管理体系基础，并且以八项基本原则为重点理解过程模式图，理解体系主过程即产品实现过程与其他辅过程，诸如最高管理过程、资源管理过程和测量分析改进管理过程的运作以及相互关系。

细读各个要素时，首先是要素理解。在通读的基础上对各个要素反复细读，从中找出每个要素的关键词，关键名词术语应当查阅 ISO 9000：2005，尽可能根据标准提供的定义去准确理解；那些关键动词，是属于重要活动和必须采取的管理控制行为。准确理解很重要，因为随意性会导致误解和行为偏离标准或组织内部解释一个条款众说纷纭，无所适从。历来有关质量的概念就有很多说法，专家专著很多定义自然也多起来，讲解质量管理体系的书籍通常也一一列举。需要强调的是一定要以标准 ISO 9000：2005 定义为准。通常我们认为测量设备就是测量仪器仪表之类，但是标准定义并不局限于此，它是指“为实现测量过程所必需的测量仪器、软件、测量标准、标准物质或辅助设备或它们的组合，"显然范围大了许多。这里界定的范围，也就是管理对象的范围，因此不可以随意丢掉哪一个。诸位查阅ISO 9000:2005时，希望将相近的概念术语放在一起比较，找到其间的差别。例如，"检验"与"试验"比较，"不合格"与"缺陷"比较，"返工"与"返修"比较，"纠正措施"与"预防措施"比较，还可以将"评审"、"验证"、"确认"放在一起比较，等等，从而准确把握定义，加深理解。

其次，是将每个要素按管理层次画出要求和分要求（分要素）的树形图来，便于记忆。因为大脑记忆对于树形结构情有独钟。经常看到新审核员在审核现场面对审核发现时，急于与标准对号入座，忙于翻阅标准条款，中断了审核思路，影响了工作效率。倘若有了上述记忆，工作时就会自如得多。

由薄到厚的过程：

联系实际，对每个要素和分要素回答5W2H问题，并且形成以下描述方式：

目的/目标：Why（为什么） How much（质量/效率/成本几何）

范围：Where（界限） What（对象）

定义：（名词术语）

职责：Who（责任者）

程序：When（何时） How（如何做）

记录：（留下记录）

学习的目的在于应用，应用也是学习，而且是更重要的学习。在实践中不断加深理解，并且用你观察到的，体验到的正反案例充实各个要素，使之内容更加丰富。偶尔会看到一些认证前的组织进行应付审核的技巧训练，笔者对此很不以为然。其实，与其下工夫应付，不如下工夫学习标准，运用标准。这种活动，不仅是无效劳动，而且是有害的。说是无效劳动，是因为应付技巧对有深度的审核而言，窗纸一样一捅就破；对于肤浅的审核而言就算过关了又有什么意义呢？说是有害的，是因为对内养成华而不实甚至弄虚作假的坏毛病，对外造成捉摸不定甚至没有诚信的不良影响。ISO 14001和OHSAS 18001当然也是如此。

好的体系，需要好的学习。

好好学习标准，体系才能天天向上。

第 2 章 管理体系概念和管理原则

(基于ISO 9000:2005)

2.1 基本概念

2.1.1 标准定义

引自 ISO 9000:2005 的内容：

质量 quality 一组固有特性满足要求的程度。

注 1:术语“质量”可使用形容词,如:差、好或优秀来修饰。

注 2:“固有的”(其反义是“赋予的”)是指本来就有的,尤其是那种永久的特性。

要求 requirement 明示的、通常隐含的或必须履行的需求或期望。

注 1:“通常隐含”是指组织、顾客和其他相关方的惯例或一般做法,所考虑的需求或期望是不言而喻的。

注 2:特定要求可使用限定词表示,如:产品要求、质量管理要求、顾客要求。

注 3:规定要求是经明示的要求,如:在文件中阐明。

注 4:要求可由不同的相关方提出。

注 5:本定义与 ISO/IEC 导则第 2 部分:2004 的 3.12.1 中给出的定义不同。

要求 requirement 表达应遵守的准则的条款。

特性 characteristic 可区分的特征。

注 1:特性可以是固有的或赋予的。

注 2:特性可以是定性的或定量的。

注 3:有各种类别的特性,如:

——物理的(如:机械的、电的、化学的或生物学的特性);

——感官的(如:嗅觉、触觉、味觉、视觉、听觉);

——行为的(如:礼貌、诚实、正直);

——时间的(如:准时性、可靠性、可用性);

——人因工效的(如:生理的特性或有关人身安全的特性);

——功能的(如:飞机的最高速度)。

质量特性 quality characteristic 与要求有关的,产品、过程或体系的固有特性。

注 1:“固有的”是指本来就有的,尤其是那种永久的特性。

注 2:赋予产品、过程或体系的特性(如:产品的价格,产品的所有者)不是它们的质量特性。

等级 grade 对功能用途相同的产品、过程或体系所做的不同质量要求的分类或分级。(GB/T 19000—2008 3.1.3)

示例:飞机的舱级和宾馆的等级分类。

注:在确定质量要求时,等级通常是规定的。

引自 EMSISO 14001:2004 的内容：

环境因素 environmental aspect

一个组织的活动、产品和服务中能与环境发生相互作用的要素。

注:重要环境因素是指具有或能够产生重大环境影响的环境因素。

引自 OHSAS 18001:2007 的内容：

> **职业健康安全**　occupational health and safety
>
> 影响工作场所内员工、临时工作人员、合同方人员、访问者和其他人员健康和安全的条件和因素。
>
> **危险源**　hazard
>
> 可能导致伤害或疾病、财产损失、工作环境破坏或这些情况组合的根源或状态。
>
> **风险**　risk
>
> 某一特定危险情况发生的可能性和后果的组合。
>
> **安全**　safety
>
> 免除了不可接受的损害风险的状态。

2.1.2　质量等式(质量等式见图 2-1)

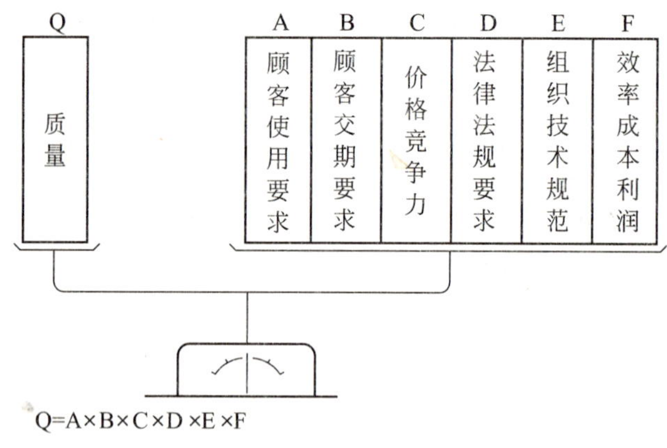

图 2-1　质量等式

2.2　管理体系概念

2.2.1　标准定义

引自 ISO 9000:2005 的内容：

> **体系(系统)**　system　相互关联或相互作用的一组要素。
>
> **管理体系**　management system　建立方针和目标并实现这些目标的体系。
>
> 注：一个组织的管理体系可包括若干个不同的管理体系，如质量管理体系、财务管理体系或环境管理体系。
>
> **质量管理体系**　quality management system　在质量方面指挥和控制组织的管理体系。
>
> **管理**　management　指挥和控制组织的协调的活动。
>
> 注：在英语中，术语“management”有时指人、即具有领导和控制组织的职责和权限的一个人或一组人。当“management”以这样的意义使用时，均应附有某些修饰词以避免与上述“management”的定义所确定的概念相混淆。

例如:不赞成使用"management shall……",而应使用"top management shall……"。

最高管理者 top management 在最高层指挥和控制组织的一个人或一组人。

质量管理 quality management 在质量方面指挥和控制组织的协调的活动。

注:在质量方面的指挥和控制活动,通常包括制定质量方针和质量目标,以及质量策划、质量控制、质量保证和质量改进。

引自 EMS ISO 14001:2004 的内容:

环境管理体系 environmental management system;EMS

组织管理体系的一部分,用来制定和实施其环境方针,并管理其环境因素。

注 1:管理体系是用来建立方针和目标,并进而实现这些目标的一系列相互关联的要素的集合。

注 2:管理体系包括组织结构、策划活动、职责、惯例、程序、过程和资源。

引自 OHSMS 18001:2007 的内容:

职业健康安全管理体系 **occupational health and safety management system;OHSMS**

总的管理体系的一个部分,便于组织对与其业务相关的职业健康安全风险的管理。它包括为制定、实施、实现、评审和保持职业健康安全方针所需的组织结构、策划活动、职责、惯例、程序、过程和资源。

2.2.2 管理体系相关概念

管理体系相关概念见图 2-2。

体系(系统)(3.2.1)
相互关联或相互作用的一组要素。

↓

管理体系(3.2.2)
建立方针和目标并实现这些目标的体系。

OHSAS 18001:2007	QMS:ISO 9001:2000	EMS:ISO 14001:2004
职业健康安全管理体系 总的管理体系的一个部分，便于组织对与其业务相关的职业健康安全风险的管理。它包括为制定、实施、实现、评审和保持职业健康安全方针所需的组织结构、策划活动、职责、惯例、程序、过程和资源。	**质量管理体系(3.2.3)** 在质量方面指挥和控制组织的管理体系。	**环境管理体系** 组织管理体系的一部分，用来制定和实施其环境方针，并管理其环境因素。
↕	↕	↕
职业健康安全方针 由最高管理者就组织(3.17)职业健康安全绩效(3.15)正式表述的总体意图和方向。	**质量方针(3.2.4)** 由组织最高管理者正式发布的关于质量方面的全部意图和方向。	**环境方针** 由最高管理者就组织正式表述的总体的环境绩效意图和方向。
↕	↕	↕
目标 组织(3.17)在职业健康安全绩效(3.15)方面所要达到的目的。	**质量目标(3.2.5)** 在质量方面所追求的目的。	**环境目标** 组织依据其环境方针规定的自己所要实现的总体环境目的。

图 2-2 管理体系相关概念

2.3 管理原则

【标准原文】

引自 ISO 9000:2005 的内容:

0.2 质量管理原则

成功地领导和运作一个组织,需要采用系统和透明的方式进行管理。针对所有相关方的需求,实施并保持持续改进其业绩的管理体系,可使组织获得成功。质量管理是组织各项管理的内容之一。

本标准提出的八项质量管理原则被确定为最高管理者用于领导组织进行业绩改进的指导原则。

a) 以顾客为关注焦点

组织依存于顾客。因此,组织应当理解顾客当前和未来的需求,满足顾客要求并争取超越顾客期望。

b) 领导作用

领导者应确保组织的目的与方向的一致。他们应当创造并保持良好的内部环境,使员工能充分参与实现组织目标的活动。

c) 全员参与

各级人员都是组织之本,唯有其充分参与,才能使他们为组织的利益发挥其才干。

d) 过程方法

将活动和相关资源作为过程进行管理,可以更高效地得到期望的结果。

e) 管理的系统方法

将相互关联的过程作为体系来看待、理解和管理,有助于组织提高实现目标的有效性和效率。

f) 持续改进

持续改进总体业绩应当是组织的永恒目标。

g) 基于事实的决策方法

有效决策建立在数据和信息分析的基础上。

h) 与供方互利的关系

组织与供方相互依存,互利的关系可增强双方创造价值的能力。

上述八项质量管理原则形成了 ISO 9000 族质量管理体系标准的基础。

【认知理解】

贯彻质量管理体系八项基本原则与 ISO 9001 的相关性见表 2-1。

表 2-1 贯彻八项基本原则与 ISO 9001 的相关性

如何贯彻和贯彻的益处 / 八项基本原则	八项基本原则 体现在 ISO 9001 的要素中 (ISO 9001:2008)	贯彻八项基本原则使组织:在方针策略决策上,在目标的达成上,在运作质量和效率上,在资源配置优化上的益处
1) 以顾客为关注焦点	5.2 以顾客为关注焦点 7.2 与顾客有关的过程 8.2.1 顾客满意	提供明确的方向、理念

续表 2-1

如何贯彻和贯彻的益处 / 八项基本原则	八项基本原则体现在 ISO 9001 的要素中（ISO 9001:2008）	贯彻八项基本原则使组织：在方针策略决策上，在目标的达成上，在运作质量和效率上，在资源配置优化上的益处
2）领导作用	5.1 管理承诺 5.2 以顾客为关注焦点 5.3 质量方针 5.4 策划 5.5 职责、权限与沟通 5.6 管理评审 6.1 资源提供	提供推动力
3）全员参与	5.5 职责、权限与沟通 6.2 人力资源	提供团队基础
4）过程方法	4 质量管理体系 5 管理职责 6 资源管理 7 产品实现 8 测量、分析和改进	提供有效控制方法
5）管理的系统方法	4 质理管理体系 5 管理职责 6 资源管理 7 产品实现 8 测量、分析和改进	提供系统统一的组织
6）持续改进	8.5.1 持续改进（并渗透于各要素中）	提供自我完善和适时更新的机制
7）基于事实的决策方法	5 管理职责 6.1 资源提供 8.4 数据分析	提供客观科学稳健的决策方法
8）与供方互利的关系	7.4 采购	提供长远稳定的市场地位

说明：这里把质量管理原则称为“管理原则”，是因为其适用范围不限于质量管理，而本书也超过质量管理的范围；此外这个称谓也并非本书独出心裁，这样做首先是 ISO 10014:2006（GB/T 19024—2008）《质量管理　实现财务和经济效益指南》。

2.4 管理原则的应用示例

2.4.1 以顾客为关注焦点

如图 2-3 所示。“组织依存于顾客。因此，组织应当理解顾客当前和未来的需求，满足顾客要求并争取超越顾客期望。”（ISO 9000:2005）

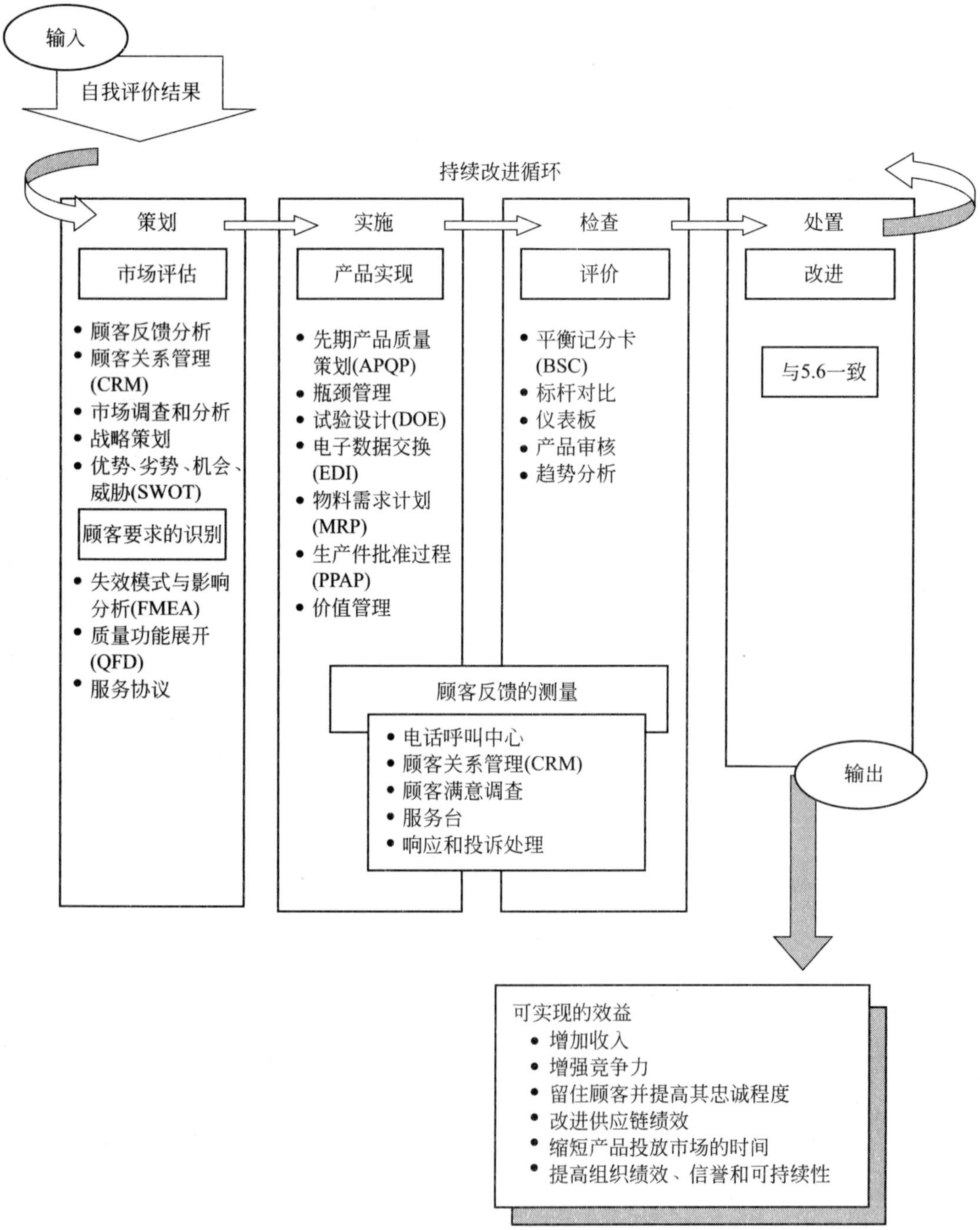

图 2-3　以顾客为关注焦点

2.4.2 领导作用

如图 2-4 所示。"领导者应确保组织的目的与方向的一致。他们应当创造并保持良好的内部环境,使员工能充分参与实现组织目标的活动。"(ISO 9000:2005)

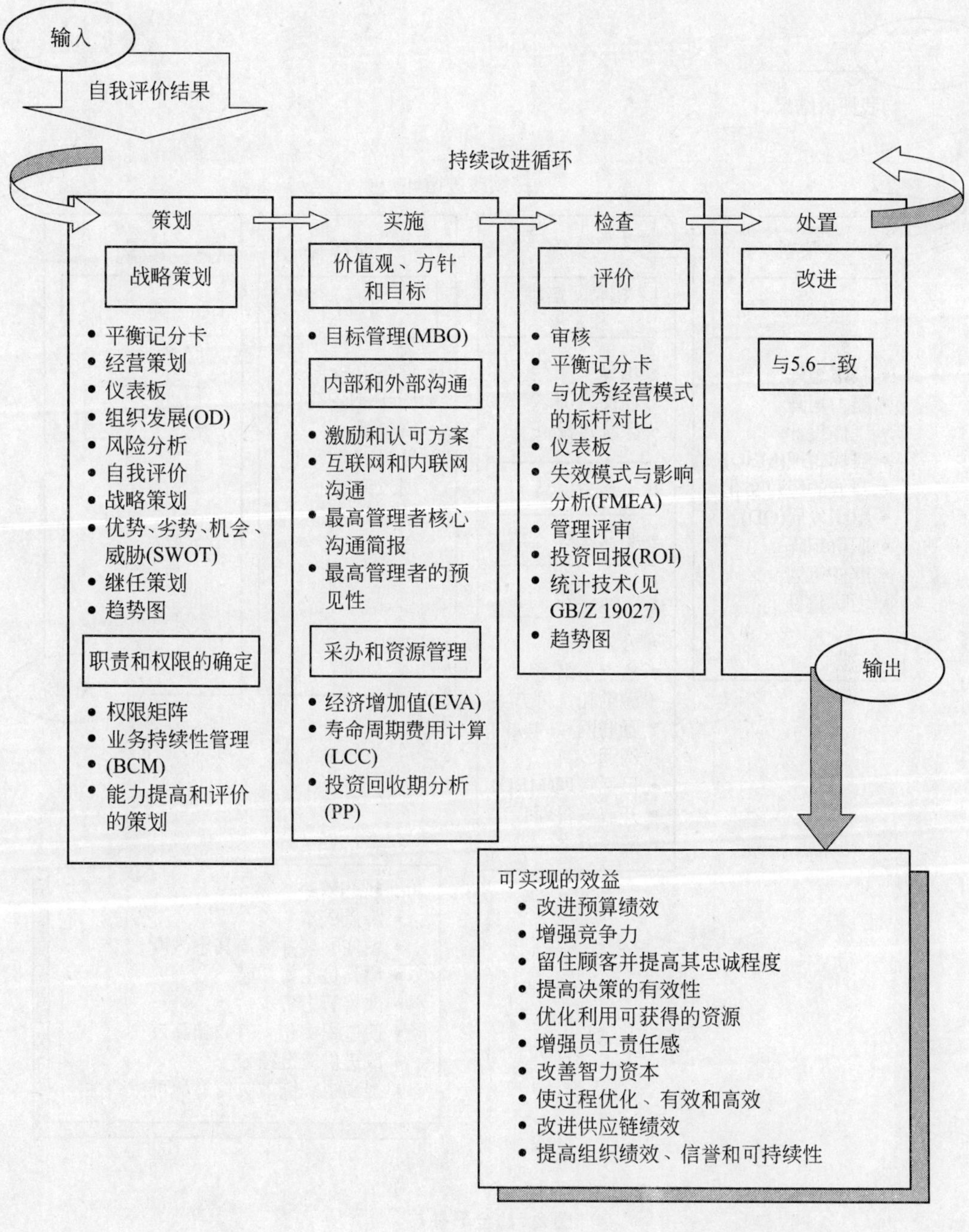

图 2-4 领导作用

2.4.3 全员参与

如图 2-5 所示。“各级人员都是组织之本，唯有其充分参与，才能使他们为组织的利益发挥其才干。”(ISO 9000:2005)

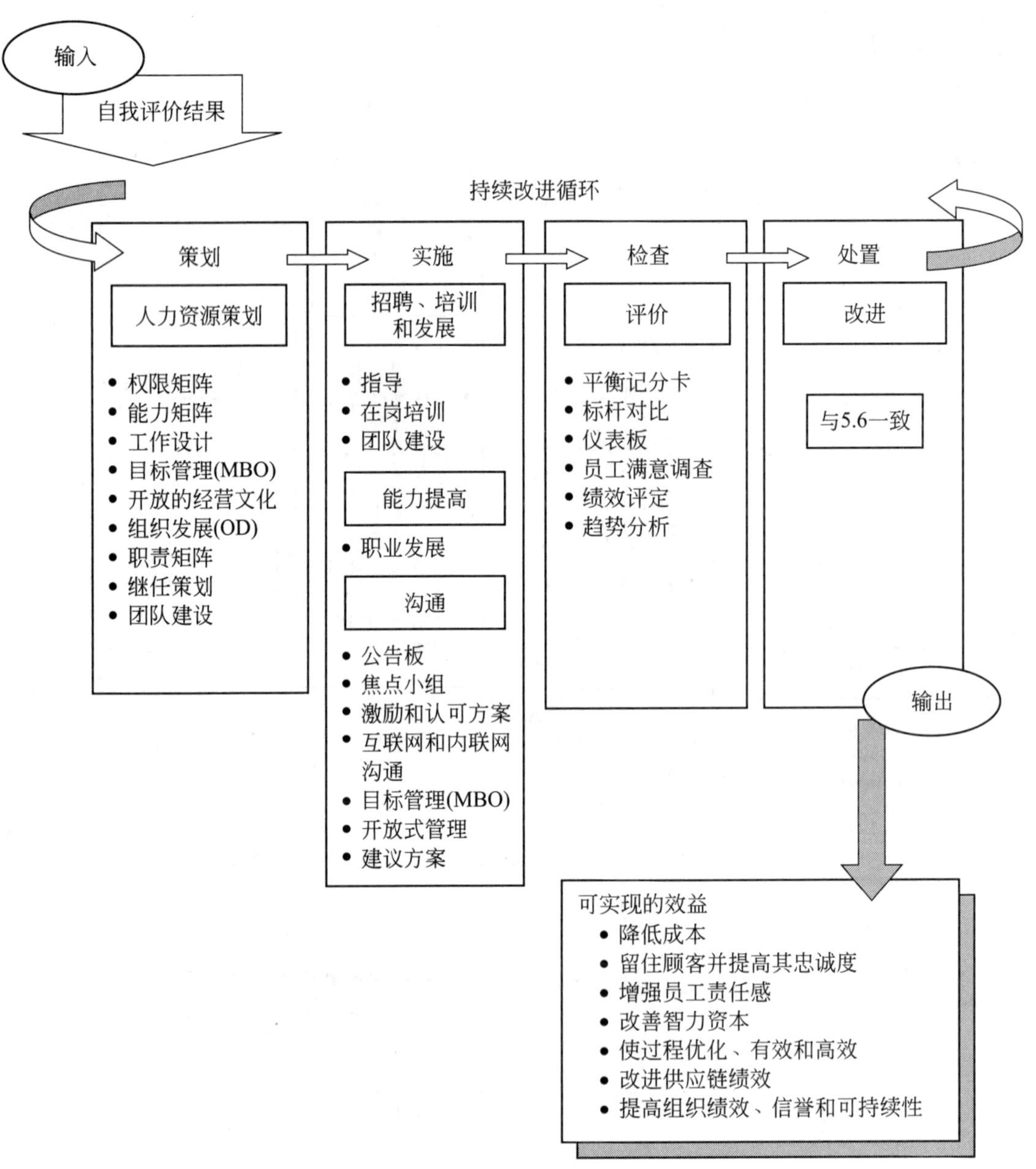

图 2-5 全员参与

2.4.4 过程方法

如图 2-6 所示。“将活动和相关资源作为过程进行管理，可以更高效地得到期望的结果。”(ISO 9000:2005)

输入
自我评价结果
持续改进循环
策划
过程识别
• 先期产品质量策划(APQP)
• 平衡记分卡
• 应急策划
• 失效模式与影响分析(FMEA)
• 风险分析
确定活动次序及其相互影响
• 瓶颈管理
• 关键路径法
• 流程图和过程图
• 精益生产过程
• 价值管理
实施
资源配置
• 作业成本法(ABC)
• 作业基础管理(ABM)
• 瓶颈分析
• 人力资源管理
• 寿命周期费用计算(LCC)
• 投资回收期分析(PP)
• 团队建设
• 约束理论(TOC)
绩效指标的监测
• 仪表板
• 试验设计(DOE)
• 统计过程控制(SPC)
检查
评价
• 平衡记分卡
• 标杆对比
• 仪表板
• 失效模式与影响分析(FMEA)
• 排列图分析
• 过程审核
• 生产件批准过程(PPAP)
• 投资回报(ROI)分析
• 趋势分析
处置
改进
与5.6一致
输出
可实现的效益
• 降低成本
• 增强竞争力
• 优化利用可获得的资源
• 增强员工责任感
• 使过程优化、有效和高效
• 改进供应链绩效
• 缩短产品投放市场的时间
• 提高组织绩效、信誉和可持续性

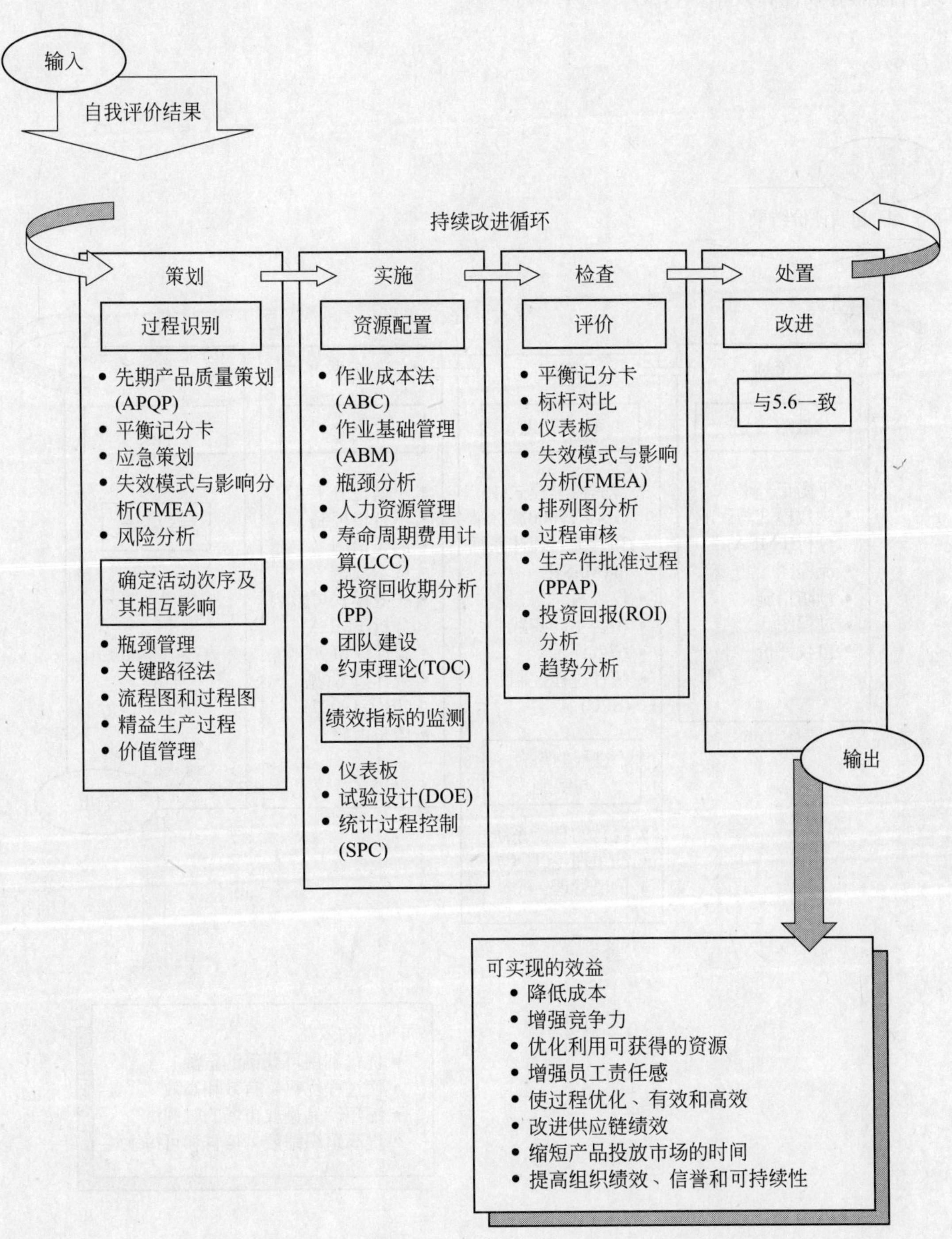

图 2-6 过程方法

2.4.5　管理的系统方法

如图 2-7 所示。“将相互关联的过程作为体系来看待、理解和管理，有助于组织提高实现目标的有效性和效率。”（ISO 9000:2005）

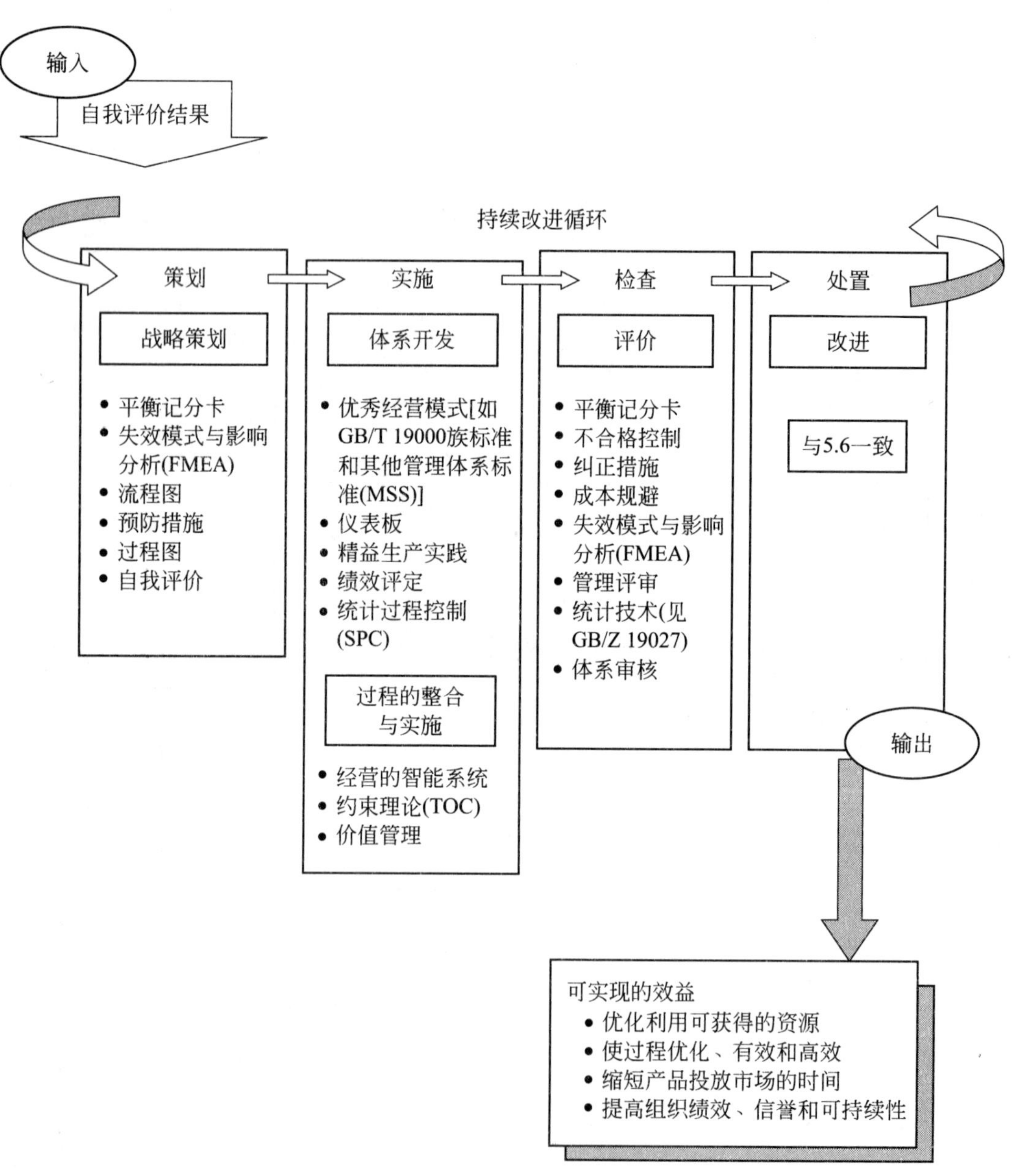

图 2-7　管理的系统方法

2.4.6 持续改进

如图 2-8 所示。“持续改进总体业绩应当是组织的永恒目标。”(ISO 9000:2005)

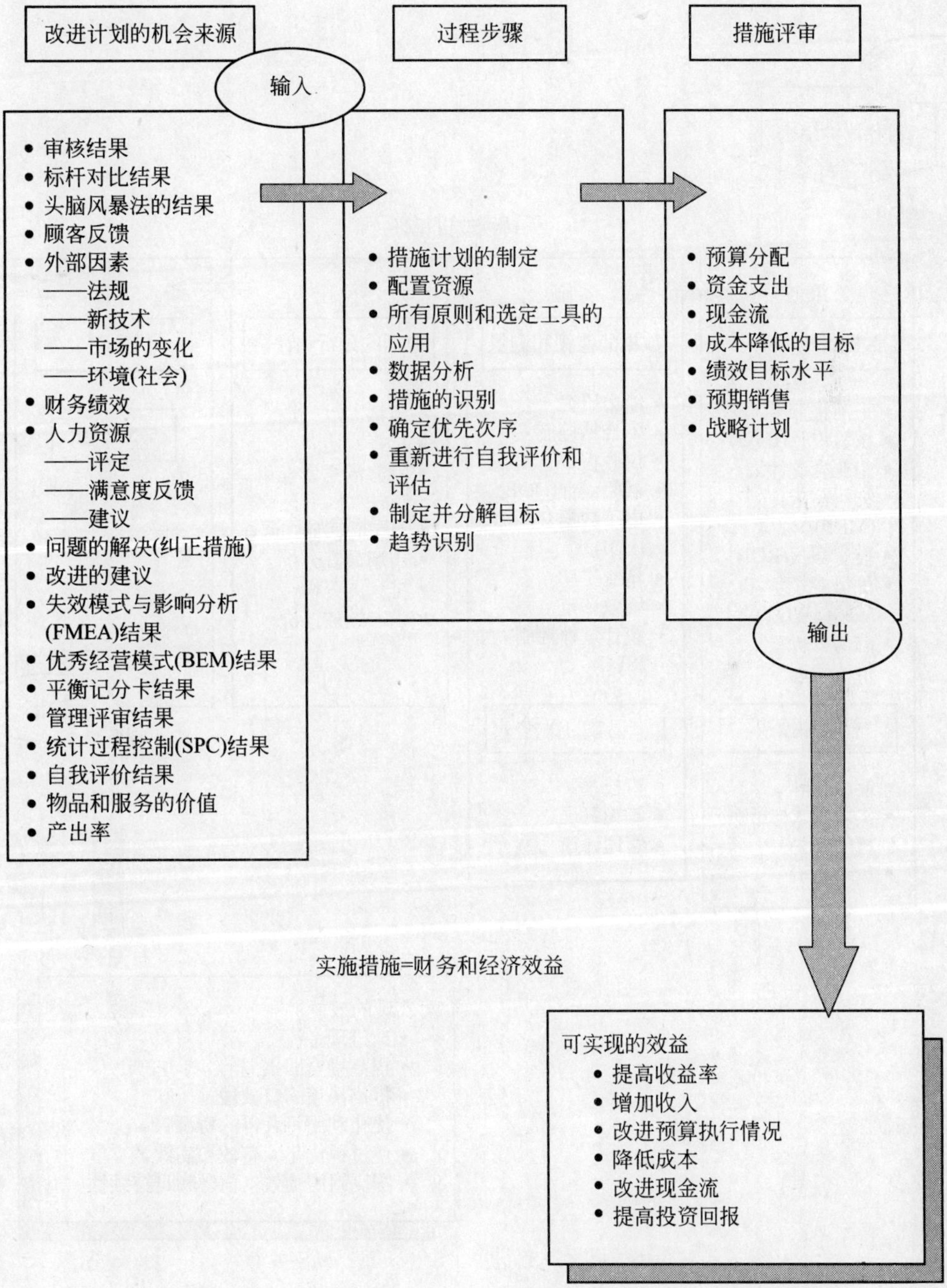

图 2-8 持续改进

2.4.7　基于事实的决策方法

如图 2-9 所示。“有效决策建立在数据和信息分析的基础上。”(ISO 9000:2005)

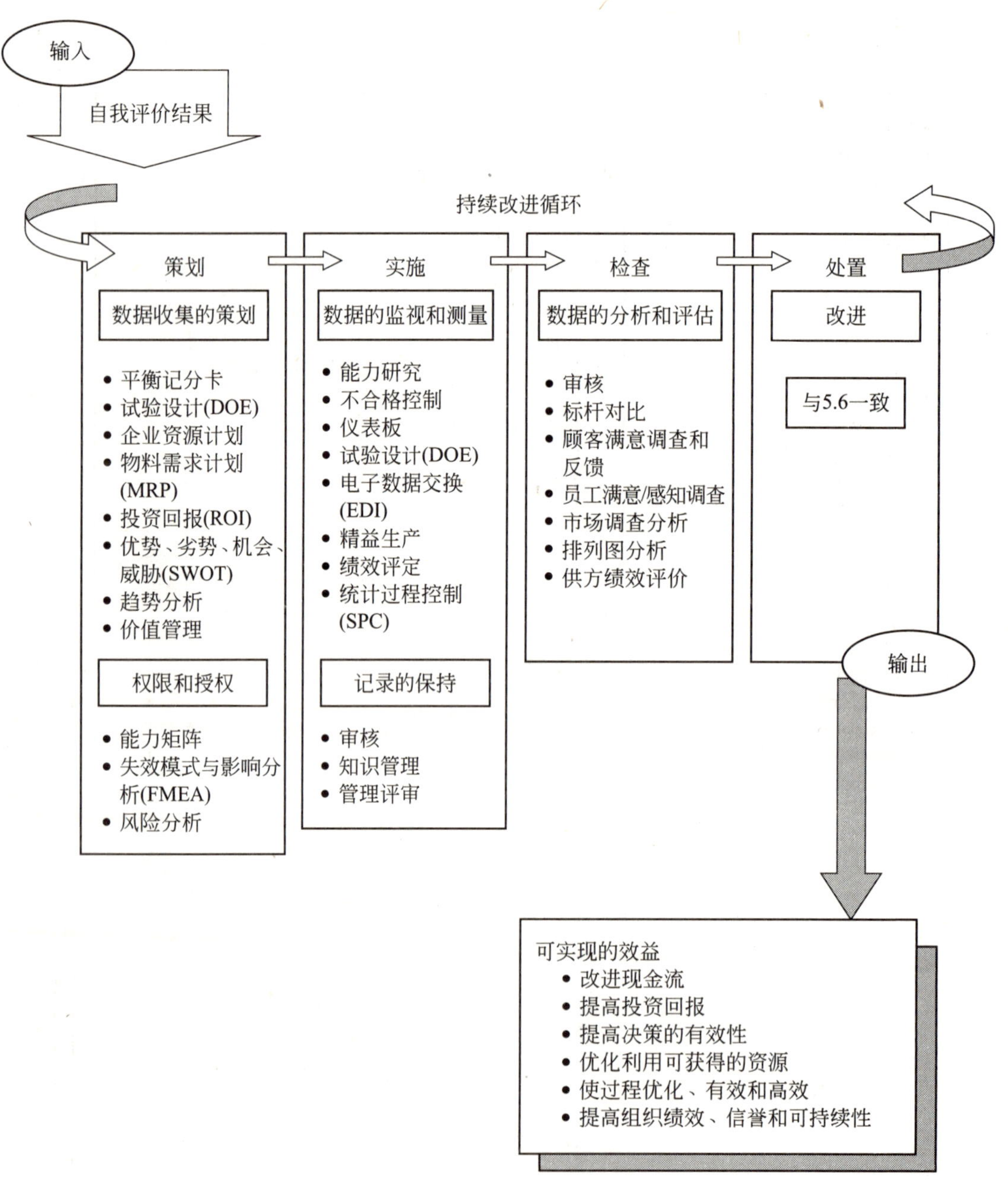

图 2-9　基于事实的决策方法

2.4.8 与供方互利的关系

如图 2-10 所示。"组织与供方相互依存,互利的关系可增强双方创造价值的能力。"(ISO 9000:2005)

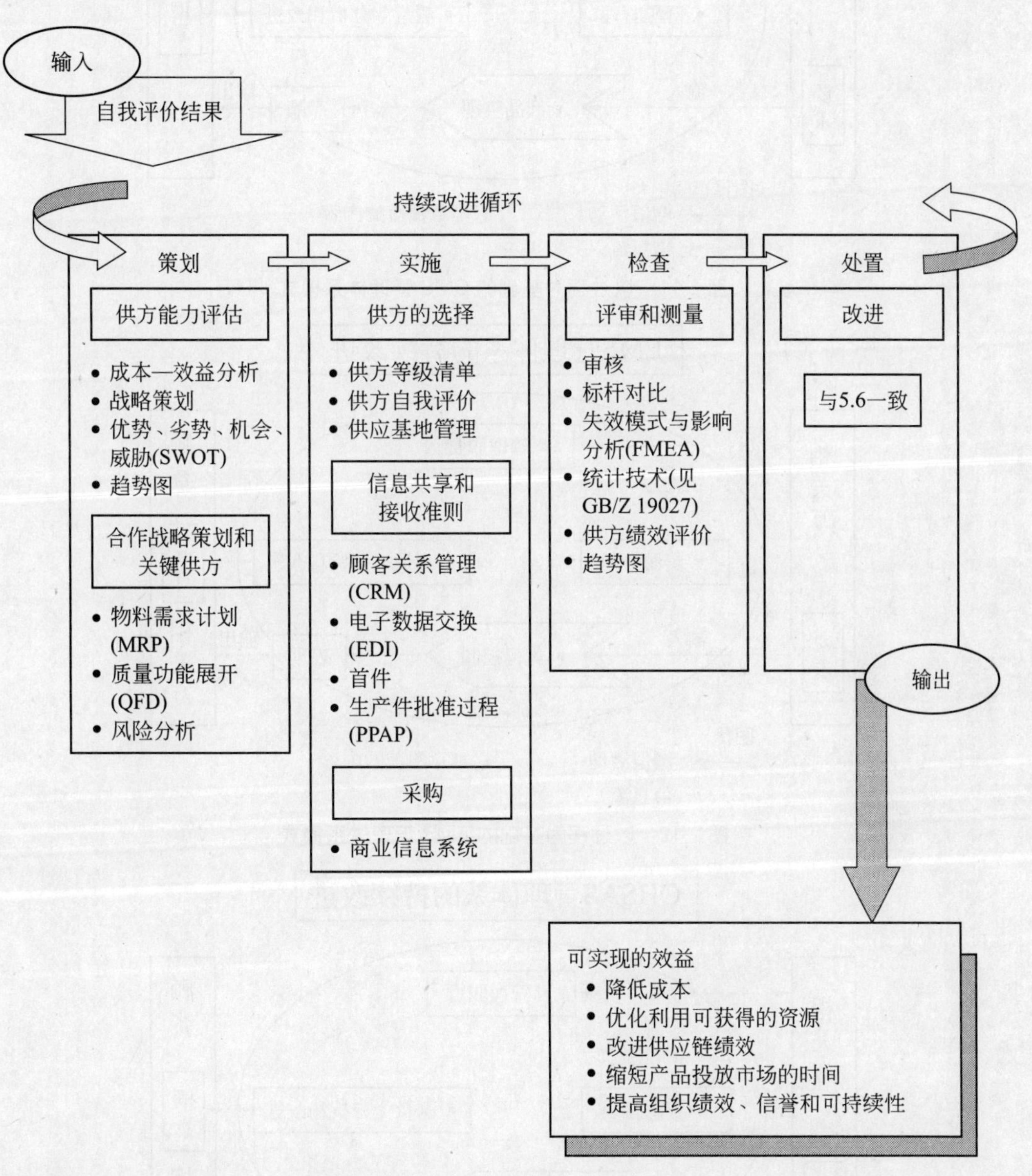

图 2-10　与供方互利的关系

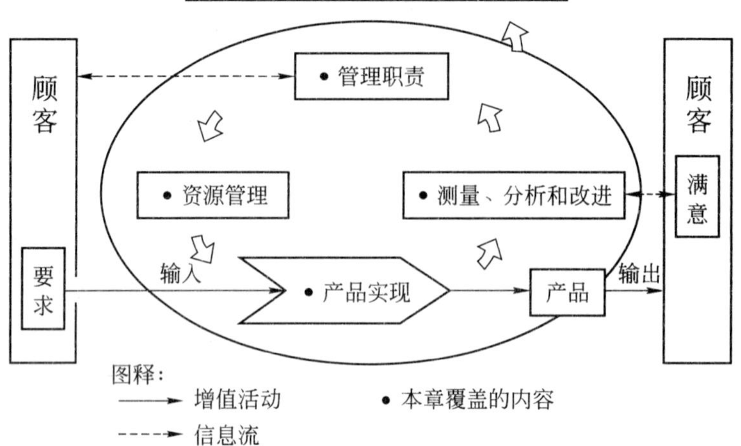

图 2-11　以过程为基础的 QMS 管理体系模式

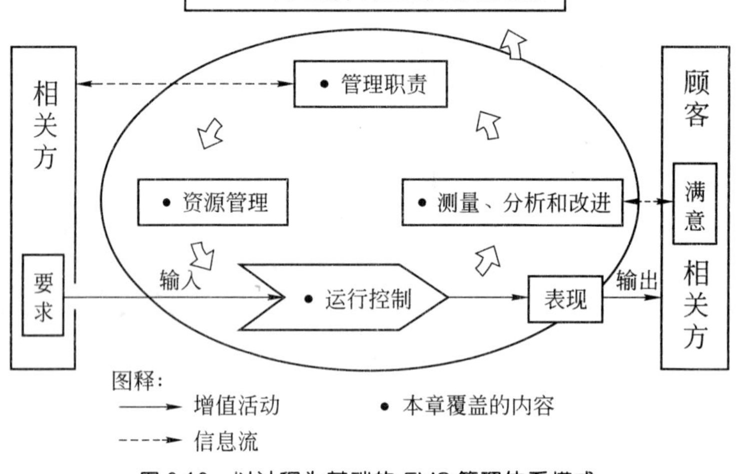

图 2-12　以过程为基础的 EMS 管理体系模式

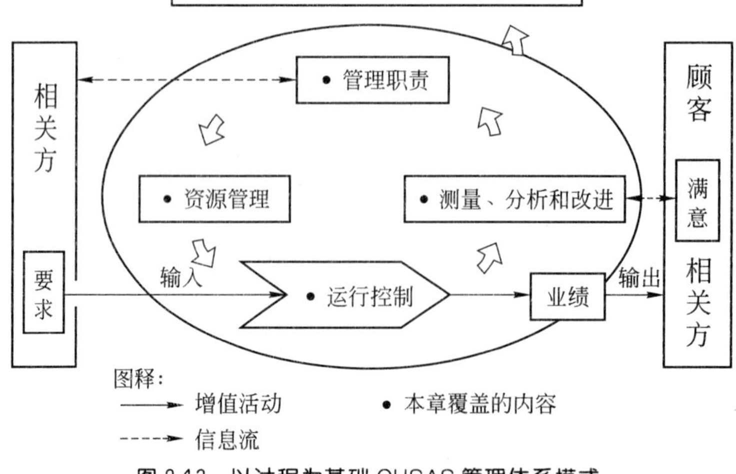

图 2-13　以过程为基础 OHSAS 管理体系模式

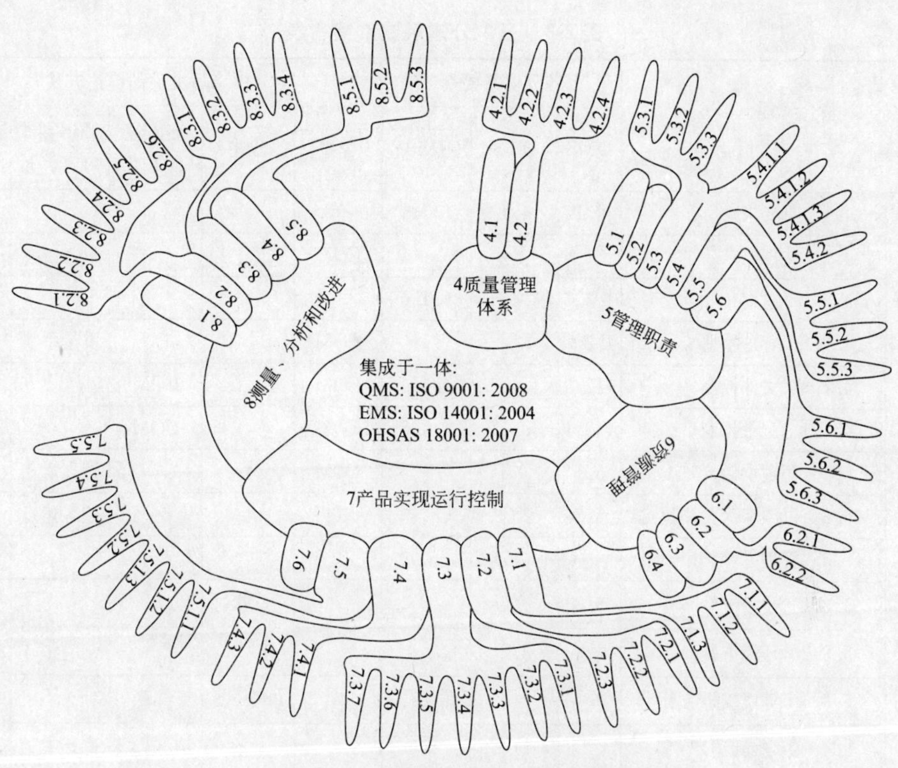

图 2-14 整合管理体系(要素)结构图

表 2-2 整合管理体系(要素)表

○4 质量管理体系	●5.4.2 质量管理体系策划	●7.1.1 产品实现策划	●8.2.1 顾客满意
●4.1 总要求	○5.5 职责、权限与沟通	●7.1.2 环保运行策划	●8.2.2 内部审核
●4.2 文件要求	●5.5.1 职责和权限	●7.1.3 健安运行策划	●8.2.3 过程监视测量
●4.2.1 总则	●5.5.2 管理者代表	●7.2 与顾客有关的过程	●8.2.4 产品监视测量
●4.2.2 质量手册	●5.5.3 内部沟通	●7.3 设计和开发	●8.2.5 环境监视测量
●4.2.3 文件控制	○5.6 管理评审	●7.4 采购	●8.2.6 健安监视测量
○5 管理职责	●5.6.1 总则	○7.5 生产和运行控制	○8.3 不合格及事故控制
●5.1 管理承诺	●5.6.2 评审输入	●7.5.1.1 生产控制	●8.3.1 不合格品控制
●5.2 以顾客为关注焦点	●5.6.3 评审输出	●7.5.1.2 环保运行控制	●8.3.2 不符合控制
○5.3 质量方针	○6 资源管理	●7.5.1.3 健安运行控制	●8.3.3 事故控制
●5.3.1 质量方针	●6.1 资源提供	●7.5.2 生产过程确认	●8.3.4 应急准备响应
●5.3.2 环境方针	○6.2 人力资源	●7.5.3 标识可追溯性	●8.4 数据分析
●5.3.3 健康安全方针	●6.2.1 总则	●7.5.4 顾客财产	○8.5 改进
●5.4 策划	●6.2.2 能力、培训和意识	●7.5.5 产品防护	●8.5.1 持续改进
○5.4.1 管理目标	●6.3 基础设施	●7.6 监测设备控制	●8.5.2 纠正措施
●5.4.1.1 质量目标	●6.4 工作环境	○8 测量分析和改进	●8.5.3 预防措施
●5.4.1.2 环境目标	○7 产品实现	●8.1 总要求	
●5.4.1.3 健康安全目标	○7.1 产品实现的策划	○8.2 监视和测量	

注:○ 仅为标题;● 要素,含具体要求。

表 2-3 三个分体系要素整合表

整合管理手册章节		各分体系要素			整合后文件的描述方式				
		QMS	EMS	OHSAS	合并	分述	突出各自重点	QMS 要素内容扩充	主要原因
4 管理体系	4.1 总要求	4.1	4.1	4.1					
	4.2 文件要求				COM				基本相同
	4.2.1 总则	4.2.1	4.4.4	4.4.4					
	4.2.2 管理手册	4.2.2			COM			质量手册	
	4.2.3 文件控制	4.2.3	4.4.5	4.4.5	COM		COM		基本相同
	4.2.4 记录控制	4.2.4	4.5.3	4.5.3	COM		COM		基本相同
5 管理职责	5.1 管理承诺	5.1			COM			管理承诺	
	5.2 以顾客为关注焦点	5.2						顾客焦点	
	5.3 管理方针								
	5.3.1 质量方针	5.3				QMS			
	5.3.2 环境方针		4.2			EMS			内容各异
	5.3.3 健康安全方针			4.2		OHSAS			
	5.4 策划(标题)								
	5.4.1 管理目标								
	5.4.1.1 质量目标	5.4.1				QMS			
	5.4.1.2 环境目标		4.3.3			EMS			内容各异
	5.4.1.3 健康安全目标			4.3.3		OHSAS			
	5.4.2 管理体系策划	5.4.2	(4.3.3)	(4.3.3)		见 7.1			
	5.5 职责权限与沟通	5.5							
	5.5.1 职责与权限	5.5.1	4.4.1	4.4.1	COM		COM		
	5.5.2 内部沟通	5.5.2	4.4.3	4.4.3	COM		COM		基本相同
	5.5.3 管理者代表	5.5.3	(4.4.1)	(4.4.1)	COM		COM		
	5.6 管理评审(标题)	5.6	4.6	4.6	COM		COM		
6 资源管理	6.1 资源提供	6.1	4.4.1	4.4.1	COM		COM		基本相同
	6.2 人力资源	6.2							
	6.2.1 总则	6.2.1			COM			总则	
	6.2.2 能力培训和意识	6.2.2	4.4.2	4.4.2	COM		COM		基本相同
	6.3 基础设施	6.3			COM			基础设施	
	6.4 工作环境	6.4			COM			工作环境	
7 产品实现运行控制	7.1 策划								
	7.1.1 产品实现策划	7.1				QMS			
	7.1.2 环保运行策划		4.3.1/2/3			EMS			内容各异
	7.1.3 健安运行策划			4.3.1/2/3		OHSAS			

续表 2-3

整合管理手册章节		各分体系要素			整合后文件的描述方式				主要原因
		QMS	EMS	OHSAS	合并	分述	突出各自重点	QMS 要素内容扩充	
7 产品实现运行控制	7.2 与顾客有关的过程	7.2				QMS			
	7.3 设计和开发	7.3			COM			设计开发	
	7.4 采购	7.4			COM			采购	
	7.5 生产和运行控制								
	7.5.1.1 生产服务提供控制	7.5.1				QMS			
	7.5.1.2 环保运行控制		4.4.6			EMS			内容各异
	7.5.1.3 健安运行控制			4.4.6		OHSAS			
	7.5.2 生产过程确认	7.5.2				QMS			
	7.5.3 标识可追溯性	7.5.3			COM			标识	
	7.5.4 顾客财产	7.5.4			COM			顾客财产	
	7.5.5 产品防护	7.5.5			COM			产品防护	
	7.6 监测设备控制	7.6	4.5.1	4.5.1	COM				基本相同
8 测量分析和改进	8.1 总要求	8.1						总要求	
	8.2 监视和测量								
	8.2.1 顾客满意	8.2.1						顾客满意	
	8.2.2 内部审核	8.2.2	4.5.4	4.5.4	COM				基本相同
	8.2.3 过程监视测量	8.2.3	(4.5.1)	(4.5.1)				过程检测	
	8.2.4 产品监视测量	8.2.4				QMS			
	8.2.5 环境监视测量		4.5.1/2			EMS			内容各异
	8.2.6 健安监视测量			4.5.1/2		OHSAS			
	8.3 不合格及事故控制								
	8.3.1 不合格品控制	8.3				QMS			
	8.3.2 不符合控制		4.5.3	4.5.3.2		EMS			内容各异
	8.3.3 事故控制			4.5.2.1		OHSAS			
	8.3.4 应急准备响应		4.4.7	4.4.7	COM		COM		
	8.4 数据分析	8.4						数据分析	
	8.5 改进	8.5							
	8.5.1 持续改进	8.5.1			COM			持续改进	
	8.5.2 纠正措施	8.5.2	(4.5.3)	(4.5.3.2)	COM				基本相同
	8.5.3 预防措施	8.5.3	(4.5.3)	(4.5.3.2)	COM				基本相同

第3章 术　语

为了理解标准，统一术语和定义是必要的。通常在理解标准条款时会加入自己对术语的理解，而人们对概念术语故有的理解可能与标准的定义并不相同，因此，可能导致对于标准的理解也大相径庭。显然这是不希望看到的。“质量”是什么，查阅国内的著作，也可以查阅国外专家的著作，朱兰(J. M. Juran)、戴明(W. F. Demin)、费根堡姆(A. V. Feigenbuam)、石川馨或田口玄一，等等，他们都给出了自己的定义。由于讨论的对象不同，研究的问题不同，发表著作的时代背景不同，给出的定义不同也是正常的。然而，如果带着这些不同点进入 ISO 9000 标准中，就会直接影响对于标准的把握，更谈不到准确理解和运用标准了。例如，将 ISO 9000:2005 的定义与《辞海》(上海辞书出版社)和《现代管理百科全书》(中国发展出版社)比较一下，就会发现概念术语的定义的差异比比皆是(见表 3-1)。所以要准确理解标准，还是先回到 ISO 9000 来，这是非常必要的。即使同样一个术语，同样的解释，从英文译成汉语，在不同的地方会以不同的译文表述出来。例如等同采用 ISO 9000 的国家标准中的“策划”(planning)，在《现代管理百科全书》中译成“计划工作”，我国台湾地区则译成“规划”。国标中的“可追溯性”(traceability)，《现代管理百科全书》中译为“可追查性”，而我国台湾同胞则译为“追溯性”。为了统一，本书提倡并采用国家标准译文。

表 3-1　部分术语、定义比较表

术语	ISO 9000:2005 的定义	《辞海》上海辞书出版社 1989 版	《现代管理百科全书》中国发展出版社
质量管理	在质量方面指挥和控制组织的协调的活动	亦称“质理控制”。狭义是指应用各种科学原理，以保证提高产品质量的管理。广义是指为了最经济地生产出适合使用者要求的高质量产品所采用的各种方法的体系	没有单独定义
质量策划	质量管理的一部分，致力于制定质量目标并规定必要的运行过程和相关资源以实现质量目标	没有此术语。其中的“策划”解释为“计划，打算”	称“质量计划工作”没有定义
质量控制	质量管理的一部分，致力于满足质量要求	即“质量管理”。 其中的“控制”解释为：①掌握住使不越出范围；操纵，如控制字数，自动控制。②控制论的基本概念。指有组织的系统根据内外部变化而进行调整，使自身保持某种特定状态的活动。控制有一定方向和目标。其作用在于使事物之间相互制约，克服随机因素	为满足质量要求而使用的操作技术和活动

续表 3-1

术语	ISO 9000:2005 的定义	《辞海》上海辞书出版社 1989 版	《现代管理百科全书》中国发展出版社
质量保证	质量管理的一部分，致力于提供质量要求会得到满足的信任	没有此术语。其中的“保证”解释为“担保”	为使人们确信某一产品过程或服务质量能满足特定的质量要求所必需的有计划有系统的全部活动
质量改进	质量管理的一部分，致力于增强满足质量要求的能力	没有此术语。其中的“改进”一词也没有列入，类似的有“改正”	突破计划达到前所未有水平的过程，最终结果是以明显优于计划性能的质量水平进行经营活动

表 3-2 整合管理体系 术语中英文对照表

类别	编号	国家标准术语	中国台湾地区术语	英文	定义(没有包括原文中的注释)
以下术语自 ISO 9000:2005					
质量相关术语	3.1.1	质量	品质	quality	一组固有特性满足要求的程度
	3.1.2	要求		requirement	明示的、通常隐含的或必须履行的需求或期望
	3.1.3	等级	—	grade	对功能用途相同的产品、过程或体系所做的不同质量要求的分类或分级
	3.1.4	顾客满意	客户满意	customer satisfaction	顾客对其要求已被满足程度的感受
	3.1.5	能力	—	capability	组织、体系或过程实现产品并使其满足要求的本领
	3.1.6	能力	—	competence	经证实的应用知识和技能的本领
管理相关术语	3.2.1	体系(系统)	系统	system	相互关联或相互作用的一组要素
	3.2.2	管理体系	管理系统	management system	建立方针和目标并实现这些目标的体系
	3.2.3	质量管理体系	品质管理系统	quality management system	在质量方面指挥和控制组织的管理体系
	3.2.4	质量方针	品质政策	quality policy	由组织最高管理者正式发布的关于质量方面的全部意图和方向
	3.2.5	质量目标	品质目标	quality	在质量方面所追求的目的
	3.2.6	管理	—	management	指挥和控制组织的协调的活动
	3.2.7	最高管理者	最高管理层	top management	在最高层指挥和控制组织的一个人或一组人

续表 3-2

类别	编号	国家标准术语	中国台湾地区术语	英文	定义(没有包括原文中的注释)
以下术语自 ISO 9000:2005					
管理相关术语	3.2.8	质量管理	品质管理	quality management	在质量方面指挥和控制组织的协调的活动
	3.2.9	质量策划	品质规划	quality planning	质量管理的一部分,致力于制定质量目标并规定必要的运行过程和相关资源以实现质量目标
	3.2.10	质量控制	品质管制	quality control	质量管理的一部分,致力于满足质量要求
	3.2.11	质量保证	品质保证	quality assurance	质量管理的一部分,致力于提供质量要求会得到满足的信任
	3.2.12	质量改进	品质改善	quality improvement	质量管理的一部分,致力于增强满足要求的能力
	3.2.13	持续改进	持续改善	continual improvement	增强满足要求的能力的循环活动
	3.2.14	有效性	—	effectiveness	完成策划的活动并得到策划结果的程度
	3.2.15	效率	—	efficiency	得到的结果与所使用的资源之间的关系
组织相关术语	3.3.1	组织	—	organization	职责、权限和相互关系得到安排的一组人员及设施
	3.3.2	组织结构	组织架构	organizational structure	人员的职责、权限和相互关系的安排
	3.3.3	基础设施	—	infrastructure	组织运作所必需的设施、设备和服务的体系
	3.3.4	工作环境	—	work environment	工作时所处的一组条件
	3.3.5	顾客	客户	customer	接受产品的组织或个人
	3.3.6	供方	供应商	supplier	提供产品的组织或个人
	3.3.7	相关方	—	interested party	与组织的业绩或成就有利益关系的个人或团体
	3.3.8	合同	合约	contract	有约束力的协议
过程产品相关术语	3.4.1	过程	流程	process	将输入转化为输出的相互关联或相互作用的一组活动
	3.4.2	产品		product	过程的结果
	3.4.3	项目	—	project	由一组有起止日期的、协调和受控的活动组成的独特过程,该过程要达到符合包括时间、成本和资源约束条件在内的规定要求的目标

续表 3-2

类别	编号	国家标准术语	中国台湾地区术语	英文	定义(没有包括原文中的注释)
以下术语自 ISO 9000:2005					
过程产品相关术语	3.4.4	设计和开发	—	design and development	将要求转换成产品、过程或体系的规定的特性或规范的一组过程
	3.4.5	程序	—	procedure	为进行某项活动或过程所规定的途径
特性相关术语	3.5.1	特性	—	characteristic	可区分的特征
	3.5.2	质量特性	品质特性	quality characteristic	与要求有关,产品、过程或体系的固有特性
	3.5.3	可靠性	—	dependability	用于表述可用性及其影响因素(可靠性、维修性和保障性)的集合术语
	3.5.4	可追溯性	追溯性	traceability	追溯所考虑对象的历史、应用情况或所处位置的能力
合格相关术语	3.6.1	合格(符合)	—	conformity	满足要求
	3.6.2	不合格(不符合)	—	nonconformity	未满足要求
	3.6.3	缺陷	—	defect	未满足与预期或规定用途有关的要求
	3.6.4	预防措施	—	preventive action	为消除潜在不合格或其他潜在不期望情况的原因所采取的措施
	3.6.5	纠正措施	矫正措施	corrective action	为消除已发现的不合格或其他不期望情况的原因所采取的措施
	3.6.6	纠正	矫正	correction	为消除已发现的不合格所采取的措施
	3.6.7	返工	—	rework	为使不合格产品符合要求而对其所采取的措施
	3.6.8	降级	—	regrade	为使不合格产品符合不同于原有的要求而对其所等级的变更
	3.6.9	返修	—	repair	为使不合格产品满足预期用途而对其所采取的措施
	3.6.10	报废	—	scrap	为避免不合格产品原有的预期用途而对其所采取的措施
	3.6.11	让步	—	concession	对使用或放行不符合规定要求的产品的许可
	3.6.12	偏离许可	—	deviation permit	产品实现前,对偏离原规定要求的许可
	3.6.13	放行	—	release	对进入一个过程的下一阶段的许可

续表 3-2

类别	编号	国家标准术语	中国台湾地区术语	英文	定义(没有包括原文中的注释)
以下术语自 ISO 9000:2005					
文件相关术语	3.7.1	信息	资讯	information	有意义的数据
	3.7.2	文件	—	document	信息及其承载媒介
	3.7.3	规范	—	specification	阐明要求的文件
	3.7.4	质量手册	品质手册	quality manual	规定组织质量管理体系的文件
	3.7.5	质量计划	品质计划	quality plan	对特定的项目、产品、过程或合同,规定由谁及何时应使用哪些程序和相关资源的文件
	3.7.6	记录	—	record	阐明所取得的结果或提供所完成活动的证据的文件
检查相关术语	3.8.1	客观证据	—	objective evidence	支持事物存在或其真实性的数据
	3.8.2	检验	—	inspection	通过观察和判断,适当时结合测量、试验或估量所进行的符合性评价
	3.8.3	试验	—	test	按照程度确定一个或多个特性
	3.8.4	验证	—	verification	通过提供客观证据对规定要求已得到满足的认定
	3.8.5	确认	验收	validation	通过提供客观证据对特定的预期用途或应用要求已得到满足的认定
	3.8.6	鉴定过程	—	qualification process	证实满足规定要求的能力的过程
	3.8.7	评审	审查	review	为确定主题事项达到规定目标的适宜性、充分性和有效性所进行的活动
审核相关术语	3.9.1	审核	稽核	audit	为获得审核证据并对其进行客观的评价,以确定满足审核准则的程度所进行的系统的、独立的并形成文件的过程
	3.9.2	审核方案	稽核方案	audit program	针对特定时间段所策划并具有特定目的的一组(一次或多次)审核
	3.9.3	审核准则	稽核准则	audit criteria	一组方针、程序或要求
	3.9.4	审核证据	稽核证据	audit evidence	与审核准则有关并能够证实的记录、事实陈述或其他信息
	3.9.5	审核发现	稽核发现	audit findings	将收集到的审核证据对照审核准则进行评价的结果
	3.9.6	审核结论	稽核结论	audit conclusion	审核组考虑了审核目的和所有审核发现后得出的最终审核结果

续表 3-2

<table>
<tr><th>类别</th><th>编号</th><th>国家标准术语</th><th>中国台湾地区术语</th><th>英文</th><th>定义(没有包括原文中的注释)</th></tr>
<tr><td colspan="6">以下术语自 ISO 9000:2005</td></tr>
<tr><td rowspan="8">审核相关术语</td><td>3.9.7</td><td>审核委托方</td><td>稽核委托方</td><td>audit client</td><td>要求审核的组织或人员</td></tr>
<tr><td>3.9.8</td><td>受审核方</td><td>受稽核方</td><td>auditee</td><td>被审核的组织</td></tr>
<tr><td>3.9.9</td><td>审核员</td><td>稽核员</td><td>auditor</td><td>经证实具有实施审核的个人素质和能力的人员</td></tr>
<tr><td>3.9.10</td><td>审核组</td><td>稽核组</td><td>audit team</td><td>实施审核的一名或多名审核员,需要时,由技术专家提供支持</td></tr>
<tr><td>3.9.11</td><td>技术专家</td><td>—</td><td>technical expert</td><td>〈审核〉向审核组提供特定知识或技术的人员</td></tr>
<tr><td>3.9.12</td><td>审核计划</td><td>稽核计划</td><td>audit plan</td><td>对审核活动和安排的描述</td></tr>
<tr><td>3.9.13</td><td>审核范围</td><td>稽核范围</td><td>audit scope</td><td>审核的内容和界限</td></tr>
<tr><td>3.9.14</td><td>能力</td><td>—</td><td>competence</td><td>〈审核〉经证实的个人素质以及经证实的应用知识和技能的本领</td></tr>
<tr><td rowspan="6">测量过程质量保证术语</td><td>3.10.1</td><td>测量管理体系</td><td>测量管理系统</td><td>measurement management system</td><td>为实成计量确认并持续控制测量过程所必需的相互关联和相互作用的一组要素</td></tr>
<tr><td>3.10.2</td><td>测量过程</td><td>—</td><td>measurement process</td><td>确定量值的一组操作</td></tr>
<tr><td>3.10.3</td><td>计量确认</td><td>—</td><td>metrological confirmation</td><td>为确保测量设备符合预期使用要求所需要的一组操作</td></tr>
<tr><td>3.10.4</td><td>测量设备</td><td>—</td><td>measuring equipment</td><td>为实现测量过程所必需的测量仪器、软件、测量标准、标准物质或辅助器械或它们的组合</td></tr>
<tr><td>3.10.5</td><td>计量特性</td><td>—</td><td>metrological characteristic</td><td>能影响测量结果的可区分的特征</td></tr>
<tr><td>3.10.6</td><td>计量职能</td><td>—</td><td>metrological function</td><td>确定和实施测量管理体系的具有管理和技术责任的职能</td></tr>
<tr><td colspan="6">以下术语自 ISO 14001:2004(与 ISO 9000:2005 重复者未收入)</td></tr>
<tr><td rowspan="4">环境管理体系相关</td><td>3.2</td><td>持续改进</td><td>持续改善</td><td>continual improvement</td><td>不断对环境管理体系进行强化的过程,目的是根据组织的环境方针,实现对整体环境绩效的改进</td></tr>
<tr><td>3.5</td><td>环境</td><td>—</td><td>enviroment</td><td>组织运行活动的外部存在,包括空气、水、土地、自然资源、植物、动物、人,以及它们之间的相互关系</td></tr>
<tr><td>3.6</td><td>环境因素</td><td>—</td><td>enviromental aspect</td><td>一个组织的活动、产品和服务中能与环境发生相互作用的要素</td></tr>
<tr><td>3.7</td><td>环境影响</td><td>—</td><td>enviromental impect</td><td>全部或部分地由组织的环境因素给环境造成的任何有害或有益的变化</td></tr>
</table>

续表 3-2

类别	编号	国家标准术语	中国台湾地区术语	英文	定义(没有包括原文中的注释)
以下术语自 ISO 14001:2004(与 ISO 9000:2005 重复者未收入)					
环境管理体系相关	3.8	环境管理体系	环境管理系统	enviromental Management system	组织管理体系的一部分,用来制定和实施其环境方针,并管理其环境因素
	3.9	环境目标	—	enviromental object	组织依据其环境方针规定的自己所需实现的总体环境目的
	3.10	环境绩效	—	enviromental performance	组织对其环境因素进行管理所取得的可测量结果
	3.11	环境方针	环境政策	enviromental policy	由最高管理者就组织的环境绩效正式表述的总体意图和方向
	3.12	环境指标	—	enviromental target	由环境目标产生,为实现环境目标所须规定并满足的具体的绩效要求,它们可适用于整个组织或其局部
	3.18	污染预防	—	prevention of pollution	为了降低有害的环境影响而采用(或综合采用)过程、惯例、技术、材料、产品、服务或能源以避免、减少或控制任何类型的污染物或废物的产生、排放或废弃
以下术语自 OHSA18001:2007(与 ISO 9000:2005 重复者未收入)					
职业健康安全相关	3.1	事故	—	accident	造成死亡疾病伤害损坏或其他损失的意外情况
	3.3	持续改进	持续改善	continual improvement	为改进职业健康安全总体绩效,根据职业健康安全方针,组织强化职业健康安全管理体系的过程
	3.4	危险源	—	hazard	可能导致伤害或疾病财产损失工作环境破坏或这些情况的组合的根据或状态
	3.5	危险源辨识	—	hazard identification	识别危险源存在并确定其特性的过程
	3.6	事件	—	incident	可能导致事故的情况
	3.7	相关方	—	interested parties	与组织的职业健康安全绩效有关的或受其影响的个人或团体
	3.8	不符合	—	non-conformance	任何与工作标准惯例程序法规管理体系绩效等的偏离,其结果能够直接或间接导致伤害或疾病财产损失工作环境破坏或这些情况的组合
	3.9	目标	—	objectives	组织在职业健康安全绩效方面所要达到的目的

续表 3-2

类别	编号	国家标准术语	中国台湾地区术语	英文	定义(没有包括原文中的注释)
以下术语自 OHSA18001:2007(与 ISO 9000:2005 重复者未收入)					
职业健康安全相关	3.10	职业健康安全	职业安全卫生	occupational health and safety	影响工作场所内员工临时工作人员合同方人员访问者或其他人员健康和安全的条件和因素
	3.11	职业健康安全管理体系	职业安全卫生管理系统	occupational health and safety management system	总的管理体系的一部分,便于组织对与其业务相关的职业健康安全风险的管理。它包括指定实施实现评审和保持职业健康安全方针所需的组织结构策划活动职责惯例程序过程和资源
	3.13	绩效	—	performance	基于职业健康安全方针和目标与组织的职业健康安全风险控制有关的职业健康安全体系可测量结果
	3.14	风险	—	risk	某一特定危险情况发生的可能性和后果的组合
	3.15	风险评价	—	risk assessment	评估风险大小以及确定是否可允许的全过程
	3.16	安全	—	safety	免除了不可接受的损害风险的状态
	3.17	可容许风险	—	tolerable risk	根据组织的法律义务和职业健康方针已降至组织可接受程度的风险

*:“中国台湾地区术语”栏目的内容见台资企业管理体系文件,列出提供参考之用。

—:表示与国家标准 GB/T 19000—2008 术语一致。

第4章 整合管理体系

本章覆盖:ISO 9001:2008/4、ISO 14001:2004/4.1/4.4.4/4.4.5、OHSAS 18001:2007/4.1/4.4.4/4.4.5 等内容。解读指南见表 4-1。

表 4-1 解读指南表

本书章节号	分体系标准要素号码			解读方式				
4 管理体系	QMS	EMS	OHSAS	标准原文	认知理解	操作运行	示例	不符合项案例
4.1 总要求	4.1	4.1	4.1	• 035	• 036	• 037		○
4.2 文件要求								
4.2.1 总则	4.2.1	4.4.4	4.4.4	• 037/038	• 039	• 041		• 043
4.2.2 管理手册	4.2.2			• 038				
4.2.3 文件控制	4.2.3	4.4.5	4.4.5	• 038/039				
4.2.4 记录控制	4.2.4	4.5.3	4.5.3	• 045	• 045	• 046	• 047	○
• 表示有此内容;○ 表示没有此内容;数字表示本书页码								

注:表中 QMS 指 ISO 9001:2008;EMS 指 ISO 14001:2004;OHSAS 指 OHSAS18001:2007。

在以过程为基础的质量管理体系模式中,本章所覆盖的内容见图 4-1。

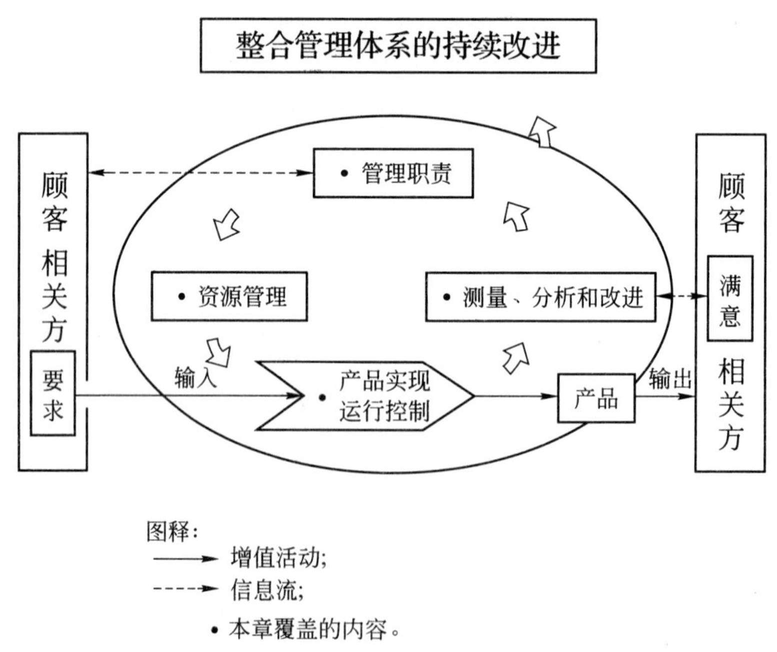

图 4-1 以过程为基础的整合管理体系模式

4.1 管理体系总要求

【标准原文】

引自 QMS ISO 9001:2008 的内容:

> **4.1 总要求**
>
> 组织应按本标准的要求建立质量管理体系,将其形成文件,加以实施和保持,并持续改进其有效性。
>
> 组织应:
>
> a) 确定质量管理体系所需的过程及其在整个组织中的应用;
>
> b) 确定这些过程的顺序和相互作用;
>
> c) 确定所需的准则和方法,以确保这些过程的运行和控制有效;
>
> d) 确保可以获得必要的资源和信息,以支持这些过程的运行和监视;
>
> e) 监视、测量(适用时)和分析这些过程;
>
> f) 实施必要的措施,以实现所策划的结果和对这些过程的持续改进。
>
> 组织应按本标准的要求管理这些过程。
>
> 组织如果选择将影响产品符合要求的任何过程外包,应确保对这些过程的控制。对此类外包过程控制的类型和程度应在质量管理体系中加以规定。
>
> 注 1:上述质量管理体系所需的过程包括与管理活动、资源提供、产品实现以及测量、分析和改进有关的过程。
>
> 注 2:"外包过程"是为了质量管理体系的需要,由组织选择,并由外部方实施的过程。
>
> 注 3:组织确保对外包过程的控制,并不免除其满足所有顾客要求和法律法规要求的责任。对外包过程控制的类型和程度可受诸如下列因素影响:
>
> a) 外包过程对组织提供满足要求的产品的能力的潜在影响;
>
> b) 对外包过程控制的分担程度;
>
> c) 通过应用 7.4 实现所需控制的能力。

引自 EMS ISO 14001:2004 的内容:

> **4.1 总要求**
>
> 组织应根据本标准的要求建立、实施、保持和持续改进环境管理体系,确定如何实现这些要求,并形成文件。
>
> 组织应界定环境管理体系的范围,并形成文件。

引自 OHSAS 18001:2007 的内容:

> **4.1 总要求**
>
> 组织应建立并保持职业健康安全管理体系。第 4 章描述了对职业健康安全管理体系的要求。职业健康安全管理体系模式如图 1 所示。

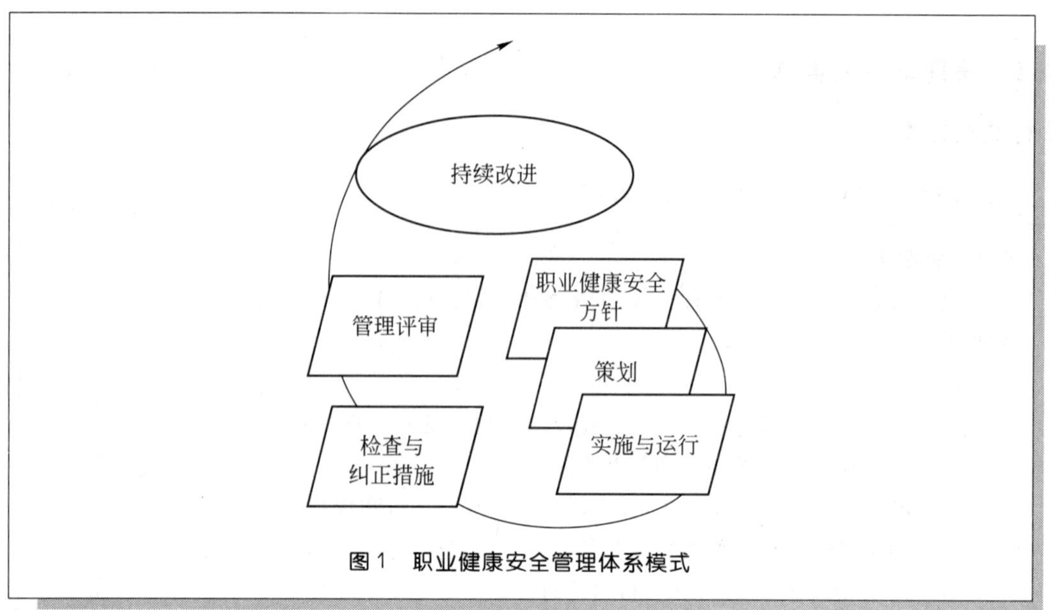

图 1　职业健康安全管理体系模式

【认知理解】

ISO 9001 符合性要求 QMS 策划实施见表 4-2。

表 4-2　ISO 9001 符合性要求 QMS 策划实施表

要求	IMS 及其文件策划					
	准备工作		文件编写	试运行	内审	管理评审
对应 a)：识别过程	按四大过程将识别的体系过程进行分类（含外包过程），删减要素的合理性识别	按以下层次列出文件清单，明确责任和完成日期： 1）管理方针和管理目标； 2）管理手册； 3）程序文件； 4）规范和作业文件； 5）记录表单。	完成： 1）管理方针和管理目标； 2）管理手册； 3）程序文件； 4）规范和作业文件； 5）记录表单。 按责任要求审核批准	可以同步进行；也可以各个部门不同步进行；但是为管理方便起见，上游过程一般在先，避免流程颠倒和混乱	运行三个月以上可以进行内部审核，首次内部审核可以包括文件审核，以便解决符合性问题	通常半年以上，内审结束一段时间后（内审整改，结案后）进行。通过管理评审对已经建立的体系的符合性、适宜性和有效性进行评价，整改，进一步解决体系策划存在的问题
对应 b)：确定过程顺序和相互作用	做出各个过程的流程图，明确过程接口和相互作用（外包按 7.4）					
对应 c)：确定准则和方法	工艺准则清单验收准则清单					
对应 d)：资源和信息	特殊岗位及其培训计划清单基础设施及其维护保养清单工作环境要求清单					

续表 4-2

要求	IMS 及其文件策划					
	准备工作		文件编写	试运行	内审	管理评审
对应 e)：监视测量和分析过程	按体系，过程和产品分别明确					
对应 f)：策划结果的实现和持续改进	预防措施	风险评估/确定是否列入上述计划				

注：本表重点是体系标准符合性，实际上策划不仅要依据体系标准，还要依据企业实际情况、顾客要求、法律法规等。

【操作运行】

见 ISO 9001:2008 的 5.4.2 质量管理体系策划。

4.2 文件要求

4.2.1 总则

【标准原文】

引自 QMS ISO 9001:2008 的内容：

> **4.2.1 总则**
>
> 质量管理体系文件应包括：
>
> a) 形成文件的质量方针和质量目标；
>
> b) 质量手册；
>
> c) 本标准所要求的形成文件的程序和记录；
>
> d) 组织确定的为确保其过程有效策划、运行和控制所需的文件，包括记录。
>
> 注 1：本标准出现“形成文件的程序”之处，即要求建立该程序，形成文件，并加以实施和保持。一个文件可包括对一个或多个程序的要求。一个形成文件的程序的要求可以被包含在多个文件中。
>
> 注 2：不同组织的质量管理体系文件的多少与详略程度可以不同，取决于：
>
> a) 组织的规模和活动的类型；
>
> b) 过程及其相互作用的复杂程度；
>
> c) 人员的能力。
>
> 注 3：文件可采用任何形式或类型的媒介。

引自 EMS ISO 14001:2004 的内容：

> **4.4.4 文件**
>
> 环境管理体系文件应包括：

> a）环境方针、目标和指标；
> b）对环境管理体系覆盖范围的描述；
> c）对环境管理体系主要要素及其相互作用的描述，以及相关文件的查询途径；
> d）本标准要求的文件，包括记录；
> e）组织为确保对涉及重要环境因素的过程进行有效策划、运行和控制所需的文件和记录。

引自 OHSAS 18001：2007 的内容：

> **4.4.4　文件**
>
> 组织应以适当的媒介(如：纸或电子形式)建立并保持下列信息：
> a）描述管理体系核心要素及其相互作用；
> b）提供查询相关文件的途径。
>
> 注：重要的是，按有效性和效率要求使文件数量尽可能少。

4.2.2　管理手册

【标准原文】

引自 QMS ISO 9001：2008 的内容：

> **4.2.2　质量手册**
>
> 组织应编制和保持质量手册，质量手册包括：
> a）质量管理体系的范围，包括任何删减的细节和正当的理由；
> b）为质量管理体系编制的形成文件的程序或对其引用；
> c）质量管理体系过程之间的相互作用的表达。

4.2.3　文件控制

【标准原文】

引自 QMS ISO 9001：2008 的内容：

> **4.2.3　文件控制**
>
> 质量管理体系所要求的文件应予以控制。记录是一种特殊类型的文件，应根据 4.2.4 的要求进行控制。
>
> 应编制形成文件的程序，以规定以下方面所需的控制：
> a）为使文件是充分与适宜的，文件发布前得到批准；
> b）必要时对文件进行评审与更新，并再次批准；
> c）确保文件的更改和现行修订状态得到识别；
> d）确保在使用处可获得适用文件的有关版本；

e） 确保文件保持清晰、易于识别；

f） 确保组织所确定的策划和运行质量管理体系所需的外来文件得到识别，并控制其分发；

g） 防止作废文件的非预期使用，如果出于某种目的而保留作废文件，对这些文件进行适当的标识。

引自 EMS ISO 14001：2004 的内容：

4.4.5 文件控制

应对本标准和环境管理体系所要求的文件进行控制。记录是一种特殊类型的文件，应依据 4.5.4 的要求进行控制。

组织应建立、实施并保持一个或多个程序，以规定：

a） 在文件发布前进行审批，确保其充分性和适宜性；

b） 必要时对文件进行评审和更新，并重新审批；

c） 确保对文件的更改和现行修订状态做出标识；

d） 确保在使用处能得到适用文件的有关版本；

e） 确保文件字迹清楚，易于识别；

f） 确保对策划和运行环境管理体系所需的外来文件做出标识，并对其发放予以控制；

g） 防止对过期文件的非预期使用。如须将其保留，要做出适当的标识。

引自 OHSAS 18001：2007 的内容：

4.4.5 文件和资料控制

组织应建立并保持程序，控制本标准所要求的所有文件和资料，以确保：

a） 文件和资料易于查找；

b） 对文件和资料进行定期评审，必要时予以修订并由被授权人员确认其适宜性；

c） 凡对职业健康安全体系的有效运行具有关键作用的岗位，都可得到有关文件和资料的现行版本；

d） 及时将失效文件和资料从所有发放和使用场所撤回，或采取其他措施防止误用；

e） 对出于法规和（或）保留信息的需要而留存的档案文件和资料予以适当标识。

【认知理解】

当走进文件控制中心，看到的是：文控人员正登记、分发文件。一排排书架上整齐地摆放着 IMS 文件。现行有效版本的质量手册、程序文件、作业指导书、检验规范等均分类码放；文件修改记录、过期作废文件都有明显的标识，已受控文件中还包括国家标准、国外标准、顾客图样等。

文件控制，人人有责。一般公司/组织都设有一个主要负责的部门，叫做文控中心。当然也可能用其他名称。有的直属管理者代表领导，也有的属于总经理办公室或行政部门直辖。

1. 文件编写过程

在策划 IMS 文件时，依据应充分，以便形成如图 4-2 所示的文件编写过程。

图 4-2　文件编写过程

IMS：整合管理体系　　QMS：质量管理体系　　EMS：环境管理体系　　OHSAS：职业健康安全管理体系

在 IMS 文件编写过程中应有以下总的原则和规定，并以此作为文件审核的要求，使 IMS 文件具有良好的系统性。

(1) 内容的符合性：要求符合 QMS/EMS/OHSAS 标准，覆盖所有要求；符合法律、法规、行业标准的要求；符合企业的实际情况。

(2) 术语的规范性：尽量采用 QMS/EMS/OHSAS 标准术语，或行业统一的标准，避免出现容易产生歧义误解的术语和不准确的描述。

(3) 各级文件一致性：避免出现同一活动多种规定，或出现矛盾的情况。

(4) 简要和可操作：必要时应加图示，尤其是作业指导书，应方便员工的理解阅读。

2. IMS 文件系统的管理和控制

质量管理体系 IMS 建立、运行和改进是靠文件系统支持，通过文件系统的实施得以实现的。对文件进行管理控制是 IMS 的一项首要的基础工作。

文件控制基本原则是：

(1) 审批原则：授权人审核和批准的目的是确保文件的正确性和有效性，防止“政出多门”或随意性的文件产生负面影响。

(2) 评审原则：定期审视文件，及时识别过期失效文件，并且不失时机地更新，确保与时俱进和文件的现行有效。

(3) 标识原则：标识现行有效文件和过期失效文件，防止现场错用、误用作废文件而造成负面影响。

(4) 发放/收回原则：为确保文件发放/收回有序化，现场及时得到现行有效文件，并及时收回过期失效文件，实行签名负责制，并建立可追溯的原始记录。

(5) 外来文件跟进原则：诸如法律、法规、标准、文件，包括顾客图样标准，更新版本时组织没有主动权，因此必须建立信息渠道定期联络，确保及时掌握版本更新的确切消息，并及时索取最新版本；防止使用过期失效的外来文件造成负面影响。

文件控制，在 IMS 建立、实施的不同阶段会遇到不同的问题。IMS 建立初期，主要是与引用文件(标准)的符合性的问题。所谓符合性，就是是否完全覆盖和满足了文件(标准)的所有要求，有没有遗漏和偏差，做到与引用文件(标准)的要求一致。实际上这个问题还会一直延续下去。这就是IMS发生变化时的变更管理问题。

例如，如果企业的现场有许多工程变更通知。操作人员查阅图纸时，还需要再查阅工程变更通知，很容易发生错误。实际上，操作者应执行的文件是图纸，工程变更应直接反映在图纸上；工程变更通知应作为时效文件使用，也就是限定时间有效，过期作废。当来不及变更图纸时，先用变更通知的方式下达操作者；待工程变更通过过期作废时，工程图纸已经变更，下一个作业周期即执行更改后的图纸了。这种控制方式也可以应对其他一些临时性情况。总之，限期生效，过期作废，就会使作业现场文件环境简化，避免发生混乱、忙乱和错误的情况。

至于有的企业在质量手册后面对于IMS变更的情况追加许多"补记"，也不如直接修改质量手册更简洁有效。IMS的组织、产品和流程发生变更的情况是不可避免的，应当及时对相应的体系文件变更，绝不能让新的生产线"使用"陈旧的流程，新产品使用老产品的作业规范。

【操作运行】

目的：确保整合管理体系动作现场可获取现行有效版本文件作为依据，防止误用过期作废文件。

范围：(1)管理手册；(2)程序文件；(3)作业指导书/规范；(4)外来文件；(5)记录表单。

定义(引自GB/T 19000—2008/ISO 9000:2005)：

信息 information 有意义的数据。

文件 document 信息及其承载媒介。

示例：记录、规范、程序文件、图样、报告、标准。

注1：媒介可以是纸张，磁性的、电子的、光学的计算机盘片，照片或标准样品，或它们的组合。

注2：一组文件，如若干个规范和记录，英文中通常被称为"documentation"。

注3：某些要求(如易读的要求)与所有类型的文件有关，然而对规范(如修订受控的要求)和记录(如可检索的要求)可以有不同的要求。

规范 specification 阐明要求的文件。

注：规范可能与活动有关(如：程序文件、工艺规范和试验说明书)或与产品有关(如：产品规范、性能规范和图样)。

质量手册 quality manual 规定组织质量管理体系的文件。

注：为了适应组织的规模和复杂程度，质量手册在其详略程度和编排格式方面可以不同。

质量计划 quality plan 对特定的项目、产品、过程或合同，规定由谁及何时应使用哪些程序的相关资源的文件。

注1：这些程序通常包括所涉及的那些质量管理过程和产品实现过程。

注2：通常，质量计划引用质量手册的部分内容或程序文件。

注3：质量计划通常是质量策划的结果之一。

记录 record 阐明所取得的结果或提供所完成活动的证据的文件。

注1：记录可用于文件的可追溯性活动，并为验证、预防措施和纠正措施提供证据。

注2：通常记录不需要控制版本。

职责：文件管理职责分工见表4-3。

表 4-3　文件管理职责分工

文件	批准	审核	起草/修改	管理
质量手册	总经理	管理者代表	（授权人）	××部
程序文件	管理者代表	授权人	××部	××部
作业文件	××部	××部	××部（授权人）	××部
规范	管理者代表	××部	××部（授权人）	××部
外来文件	总经理	管理者代表	××部	××部
记录表单	管理者代表	××部	部（授权人）	××部

程序：QMS 文件编写控制程序见图 4-3。

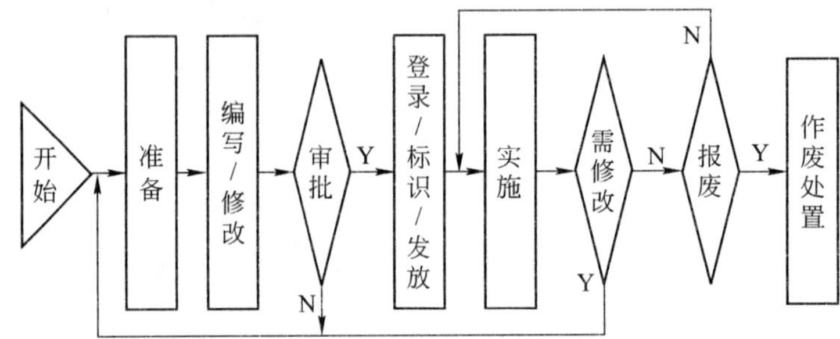

图 4-3　QMS 文件编写控制程序

准备1（初建 QMS 文件适用）：

a）确定标准和 QMS 要求；

b）收集体系和过程数据；

c）识别现有文件适用性；

d）对编写人员培训；

e）获取运作部门源文件和引用文件；

f）确定文件格式、结构。

准备 2（QMS 文件修改适用）；

a）识别标准和 QMS 要求；

b）收集体系和过程数据；

c）识别现有文件适用性；

d）确定文件格式、结构。

编写/修改：

必要时可包括文件的试运行。

记录：（1）受控文件清单（应有版本修改状态）；

（2）记录清单（应有保存期限）；

（3）文件发放/回收记录；

（4）文件修改记录；

（5）外来文件版本状态跟踪记录；

（6）文件作废处置记录。

【不符合项案例】

不符合项报告 1

公司:□□□□□□五金制品厂		
合同号:□□□□□□□	日期:200×.11.20	报告编号:I-01/06
依据标准:ISO 9001:2008	违反条款:4.2.3 文件控制	分类:Ⅱ
不符合项描述(包括不符合项对最终产品/服务的潜在影响): 在受控文件管理方面还有缺陷,如: 1. 变电工程队/输电工程队在用的《现场管理八不准》,《××/××/××施工操作规范》没有编号等标识,也没能在发布前得到批准,以确保文件是充分的和适宜的; 2. 受控文件清单没有提供版本/修订状态,因此不能用于识别文件的有效性。 以上不符合 ISO 9001:2008 标准 4.2.3 条文件应予以控制的要求。 受审核方签字 □□□　　审核员签字 □□□		
请留意:纠正措施实施情况应在一个月内(Ⅱ类或一般 NCR)或两个月内(Ⅰ类或严重 NCR)验证		

注:本表格不完整,未包括其余栏目,请参照使用时注意。

不符合项报告 2

公司:□□□□□□供电开发有限公司		
合同号:□□□□□□□□	日期:200×.01.10	报告编号:I-01/05
依据标准:ISO 9001:2008	违反条款:4.2.3 文件控制	分类:Ⅱ
不符合项描述(包括不符合项对最终产品/服务的潜在影响): 在技术文件控制方面还有缺陷,如: 正在使用的富德 BF 下料成形冲孔模具图纸没有审核批准,其中尺寸有的电脑直接打印,有的还是手写的,也没有控制标识;不能确保加工依据是适宜和准确的。 以上不符合 ISO 9001:2008 标准 4.2.3 条文件控制的要求。 受审核方签字 □□□　　审核员签字 □□□		
请留意:纠正措施实施情况应在一个月内(Ⅱ类或一般 NCR)或两个月内(Ⅰ类或严重 NCR)验证		

注:本表格不完整,未包括其余栏目,请参照使用时注意。

不符合项报告 3

公司:□□□□□□□精密焊管有限公司		
合同号:□□□□□□□	日期:200×.01.07	报告编号:S-01/03
依据标准:ISO 9001:2008	条款:4.2.3 文件控制	分类:Ⅱ
不符合项描述(包括不符合项对最终产品/服务的潜在影响): 在文件的版本标识的管理方面还有缺陷,如: 质量手册的版本/修改状态按章节编排,但是修改前后两次发放记录都是质量手册,也没版本/修改状态的标识,无法对适当的版本/修改状态进行识别和有效管理。 以上不符合 ISO 9001:2008　4.2.3 条现行修订状态得到识别的要求。 受审核方签字 □□□　　审核员签字 □□□		
请留意:纠正措施实施情况应在一个月内(Ⅱ类或一般 NCR)或两个月内(Ⅰ类或严重 NCR)验证		

注:本表格不完整,未包括其余栏目,请参照使用时注意。

不符合项报告 4

公司:□□□□□塑胶有限公司		
合同号:□□□□□□□	日期:200×.10.16	报告编号:R-02/05
依据标准:ISO 9001:2008	违反条款:4.2.3 文件控制	分类:Ⅱ

不符合项描述(包括不符合项对最终产品/服务的潜在影响):

在对技术文件控制方面还有个别不足之处,如:

制造规范 EC 2006(F)规定 25 mm 叶片厚度为$(0.43_{-0.02}^{0})$mm;制造规范 EC 2010(Ⅰ)规定 25 mm 叶片厚度为 0.45 mm～0.48 mm;均与押出品工程图面 EC 1002(C)规定 0.48 mm±0.02 mm 不符,不能确保操作者执行的一致性。

以上不符合 ISO 9001:2008 4.2.3 条防止误用失效文件的规定。

受审核方签字 □□□　　　　审核员签字 □□□

请留意:纠正措施实施情况应在一个月内(Ⅱ类或一般 NCR)或两个月内(Ⅰ类或严重 NCR)验证

注:本表格不完整,未包括其余栏目,请参照使用时注意。

不符合项报告 5

公司:□□□□□□电子厂		
合同号:□□□□□□□□	日期:200×.03.10	报告编号:C-01/05
依据标准:ISO 9001:2008	违反条款:4.2.3 文件控制	分类:Ⅱ

不符合项描述(包括不符合项对最终产品/服务的潜在影响):

部分作业文件控制还有缺陷,如:

现场使用的检验规范 C09-1-D-004 规定 LD BASE 内宽 25.0 mm±0.1mm,与图纸 9403014 规定 25.0 mm+0.1 mm 不一致,图纸也没有经过审核,不能确保验证活动的准确性和满足顾客要求。

以上不符合 ISO 9001:2008 4.2.3 条有关于文件控制的要求。

受审核方签字 □□□　　　　审核员签字 □□□

请留意:纠正措施实施情况应在一个月内(Ⅱ类或一般 NCR)或两个月内(Ⅰ类或严重 NCR)验证

注:本表格不完整,未包括其余栏目,请参照使用时注意。

不符合项报告 6

公司:□□□□□□□供电局		
合同号:□□□□□□□	日期:200×.09.21	报告编号:C-01/03
依据标准:ISO 9001:2008	条款:4.2.3 文件控制	分类:Ⅱ

不符合项描述(包括不符合项对最终产品/服务的潜在影响):

在电脑管理合同方面还有个别不足之处,如:

与龙□□□总厂签署的高压供电合同已经更新,但是电脑中 020111000038#合同却仍为有效期至 200×.12.31.的过期失效文件,没有进行检查和更新,不能支持有效的合同管理活动。

以上不符合 ISO 9001:2008 4.2.3 条关于防止作废文件非预期使用的要求。

受审核方签字 □□□　　　　审核员签字 □□□

请留意:纠正措施实施情况应在一个月内(Ⅱ类或一般 NCR)或两个月内(Ⅰ类或严重 NCR)验证

注:本表格不完整,未包括其余栏目,请参照使用时注意。

4.2.4 记录的控制

【标准原文】

QMS覆盖 ISO 9001:2008/4.2.4

> **4.2.4 记录控制**
>
> 为提供符合要求及质量管理体系有效运行的证据而建立的记录,应得到控制。
>
> 组织应编制形成文件的程序,以规定记录的标识、贮存、保护、检索、保留和处置所需的控制。
>
> 记录应保持清晰、易于识别和检索。

EMS覆盖 ISO 14001:2004/4.5.3

> **4.5.4 记录控制**
>
> 组织应根据需要,建立并保持必要的记录,用来证实对环境管理体系及本标准要求的符合,以及所实现的结果。
>
> 组织应建立,实施并保持一个或多个程序,用于记录的标识、存放、保护、检索、留存和处置。
>
> 环境记录应字迹清楚,标识明确,并具有可追溯性。

覆盖 OHSAS 18001:2007/4.5.3

> **4.5.3 记录和记录管理**
>
> 组织应建立并保持程序,以标识、保存和处理职业健康安全记录以及审核和评审结果。
>
> 职业健康安全记录应字迹清楚、标识明确,并可追溯相关的活动。职业健康安全记录的保存和管理应便于查阅,避免损坏、变质或遗失。应规定并记录保存期限。
>
> 应按照适于体系和组织的方式保存记录,用于证实符合本标准的要求。

【认知理解】 覆盖 ISO 9001:2008/4.2.4,ISO 14001:2004/4.4.5,OHSAS 18001:2007/4.4.5

IMS的记录管理,作为一个管理要素是有它的道理的。IMS不仅生产产品、财富,造就人才,也“生产”信息,而这些信息就存在于记录中。

在 ISO 9001:2008 的 8.2.2 内部审核结果中明文规定要求“保持记录”。其原因有以下几点:

(1) 审核记录是判断 IMS 有效性的主要依据,也是审核已经进行了证据。

(2) 定期分析审核记录,可以了解 IMS 缺陷,需要改进的区域以及培训的需求。

(3) 管理评审会议也应从内审记录中发现 IMS 总体情况和薄弱环节。

像 ISO 9001:2008 的 8.2.2 要素有记录要求的还有多处。这是标准要求必须建立记录的,此外 IMS 还将根据运行的要求,建立其他的记录。这些记录都应予以管理和控制,以确保满足要求。记录的管理一般应建立一个数据库,包括收集、保存防护和规定保存期限。为了方便使用,应当有快捷的检索系统;为了检索,应先行编目;为了有一个系统的目录,应先有分类和唯一的标识。

收集:应规定记录的填写和传递的渠道、路径和终点。

保存:应规定在不同时间段,保管的责任。

防护:应规定不同介质的记录防止数据丢失、损坏的方法,必要时备份。

标识:应规定编排分类码和顺序码的方法,确保编目和查阅一目了然。

编目:为确保检索快捷方便,编目应科学、系统。

检索:应明确规定查阅方式和取、存的规则,防止丢失和混乱。

【操作运行】　覆盖 ISO 9001:2008/4.2.4,ISO 14001:2004/4.5.3,OHSAS 18001:2007/4.5.3

目的:为提供符合要求、IMS 运行有效的证据和满足数据分析的要求。

范围:(1)ISO 9001 要求的记录(见表 4-4);(2)组织增加的记录。

定义:见 ISO 9001:2008 的 4.2.3 要素操作运行中"记录"的定义。

职责:处置批准:管理者代表;管理:文控中心;执行:各部门。

程序:记录的控制程序见图 4-4。

记录:(1)记录清单;(2)借阅记录;(3)处置记录。

表 4-4　ISO 9001:2008 所要求的记录一览表

序号	条款	所要求的记录
1	5.6.1	管理评审总则
2	6.2.2e)	教育、培训、技能和经验
3	7.1d)	实现过程及其产品满足要求的证据
4	7.2.2	与产品有关的要求的评审结果及评审而引起的措施
5	7.3.2	与产品要求有关的设计和开发输入
6	7.3.4	设计和开发评审结果以及必要的措施
7	7.3.5	设计和开发验证的结果以及必要的措施
8	7.3.6	设计和开发确认的结果以及必要的措施
9	7.3.7	设计和开发更改
10	7.3.7	设计和开发更改评审结果以及必要的措施
11	7.4.1	供方评价结果以及由评价而采取的必要的措施
12	7.5.2d)	在输出结果不能够被后续的监视和测量所证实时,组织应要求证实对过程的确认。记录的要求(见 4.2.4)
13	7.5.3	当有可追溯性要求时对产品的唯一性标识
14	7.5.4	顾客财产发生丢失、循环或发现不适用的情况和报告顾客
15	7.6a)	当无国际或国家测量标准时,用以检定或校准测量设备的依据

续表 4-4

序号	条款	所要求的记录
16	7.6	当测量设备被发现不符合要求时，对先前的测量结果的确认
17	7.6	测量设备校准和验证的结果、状态标识
18	8.2.2	内部审核及其结果
19	8.2.4	指明授权放行产品的人员
20	8.3	产品不合格性质以及随后所采取的措施，包括所获得的让步
21	8.5.2	纠正措施的结果
22	8.5.3	预防措施的结果

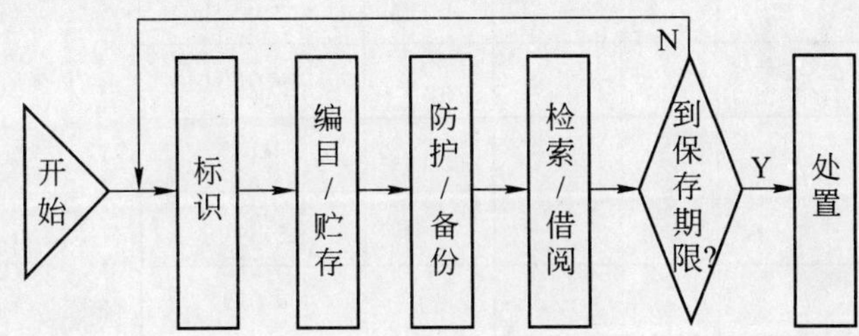

图 4-4 记录的控制程序

【记录单示例】

见表 4-5。

表 4-5 服装度尺记录表单

批号：□□□□ 款型：□□□ 部位：□□ 标准尺寸：□□□ 允许误差：□□ △=1/2|允许误差|

	测量时，将结果在对应的误差水平画“正”字（每一结果画一画），只要有一行画满，则计算合计，签名。超差者，产品单独标识/记录																					合计
正超差	正																					5
≤+2△	正	正	正	正																		20
≤+△	正	正	正	正	正	正	正	正	正	正	正	正	正	正	正	正	正	正	正	正		100
标准尺寸	正	正	正	正	正	正	正	正	正	正	正	正	正	正	正	正	正	正	正	正	正	105
≥−△	正	正	正	正	正	正	正	正	正	正	正	正	正	正	正	正	正	正	正	正		100
≥−2△	正	正	正	正	正																	25
负超差	正																					5
前工序/操作者：								总数：							检测员：						日期：	

注：服装业质量记录应防止嫌麻烦不记录，或因表单设计欠妥确实很烦琐，不便于边操作边记录的现象发生。为了不使记录成为额处负担，记录表单设计是关键。尽可能做到既满足获得数据的需要，也使作业人员随手记下，也避免人量书写的烦琐。

第5章 管理职责

本章覆盖：ISO 9001：2008/5，ISO 14001：2004/4.2/4.3.3/4.4.1/4.4.3/4.6，OHSAS18001：2007/4.2/4.3.3/4.4.1/4.4.3/4.6 等内容。解读指南见表 5-1。

表 5-1 解读指南表

<table>
<tr><td>本书章节号</td><td colspan="3">分体系标准要素号码</td><td colspan="4">解读方式</td></tr>
<tr><td>5 管理职责</td><td>QMS</td><td>EMS</td><td>OHSAS</td><td>标准原文</td><td>认知理解</td><td>操作运行</td><td>示例</td></tr>
<tr><td>5.1 管理承诺</td><td>5.1</td><td></td><td></td><td>• 049</td><td rowspan="17">• 054
集中解读</td><td rowspan="17">• 058
集中解读</td><td rowspan="17">• 062
• 063
• 064 改进文案
• 065 组织图管理方针（质量方针/环境方针/职业健康安全方针）</td></tr>
<tr><td>5.2 以顾客为关注焦点</td><td>5.2</td><td></td><td></td><td>• 049</td></tr>
<tr><td>5.3 管理方针</td><td></td><td></td><td></td><td></td></tr>
<tr><td>5.3.1 质量方针</td><td>5.3</td><td></td><td></td><td>• 049</td></tr>
<tr><td>5.3.2 环境方针</td><td></td><td>4.2</td><td></td><td>• 051</td></tr>
<tr><td>5.3.3 职业健康安全方针</td><td></td><td></td><td>4.2</td><td>• 052</td></tr>
<tr><td>5.4 策划（标题）</td><td></td><td></td><td></td><td></td></tr>
<tr><td>5.4.1 管理目标</td><td></td><td></td><td></td><td></td></tr>
<tr><td>5.4.1.1 质量目标</td><td>5.4.1</td><td></td><td></td><td>• 049</td></tr>
<tr><td>5.4.1.2 环境目标</td><td></td><td>4.3.3</td><td></td><td>• 051</td></tr>
<tr><td>5.4.1.3 职业健康安全目标</td><td></td><td></td><td>4.3.3</td><td>• 052</td></tr>
<tr><td>5.4.2 管理体系策划</td><td>5.4.2</td><td>(4.3.3)</td><td>(4.3.3)</td><td>• 050</td></tr>
<tr><td>5.5 职责、权限与沟通</td><td></td><td></td><td></td><td></td></tr>
<tr><td>5.5.1 职责和权限</td><td>5.5.1</td><td>4.4.1</td><td>4.4.1</td><td>• 050/051/053</td></tr>
<tr><td>5.5.2 管理者代表</td><td>5.5.2</td><td>4.4.3</td><td>4.4.3</td><td>• 050/051/053</td></tr>
<tr><td>5.5.3 内部沟通</td><td>5.5.3</td><td>(4.4.1)</td><td>(4.4.1)</td><td>• 050/051/053</td></tr>
<tr><td>5.6 管理评审（标题）</td><td>5.6</td><td>4.6</td><td>4.6</td><td>• 050/052/054</td></tr>
<tr><td colspan="8">• 表示有此内容；○ 表示没有此内容；数字表示本书页码。</td></tr>
</table>

注：表中 QMS 指 ISO 9001：2008；EMS 指 ISO 14001：2004；OHSAS 指 OHSAS 18001：2007。

在以过程为基础的质量管理体系模式中本章所覆盖内容见图 5-1。

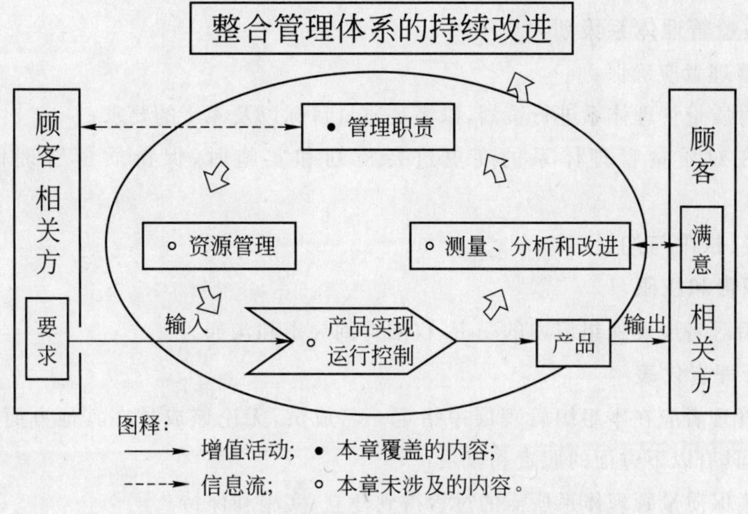

图 5-1　以过程为基础的整合管理体系模式

【标准原文】

引自 QMS ISO 9001:2008 的内容：

5.1　**管理承诺**

最高管理应通过以下活动，对其建立、实施质量管理体系并持续改进其有效性的承诺提供证据：

a）向组织传达满足顾客和法律法规要求的重要性；

b）制定质量方针；

c）确保质量目标的制定；

d）进行管理评审；

e）确保资源的获得。

5.2　**以顾客为关注焦点**

最高管理者应以增强顾客满意为目的，确保顾客的要求得到确定并予以满足。

5.3　**质量方针**

最高管理者应确保质量方针：

a）与组织的宗旨相适应；

b）包括对满足要求和持续改进质量管理体系有效性的承诺；

c）提供制定和评审质量目标的框架；

d）要组织内得到沟通和理解；

e）在持续适宜性方面得到评审。

5.4　**策划**

5.4.1　**质量目标**

最高管理者应确保在组织的相关职能和层次上建立质量目标，质量目标包括满足产品要求所需的内容。质量目标应是可测量的，并与质量方针保持一致。

5.4.2　质量管理体系策划

最高管理者应确保：

a）对质量管理体系进行策划，以满足质量目标以及4.1的要求；

b）在对质量管理体系的变更进行策划和实施时，保持质量管理体系的完整性。

5.5　职责、权限与沟通

5.5.1　职责和权限

最高管理者应确保组织内的职责、权限得到规定和沟通。

5.5.2　管理者代表

最高管理者应在本组织管理层中指定一名成员，无论该成员在其他方面的职责如何，应使其具有以下方面的职责和权限：

a）确保质量管理体系所需的过程得到建立、实施和保持；

b）向最高管理者报告质量管理体系的绩效和任何改进的需求；

c）确保在整个组织内提高满足顾客要求的意识。

注：管理者代表的职责可包括就质量管理体系有关事宜与外部方进行联络。

5.5.3　内部沟通

最高管理者应确保在组织内建立适当的沟通过程，并确保对质量管理体系的有效性进行沟通。

5.6　管理评审

5.6.1　总则

最高管理者应按策划的时间间隔评审质量管理体系，以确保其持续的适宜性、充分性和有效性。评审应包括评价改进的机会和质量管理体系变更的需求，包括质量方针和质量目标变更的需求。

应保持管理评审的记录。

5.6.2　评审输入

管理评审的输入应包括以下方面的信息：

a）审核结果；

b）顾客反馈；

c）过程的绩效和产品的符合性；

d）预防措施和纠正措施的状况；

e）以往管理评审的跟踪措施；

f）可能影响质量管理体系的变更；

g）改进的建议。

5.6.3　评审输出

管理评审的输出应包括与以下方面有关的任何决定和措施：

a）质量管理体系有效性及其过程有效性的改进；

b）与顾客要求有关的产品的改进；

c）资源需求。

引自 EMS ISO 14001:2004 的内容：

4.2　环境方针

最高管理者应确定本组织的环境方针，并在界定的环境管理体系范围内，确保其：

a）适合于组织活动、产品和服务的性质、规模的环境影响；

b）包括对持续改进和污染预防的承诺；

c）包括对遵守与其环境因素有关的适用法律法规和其他要求的承诺；

d）提供建立和评审环境目标和指标的框架；

e）形成文件，付诸实施，并予以保持；

f）传达到所有为组织或代表组织工作的人员；

g）可为公众所获取。

4.3.3　目标、指标和方案

组织应针对其内部有关职能和层次，建立、实施并保持形成文件的环境目标和指标。

如可行，目标和指标应可测量。目标和指标应符合环境方针，包括对污染预防、持续改进和遵守适用的法律法规和其他要求的承诺。

组织在建立和评审目标和指标时，应考虑法律法规和其他要求，以及自身的重要环境因素。此外，还应考虑可选的技术方案，财务、运行和经营要求，以及相关方的观点。

组织应制定、实施并保持一个或多个用于实现其目标和指标的方案，其中应包括：

a）规定组织内各有关职能和层次实现目标和指标的职责；

b）实现目标和指标的方法和时间表。

4.4.1　资源、作用、职责和权限

管理者应确保为环境管理体系的建立、实施、保持和改进提供必要的资源。资源包括人力资源和专项技能、组织的基础设施，以及技术和财力资源。

为便于环境管理工作的有效开展，应对作用、职责和权限作出明确规定，形成文件，并予以传达。

组织的最高管理者应任命专门的管理者代表，无论他(们)是否还负有其他方面的责任，应明确规定其作用、职责和权限，以便：

a）确保按照本标准的要求建立、实施和保持环境管理体系；

b）向最高管理者报告环境管理体系的运行情况以供评审，并提出改进建议。

4.4.3　信息交流

组织应建立、实施并保持一个或多个程序，用于有关其环境因素和环境管理体系的：

a）组织内部各层次和职能间的信息交流；

b）与外部相关方联络的接收、形成文件和回应。

组织应决定是否就其重要环境因素与外界进行信息交流，并将决定形成文件。如决定进行外部交流，则应规定交流的方式并予以实施。

4.6 管理评审

最高管理者应按计划的时间间隔，对组织的环境管理体系进行评审，以确保其持续适宜性、充分性和有效性。评审应包括评价改进的机会和对环境管理体系进行修改的需求，包括环境方针、环境目标和指标的修改需求。应保存管理评审记录。

管理评审的输入应包括：

a) 内部审核和合规性评价的结果；

b) 来自外部相关方的交流信息，包括抱怨；

c) 组织的环境绩效；

d) 目标和指标的实现程度；

e) 纠正和预防措施的状况；

f) 以前管理评审的后续措施；

g) 客观环境的变化，包括与组织环境因素有关的法律法规和其他要求的发展变化；

h) 改进建议。

管理评审的输出应包括为实现持续改进的承诺而作出的，与环境方针、目标、指标以及其他环境管理体系要素的修改有关的决策和行动。

引自 OHSAS 18001:2007 的内容：

4.2 职业健康安全方针

职业健康安全方针如图 2 所示。

组织应有一个经最高管理者批准的职业健康安全方针，该方针应清楚阐明职业健康安全总目标和改进职业健康安全绩效的承诺。

职业健康安全方针应：

a) 适合组织的职业健康安全风险的性质和规模；

b) 包括持续改进的承诺；

c) 包括组织至少遵守现行职业健康安全法规和组织接受的其他要求的承诺；

职业健康安全方针图

d) 形成文件，实施并保持；

e) 传达到全体员工，使其认识各自的职业健康安全义务；

f) 可为相关方所获取；

g) 定期评审，以确保其与组织保持相关和适宜。

4.3.3 目标和方案

组织应针对其内部相关部门和层次，建立、实施并保持其形成文件的职业健康安全目标。如可行，目标应予以量化，且应与职业健康安全方针相一致，包括对伤害及职业病的预防、持续改进和遵守实用的法律法规和其他要求的承诺。

组织在建立和评审目标时，应考虑法律法规和其他要求，以及自身的职业健康安全危险源和风险，可选择的技术方案、财务、运行和经营的要求和相关方的意见。组织应建立、实施并保持一个或多个职业健康安全方案，以达成其目标，方案至少应包括：

a)　为实现目标赋予组织内的各有关部门和层次的职责和权限；

b)　实现目标的方法和时间表。

应定期并且在计划的时间间隔内对职业健康安全管理方案进行评审。必要时，应针对组织的活动、产品、服务或运行条件的变化，对职业健康安全管理方案进行修订，以确保职业健康安全目标的实现。

4.4.1　资源、作用、职责和权限

最高管理者应负有职业健康安全及职业健康安全管理体系的最终责任，最高管理者应通过以下活动，展现其承诺，发便：

a)　确保按本标准要求建立、实施、控制和改进职业健康安全管理体系所需要的资源；

注：资源包括：人力资源、专项技能、组织的基础设施、以及技术和财力资源。

b)　为便于职业健康安全管理工作的有效开展，应对作用、职责和权限作出明确规定，形成文件并沟通。

注：指派最高管理者中(例如，某大组织内的董事会或执委员会成员)作为管理者代表承担特定职责，还可以承担其他职责。

组织应任命最高管理者中的一名或多名为管理者代表，以承担职业健康安全管理的特殊责任，这些人除仍承担原有职责外，应确定其职责和权限以便实现下列任务：

a)　确保按照OHSAS标准建立、实施和保持职业健康安全管理体系；

b)　确保向最高管理者报告职业健康安全管理体系运行的绩效，以供评审，并作为改进职业健康安全管理体系得依据。应使在组织管理或控制下工作的所有人员，均应由最高管理者明确其应履行的职责和权限。

所有承担管理职责的人员，都应表明其对职业健康安全绩效持续改进的承诺。

组织应确保工作场所的人员在他们所控制的区域内，负有职业健康安全的责任，包括遵守组织适用的职业健康安全法律法规和其他要求。

4.4.3　沟通、参与和协商

4.4.3.1　沟通

组织应针对职业健康安全的风险与职业健康安全管理体系的建立、实施和保持一个或多个程序，以便：

a)　组织内各部门和层次之间的信息交流和沟通；

b)　与供方和工作场所内的其他访问者之间进行信息交流和沟通；

c)　与外部相关方信息的接收、形成文件和回应。

4.4.3.2　参与和协商

组织应建立、实施和保持一个或多个程序，以便：

a)　工作人员的参与，以利：

ⓐ 适当的参与危险源的辨识、风险评价和确定控制方法；

ⓑ 适当的参与事件的调查；

ⓒ 参与职业健康安全方针和目标的制定和评审；

ⓓ 协商如有任何改变会影响他们的职业健康安全；

ⓔ 被告知与职业健康安全有关的事务；

ⓕ 工作人员应被告知需参与所安排的事项，包括谁是职业健康安全的员工代表；

b)　与承包商协商，如有任何改变会影响他们的职业健康安全；

适当时，组织应确认与外部相关方的职业健康安全有关议题的协商。

4.6　管理评审

最高管理者应按计划的时间间隔，对组织的职业健康安全管理体系进行评审，以确保其持续的适宜性、充分性和有效性。评审应包括评价改进的机会和对职业健康安全管理体系以及职业健康安全方针和目标进行修改的需求。应保存管理评审的记录。

管理评审的输入应包括：

a)　内部审核和合规性评价的结果；

b)　沟通、参与和咨询的结果；

c)　与外部相关方的交流信息，包括抱怨；

d)　组织的职业健康安全绩效；

e)　目标的实现程度；

f)　事件调查、纠正措施和预防措施的状况；

g)　以往管理评审的后续跟踪措施；

h)　客观情况的变化，包括与组织职业健康安全有关的法律法规及其他要求的发展变化；

i)　改进的建议。

管理评审的输出应与实现组织的持续改进承诺相一致，应包括下列任何改进决定及措施：

a)　职业健康安全绩效；

b)　职业健康安全方针和目标；

c)　资源的改进；

d)　与职业健康安全管理体系相关要素的改进。

管理评审的相关输出，应可通过沟通和信息交流而获得

【认知理解】

飞机在起飞后，由于气流变化的影响，大都会偏离航向；轮船启航后，由于海洋的潮汐和波浪作用，也会偏离航线。它们之所以能够到达目的地，是靠导航仪的作用。组织的航船在

市场的海洋中行驶，遇到的情况更加复杂多变，因此组织的航船需要 QMS，而本要素就是组织航船的导航仪。

1. 最高管理者的素质要求

作为最高管理者(CEO)，需要胆识和魄力，需要掌控航船的能力和把握市场发展变化的能力。把握好导航仪是起码的要求。为此，其素质要求有这样几点：

(1) 使命感和强烈的责任心；

(2) 卓越的洞察力和决策力；

(3) 具有组织才干；

(4) 善于与时俱进，具有科学发展观。

使命感和强烈的责任心，就是要坚守诚信原则，对顾客负责，对社会负责，对股东负责，对员工负责，对供方负责。如此，才能以顾客为关注焦点，具有敏锐的市场触觉，才能认真严肃地贯彻执行法律法规、标准和各项市场的游戏规则，才能把组织的各项承诺贯彻到底。

卓越的洞察力和决策力，是指从战略高度把握市场变化，建立质量方针、质量目标，建立、维护和改进 IMS，改进过程，改进产品/服务，实现和超过顾客期望，保持组织生存发展的活力。

具有组织才干，就是在组织中善于识别、培养、使用人才，善于授权、调动各级人员的积极性和创造性，形成 IMS 运作的精干高效的团队，充分体现“以人为本”的理念。

所谓善于与时俱进，具有科学发展观，就是时刻保持清醒的头脑，肯干，善于检讨产品、过程乃至体系的不足、缺陷和问题，准确地识别问题，不失时机地推动持续改进，使 IMS 自我完善机制，自我学习、改进和创新机制健康运作，永不停转。

观察事物，识大体顾大局，对于任何人都是重要的，而对于高层管理者尤其重要。

盲人摸象的故事，警示人们观察事物不可只见树木不见森林，更不能以局部代替全局。在管理 IMS 时，也用得上这个道理。IMS 各要素运行和谐统一，而不是顾此失彼。

然而，发现问题和解决问题，应从细节入手。有人说：“细节决定成败。”实际上，细节不一定决定“成”，却一定能决定“败”。美国“挑战者”航天飞机的事故，分析表明恰恰是细小的问题酿成了大祸。一个封密件失效，竟导致燃料泄漏和爆炸。

“木桶定律”告诉我们：一只由木板条围成的木桶所盛水量如何，并不取决于最长的木板条，而恰恰相反，取决于最短的木板条。一个 IMS 就如同一个木桶，其组成的要素就相当于围成木桶的木板条。IMS 动作的水平，并不取决于哪些要素运作得好，而取决于哪些或哪个要素运作最差。有效的管理和控制，应识别和改变相对较差的要素动作情况，使 IMS 的整体水平不断提升。

2. 管理者代表的素质要求和主要职责

1) 管理者代表的素质要求

ISO 9001 要求组织应授权一名管理者代表，主持 IMS 的各项工作，为此，他必须具备以下知识背景和有能力应用这些知识、技能进行工作：

(1) 企业管理和营销管理；

(2) 行业专业技术和管理；

(3) 质量管理(包括方法、工具)；

(4) 环境科学与管理(为体系拓展准备)；

(5) 法律法规标准(产品目标市场要求,包括海内外市场要求);

(6) ISO 9000(尽可能全面一些,例如 ISO 9004、ISO 19011);

(7) ISO 14000(为体系拓展准备)。

2) 管理者代表的主要职责

管理者代表负责 IMS 有关的对外联络工作,负责向最高管理者报告 QMS 运作情况、问题、改进的机会,这些工作都基于对 IMS 的建立、运行和改进的有效组织和把握上。因此,如何确保 QMS 的有效性、持续适宜性,是管理者代表的很关键的工作,也是管理者代表的主要职责。

(1) IMS 建立阶段

管理者代表除了主持文件编写之外,重要的是按体系文件要求逐级培训员工。当 IMS 文件还没有宣布执行时,它是“影子体系”,原体系是合法体系;当 IMS 文件正式宣布执行量,就变成合法体系,而原体系或多或少还会起作用,成为影子体系。取得合法体系地位的 IMS 能否起主导作用,取决于贯彻的力度,而贯彻的力度又以层层培训为基础。如果没有培训做基础,或者没有贯彻的力度,那么影子体系就会仍然起主导作用;而合法体系却不能起主导作用,严重了就会成为形同虚设的:“空壳体系”。这样,不仅起不到 IMS 应发挥的作用,反而加大了组织运行的成本,这是必须应予防止的。

(2) IMS 的运行阶段

管理者代表在成功度过 IMS 建立阶段之后,应仍不放松培训,只是把全员培训变成重点培训,结合运行中出现的问题培训。此外,还应注意运用内部审核手段推进 IMS 运行的薄弱环节。IMS 运行不可避免地出现变化,因此加强变更管理,确保体系得以维持,而不是返回到原始状态或影子体系又恢复主导的情况。这里面包括纠正措施导致的永久性的文件变更;包括产品、工艺变化导致的流程和作业指导书的变化;包括设备变化导致工艺参数变化;材料变化导致工艺参数变化等(见表 5-2)。在变更出现时,人们还不熟悉 IMS 的操作,就会用“老办法”或者随心所欲,因此管理应注意在这种情况下出现的偏离正常运作的情况,对员工进行再培训。

表 5-2　变更管理联动表

变化动因 / 导致变更		合同变更			组织变更			过程中的变更											纠正措施永久化	备注
		法律法规	技术条件	接受准则	交货期	管理方针	管理目标	机构人事	产品	流程	工艺技术	设计	原材料	工艺参数偏离	设备维修之后	特性偏移	操作者变更	长期停工复工		
文件变更	管理手册					•	•	•	•	•										
	程序文件							•	•	•	•								•	
	质量计划						•		•	•	•									
	管理方案	•					•		•	•	•		•							
	作业文件		•	•					•	•	•	•	•						•	
	接受准则			•																
	计划	•	•	•	•			•	•	•	•	•	•							
	设计确认	•	•	•					•											

续表 5-2

变化动因 / 导致变更	合同变更			组织变更			过程中的变更											纠正措施永久化	备注
	法律法规	技术条件	接受准则	交货期	管理方针	管理目标	机构人事	产品	流程	工艺技术	设计	原材料	工艺参数偏离	设备维修之后	特性偏移	操作者变更	长期停工复工		
过程确认								•	•	•	•	•	•	•	•	•	•		
人员培训	•	•	•		•	•		•	•	•	•	•						•	
设备更新									•										
环境更新									•										
环境因素	•					•		•	•	•		•							
危险源	•					•		•	•	•		•							

（3）IMS 持续改进

IMS 持续改进同产品的持续改进有类似之处。首先是改进机会或者薄弱环节的识别。内部审核、管理评审和体系的评价，可以作为一种识别手段。还可以参照 ISO 9004 标准改进。还可以运用与同行比较或问题扫描寻求改进机会和方向。所谓“问题扫描”，就是用以下问题检讨组织：

① 生产过量的浪费吗？

② 有存货过多的浪费吗？

③ 有搬运的浪费吗？

④ 有等待的浪费吗？

⑤ 有不必要动作的浪费吗？

⑥ 有过程太多的浪费吗？

⑦ 有纠正的浪费吗？

⑧ 有复杂化的浪费吗？

⑨ 有层级多的浪费吗？

【参考资料】

引自 ISO 9004:2000 的内容：

> **5.4.2　质量策划**
>
> 管理者应当对组织的质量策划负责。这种策划应当注重对有效和高效地实现与组织战略相一致的质量目标及要求所需的过程做出规定。
>
> 有效和高效策划的输入包括：
>
> ——组织的战略；
>
> ——已确定的组织目标；
>
> ——已确定的顾客和其他相关方的需求和期望；
>
> ——对法律法规要求的评定；
>
> ——对产品性能数据的评定；

——对过程性能数据的评定；

——过去的经验教训；

——已显示的改进机会；

——相关风险的评估及减轻的数据。

组织的质量策划的输出应当根据以下方面来确定所需的产品实现和支持过程：

——组织所需的技能和知识；

——实施过程改进计划的职责和权限；

——所需的资源，如资金和基础设施；

——评定组织业绩改进成果的指标；

——改进的需求，包括方法和工具改进的需求

——文件的需求，包括记录的需求。

管理者应当对质量策划的输出进行系统的评审，以确保组织过程的有效性和效率。

5.5.3　内部沟通

组织的管理者应当规定并实施一个有效和高效的过程，以便沟通质量方针、要求、目标及完成状况。沟通这些信息有助于组织进行业绩改进，并有助于组织内人员直接参与质量目标的实现。管理者应当积极鼓励组织内人员进行反馈和沟通，并将其作为一种使其人员充分参与的手段。

沟通活动可包括：

——在工作区域内由管理者引导的沟通；

——小组简要情况介绍会或其他会议，如成绩表彰会；

——布告栏、内部刊物和(或)杂志；

——声像和电子媒体，如电子邮件和网址；

——组织内人员的调查表和建议书。

【操作运行】

目的：确保最高管理过程有效推动 IMS 体系的符合性、完整性、适宜性、充分性和有效性。

范围：顾客意识和执法意识管理。

IMS 策划管理；管理方针管理；管理目标管理；选派管理者代表和职能部门授权管理；资源提供管理；管理评审管理。

定义(引自 ISO 9000:2005 的内容)：

质量　quality　一组固有特性满足要求的程度。

注 1：术语“质量”可使用形容词，如：差、好或优秀来修饰。

注 2：“固有的”(其反义是“赋予的”)是指本来就有的，尤其是那种永久的特性。

体系(系统)　system　相互关联或相互作用的一组要素。

管理体系　management system　建立方针和目标并实现这些目标的体系。

注：一个组织的管理体系可包括若干个不同的管理体系，如质量管理体系、财务管理体系或环境管理体系。

质量管理体系　quality management system　在质量方面指挥和控制组织的管理体系。

质量方针　quality policy　由组织最高管理者正式发布的关于质量方面的全部意图和方向。

注1：通常质量方针与组织的总方针相一致并为制定质量目标提供框架。

注2：本标准中提出的质量管理原则可以作为制定质量方针的基础。

质量目标　quality objective　在质量方面所追求的目的。

注1：质量目标通常依据组织的质量方针制定。

注2：通常对组织的相关职能和层次分别规定质量目标。

环境管理体系　environmental management system(EMS)。

组织管理体系的一部分，用来制定和实施其环境方针，并管理其环境因素。

注1：管理体系是用来建立方针和目标，并进而实现这些目标的一系列相互关联的要素的集合。

注2：管理体系包括组织结构、策划活动、职责、惯例、程序、过程和资源。

引自GB/T 24001—2004的内容：

环境方针　environmental policy

由最高管理者就组织的环境绩效正式表述的总体意图和方向。

注：环境方针为采取措施，以及建立环境目标和环境指标提供了一个框架。

环境目标　environmental objective

组织依据其环境方针规定的自己所要实现的总体环境目的。

环境指标　environmental target

由环境目标产生，为实现环境目标所须规定并满足的具体的绩效要求，它们可适用于整个组织或其局部。

引自OHSMS 18001:2007的内容：

职业健康安全管理体系　**occupational health and safety management system(OHSMS)**

总的管理体系的一个部分，便于组织对与其业务相关的职业健康安全风险的管理，包括为制定、实施、实现、评审和保持职业健康安全方针所需的组织机构、策划活动、职责、惯例、程序、过程和资源。

注1：管理体系是用来建立方针和目标，并进而实现这些目标的一系列相互关联的要素的集合。

注2：管理体系包括组织结构、策划活动、职责、惯例、程序、过程和资源。

注3：摘编自【ISO 14001:2004，3.8】

目标　objectives

组织在职业健康安全绩效方面所要达到的目的。

职业健康安全方针　OH&Spolicy

由最高管理者就组织职业健康安全绩效正式表述的总体意图和方向。

注1：职业健康安全方针为采取措施，以及建立OHS目标提供了一个框架。

注2：摘编自【ISO 14001:2004，3.11】

最高管理者　top management　在最高层指挥和控制组织的一个人或一组人。

有效性　effectiveness　完成策划的活动并得到策划结果的程度。

效率　efficiency　得到的结果与所使用的资源之间的关系。

组织 organization 职责、权限和相互关系得到安排的一组人员及设施。

示例：公司、集团、商行、企事业单位、研究机构、慈善机构、代理商、社团或上述组织的部分或组合。

注 1：安排通常是有序的。

注 2：组织可以是公有的或私有的。

注 3：本定义适用于质量管理体系标准。术语“组织”在 ISO/IEC 指南 2 中有不同的定义。

组织结构 organizational structure 人员的职责、权限和相互关系的安排。

注 1：安排通常是有序的。

注 2：组织结构的正式表述通常在质量手册或项目的质量计划中提供。

注 3：组织结构的范围可包括与外部组织的有关接口。

相关方 interested party 与组织的业绩或成就有利益关系的个人或团体。

示例：顾客、所有者、员工、供方、银行、工会、合作伙伴或社会。

注：一个团体可由一个组织或其一部分或多个组织构成。

职责：

主持：总经理/最高管理层；

协助：管理者代表；

执行：管理部和各个职能部门。（参见表 5-4）

程序：

1. 顾客意识和执法意识管理

时机：管理评审会议和全体员工大会上宣讲、布置和检查；

年度工作计划布置要求；

干部/骨干培训中作为重要内容。

2. IMS 策划管理

时机：建立体系时；有重大变化（方针/目标/产品/组织机构）时。

输入：

（1）ISO 9001：2008/4.1/5.2.4；ISO 14001：2004/4.3；OHSAS18001：2007/4/3；

（2）ISO 9001：2008 的完整性（除标准第 7 章各要素可以有条件删减外，其余各个章节均不得删减），ISO 14001：2004 和 OHSAS 18001：2007 的符合性；

（3）法律法规及其支持性标准；

（4）组织的实际情况、技术条件、资源配置；

（5）市场环境/顾客需求。

输出：

（1）整合管理体系文件：管理方针/管理目标/管理手册/程序文件/作业指导书/规范/记录表格；

（2）整合管理体系文件更改：管理方针/管理目标/管理手册/程序文件/作业指导书/规范/记录表格——全部或部分修改；

（3）组织机构、主要负责人、资源和运作的调整和变化。

验证：

（1）通过内部审核；

（2）通过管理评审；

(3) 其他方式例如自我评价。

3. 管理方针管理(包括 QMS 质量方针,EMS 环境方针和 OHSAS 职业健康安全方针)

时机:

建立——质量管理体系初建时;

改变——质量管理体系到一定阶段时(市场变化/产品结构变化/经营决策变化等);

评价——管理评审时。

要求:

(1) 与组织宗旨相适应:适合于组织活动产品性质规模和环境影响;适合于组织职业健康安全风险性质和规模;

(2) 承诺满足要求并持续改进 IMS 的有效性;承诺污染预防,遵守与环境因素和职业健康安全有关的法律法规和其他要求;

(3) 提供制定和评价质量目标的框架;

(4) 在组织内得到沟通和理解;

(5) 评审并确保持续适宜性。

贯彻:

(1) 各个职能/各个层次应予以理解;

(2) 建立相应的目标(见目标管理),以保证方针的落实。

4. 管理目标管理(包括 QMS 质量目标,EMS 环境目标和 OHSAS 职业健康安全目标)

时机:

(1) 与方针建立同步;

(2) 定期/不定期修订;

(3) 评价——管理评审。

要求:

(1) 与管理方针一致;

(2) 在相关职能和层次上建立;

(3) 包括产品满足要求内容;

(4) 可以测量。

贯彻:

(1) 应要求各个职能/各个层次贯彻;

(2) 应委派授权人定期/不定期检查;

(3) 偏离目标应督促纠正/纠正措施(参见本书的 8.5.2)。

5. 选派管理者代表和职能部门授权管理

时机:与体系建立/调整同步。

原则:ISO 9001:2000 第 4 章～第 8 章,把各个要素分配到各个职能部门(例如××服装公司组织机构见图 5-2,要素职能分配见表 5-3);

其中审核与检验要求独立行使职权,不接受行政压力改变目标/结论;

并授权管理者代表主持日常体系建立、运行和维护,报告情况和 QMS 改进机会。

6. 沟通

沟通的内容、时机和沟通的方式可以参照表 5-3,但是不限于列出的这些形式。

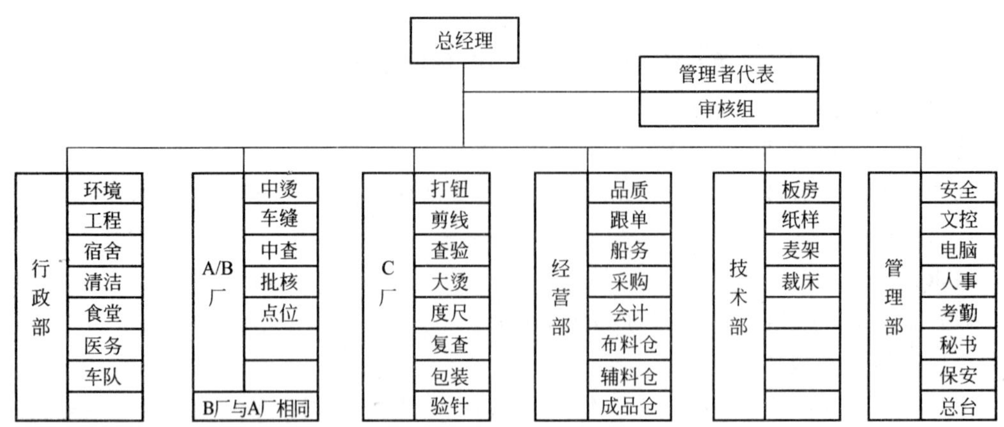

图5-2 ××服装公司组织机构图(示例)

表5-3 内部沟通一揽表

沟通方式		时机	内容	责任人	对象	备注
书面	永久性文件	文件发布/变更时	制度、IMS文件等	文控中心	责任部门	
	时效文件	文件生效前	会议决定、计划、变更事项	文控中心	责任部门	
	Email	随时	替代书面文件和通知事项	授权人	执行部门	
	板/墙报	随时	广告、宣教、公告	授权人	全体	
会议	董事会议	按计划	按规定	董事长	董事	
	管理评审	按计划	按规定	总经理	中层以上	
	部门会议	定期/不定期	检查布置任务、研究工作	部长	部门员工	
	班组会议	班前/班后	交接班、安全事项	组长	交接班人	
	调度会议	定期/计划	组织协调任务	部长	中层干部	
其他	面谈	预约适当时间	通知、解释、确认、变更	不确定	不确定	
	电话	不确定	通知、解释、确认、变更	不确定	不确定	
	广播	随时	通知、宣教、表扬、应急	授权人	全体	
	闭路电视	随时	广告、寻人、应急、宣教	授权人	全体	
	标识	随时	安全、防错	授权人	全体	
	意见/投拆箱	随时	意见建议、批评	授权人	全体	

7. 资源提供管理体制(本条覆盖ISO 9001:2008/6.1)

时机:管理评审会议;每月/每年行政会议/董事会议。

方法:书面报告/附可行性分析(必要时调研报告);批准后执行。

8. 管理评审管理

时机:年底/年中;

主持:总经理;

输入:各项议题:

(1) 上次管理评审决议执行情况(管理者代表);

(2) 管理方针目标贯彻情况报告和下阶段计划(管理者代表);

(3) 顾客满意度(顾客投诉处理情况)(合同执行情况)(业务部);

(4) 供应商管理情况(采购部);

(5) 过程控制和产品质量情况(生产部);

(6) 人力资源保证情况(人事部);

(7) 部门情况报告(各部门);(包括污染预防、资源节约、职业健康安全风险控制)

(8) 可能的体系变化和调整(授权人)。

要求:有数据分析/有情况有结论/PDCA 贯彻其中。

输出:针对主要薄弱环节,提出体系、过程、产品改进要求。

定执行责任、定完成期限、定检查验证和报告责任。

形成记录:

(1) 管理评审计划;

(2) 管理评审记录;

(3) 管理评审输入;

(4) 管理评审输出。

【分配矩阵表示例】

分配矩阵表示例见表 5-4。

表 5-4 ××公司要素职能分配矩阵表(示例)

拟制	审核	批准
□□□	□□□	□□□

管理手册章节	各分体系对应标准要素			总经理	管理代表	管理部	经营部	技术部	生产部	ABC 厂	行政部
	QMS	EMS	QHSAS								
4. 管理体系											
4.1	4.1	4.1		▲	▲	△	△	△	△	△	△
4.2	4.2	4.4.4/5 4.5.3	4.4.4/5 4.5.3	△	△	▲	△	△	△	△	△
5. 管理职责											
5.1	5.1			▲	△	△	△	△	△	△	△
5.2	5.2	4.2	4.2	▲	▲	△	▲	△	△	△	△
5.3	5.3			▲	▲	△	△	△	△	△	△
5.4	5.4	4.3.3	4.3.3	▲	△	△	△	△	△	△	△
5.5	5.5	4.4.1/3	4.4.1/3	▲	△	△	△	△	△	△	△
5.6	5.6	4.6	4.6	▲	▲	△	△	△	△	△	△
6. 资源管理											
6.1	6.1			▲							
6.2	6.2	4.4.2	4.4.2	△	△	▲	△	△	△	△	△

续表 5-4

管理手册章节	各分体系对应标准要素			总经理	管理代表	管理部	经营部	技术部	生产部	ABC 厂	行政部
	QMS	EMS	QHSAS								
6. 资源管理											
6.3	6.3							▲	△	△	▲
6.4	6.4			△	△	△	▲	▲	△	▲	▲
7. 产品实现和运行控制											
7.1	7.1	4.3.1/2/3	4.3.1/2/3	△	△	▲		▲	▲	△	▲
7.2	7.2						▲	△	▲	△	
7.3	7.3							▲	△	△	
7.4	7.4						▲	△	△	△	
7.5	7.5	4.6	4.6			▲	▲		▲	▲	▲
7.6	7.6	4.5.1	4.5.1				▲	△	△	△	
8. 测量分析和改进											
8.1	8.1			△	▲	△	△	△	△	△	△
8.2	8.2	4.5.1/4	4.5.1/4	△	▲	▲	△	△	△	△	△
8.3	8.3	4.5.2 4.4.7	4.5.2 4.4.7			△ ▲	▲	△	△	△	△ ▲
8.4	8.4			△		△	▲	△	△	△	△
8.5	8.5	(4.5.2)	(4.5.2)	▲	▲	▲	△	△	△	△	△

说明：实际应用本表时，将要素展开成三位，如 4.2.3 等，这样分配责任，更明确，相应的责任分支部门也最好直接显示出来。

【改进文案示例】

改进文案示例见表 5-5。

表 5-5 中山市××公司宗旨理念和价值观

	原有的描述	调整后的描述	调整理由
1	企业理想： 创造美好前景，共享成功利益	企业理想： 服务人类：保护人类家园地球，创造美好前景，共享利益成果	1. 理想讲大方向，保持原有格局； 2. 同时体现社会责任和历史潮流
2	企业发展方向； 中国公认的制管王国	企业发展方向、战略； 市场公认的制管王国； 继续扩大国内市场份额，服务国际名牌，进入亚非和欧美市场	1. 由于市场走向国际化，因此建议不强调地域概念好些； 2. 国际化战略分步进行更实际
3	产品发展方向： 独特有代表性产品	产品发展方向： 保持中低档产品的优势，扩大和发展高档产品，高附加值产品，逐步实现环保绿色产品的目标	1. 具体化； 2. 产品换代明确方向； 3. 绿色环保体现与时俱进

续表 5-5

	原有的描述	调整后的描述	调整理由
4	产品质量： 顾客满意，行业领先	产品质量： 执行 3σ 原则，提升品位，行业领先，顾客满意	1. 具体化； 2. 产品质量量化以后合格率 99%； 3. 包装产品的品位具有美学寓意
5	经营管理风格： 人性化的员工关系，不断学习的创新精神和稳健的财政政策	经营管理风格： 科学理性的运作流程，人性化的员工关系，不断创新的进取精神和扎实稳健的财经政策	1. 公司从文化和经验式管理走向规范化规律化管理，强调流程化运作； 2. 字句个别调整，保持原来的内涵
6	企业经营观念： 生存观念：服务社会，共享利益； 发展观念：以人为本，量力而行； 行动观念：集思广益，团结自律； 用人观念：德才兼备，以德为先； 工作观念：权责统一，注重效果	企业经营理念和文化内涵： 生存观念：服务社会，利益共享； 发展观念：统筹兼顾，永续经营； 用人观念：举贤用能，德才兼备； 工作观念：精兵简政，扎实有效； 行政观念：集思广益，团结自律； 价值观念：以人为本，与时俱进； 经营观念：恪守诚信，以客为尊	1. 强调永续经营的目的是体现可持续发展的科学发展观； 2. 工作观念应强调精兵简政，扎实有效，避免权责不一和烦琐哲学等低效的做法。 3. 价值观念应强调以人为本，体现出面对未来人才的竞争，重视使用培养人才

【质量方针示例】

××服装公司质量方针

生效日期：□□年□□月□□日　　　批准：□□□

百分百努力，确保产品质量；百分百诚意，赢得顾客满意。

说明：

1. “百分百努力”，包括全公司各个岗位、各个工序、各个流程、各个部门，包括供应链，均以团队精神，实施目标管理和过程控制，积极向上；
2. “确保产品质量”，就是以高度质量意识，以规范的作业，高效的流程，行之有效的质量管理体系运作，保证产品质量；产品质量包括本公司确定的、法律法规规定的，包括顾客明示的产品质量特性也包括顾客没有明示但产品必须满足的要求；
3. “百分百诚意”，就是全公司各个岗位、各个工序、各个流程、各个部门，包括供应链，均以团队精神坚持社会责任，坚持持续改进，不断提高质量和效率，不断降低成本；
4. “赢得顾客满意”，就是不断提升顾客满意度，以优异业绩回报股东、员工和社会，并且在持续改进中达到永续经营。

【环境方针示例】

××服装公司环境方针

生效日期：□□年□□月□□日　　　批准：□□□

百分百努力，保护环境，预防污染；百分百诚意，关爱地球，持续改进。

说明：

1. “百分百努力”，包括全公司各个岗位以高度环境意识，各个工序、各个流程、各个部门，也包括供应链，均以团队精神，实施目标管理和过程控制，积极向上；

2. “保护环境，预防污染”，就是针对重要环境因素，以规范的作业，高效的流程，行之有效的环境管理体系运作，保证污染预防；包括本公司确定的，法律法规规定的，包括顾客明示的没有明示的环境要求，必须予以满足；
3. “百分百诚意”，就是全公司各个岗位以高度社会责任感，各个工序、各个流程、各个部门，也包括供应链，均以团队精神坚持持续改进，不断提高环境表现；
4. “关爱地球，持续改进”，就是以“关爱地球，持续改进”的理念，不断提升资源利用水平，控制和降低“水气声碴”污染排放水平，以环境绩效回报相关方和社会。

【职业健康安全方针示例】

××服装公司职业健康安全方针

生效日期：□□年□□月□□日　　　批准：□□□

百分百努力，健康安全，预防事故；百分百诚意，以人为本，持续改进。

说明：

1. “百分百努力”，包括全公司各个岗位以高度职业健康安全意识，各个工序、各个流程、各个部门，也包括供应链，均以团队精神，实施目标管理和过程控制，积极向上；
2. “健康安全，预防事故”，就是针对重要危险危害因素，以规范的作业，高效的流程，行之有效的职业健康安全管理体系运作，保证污染预防；包括本公司确定的、法律法规规定的，包括顾客明示的没有明示的职业健康安全要求，必须予以满足；
3. “百分百诚意”，就是全公司各个岗位以高度社会责任感，各个工序、各个流程、各个部门，也包括供应链，均以团队精神坚持持续改进，不断提高职业健康安全绩效；
4. “以人为本，持续改进”，就是以“以人为本，持续改进”的理念，把关注生命和健康落实在各个层次，不断提升危险源识别、风险评估和控制水平，有效控制和降低“危险危害因素”风险，以职业健康安全绩效回报员工、相关方和社会。

第 6 章 资源管理

本章覆盖：ISO 9001：2008/6、ISO 14001：2004/4.4.1（部分）/4.4.2、OHSAS 18001：2007/4.4.1（部分）/4.4.2 等内容。解读指南见表 6-1。

表 6-1 解读指南表

本书章节号	分体系标准要素号码			解读方式				
6 资源管理	QMS	EMS	OHSAS	标准原文	认知理解	操作运行	资料	不符合项案例
6.1 资源提供	6.1	4.4.1	4.4.1	● 068	○ 见本书第 5 章	○	○	○
6.2 人力资源					● 069	● 072	● 070	○
6.2.1 总则	6.2.1			● 068				
6.2.2 能力培训和意识	6.2.2	4.4.2	4.4.2	● 068 ● 069				
6.3 基础设施	6.3			● 073	● 073	● 074	○	● 075
6.4 工作环境	6.4			● 076	● 076	● 076	○	○
●表示有此内容；○表示没有此内容；数字表示本书页码。								

注：表中 QMS 指 ISO 9001：2008；EMS 指 ISO 14001：2004；OHSAS 指 OHSAS 18001：2007。

在以过程为基础的质量管理体系模式中本章所覆盖内容见图 6-1。

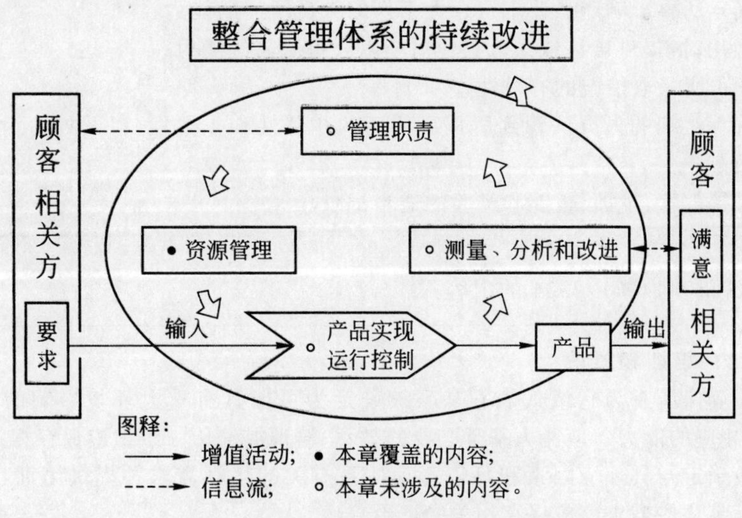

图 6-1 以过程为基础的整合管理体系模式

6.1 资源提供

【标准原文】

引自 ISO 9001：2008 的内容：

> 6　资源管理
> 6.1　资源提供
> 组织应确定并提供以下方面所需的资源；
> a）实施、保持质量管理体系并持续改进其有效性；
> b）通过满足顾客要求，增强顾客满意。

【认知理解】

见本书第 5 章管理职责。

6.2　人力资源

【标准原文】覆盖 ISO 9001:2008/6.2、ISO 14001:2004/4.4.2、SAS 18001:2007/4.4.2

引自 QMS ISO 9001:2008 的内容：

> 6.2　人力资源
> 6.2.1　总则
> 基于适当的教育、培训、技能和经验，从事影响产品要求符合性工作的人员应是能够胜任的。
> 注：在质量管理体系中承担任何任务的人员都可能直接或间接地影响产品要求符合性。
> 6.2.2　能力、培训和意识
> 组织应：
> a）确定从事影响产品要求符合性工作的人员所需的能力；
> b）适用时，提供培训或采取其他措施以获得所需的能力；
> c）评价所采取措施的有效性；
> d）确保组织的人员认识到所从事活动的相关性和重要性，以及如何为实现质量目标作出贡献；
> e）保持教育、培训、技能和经验的适当记录。

引自 EMS ISO 14001:2004 的内容：

> 4.4.2　能力、培训和意识
> 组织应确保所有为它或代表它从事被确定为可能具有重大环境影响的工作的人员，都具备相应的能力。该能力基于必要的教育、培训或经历。组织应保存相关的记录。
> 组织应确定与其环境因素和环境管理体系有关的培训需求并提供培训，或采取其他措施来满足这些需求。应保存相关的记录。
> 组织应建立、实施并保持一个或多个程序，使为它或代表它工作的人员都意识到：
> a）符合环境方针与程序和符合环境管理体系要求的重要性；
> b）他们工作中的重要环境因素和实际或潜在环境影响，以及个人工作的改进所能带来的环境效益；
> c）他们在实现与环境管理体系要求符合性方面的作用与职责；
> d）偏离规定的运行程序的潜在后果。

引自 OHSAS 18001:2007 的内容：

> **4.4.2 能力、培训及意识**
>
> 组织应确保，对于其工作可能影响工作场所内职业健康安全的人员，应有相应的工作能力。任何在组织管理下工作的人员，应具有适当的教育、培训、技能或经验，以便胜任本岗位工作的规定，并保留适当的记录。
>
> 组织应识别与职业健康安全风险及职业健康安全管理体系有关的培训需求。并应提供培训，或采取其他组织应建立、实施并保持一个或多个程序，以利在组织管理下工作的人员都具有下列意识：
>
> a) 员工之作业活动、行为对职业健康安全可能造成或潜在的影响，以及提高个人绩效能够带来的职业健康安全效益；
>
> b) 为了符合职业健康安全方针和程序以及职业健康安全管理体系的各项要求，包括应急准备和响应的要求，每个人所必须的作用、责任和权限的重要性；
>
> c) 偏离特定程序时可能造成的后果。
>
> 培训程序应考虑不同层次员工的：
>
> a) 责任、能力、语言能力及读写能力；
>
> b) 风险。

【认知理解】 覆盖 ISO 9001:2008/6.2、ISO 14001:2004/4.4.2、SAS 18001:2007/4.4.2

古往今来，凡无真才实学而充当行家里手者常常被讽为“滥竽充数”。在乐师班中有没有“滥竽充数”者，不取决于演奏者，而取决于管理。

现代人力资源管理，就是要求在质量上确保 QMA 的岗位需求，无论在什么情况下，包括在体系改进的时候，在人员岗位调迁的时候，各岗位的人员是胜任的。为此，必须关注以下环节：

(1) 识别和确定岗位需求，防止盲目地和不适当地使用人员，尤其是特殊岗位人员（特殊岗位例见表 6-2）。

表 6-2 五行业特殊岗位(例)表

	电子产品	纺织服装	食品	公共事业供电	物业管理
特殊岗位例	手工焊接 超声波焊接 SMT 回流焊 环境检测 检验试验员 EMS 内审员 QMS 内审员 OHSAS 内审员 烤漆 电测 计量员	电脑控制机台 漂染 烫熨 计量员 检验试验员 环境检测 QMS 内审员 OHSAS 内审员 EMS 内审员	消毒 配料 烘焙 计量员 环境检测 EMS 内审员 QMS 内审员 OHSAS 内审员 自动作业机台 半自动作业 封装机	高空作业 带电作业 试验调度员 环境检测 检验试验员 EMS 内审员 QMS 内审员 OHSAS 内审员 SCADA 作业 通信管理 继电保护管理 计量员 教育培训	电工 空调工 机修工 计量员 环境检测 EMS 内审员 QMS 内审员 OHSAS 内审员 安全监控作业 二次供水管理 保安

（2）通过培训或其他措施，使人员上岗之前满足岗位需求，胜任工作。

（3）培训，应进行有效性评估，防止培训流于形式。

（4）应保留教育、培训、技能、经验和适当记录，做到使用培养心中有数，人力资源管理更加有序。

有个企业进货检验的记录很整齐，只是结果千篇一律，都是合格。可是车间生产工人对进货质量反应很大，说由于进货质量差给他们的装配带来许多困难。既然进货质量有问题，为什么进货检验环节没有发现问题呢？原来公司没有安排进货专职检验人员，而是安排仓库管理员兼职检验。他既没有时间保证从事检验工作，在技能方面也不能胜任检验工作岗位要求，放行了许多不合格品。

像产品检验这样关键的岗位，上岗前，必须按规定内容进行培训，达到要求后方可上岗，确保其胜任岗位要求。

【资料链接】

★资料链接1

引自ISO 9004:2000的内容：

6.2 人员

6.2.1 人员的参与

管理者应当通过人员的参与和支持来提高组织（包括质量管理体系）的有效性和效率。为了有助于实现业绩改进的目标，组织应当通过以下活动鼓励其人员的参与和发展：

——提供继续培训，并进行个人发展的策划；

——明确各自的职责和权限；

——确立个人和团队的目标，对过程业绩进行控制并对结果进行评定；

——促进人员参与目标的确立和决策；

——对工作成绩给予承认和奖励；

——促进开放式的双向信息交流；

——对其人员的需求进行连续评审；

——创造条件以鼓励创新；

——确保团队工作有效；

——就建议和意见进行沟通；

——对人员的满意程度进行测量；

——了解人员加入和离开组织的原因。

6.2.2 能力、意识和培训

6.2.2.1 能力

管理者应当确保组织具备有效和高效运行所需的能力。管理者应当考虑对组织当前和预期的能力需求与现有的能力进行比较分析。

对能力需求的考虑包括以下来源：

——与战略和运行计划以及目标有关的未来需求；

——预期的管理者和劳动力的后继需求；

——组织的过程、工具和设备的变化；

——对执行规定活动的人员的个人能力的评定；

——对组织及其相关方有影响的法律法规要求和标准。

6.2.2.2 意识和培训

教育和培训需求的策划应当考虑因组织过程的性质、人员的发展阶段以及组织文化而引起的变化。

目标是使组织内人员具备相应的知识和技能，而这些知识和技能与经验相结合将提高他们的能力。

教育和培训应当强调满足要求和满足顾客和其他相关方需求和期望的重要性。教育和培训还应当包括对未能满足这些要求而对组织和其人员所造成后果方面的意识的教育。

为了支持组织目标的实现和人员的发展，对教育和培训的策划应考虑：

——人员的经验；

——隐含的和明示的知识；

——领导作用和管理艺术；

——策划和改进的工具；

——团队的建设；

——问题的解决办法；

——沟通的技巧；

——文化和社会习俗；

——市场方面的知识以及顾客和其他相关方的需求和期望；

——创造和革新。

为促使人员积极参与，教育和培训还应当包括：

——组织的未来设想；

——组织的方针和目标；

——组织的变化和发展；

——改进过程的提出和实施；

——从创造和革新中获益；

——组织对社会的影响；

——对新人员的入门培训方案；

——对已受过培训的人员的定期再培训方案。

培训计划应当包括：

——培训目标；

——培训方案和方法；

——培训所需的资源；

——确定培训所必须的内部支持；

——针对人员能力的提高来评价培训；

——测量培训的有效性和对组织的影响。

管理者应按照期望对组织有效性和效率的期望及影响来评价所提供的教育和培训，并将此作为改进将来培训计划的手段。

岗位要求是什么？应培训哪些内容？不妨参考 ISO 19011:2002 对审核员的要求。

★资料链接 2

审核员能力概念见图 6-2。

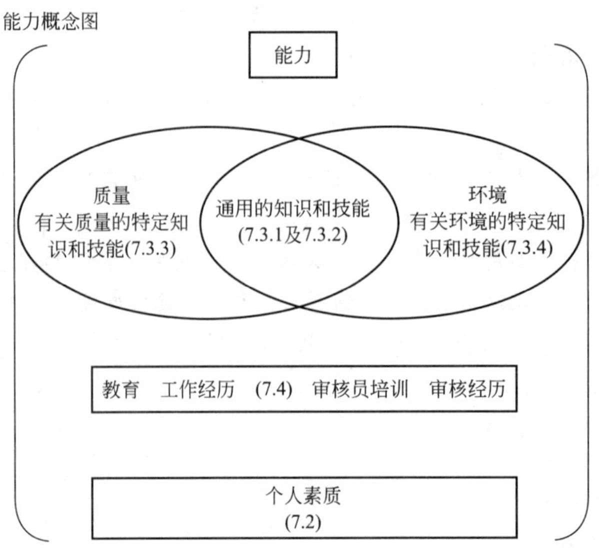

图 6-2　审核员能力概念(ISO 19011:2002 图 4)

引自 ISO 19011:2002 的内容：

> **7.2　个人素质**
>
> 审核员应当具备个人素质，使其能够按照第 4 章所描述的审核原则进行工作。
>
> 审核员应当：
>
> a) 有道德，即公正、可靠、忠诚、诚实和谨慎；
>
> b) 思想开明，即愿意考虑不同意见或观点；
>
> c) 善于交往，即灵活地与人交往；
>
> d) 善于观察，即主动地认识周围环境和活动；
>
> e) 有感知力，即能本能地了解和理解环境；
>
> f) 适应力强，即容易适应不同情况；
>
> g) 坚忍不拔，即对实现目的坚持不懈；
>
> h) 明断，即根据逻辑推理和分析及时得出结论；
>
> i) 自立，即在同其他人有效交往中独立工作并发挥作用。

【操作运行】 覆盖 ISO 9001:2008/6.2、ISO 14001:2004/4.4.2、SAS 18001:2007/4.4.2

目的：确保质量管理体系各个环节岗位员工可胜任自己的工作。

范围：全体员工，尤其关键岗位，特殊工种。

定义(引自 GB/T 19000—2008/ISO 9000:2005)：

能力　competence　经证实的应用知识和技能的本领。

注 1：在本标准中，所定义的能力的概念是通用的。在 ISO 其他的文件中，本词汇的使用可能更加具体。

注 2:在 GB/T 19000 族标准中,术语能力(capability)特指组织、体系或过程的“能力”,而能力(competence)则特指人员的“能力”。

职责:计划批准:管理者代表;管理:人力资源部;执行:各部门。

程序:人力资源培训程序见图 6-3。

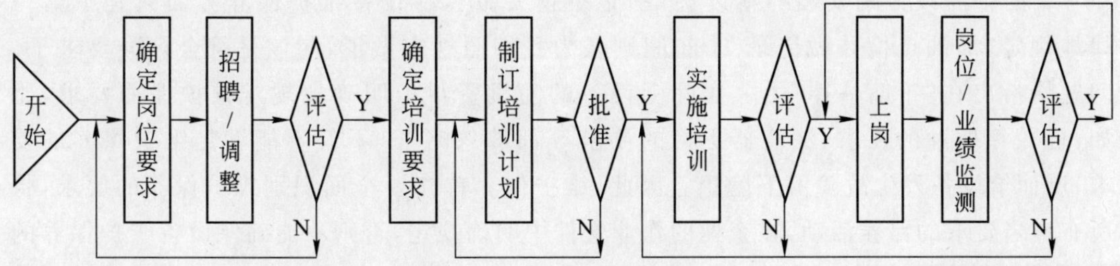

图 6-3 人力资源培训程序

记录:(1) 特殊岗位名册;

(2) 特殊岗位资格证书(有效期内)复印件;

(3) 培训计划,变更记录;

(4) 培训记录;

(5) 培训评价记录。

6.3 基础设施

【标准原文】 覆盖 ISO 9001:2008/6.3

引自 ISO 9001:2008 的内容:

> **6.3 基础设施**
>
> 组织应确定、提供并维护为达到符合产品要求所需的基础设施。适用时,基础设施包括:
>
> a) 建筑物、工作场所和相关的设施;
>
> b) 过程设备(硬件和软件);
>
> c) 支持性服务(如运输、通信或信息系统)。

【认知理解】 覆盖 ISO 9001:2008/6.3

“千丈之堤,以蝼蚁之穴溃;百尺之室,以突隙之烟焚。”(《韩非子·喻老篇》)

古代先民对于基础设施的维护是十分重视的,要求做到细微处,绝不应马虎大意。

现在的企业,通常设置一个部门对设备等设施进行管理。设备的维护保养也有一些制度,比如:要求操作者正确操作,并负责日常保养;定期查检设备和故障检修;定期检修设备或实行状态检修。

1971 年英国丹尼斯·帕克斯提出设备综合工程学;之后不久,日本在此基础上提出全员生产维修制,对设备乃至基础设施的管理具有一定的参考价值。

从管理控制的角度看，以下几个环节是组织必须关注的：

(1) 确定需要的基础设施，包括它的性能指标、过程能力和维护保养要求；

(2) 提供满足要求的基础设施，包括按要求验收；

(3) 进行维护和检修，确保其持续满足要求。

有的企业以为刚安装的新设备“不必小题大做”，在设备维护保养方面只是千篇一律地规定“加油点检并做记录”。车间则认为我们照规定做了，应该是符合标准要求了。问题恰恰出在“千篇一律”上。实际上设备的随机资料中明确地规定维护保养要求，比如：齿轮箱换油的要求、滤清器更换的要求等都被忽略了，不仅不能满足维护保养的要求，反而给设备发生故障留下隐患。因此，维护保养首先要全面识别维护保养的要求，将所有应当要求的保养活动，在企业的作业文件中明确规定，否则不能确保设备维护保养的有效性。

【操作运行】 覆盖 ISO 9001:2008/6.3

目的： 确定提供并维护基础设施，以确保产品/服务的符合性要求并满足污染预防，资源节约，职业健康安全风险控制要求。

范围： (1) 建筑物、工作场所和相关设施；

(2) 过程设备(硬件和软件)；

(3) 支持性服务设施(如通信、运输等)。

定义：

基础设施 infrastructure＜组织＞组织运行所必需的设施、设备和服务的体系(ISO 9000:2005,3.3.3)。

职责： 批准：总经理；管理：工程部或高设备部；执行：工程部或设备部/生产部。

程序： 基础设施确定和维护程序见图6-4。

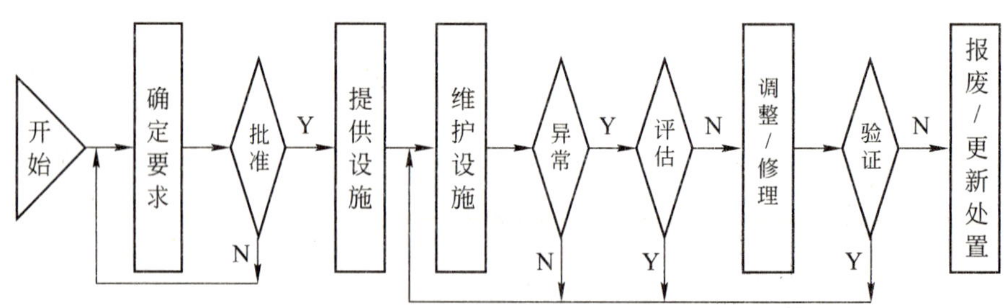

图6-4 基础设施确定和维护程序

记录： (1) 基础设施清单；

(2) 基础设施需求计划；

(3) 设备验收记录；

(4) 设备维修记录；

(5) 设备保养记录；

(6) 设备报废记录。

【不符合项案例】 覆盖 ISO 9001:2008/6.3

不符合项报告1

公司:□□□□□□供电设备厂		
合同号:□□□□□□□	日期:200×.08.23	报告编号:I-02/07
依据标准:ISO 9001:2008	违反条款:6.3 基础设施	分类:Ⅱ
不符合项描述(包括不符合项对最终产品/服务的潜在影响): 在对生产设备维护保养方面还有缺陷,如: 没有记录表明对出厂号022#剪板机Q11-6X2500A进行了日常保养或定期维护点检等活动,也没有文件对此项活动做出明确的规定,因此不能确保设备满足产品符合性要求。 以上不符合ISO 9001:2008标准6.3条关于基础设施维护的要求。 受审核方签字 □□□ 审核员签字 □□□		
请留意:纠正措施实施情况应在一个月内(Ⅱ类或一般NCR)或两个月内(Ⅰ类或严重NCR)验证		

注:本表格不完整,未包括其余栏目,请参照使用时注意。

不符合项报告2

公司:□□□□□□软管厂		
合同号:□□□□□□□	日期:200×.05.29	报告编号:I-01/04
依据标准:ISO 9001:2008	违反条款:6.3 基础设施	分类:Ⅱ
不符合项描述(包括不符合项对最终产品/服务的潜在影响): 设备日常管理还有缺陷,如: 1. 金属软管车间的发电机没有维护保养的规定,也没有运行记录表明对发电过程进行了必要的监视和测量,使其运行处于受控状态; 2. 没有记录表明对拉管机和印刷机进行了必要的日常维护保养,不能确保其满足产品符合性要求。 以上不符合ISO 9001:2008标准第6.3条关于基础设施维护的要求。 受审核方签字 □□□ 审核员签字 □□□		
请留意:纠正措施实施情况应在一个月内(Ⅱ类或一般NCR)或两个月内(Ⅰ类或严重NCR)验证		

注:本表格不完整,未包括其余栏目,请参照使用时注意。

不符合项报告3

公司:□□□□□□有限公司		
合同号:□□□□□□□	日期:200×.05.19	报告编号:S-01/02
依据标准:ISO 9001:2008	条款:6.3 基础设施	分类:Ⅱ
不符合项描述(包括不符合项对最终产品/服务的潜在影响): 在设备维护保养方面还有缺陷,如: 没有记录表明按切纸机使用说明书要求每工作1 000小时以后更换机油,也没有对此项维护要求做出明确规定,不能确保设备维护满足产品符合性要求。 以上不符合ISO 9001:2008标准6.3条识别和提供设备维护的要求。 受审核方签字 □□□ 审核员签字 □□□		
请留意:纠正措施实施情况应在一个月内(Ⅱ类或一般NCR)或两个月内(Ⅰ类或严重NCR)验证		

注:本表格不完整,未包括其余栏目,请参照使用时注意。

6.4　工作环境

【标准原文】　覆盖 ISO 9001:2008/6.4

引自 ISO 9001:2008 的内容:

> **6.4　工作环境**
>
> 组织应确定和管理为达到产品符合要求所需的工作环境。
>
> 注:术语“工作环境”是指工作时所处的条件,包括物理的、环境的和其他因素,如噪声、温度、湿度、照明或天气等。

【认知理解】　覆盖 ISO 9001:2008/6.4

农业生产要求环境条件适宜,例如风调雨顺等,在农耕时代这种对自然环境的依赖程度很高,随着科学技术进步,这种情况虽然有巨大改善,然而至今并没有根本改变。

工业产品和生产过程,对工作环境提出了更高的要求。在工厂设计中,不仅要考虑到基础设施,而且还要考虑提供适宜的工作环境,以确保提供的产品(和服务)满足符合性要求。

很多企业通过实施现场“5S”管理。源自日本的“5S”管理就是整理(SEIRI)、整顿(SEITON)、清扫(SEISO)、清洁(SETKETSU)、素养(SHITSUKE)五个项目,因日语的罗马拼音均以“S”开头而简称“5S”管理。所谓整理,就是“分”要的与不要的;不要的包括近期不用的要处理掉。所谓整顿,就是现场必要的物品分门别类定位位置,排列整齐,一目了然。所谓清扫,现场所清扫干净。所谓清洁,就是制度化、规范化。所谓素养,就是养成良好的习惯。如此保护工作环境清洁、工艺卫生良好和有序化。这是必要的,而且与 QMS 要求是一致的。但是仅仅如此还不够,还应对行业提出的要求、设备工艺要求、材料要求等一一满足。

电子行业,器件封装应该满足室内清洁度要求;集成电路的储存、搬运都应有防静电措施;SMT 装贴焊膏应保持在 5 ℃～10 ℃环境中存放;纺织行业,应防静电和进行室内温湿度控制;食品行业,应进行卫生和防污染控制等。

环境要求大都有属于环境的物理因素,如温度、湿度、静电、电磁辐射、振动、噪声、照明等。

当 QMS 忽略了一个要素——工作环境时,如同忽略了任何重要的要素一样,不可避免地要付出代价。

广东省惠州有一个企业制作包装印刷产品。有一批发往美洲的食品包装袋中夹有蚊虫。由于不符合卫生标准,使企业蒙受了罚款的损失。原来,他们的车间是开放的,运货的车辆可以直接开到印刷车间,看似方便,却无法控制和满足卫生条件,更无法阻止蚊虫飞来飞去。后来,他们在专家指导下,重新设计了门口通道和排风、空调系统,并采取了灭蚊措施和防鼠措施,工作环境焕然一新。这次投入不仅满足了顾客要求,也为企业增加了经济效益。不久,在顾客登门考察以后,承接了很大的长期订单,企业又有了较大发展。

【操作运行】　覆盖 ISO 9001:2008/6.4

目的:确定并管理工作环境,以确保产品的符合性要求并满足污染预防,资源节约,职业健康安全风险控制要求。

范围：

(1) 生产现场、贮存现场、维修现场等工作场所的位置及与环境的相互影响；

(2) 温度、湿度、光泽、空气流动；

(3) 卫生、清洁度、噪声、振动和污染。

定义(引自 GB/T 19000—2008/ISO 9000:2005)：

> **工作环境**　work environment　工作时所处的一组条件
>
> 注:条件包括物理的、社会的、心理的和环境的因素(如温度、承认方式、人因工效和大气成分)。

职责:计划批准:总经理;管理:设备部;执行:设备部、生产部。

程序:组织确定和管理工作环境的程序见图 6-5。

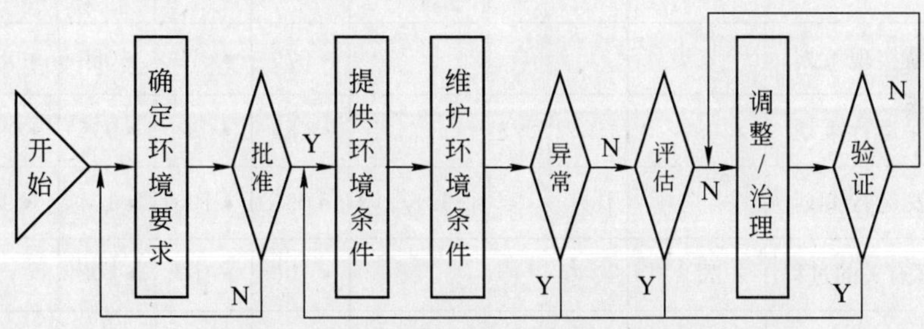

图 6-5　确定和管理工作环境的程序

记录：

(1) 环境维护计划；

(2) 环境维护记录。

第 7 章 产品实现和运行控制

本章覆盖：ISO 9001：2008/7、ISO 14001：2004/4.3.1/4.3.2/4.3.3/4.4.6、OHSAS 18001：2007/4.3.1/4.3.2/4.3.3/4.4.6 等内容。解读指南见表 7-1。

表 7-1 解读指南表

本书章节号	分体系标准要素号码			解读方式				
7 产品实现运行控制	QMS	EMS	OHSAS	标准原文	认知理解	操作运行	示例/资料	不符合项案例
7.1 策划								
7.1.1 产品实现策划	7.1			•079	•079	•080	•081	○
7.1.2 环保运行策划		4.3.1/2/3		•083	•084	•095	•096	•098
7.1.3 健安运行策划			4.3.1/2/3	•099	•100	•104	•94	○
7.2 与顾客有关的过程	7.2			•106	•107	•108	○	•109
7.3 设计和开发	7.3			•111	•112	•119	•115	•121
7.4 采购	7.4			•125	•126	•126	○	•127
7.5 生产和运行控制								
7.5.1.1 生产控制	7.5.1/2			•128	•129	•134	•138	•135
7.5.1.2 环境控制		4.4.6		•141	•141	•142	•141	•143
7.5.1.3 健安控制			4.4.6	•144	•145	•150	•147	○
7.5.2 生产过程确认	(7.5.2)			•129	•131	•135	•139	•137
7.5.3 标识和可追溯性	7.5.3			•151	•151	•152	○	○
7.5.4 顾客财产	7.5.4			•153	•153	•153	○	○
7.5.5 产品防护	7.5.5			•154	•154	•155	○	•156
7.6 监测设备控制	7.6	(4.5.1)	(4.5.1)	•157	•157	•158	○	•159
•表示有此内容；○表示没有此内容；数字表示本书页码。注："7.5.1 生产和运行控制"仅为标题，此处省略。								

注：表中 QMS 指 ISO 9001：2008；EMS 指 ISO 14001：2004；OHSAS 指 OHSAS 18001：2007。

在以过程为基础的质量管理体系模式中本章所覆盖的内容见图 7-1。

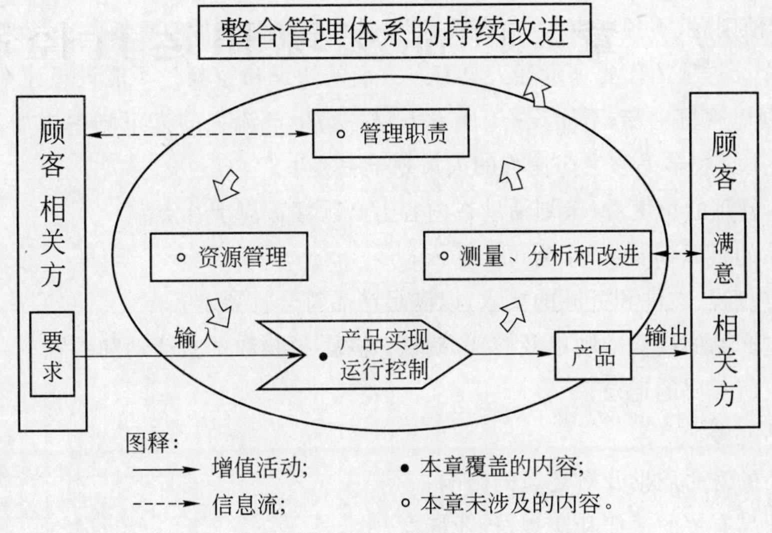

图 7-1 以过程为基础的整合管理体系模式

7.1 策划

7.1.1 产品实现策划

【标准原文】 QMS 覆盖 ISO 9001:2008/7.1

引自 ISO 9001:2008 的内容:

> 7 产品实现
>
> 7.1 产品实现的策划
>
> 组织应策划和开发产品实现所需的过程。产品实现的策划应与质量管理体系其他过程的要求相一致。
>
> 在对产品实现进行策划时,组织应确定以下方面的适当内容:
>
> a) 产品的质量目标和要求;
>
> b) 针对产品确定过程、文件和资源的需求;
>
> c) 产品所要求的验证、确认、监视、测量、检验和试验活动,以及产品接收准则;
>
> d) 为实现过程及其产品满足要求提供证据所需的记录。
>
> 策划的输出形式应适合于组织的运作方式。
>
> 注 1:对应用于特定产品、项目或合同的质量管理体系的过程(包括产品实现过程)和资源作出规定的文件可称之为质量计划。
>
> 注 2:组织也可将 7.3 的要求应用于产品实现过程的开发。

【认知理解】 QMS 覆盖 ISO 9001:2008/7.1

做什么事情之前,一般要有个计划、方案或规划;而做计划、方案、规划前要准备资料,调查情况,研究分析。这些工作,称之为策划。策划是包括许多环节的活动,而计划、方案或规划则是活动的结果。

俗话说“预则立，不预则废”、“有备无患”，说的是事先准备的重要性。策划应该是很重要的准备工作。这项工作要求责任人具有多方面的知识和经验。不能设想让不了解电视机工艺的人策划电视机生产；不能设想，让不了解牛奶生产流程的人策划牛奶加工过程；同样不能设想，让不了解羊毛衫生产流程的人策划羊毛衫生产。

从QMS管理的角度看；策划活动在内容上必须涵盖以下几点：

(1) 产品的目标和要求，作为过程输入；

(2) 确定过程、文件和资源的要求，以满足产品符合性要求；

(3) 确定产品的接受准则以及验证、确认、监视、检验和试验活动和装置；

(4) 确定所需要的记录；

(5) 产品处置；

(6) 产品的寿命周期及对环境的影响；

(7) 与产品有关的法律和法规，行业标准。

对于成熟产品，许多企业有是QC工程图作为策划结果或输出，而对于一些特定的产品项目或合同，往往用质量计划作为策划的输出，这是因为有区别于QC工程图的特殊性需要强调和关键的细节需要具体化。

【操作运行】 QMS覆盖ISO 9001:2008/7.1

目的：通过事先按要求进行策划，确保产品/服务实现过程在受控状态下进行，并满足污染预防，资源节约，职业健康安全风险控制要求。

范围：组织向顾客提供的产品/服务

定义(引自GB/T 19000—2008/ISO 9000:2005)：

过程　process　将输入转化为输出的相互关联或相互作用的一组活动(3.4.1)。

注1：一个过程的输入通常是其他过程的输出。

注2：组织为了增值通常对过程进行策划并使其在受控条件下运行。

注3：对形成的产品是否合格不易或不能经济地进行验证的过程，通常称之为“特殊过程”。

产品　product　过程的结果(3.4.2)。

注1：有下列四种通用的产品类别：

——服务(如运输)；

——软件(如计算机程序、字典)；

——硬件(如发动机机械零件)；

——流程性材料(如润滑油)。

许多产品由分属于不同产品类别的成分构成，其属性是服务、软件、硬件或流程性材料取决于产品的主导成分。例如：产品“汽车”是由硬件(如轮胎)、流程性材料(如：燃料、冷却液)、软件(如：发动机控制软件、驾驶员手册)和服务(如销售人员所做的操作说明)所组成。

注2：服务通常是无形的，并且是在供方和顾客接触面上需要完成至少一项活动的结果。服务的提供可涉及，例如：

——在顾客提供的有形产品(如需要维修的汽车)上所完成的活动；

——在顾客提供的无形产品(如为准备纳税申报单所需的损益表)上所完成的活动;

——无形产品的交付(如知识传授方面的信息提供);

——为顾客创造氛围(如在宾馆和饭店)。

软件由信息组成,通常是无形产品,并可以方法、报告或程序的形式存在。

硬件通常是有形产品,其量具有计数的特性。流程性材料通常是有形产品,其量具有连续的特性。硬件和流程性材料经常被称为货物。

注3:质量保证主要关注预期的产品。

项目 project 由一组有起止日期的、协调和受控的活动组成的独特过程,该过程要达到符合包括时间、成本和资源约束条件在内的规定要求的目标(3.4.3)

注1:单个项目可作为一个较大项目结构中的组成部分。

注2:在一些项目中,随着项目的进展,其目标才逐渐清晰,产品特性逐步确定。

注3:项目的结果可以是单一或若干个产品。

注4:根据ISO 10006:2003改写。

质量策划 quality planning 质量管理的一部分,致力于制定质量目标并规定必要的运行过程和相关资源以实现质量目标。

注:编制质量计划可以是质量策划的一部分。

质量控制 quality control 质量管理的一部分,致力于满足质量要求。

职责:决策:总经理;管理:管理者代表;执行:授权人。

程序:产品实现的策划程序见图7-2。

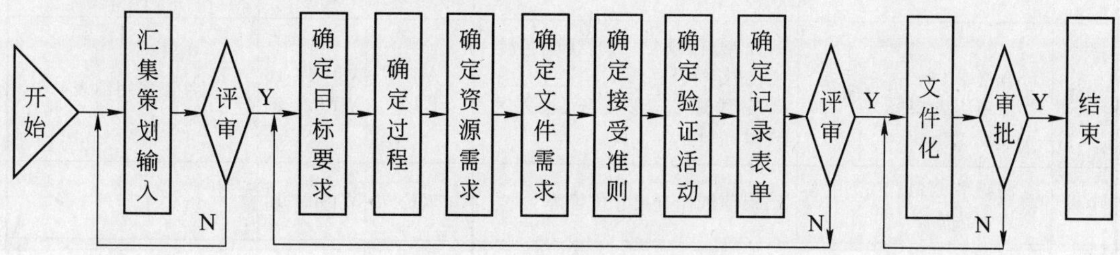

图7-2 产品实现的策划程序

记录:质量计划记录。

【QC工程图示例】 QPL—700—01 A/0

表7-2 ××公司××款型出口休闲裤(裙)QC工程图

【有效期:200×.10.05.—200Y.9.30.】

拟制	审核	批准
□□□	□□□	□□□

流程	质量目标	参数/控制要点	责任部门	依据文件	记录要求
合同/订单	外部年度: 批合格率100%; 准时交货率90%; 内部年度: 计划达成率95%; 投诉少于12次	(公司质量目标以年度计,其余分解后的质量目标均以月度计)	管理者代表、业务部、各个部门	质量手册	质量目标达成表

续表 7-2

流程	质量目标	参数/控制要点	责任部门	依据文件	记录要求
设计打板	顾客批板： 一次认可率 90%； 计划达成率 95%	明确顾客要求(沟通)	技术部、板房	WI-730-01 WI-730-02 WI-730-03 WI-730-04 WI-730-05 WI-730-06 WI-730-07	生产制造单； 尺码表； Order 试板报告单； 样板办单进度表； 板房检查单； 样板工艺单
采购	供应商合格率 100%； 准时交货率 95%		采购部	QP-741-03	
进料	布料环保证据齐； 验证数据 100%准确； 布料次点区标识： 100%准确； 进/出仓数据： 100%准确	验证环保指标符合性 色牢度 色差 缩水率(经/直向和纬/横向) 经纬密度 验布发现次布超过 20 码时除加箭头标贴外,应系白布条注明次布位置	布料仓、辅料仓	WI-824-08 WI-824-09 WI-824-10	出口布料检验报告单； 辅料检验不合格记录表
裁剪	尺寸合格率 95%； 含次点裁片为零； 含色差裁片为零； 计划达成率 100%	偏差≤1/8 时； 确保刀片清洁度	C厂 裁床组	WI-751-11 WI-751-12 WI-824-13	裁床拉料记录表； 裁片记录表； 裁床扎非(标识)工序表
中烫	计划达成率 100%	布料对应的温度/时间/气压参数	A/B厂 中烫组	WI-752-14 WI-824-15	
车缝	合格率 98%； 计划达成率 98%	车型/针号(线号)/线颜色/针距/边距符合要求 车线顺直,弯位圆顺,左右一致	A厂 B厂	WI-751-16 WI-824-17	记件工序明细表
中查	漏检率 1%以下； 计划达成率 100%	对照纸样查尺寸位置等	QC	WI-824-18	
洗水(外发)	手感度优 100%； 色光度合格率 90%； 计划达成率 98%	每批确认参数,但不超过以下范围： 1. 退浆:20～70 ℃,15～30 min; 2. 洗水:20～55 ℃,20～90 min	采购部、洗水组	WI-824-19	成品水洗记录单； 水洗板登记表
样品批核	100%准确； 计划达成率 100%	首件样品全检确认	QC	WI-824-20	尾部(后道)各订单批示表 质量检验报告表
上钮	合格率 99.9%； 配件废品率≤2%； 计划达成率 98%	调机试模确认无误后操作	C厂 打钮组	WI-751-21 WI-824-22	质量检验报告表
剪线	计划达成率 100%		C厂 剪线组	WI-751-23	
查验	正确率 100%； 计划达成率 100%		C厂 查验组	WI-824-24	质量检验报告表
手工/返工	计划达成率 100%		C厂 手工组	WI-751-25	次货分析表

续表 7-2

流程	质量目标	参数/控制要点	责任部门	依据文件	记录要求
熨烫	合格率 99.5%； 计划达成率 98%	布料对应的温度/时间/气压参数 气压表 80 磅时开通烫床，超过 70～120 磅范围关机。	C厂 大烫组	WI-752-26 WI-824-27	
度尺	准确度 99%； 计划达成率 98%		C厂 度尺组	WI-824-28	尺寸报告书
复查	正确率 100%； 计划达成率 100%		C厂 复查组	WI-824-29	质量检验报告表
包装	合格率 100%； 计划达成率 100%		C厂 包装组	WI-755-30 WI-824-31	装箱分配明细表 走货按排表 尾部生产存货表
针检	合格率 100%； 计划达成率 100%	确认检针机功能后进行，首次用 ϕ1.2 试铁确认后每 30 分钟复验一次；问题货处理后，该货应复检	C厂 针检组	WI-824-32	验针记录表
QA	正确率 100%； 计划达成率 100%		品质部	WI-824-33	质量检验报告表
入仓/出货	数据正确率 100%； 计划达成率 95%		成品仓 船务部	WI-755-34	出仓单 成品存仓统计表

短信话 QMS

QMS 的节拍与市场的节拍一致，才称得上“合拍”。

QMS 的 PDCA 轮子都转起来，才能演绎出创新的旋律。

聪明的老板对“三论”(系统论，控制论，信息论)赞不绝口，智慧的老板让“三论”为自己打工。

透明的体系不容黑洞。

PDCA 循环如果没有抓住问题，解决问题，那就叫做“没挂上档”或“空转”。

QMS 认证要动真格的，否则就是感染了的美容术。

7.1.2 环保运行策划

【标准原文】 EMS(覆盖 ISO 14001:2004/4.3.1/4.3.2/4.3.3)

引自 EMS ISO 14001:2004 的内容：

4.3.1 环境因素

组织应建立、实施并保持一个或多个程序，用来：

a) 识别其环境管理体系覆盖范围内的活动、产品和服务中能够控制、或能够施加影响的环境因素，此时应考虑到已纳入计划的或新的开发、新的或修改的活动、产品和服务等因素；

b) 确定对环境具有、或可能具有重大影响的因素(即重要环境因素)。

组织应将这些信息形成文件并及时更新。

组织应确保在建立、实施和保持环境管理体系时，对重要环境因素加以考虑。

4.3.2 法律法规和其他要求

组织应建立、实施并保持一个或多个程序，用来：

a) 识别适用于其活动、产品和服务中环境因素的法律法规和其他应遵守的要求，并建立获取这些要求的渠道；

b) 确定这些要求如何应用于组织的环境因素。

组织应确保在建立、实施和保持环境管理体系时，对这些适用的法律法规和其他要求加以考虑。

4.3.3 目标、指标和方案

组织应针对其内部有关职能和层次，建立、实施并保持形成文件的环境目标和指标。

如可行，目标和指标应可测量。目标和指标应符合环境方针，包括对污染预防、持续改进和遵守适用的法律法规和其他要求的承诺。

组织在建立和评审目标和指标时，应考虑法律法规和其他要求，以及自身的重要环境因素。此外，还应考虑可选的技术方案，财务、运行和经营要求，以及相关方的观点。

组织应制定、实施并保持一个或多个用于实现其目标和指标的方案，其中应包括：

a) 规定组织内各有关职能和层次实现目标和指标的职责；

b) 实现目标和指标的方法和时间表。

【认知理解】 EMS(覆盖 ISO 14001:2004/4.3.1/4.3.2/4.3.3)

"在地球上许多地区，我们可以看到周围有越来越多的说明人为的损害的迹象；在水、空气、土壤以及生物中污染达到危险的程度；生物界的生态平衡受到严重和不适当的扰乱；一些无法取代的资源受到破坏或陷于枯竭；在人为的环境，特别是生活和工作环境里存在着有害于人类身体、精神和社会健康的严重缺陷。"(《人类环境宣言》1972.6.16.斯德哥尔摩)

据有关方面评估，在《国家环境保护"十一五"规划》确定的113个国家环保重点城市中，得分60分以上的城市仅有4个，不足20分的城市多达32个，113个城市得分的平均分刚刚超过30分。环境信息公开在中国已经起步，但与世界其他国家相比，整体水平仍处于初级阶段。

工业生产每日每时都在排放各种各样的非预期的"产品"，有的是排向大气的烟尘和有毒有害气体 CO_2，SO_2 和 CFCS 等；有的是排向江河湖海的有毒有害的工业污水(超标 BOD、COD 等)；有的则排放噪声，辐射或 α、β、γ 放射性物质；有的是倒向大地土壤的有毒有害的固体废弃物(有毒化学品、石棉、油漆油污、不降解塑料包装物等)；有的是消耗原材料、纸张和水电，或浪费其他地球资源等。这一切表明，工业生产乃至现代生活，每日每时都在制造和产生着负面的环境影响，污染和破坏着人类自身赖以生存的地球的生态环境。尽早觉悟，识别这些环境因素，对于影响较大的重要环境因素实施有效监控，降低资源消耗，进而实行污染预防，就是环境管理体系最核心的任务。环境管理体系通过环境方针和目标指标的建立和环境管理方案的实施，对于重要环境因素实行监控，以便取得并持续改进环境绩效或表现。

关于识别环境因素，应注意识别的充分性。例如三个时态，容易忽视过去时态。历史上使用化学品的车间，原址的环境因素常常被忽略。又例如注意了生产各个过程中的环境因素，而忽略了产品的环境因素。有个服装厂，出口国顾客要求面料应通过 Oeko-tex standard 100 认证。这是个生态标准，一系列要求实际就是环保要求。常用的环境因素识别方法是调查、观察、现场检测、会议评议、同行对比和过程分析等。

关于法律法规标准的识别，重要的是转换成可操作的数据。法律法规要具有可操作性，后面一般都有相应的支持性标准。贯彻执行法律法规，实际上是执行标准；标准就是具体化的法律法规。但是应当注意标准的执行是有条件的，条件不同标准数据也不同。

例如涉及工业有害废气排放时，首先要明确企业所在地的地理位置分类，然后才能准确核定排放标准。

GB 3095—1996《环境空气质量标准》(1996 年 10 月 1 日起实施)规定污染物排放限制水平分三个等级，取决于地理位置并分三个类别(见表 7-3)。

表 7-3 污染排放限制等级与地理位置分类表

地理位置分类	执行标准分级	组织各单位执行标准等级和所处区域的类别
一类：自然保护区等	一级标准	
二类：居民区等	二级标准	
三类：特定工业区	三级标准	

而排放标准又规定建成的时间段，不同时间段执行不同标准。这要十分注意，不能搞错。

GB 16297—1996《大气污染物综合排放标准》规定：执行标准的水平，不仅取决于地理位置类别，还取决于时段(2000 年 12 月 31 日前建成锅炉执行Ⅰ时段标准；2001 年 1 月 1 日后建成锅炉执行Ⅱ时段标准)。

各项污染物不允许超过的浓度限值见表 7-4。

表 7-4 各项污染物的浓度限值

污染物名称	取值时间	浓度限值			浓度单位
		一级标准	二级标准	三级标准	
二氧化硫 SO_2	年平均 日平均 1 小时平均	0.02 0.05 0.15	0.06 0.15 0.50	0.10 0.25 0.70	mg/m^3 (标准状态)
总悬浮颗粒物 TSP	年平均 日平均	0.08 0.12	0.20 0.30	0.30 0.50	
可吸入颗粒物 PM_{10}	年平均 日平均	0.04 0.05	0.10 0.15	0.15 0.25	
氮氧化物 NO_x	年平均 日平均 1 小时平均	0.05 0.10 0.15	0.05 0.10 0.15	0.10 0.15 0.30	
二氧化氮 NO_2	年平均 日平均 1 小时平均	0.04 0.08 0.12	0.04 0.18 0.12	0.08 0.12 0.24	

续表 7-4

污染物名称	取值时间	浓度限值			浓度单位
		一级标准	二级标准	三级标准	
一氧化碳 CO	日平均 1 小时平均	4.00 10.00	4.00 10.00	6.00 20.00	mg/m^3 （标准状态）
臭氧 O_3	1 小时平均	0.12	0.16	0.20	
铅 Pb	季平均 年平均		1.50 1.00		$\mu g/m^3$ （标准状态）
苯并[a]芘 B[a]P	日平均		0.01		
氟化物 F	日平均 1 小时平均		7[a] 20[a]		
	月平均 植物生长季平均	1.8[b] 1.2[b]	3.0[c] 2.0[c]		$\mu g/(dm^2 \cdot d)$

[a] 适用于城市地区。
[b] 适用于牧业区和以牧业为主的半农半牧区，蚕桑区。
[c] 适用于农业和林业区。

各项污染物数据统计的有效性规定见表 7-5。

表 7-5　各项污染物数据统计的有效性规定

污染物	取值时间	数据有效性规定
SO_2，NO_x，NO_2	年平均	每年至少有分布均匀的 144 个日均值 每月至少有分布均匀的 12 个日均值
TSP，PM_{10}，Pb	年平均	每年至少有分布均匀的 60 个日均值 每月至少有分布均匀的 5 个日均值
SO_2，NO_x，NO_2，CO	日平均	每日至少有 18 h 的采样时间
TSP，PM_{10}，B(a)P，Pb	日平均	每日至少有 12 h 的采样时间
SO_2，NO_x，NO_2，CO，O_3	1 小时平均	每小时至少有 45 min 的采样时间
Pb	季平均	每季至少有分布均匀的 15 个日均值 每月至少有分布均匀的 5 个日均值
F	月平均	每月至少采样 15 d 以上
	植物生长季平均	每一个生长季至少有 70%个月平均值
	日平均	每日至少有 12 h 的采样时间
	1 小时平均	每小时至少有 45 min 的采样时间

室内空气应无毒、无害、无异常嗅味。室内空气质量标准见表 7-6。

表 7-6 室内空气质量标准

序号	参数类别	参数	单位	标准值	备注
1	物理性	温度	℃	22～28	夏季空调
				16～24	冬季采暖
2		相对湿度	%	40～80	夏季空调
				30～60	冬季采暖
3		空气流速	m/s	0.3	夏季空调
				0.2	冬季采暖
4		新风量	m^3(h·人)	30[a]	
5	化学性	二氧化硫 SO_2	mg/m^3	0.50	1 小时平均值
6		二氧化氮 NO_2	mg/m^3	0.24	1 小时平均值
7		一氧化碳 CO	mg/m^3	10	1 小时平均值
8		二氧化碳 CO_2	%	0.10	日平均值
9		氨 NH_3	mg/m^3	0.20	1 小时平均值
10		臭氧 O_3	mg/m^3	0.16	1 小时平均值
11		甲醛 HCHO	mg/m^3	0.10	1 小时平均值
12		苯 C_6H_6	mg/m^3	0.11	1 小时平均值
13		甲苯 C_7H_8	mg/m^3	0.20	1 小时平均值
14		二甲苯 C_8H_{10}	mg/m^3	0.20	1 小时平均值
15		苯并[a]芘 B[a]P	mg/m^3	1.0	日平均值
16		可吸入颗粒物 PM_{10}	mg/m^3	0.15	日平均值
17		总挥发性有机物 TVOC	mg/m^3	0.60	8 小时平均值
18	生物性	菌落总数	cfu/m^3	2 500	依据仪器定
19	放射性	氡 ^{222}Rn	Bq/m^3	400	年平均值(行动水平[b])

[a] 新风量要求≥标准值,除温度、相对湿度外的其他参数要求≤标准值。

[b] 达到此水平建议采取干预行动以降低室内氡浓度。

例如涉及工业污水排放时,首先要明确企业地理位置处于哪类功能地域。GB 3838—2002《地表水环境标准》规定:地表水的基本项目标准限值取决于五类别功能地域:

Ⅰ类:源头水,国家自然保护区。

Ⅱ类:集中式生活饮用水水源地一级保护区,珍稀水生生物栖息地,鱼虾类产卵场。

Ⅲ类:集中式生活饮用水地表水水源地二级保护区,水产养殖区,游泳区。

Ⅳ类:一般工业用水区,人体非直接接触娱乐用水区。

Ⅴ类:农业用水区,一般景观区。

污水排放标准则将污染物进行分类,同时规定了时间界线。GB 8978—1996《污水综合排放标准》规定:

Ⅰ、Ⅱ类区域不准排放污水;Ⅲ类区域排污水应执行一级标准;Ⅳ、Ⅴ类区域排污水执行二级标准。

还规定污染物分两类:

第一类污染物:车间或车间处理设施排放口采样,不得超标准值 13 项;

第二类污染物：1997年12月31日前建设单位共26项目，1998年1月1日以后建设单位共56项，单位排放口采样，不得超标准值。

（1）地表水环境质量标准基本项目标准限值见表7-7。

表7-7 地表水环境质量标准基本项目标准限值 单位：mg/L

序号	标准值 项目 分类	Ⅰ类	Ⅱ类	Ⅲ类	Ⅳ类	Ⅴ类
1	水温（℃）	人为造成的环境水温变化应限制在： 周平均最大温升≤1 周平均最大温降≤2				
2	pH（无量纲）	6～9				
3	溶解氧 ≥	饱和率90%（或7.5）	6	5	3	2
4	高锰酸盐指数 ≤	2	4	6	10	15
5	化学需氧量（COD） ≤	15	15	20	30	40
6	五日生化需氧量（BOD_5） ≤	3	3	4	6	10
7	氨氮（NH_3-N） ≤	0.15	0.5	1.0	1.5	2.0
8	总磷（以P计） ≤	0.02（湖、库0.01）	0.1（湖、库0.025）	0.2（湖、库0.05）	0.3（湖、库0.1）	0.4（湖、库0.2）
9	总氮（湖、库，以N计）≤	0.2	0.5	1.0	1.5	2.0
10	铜 ≤	0.01	1.0	1.0	1.0	1.0
11	锌 ≤	0.05	1.0	1.0	2.0	2.0
12	氟化物（以F^-计） ≤	1.0	1.0	1.0	1.5	1.5
13	硒 ≤	0.01	0.01	0.01	0.02	0.02
14	砷 ≤	0.05	0.05	0.05	0.1	0.1
15	汞 ≤	0.000 05	0.000 05	0.000 1	0.001	0.001
16	镉 ≤	0.001	0.005	0.005	0.005	0.01
17	铬（六价） ≤	0.01	0.05	0.05	0.05	0.1
18	铅 ≤	0.01	0.01	0.05	0.05	0.1
19	氰化物 ≤	0.005	0.05	0.2	0.2	0.2
20	挥发酚 ≤	0.002	0.002	0.005	0.01	0.1
21	石油类 ≤	0.05	0.05	0.05	0.5	1.0
22	阴离子表面活性剂 ≤	0.2	0.2	0.2	0.3	0.3
23	硫化物 ≤	0.05	0.1	0.2	0.5	1.0
24	粪大肠菌群（个/L） ≤	200	2 000	10 000	20 000	40 000

（2）集中式生活饮用水地表水源地补充项目标准限值见表7-8。

表 7-8 集中式生活饮用水地表水源地补充项目标准限值 单位:mg/L

序号	项目	标准值	序号	项目	标准值
1	硫酸盐(以 SO_4^{2-} 计)	250	4	铁	0.3
2	氯化物(以 Cl^- 计)	250	5	锰	0.1
3	硝酸盐(以 N 计)	10			

(3) 集中式生活饮用水地表水源地特定项目标准限值见表 7-9。

表 7-9 集中式生活饮用水地表水源地特定项目标准限值 单位:mg/L

序号	项目	标准值	序号	项目	标准值	序号	项目	标准值
1	三氯甲烷	0.06	28	四氯苯	0.02	54	环氧七氯	0.000 2
2	四氯化碳	0.002	29	六氯苯	0.05	55	对硫磷	0.003
3	三溴甲烷	0.1	30	硝基苯	0.017	56	甲基对硫磷	0.002
4	二氯甲烷	0.02	31	二硝基苯	0.5	57	马拉硫磷	0.05
5	1,2-二氯乙烷	0.03	32	2,4-二硝基甲苯	0.000 3	58	乐果	0.08
6	环氧氯丙烷	0.02	33	2,4,6-三硝基甲苯	0.5	59	敌敌畏	0.05
7	氯乙烯	0.005	34	硝基氯苯	0.05	60	敌百虫	0.05
8	1,1-二氯乙烯	0.03	35	2,4-二硝基氯苯	0.5	61	内吸磷	0.03
9	1,2-二氯乙烯	0.05	36	2,6-二氯苯酚	0.093	62	百菌清	0.01
10	三氯乙烯	0.07	37	2,4,6-三氯苯酚	0.2	63	甲萘威	0.05
11	四氯乙烯	0.04	38	五氯酚	0.009	64	溴氰菊酯	0.02
12	氯丁二烯	0.002	39	苯胺	0.1	65	阿特拉津	0.003
13	六氯丁二烯	0.000 6	40	联苯胺	0.000 2	66	苯并(a)芘	2.8×10^{-6}
14	苯乙烯	0.02	41	丙烯酰胺	0.000 5	67	甲基汞	1.0×10^{-6}
15	甲醛	0.9	42	丙烯腈	0.1	68	多氯联苯	2.0×10^{-5}
16	乙醛	0.05	43	邻苯二甲酸二丁酯	0.003	69	微囊藻毒素-LR	0.001
17	丙烯醛	0.1	44	邻苯二甲酸二(2-乙基己基)酯	0.008	70	黄磷	0.003
18	三氯乙醛	0.01				71	钼	0.07
19	苯	0.01	45	水合肼	0.01	72	钴	1.0
20	甲苯	0.7	46	四乙基铅	0.000 1	73	铍	0.002
21	乙苯	0.3	47	吡啶	0.2	74	硼	0.5
22	二甲苯	0.5	48	松节油	0.2	75	锑	0.005
23	异丙苯	0.25	49	苦味酸	0.5	76	镍	0.02
24	氯苯	0.3	50	丁基黄原酸	0.005	77	钡	0.7
25	1,2-二氯苯	1.0	51	活性氯	0.01	78	钒	0.05
26	1,4-二氯苯	0.3	52	滴滴涕	0.001	79	钛	0.1
27	三氯苯	0.02	53	林丹	0.002	80	铊	0.000 1

（4）饮用水国家标准见表 7-10、表 7-11、表 7-12、表 7-13。

表 7-10 饮用水标准(自 GB 5749—2006)

水质常规指标及限值

1. 微生物指标			
总大肠菌群（MPN/100 mL 或 CFU/100 mL）	不得检出	大肠埃希氏菌（MPN/100 mL 或 CFU/100 mL）	不得检出
耐热大肠菌群（MPN/100 mL 或 CFU/100 mL）	不得检出	菌落总数（CFU/mL）	100
2. 毒理指标			
砷（mg/L）	0.01	硝酸盐（以 N 计，mg/L）	10 地下水源限制时为 20
镉（mg/L）	0.005	三氯甲烷（mg/L）	0.06
铬（六价，mg/L）	0.05	四氯化碳（mg/L）	0.002
铅（mg/L）	0.01	溴酸盐（使用臭氧时，mg/L）	0.01
汞（mg/L）	0.001	甲醛（使用臭氧时，mg/L）	0.9
硒（mg/L）	0.01	亚氯酸盐（使用二氧化氯消毒时，mg/L）	0.7
氰化物（mg/L）	0.05	氯酸盐（使用复合二氧化氯消毒时，mg/L）	0.7
氟化物（mg/L）	1.0		
3. 感官性状和一般化学指标			
浑浊度（NTU-散射浊度单位）	1 水源与净水技术条件限制时为 3	锌（mg/L）	1.0
臭和味	无异臭、异味	氯化物（mg/L）	250
肉眼可见物	无	硫酸盐（mg/L）	250
pH（pH 单位）	不小于 6.5 且不大于 8.5	溶解性总固体（mg/L）	1 000
铝（mg/L）	0.2	总硬度（以 $CaCO_3$ 计，mg/L）	450
铁（mg/L）	0.3	耗氧量（COD_{Mn} 法，以 O_2 计，mg/L）	3 水源限制，原水耗氧量>6 mg/L 时为 5
锰（mg/L）	0.1	挥发酚类（以苯酚计，mg/L）	0.002
铜（mg/L）	1.0	阴离子合成洗涤剂（mg/L）	0.3
4. 放射性指标			
总 α 放射性（Bq/L）	0.5	总 β 放射性（Bq/L）	1

注：1. MPN 表示最可能数；CFU 表示菌落形成单位。当水样检出总大肠菌群时，应进一步检验大肠埃希氏菌或耐热大肠菌群；水样未检出总大肠菌群，不必检验大肠埃希氏菌或耐热大肠菌群。

2. 放射性指标超过指导值，应进行核素分析和评价，判定能否饮用。

表 7-11 饮用水中消毒剂常规指标及要求(自 GB 5749—2006)

消毒剂名称	与水接触时间	出厂水中限值	出厂水中余量	管网末梢水中余量
氯气及游离氯制剂(游离氯,mg/L)	至少 30 min	4	≥0.3	≥0.05
一氯胺(总氯,mg/L)	至少 120 min	3	≥0.5	≥0.05
臭氧(O_3,mg/L)	至少 12 min	0.3		0.02 如加氯,总氯≥0.05
二氧化氯(ClO_2,mg/L)	至少 30 min	0.8	≥0.1	≥0.02

表 7-12 水质非常规指标及限值(自 GB 5749—2006)

指标	限值	指标	限值
1. 微生物指标			
贾第鞭毛虫(个/10 L)	<1	隐孢子虫(个/10 L)	<1
2. 毒理指标			
锑(mg/L)	0.005	二氯一溴甲烷(mg/L)	0.06
钡(mg/L)	0.7	二氯乙酸(mg/L)	0.05
铍(mg/L)	0.002	1,2-二氯乙烷(mg/L)	0.03
硼(mg/L)	0.5	二氯甲烷(mg/L)	0.02
钼(mg/L)	0.07	三卤甲烷(三氯甲烷、一氯二溴甲烷、二氯一溴甲烷、三溴甲烷的总和)	该类化合物中各种化合物的实测浓度与其各自限值的比值之和不超过 1
镍(mg/L)	0.02	1,1,1-三氯乙烷(mg/L)	2
银(mg/L)	0.05	三氯乙酸(mg/L)	0.1
铊(mg/L)	0.000 1	三氯乙醛(mg/L)	0.01
氯化氰(以 CN^- 计,mg/L)	0.07	2,4,6-三氯酚(mg/L)	0.2
一氯二溴甲烷(mg/L)	0.1	三溴甲烷(mg/L)	0.1
锑(mg/L)	0.005	七氯(mg/L)	0.000 4
马拉硫磷(mg/L)	0.25	六氯苯(mg/L)	0.001
五氯酚(mg/L)	0.009	乐果(mg/L)	0.08
六六六(总量,mg/L)	0.005	对硫磷(mg/L)	0.003
灭草松(mg/L)	0.3	百菌清(mg/L)	0.01
甲基对硫磷(mg/L)	0.02	呋喃丹(mg/L)	0.007
林丹(mg/L)	0.002	三氯乙烯(mg/L)	0.07
毒死蜱(mg/L)	0.03	三氯苯(总量,mg/L)	0.02
草甘膦(mg/L)	0.7	六氯丁二烯(mg/L)	0.000 6
敌敌畏(mg/L)	0.001	丙烯酰胺(mg/L)	0.000 5
莠去津(mg/L)	0.002	四氯乙烯(mg/L)	0.04
溴氰菊酯(mg/L)	0.02	甲苯(mg/L)	0.7

续表 7-12

指标	限值	指标	限值
2,4-滴(mg/L)	0.03	邻苯二甲酸二(2-乙基己基)酯(mg/L)	0.008
滴滴涕(mg/L)	0.001	环氧氯丙烷(mg/L)	0.000 4
乙苯(mg/L)	0.3	苯(mg/L)	0.01
二甲苯(mg/L)	0.5	苯乙烯(mg/L)	0.02
1,1-二氯乙烯(mg/L)	0.03	苯并(a)芘(mg/L)	0.000 01
1,2-二氯乙烯(mg/L)	0.05	氯乙烯(mg/L)	0.005
1,2-二氯苯(mg/L)	1	氯苯(mg/L)	0.3
1,4-二氯苯(mg/L)	0.3	微囊藻毒素-LR(mg/L)	0.001
3. 感官性状和一般化学指标			
氨氮(以N计,mg/L)	0.5	钠(mg/L)	200
硫化物(mg/L)	0.02		

表 7-13 农村小型集中式供水和分散式供水部分水质指标及限值(自 GB 5749—2006)

指标	限值	指标	限值
1. 微生物指标			
菌落总数(CFU/mL)	500		
2. 毒理指标			
砷(mg/L)	0.05	硝酸盐(以N计,mg/L)	20
氟化物(mg/L)	1.2		
3. 感官性状和一般化学指标			
色度(铂钴色度单位)	20	耗氧量(COD_{Mn}法,以O_2计,mg/L)	5
浑浊度(NTU-散射浊度单位)	3 水源与净水技术条件限制时 5	铁(mg/L)	0.5
pH(pH单位)	不小于6.5且不大于9.5	锰(mg/L)	0.3
溶解性总固体(mg/L)	1 500	氯化物(mg/L)	300
总硬度(以$CaCO_3$计,mg/L)	550	硫酸盐(mg/L)	300

又例如涉及噪声污染时,也分为五个区域类别。执行哪个数据要求也同样取决于企业所处的地理位置在几类区域。

GB 3096—1990《城市区域环境噪声标准》规定共分五类区域,详见表 7-14:

0 类:疗养区。

1 类:居住,文教机关。

2 类:居住,商业,工业混杂区。

3 类:工业区。

4类:城市道路交通干线两侧区域,穿越城区内河航道两侧区域。

表 7-14 城市区域环境噪声标准表 单位:dB

区域类别	0	1	2	3	4
昼间	50	55	60	65	70
夜间	40	45	50	55	55

GB 12348—1990《工业企业厂界噪声标准》规定:夜间频繁突发噪声,其峰值不准超过标准值 10 dB;偶然突发噪声不得超过标准值 15 dB。详见表 7-15。

表 7-15 工业企业厂界噪声标准表 单位:dB

类别	Ⅰ	Ⅱ	Ⅲ	Ⅳ
昼间	55	60	65	70
夜间	45	50	55	55

关于评价重要环境因素,应注意环境因素的动态变化。当时不是重要环境因素,但是法律法规标准提升了,就可能成为重要环境因素。当原来的重要环境因素控制得较好,就不再成为重要环境因素了;而原来尚未定为重要环境因素的评分可能就突出了,又变成了重要环境因素。实际上也体现了持续改进。另外还应当注意与《环境影响评价报告》及其政府批复意见的衔接问题。不应出现批复意见要求的内容被忽略或遗漏。常用的重要环境因素评价方法是同标准的符合程序比较、评估环境影响的规模范围、评估环境影响的严重程序、同行业比较、专家评估、多因素评分,等等。多因素评分法就是 ABCDEF 六项取值再相乘,汇总后综合分析,一般数值≥240,即为重要环境因素。其中:

A:排放值与法规值之比,取值范围:1～5,监测数据可取 2.5。

B:发生频率,以一年、月、周、一日、连续计,取值范围;1～5。

C:影响程度,按不严重、较轻、地区性、国家和全球性计,取值范围:1～5。

D:可恢复性,按恢复天数一天、一周、一月、半年、不可恢复计,取值范围:1～5。

E:节约潜力,按年节约量 0～10%,分五级、取值范围:1～5。

F:关注度,从不关注、轻度关注、关注、重度关注、极关注计,取值范围:1～5。

关于目标的建立,同其他目标一样,应当体现出方针的要求,体现出持续进。不应太高,高得脱离实际,长期达不到;更应注意"能低就低",就低不就高,甚至一个目标指标达到以后,长期不加更新不改变,这样就失去目标管理的意义。

关于环境管理方案,就是针对一个个重要环境因素,采取怎样的治理方法进行监视和控制。循环经济的方法,低碳经济的方法,自然是上选。而针对"水气声渣"的污染治理和预防,目前已经不是理论上解决的问题了,实践上也日臻成熟。例如可以针对性地选择物理的隔珊,反渗透,萃取,电解,吸附和沉淀法,化学的中和法,生物的厌氧和喜氧方法,或几种方法结合使用,建立污水处理设施进行生活污水和工业污水的处理;可以针对性地选择电除尘,袋式除尘和湿法除尘,燃烧控制,进行脱硫等处置解决工业烟尘废气的排放问题;可以选择屏蔽,隔声,减振和改进消除声源的方法解决噪声排放的问题;可以选择回收利用,适当深度地填埋方法处置一般性固体废弃物，而危险废弃物则应当严格遵循法律规定，实行五连单制，由指定运输单位，转运至法定机构专门处置(参阅《国家危险废物名录》和《中华人民共和国固体废物污染环境防治法》)。至于节电节水和节约其他资源，许多行业已经有了本行业特有的技术和手段，并且正在继续开发新的途径和方法，包括水和包装材料的循环利用等。

【资料链接】 八大污染事件

1. 比利时马斯河谷烟雾事件。1930 年 12 月 1—5 日，比利时马斯河谷工业区内 13 个工厂排放的大量烟雾弥漫在河谷上空无法扩散，使河谷工业区有上千人发生胸疼、咳嗽、流泪、咽痛、呼吸困难等，一周内有 60 多人死亡，许多家畜也纷纷死去，这是 20 世纪最早记录下的大气污染事件。

2. 美国洛杉矶光化学烟雾事件。从 20 世纪 40 年代起，已拥有大量汽车的美国洛杉矶城上空开始出现由光化学烟雾造成的黄色烟幕。它刺激人的眼睛、灼伤喉咙和肺部、引起胸闷等，还使植物大面积受害，松林枯死，柑橘减产。1955 年，洛杉矶因光化学烟雾引起的呼吸系统衰竭死亡的人数达到 400 多人，这是最早出现的由汽车尾气造成的大气污染事件。

3. 美国多诺拉烟雾事件。美国宾夕法尼亚州多诺拉镇是硫酸厂、钢铁厂、炼锌厂的集中地，工厂排放的烟雾被封锁在山谷中，1948 年 10 月 26—31 日持续雾天，使6 000 人突然发生眼痛、咽喉痛、流鼻涕、头痛、胸闷等不适，其中 20 人很快死亡。这次烟雾事件主要由二氧化硫等有毒有害物质和金属微粒附着在悬浮颗粒物上，人们在短时间内大量吸入了这些有害气体，以致酿成大灾。

4. 伦敦烟雾事件。1952 年 12 月 5—8 日，伦敦城市上空高压，大雾笼罩，连日无风。而当时正值冬季大量燃煤取暖期，煤烟粉尘和湿气积聚在大气中，使许多城市居民都感到呼吸困难、眼睛刺痛，仅四天时间内死亡了 4 000 多人，在之后的两个月时间内，又有 8 000 人陆续死亡。这是 20 世纪世界上最大的由燃煤引发的城市烟雾事件。

5. 日本四日市哮喘病事件。1955 年日本第一座石油化工联合企业在四日市上马，1959 年由昭石石油公司投资 186 亿日元的炼油厂开始投产，四日市很快发展成为“石油联合企业城”。但石油冶炼产生的废气使当地天空终年烟雾弥漫，厚达 500 米，其中漂浮着多种有毒有害气体和金属粉尘，使人出现头疼、咽喉疼、眼睛疼、呕吐等不适症状。从 1960 年起，当地患哮喘病的人数激增，一些哮喘病患者病因不堪忍受折磨而自杀。到 1979 年 10 月底，当地确认患者人数达 775 491 人。

6. 日本水俣病事件。从 1949 年起，位于日本熊本县水俣镇的日本氮肥公司开始制造氯乙烯和醋酸乙烯。由于制造过程要使用含汞(Hg)的催化剂，大量的汞便随着工厂未经处理的废水被排放到了水俣湾。1954 年，水俣湾开始出现一种病因不明的怪病，叫“水俣病”，患病的是猫和人，症状是步态不稳、抽搐、手足变形、神经失常、身体弯弓高叫，直至死亡。经过近 10 年的分析，科学家才确认：工厂排放的废水中的汞是“水俣病”的起因。这种物质通过鱼虾进入人体和动物体内后，会侵害脑部和身体的其他部位，引起脑萎缩、小脑平衡系统被破坏等多种危害，毒性极大。在日本，食用了水俣湾中被甲基汞污染的鱼虾人数达数十万。

7. 日本米糠油事件。1968 年日本九州爱知县一个食用油厂的米糠油中混入了在脱臭工艺中使用的热载体多氯联苯，造成食物油污染。而被污染的米糠油中的黑油用做鸡饲料，造成了九州、四国等地区的几十万只鸡中毒死亡的事件。1978年，确诊患者人数累计达1 684人。

8. 日本富山骨痛病事件。19世纪80年代，日本富山县平原神通川上游的神冈矿山成为从事铅、锌矿的开采、精炼及硫酸生产的大型矿山企业。矿渣产生的含有镉等重金属的废水却直接长期流入周围环境，在土壤、河流底泥中产生沉淀堆积。镉通过稻米进入人体，引起肾脏障碍，逐渐导致软骨症，在妇女妊娠、哺乳、内分泌失调、营养性钙不足等诱发原因存在的情况下，使妇女得上一种浑身剧烈疼痛的病，叫痛痛病，也叫骨痛病，重者全身多处骨折，在痛苦中死亡。从1931年到1968年，神通川平原地区被确诊患此病的人数为258人，其中死亡128人，至1977年12月又死亡79人。

【操作运行】 EMS(覆盖ISO 14001:2004/4.3.1/4.3.2/4.3.3)

目的:通过目标管理和对于重要环境因素进行动态监控，确保满足法规和其他要求。

范围:环境因素:组织活动，产品和服务中可控和可施加影响的环境因素。

时态:过去、现在、将来。状态:正常、异常、紧急。

类型:1)向大气排放;2)向水体排放;3)原材料和资源使用消耗;5)地方社区环境问题;6)能源消耗;7)废弃物和副产品排放;8)噪声或放射性排放等。

法律法规:国家签署的国际条约、国家法律法规、地方法规、法律法规的支持性标准。

定义(引自ISO 14001:2004的内容)

环境因素 environmental aspect

一个组织的活动、产品和服务中能与环境发生相互作用的要素。

注:重要环境因素是指具有或能够产生重大环境影响的环境因素。

环境目标 environmental objective

组织依据其环境方针规定的自己所要实现的总体环境目的。

环境指标 environmental target

由环境目标产生，为实现环境目标所须规定并满足的具体的绩效要求，它们可适用于整个组织或其局部。

环境绩效 environmental performance

组织对其环境因素进行管理所取得的可测量结果。

注:在环境管理体系条件下，可对照组织的环境方针、环境目标、环境指标及其他环境绩效要求对结果进行测量。

职责:见表7-16。

表7-16 环境职责分配表

	环境因素	法律法规标准	重要环境因素	环境目标	管理方案
识别	各部门	各部门	各部门	环境部	环境部
核准	环境部	环境部	环境部	管理代表	管理代表
批准	管理代表	管理代表	管理代表	管理评审	管理评审

程序：见图 7-3。

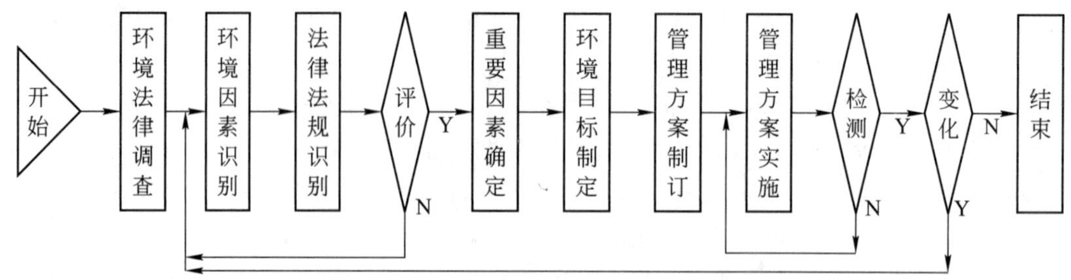

图 7-3　环境因素管理目标和方案管理程序

记录：

(1) 环境因素评价表；

(2) 重要环境因素表(包括更新前)；

(3) 环境目标；

(4) 适用环境法律法规清单；

(5) 环境管理方案；

(6) 环境监测记录(包括组织和第三方监测)。

【环境管理方案示例】

表 7-17　环境管理方案总表

××公司

EMP-433-01 A/0　　批准：□□□　审核：□□□　拟制：□□□

流程	重要环境因素	目标	管理方案 EMP 程序文件 EMS	责任部门	完成日期
合同/订单	印染面料甲醛含量 偶氮含量 重金属含量	达标率 100% 达标率 100% 达标率 100%	EMS-433-01 A/0	管理者代表 业务部 各个部门	自本文件生效日起
设计打板	印染面料甲醛含量 偶氮含量 重金属含量 辅料/面料消耗 纸张消耗 水电消耗	达标率 100% 达标率 100% 达标率 100% 达标率 100% 降低率 10% 降低率 2%	EMS-433-01 A/0 EMS-433-04 A/0	技术部 板房	自本文件生效日起
采购运输	印染面料甲醛含量 偶氮含量 重金属含量 汽油消耗/滴漏	达标率 100% 达标率 100% 达标率 100% 降低率 2%	EMS-433-01 A/0 EMS-433-04 A/0	采购部	自本文件生效日起
进料	印染面料甲醛含量 偶氮含量 重金属含量 原材损耗 火灾	达标率 100% 达标率 100% 达标率 100% 降低率 10% 0	EMS-433-01 A/0 EMS-433-04 A/0 EMS-447-01 A/0	布料仓 辅料仓	自本文件生效日起

续表 7-17

流程	重要环境因素	目标	管理方案 EMP 程序文件 EMS	责任部门	完成日期
裁剪	布料消耗	降低率 5%	EMS-433-04 A/0	C 厂　裁床组	同上
中烫	水电消耗 热能消耗	降低率 2% 降低率 2%	EMS-433-04 A/0	A/B 厂　中烫组	自本文件生效日起
车缝	电能消耗 油污布 机油消耗/滴漏	减低率 2% 处置率 100% 降低率 5%	EMS-433-04 A/0 EMS-433-05 A/0 EMS-433-04 A/0	A 厂 B 厂	自本文件生效日起
中查	电能消耗		EMS-433-04 A/0	QC	同上
洗水(外发)	水电消耗 洗后污水的排放色度,COD,BOD,SS 等	降低 2% 达标率 98%	EMS-433-04 A/0 EMP-433-02 A/0	采购部 污水处理组	××年××月××日
样品批核	电能消耗	降低率 2%	EMS-433-4 A/0	QC	自本文件生效日起
上钮	噪声排放 电能消耗	达标率 95% 降低率 2%	EMS-433-06 A/0 EMS-433-04 A/0	C 厂　打钮组	自本文件生效日起
剪线	化纤线头 电能消耗	处置率 100% 降低率 2%	EMS-433-05 A/0 EMS-433-04 A/0	C 厂　剪线组	自本文件生效日起
查验	电能消耗	降低率 2%	EMS-433-04 A/0	C 厂　查验组	同上
手工/返工	电能消耗 化纤线头	降低率 2% 处置率 100%	EMS-433-04 A/0 EMS-433-05 A/0	C 厂　手工组	自本文件生效日起
熨烫	水电消耗 热能消耗	降低率 5% 降低率 2%	EMS-433-04 A/0 EMS-433-04 A/0	C 厂　熨烫组	自本文件生效日起
度尺	电能消耗	降低率 2%	EMS-433-04 A/0	C 厂　度尺组	同上
复查	电能消耗	降低率 2%	EMS-433-04 A/0	C 厂　复查组	同上
包装	电能消耗	降低率 2%	EMS-433-04 A/0	C 厂　包装组	同上
针检	电能消耗	降低率 2%	EMS-433-04 A/0	C 厂　针检组	同上
QA	电能消耗	降低率 2%	EMS-433-04 A/0	品质部	同上
入/出货	火灾	0	EMS-447-01 A/0	成品仓	同上
油品化学品仓库	火灾 意外泄露	0 0	EMS-447-01 A/0 EMS-447-01 A/0	危险品仓库	同上
厕所	污水排放	达标率 95%	EMS-433-02 A/0	污水处理组	同上
食堂	烟尘排放 油烟排放 食物废弃物 废水排放	达标率 95% 达标率 95% 达标率 95% 达标率 98%	EMP-433-03 A/0 EMP-433-03 A/0 EMS-433-05 A/0 EMP-433-02 A/0	食堂 污水处理组	××年××月××日 ××年××月××日
医务室	医疗废弃物	达标率 100%	EMS-433-05 A/0	医务室	同上

污水处理设施建成之前集中收集,建成后处理排放,并达标。

【不符合项报告案例】

不符合项报告 1

公司:□□□□□电子厂		
合同号:□□□□□□	日期:200×.10.20	报告编号:Ⅰ-01/06
依据标准:ISO 14001:2004	违反条款:4.3.1 环境因素	分类:Ⅱ
不符合项描述(包括不符合项对最终产品/服务的潜在影响): 在环境因素识别方面存在个别不足,如: 200×.07.01 顾客□□□□订单要求加工产品(WA4-025)使用无铅焊锡,但是没有记录表明对此环境因素识别并加控制,不能确保环境因素识别的充分性。 以上不符合 ISO 14001:2004 标准 4.3.1 关于识别产品中环境因素的要求。 受审核方签字　□□□　　审核员签字　□□□		
请留意:纠正措施实施情况应在一个月内(Ⅱ类或一般 NCR)或两个月内(Ⅰ类或严重 NCR)验证		

注:本表格不完整,未包括其余栏目,请参照使用时注意。

不符合项报告 2

公司:□□□□□服装有限公司		
合同号:□□□□□□□	日期:200×.03.10	报告编号:Ⅰ-01/05
依据标准:ISO 14001:2004	违反条款:4.3.1 环境因素	分类:Ⅱ
不符合项描述(包括不符合项对最终产品/服务的潜在影响): 在环境因素识别方面还存在个别问题,如: 200×年 5 月 5 日顾客□□□的订单要求产品 LE022 使用面料均应当符合最新版 Oeko-Tex Standard 100,但是没有记录表明对于产品的环境因素识别并加以控制,不能确保环境因素识别的充分性。 以上不符合 ISO 14001:2004 标准 4.3.1 关于识别产品中环境因素的要求。 受审核方签字　□□□　　审核员签字　□□□		
请留意:纠正措施实施情况应在一个月内(Ⅱ类或一般 NCR)或两个月内(Ⅰ类或严重 NCR)验证		

注:本表格不完整,未包括其余栏目,请参照使用时注意。

不符合项报告 3

公司:□□□□□□　有限公司		
合同号:□□□□□□	日期:200×.05.07	报告编号:Ⅰ-01/03
依据标准:ISO 14001:2004	违反条款:4.3.1 环境因素	分类:Ⅱ
不符合项描述(包括不符合项对最终产品/服务的潜在影响): 在环境因素识别方面还存在个别问题,如: 200×年 4 月 20 日刚刚改建成的装配车间,原来是油库,但是没有记录表明对于油库污染的历史进行识别和处置,不符合环境因素识别应当包括"过去"时态的要求,因此不能确保环境因素识别的充分性。 以上不符合 ISO 14001:2004 标准 4.3.1 要素关于环境因素识别的要求。 受审核方签字　□□□　　审核员签字　□□□		
请留意:纠正措施实施情况应在一个月内(Ⅱ类或一般 NCR)或两个月内(Ⅰ类或严重 NCR)验证		

注:本表格不完整,未包括其余栏目,请参照使用时注意。

7.1.3 健安运行策划

【标准原文】

引自 OHSAS 18001:2007 的内容:

4.3 策划

4.3.1 危险源辨识、风险评价和风险控制的策划。

组织应建立、实施并保持一人或多个程序以持续进行危险源辨识、风险评价和确定必要的控制措施。危险源辨识的风险评价程序需要考虑:

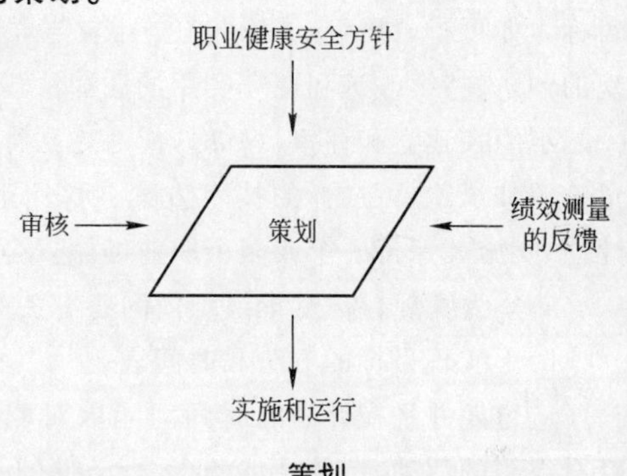

策划

a) 常规和非常规活动;

b) 所有进入工作场所的人员(包括合同方和访客者)的活动;

c) 人员的行为、能力及其他的人为因素;

d) 由来自工作场所外部,会对工作场所内组织的管理人员,由于不利于职业健康安全的影响所造成的危害;

e) 在组织控制下,因与工作相关的活动在工作场所周围内造成的危害;

注:该类危险源应从环境方面来考虑和评价可能会更合适。

f) 在工作场所中,由组织或其他单位所提供的基础设施、设备和原料;

g) 应考虑组织活动或原料的变更或已纳入计划的变更;

h) 职业健康安全管理体系的改变,包括因临时变更可能对作业、流程及活动的影响;

i) 任何有关风险评价及必要控制方法的实施所适用的法律责任;

j) 对工作区域、过程、安装、机械/设备、操作程序及组织机构的设计,该设计也包括对人员的适应能力。组织的危险源识别和风险评价的方法应:

a) 依据与组织相关的范围、性质及时限性进行确定,以确保该方法是主动性的而非被动性的;

b) 提供风险评价、确定优先等级并形成文件;适当的话,应包括控制方法的应用;

c) 为达到变更管理的目的,在导入变更措施之前,应识别组织内,职业健康安全管理体系或其活动变化的职业健康安全的危险源及职业健康安全的风险;在决定控制方法时,组织应确定已经考虑了评价的结果。

决定控制方法或考虑变更现有控制方法时,可按下列优先顺序以便降低风险性:

a) 消除;

b) 替代;

c) 工序控制;

d) 标识、警示、管理和控制措施;

e) 个人防护用品。

4.3.2 法律法规和其他要求

组织应建立、实施并保持一个或多个程序,以识别并获取适用法律法规和其他职业健康安全要求的渠道。

组织在建立、实施及保持职业健康安全管理体系时，应确认已考虑了适用法律法规以及组织须遵守的其他要求；组织应保持该信息的及时更新。与法律法规与其他要求相关的信息应传达给在组织控制下工作的所有人员和其他相关方。

4.3.3 目标和方案

组织应针对其内部相关部门和层次，建立、实施并保持其形成文件的职业健康安全目标。如可行，目标应予以量化，且应与职业健康安全方针相一致，包括对伤害及职业病的预防、持续改进和遵守实用的法律法规和其他要求的承诺。

组织在建立和评审目标时，应考虑法律法规和其他要求，以及自身的职业健康安全危险源和风险，可选择的技术方案、财务、运行和经营的要求和相关方的意见。组织应建立、实施并保持一个或多个职业健康安全方案，以达成其目标，方案至少应包括：

a) 为实现目标赋予组织内的各有关部门和层次的职责和权限；

b) 实现目标的方法和时间表。

应定期并且在计划的时间间隔内对职业健康安全管理方案进行评审。必要时，应针对组织的活动、产品、服务或运行条件的变化，对职业健康安全管理方案进行修订，以确保职业健康安全目标的实现。

【认知理解】 OHSAS(覆盖 OHSAS 18001:2007/4.3.1/4.3.2/4.3.3)

20世纪70至80年代十大公害事件(见表7-24)表明，职业健康安全问题不仅是个值得关注的世界性问题，而且是急需行动起来着手解决的十分紧迫的问题。

据国内专家搜集的数据，目前我国职业健康安全形势不容乐观。作为一个社会发展重要标志，职业健康安全状况远远滞后于经济建设的步伐。重大恶性工伤事故时有发生，职业病人数居高不下，安全生产成为困扰我国经济发展的难题。

每年国际劳工组织(ILO)大会都有批评中国职业健康安全问题的言论，世界人权大会等组织也借此攻击中国"忽视人权"。美国《新闻周刊》(1994年12月12日)曾刊登题为《亚洲的死亡工厂》的文章，不无夸张地描写中国南部特区的工厂："……在亚洲，没有哪个地方比中国的工业安全措施更松弛的了。""数百万的工人每天涌入"三合一"的血汗工厂，之所以这么说，是因为这些工厂的车间、仓库和宿舍都在一起。"十几年前三资企业集中的珠三角地区曝光的个案被夸大的状况，尽管目前已经明显改善，但是从根本上扭转被动落后局面还有待努力，有待时日。

我们仍然引用几年前的数据，有资料说中国的煤炭产量约占全球的35%，事故死亡人数则占全球近80%。我国的煤炭百万吨死亡率2004年约3人，这一水平是美国的100多倍，南非的20多倍，印度的10多倍。

2004年我国道路交通事故年死亡人数近11万；万车死亡率约9人，是美国的8倍、德国的10余倍、日本的近15倍，是世界上道路交通事故的死亡率最低国家澳大利亚的数十倍。

我国自1990年以来的各类事故死亡总量每年以超过6%的速度在增长。

另按国家统计，职业事故10万人死亡率是发达国家的3～5倍。冶金行业的百万吨钢死亡率是美国的20倍、日本的80倍。特种设备的事故发生率是发达国家的5～6倍。民航

运输飞行1980—2004年的平均重大事故率约2.6次/百万架次，这一水平是世界平均水平1.5次/百万架次的1倍多，是航空发达国家的0.74次/百万架次的3倍多。据说，我国20世纪末各行业工矿企业重大事故隐患存在有980多项。我国有50万矿厂存在不同程度的职业危害，实际接触职业危害的职工超过2 500万人。每年因工伤事故直接损失数十亿元，职业病的损失近百亿，每年因此造成的经济损失达800亿元，成千上万的家庭因此受到毁灭性的灾难和无法治愈的创伤。全国每年新发职业病例数均在万例以上，且逐年上升，增长率超过10%。截至2002年底，全国累积发生尘肺病人581 377例，疑似尘肺者60多万例，每年约5 000人因尘肺病死亡。

经济全球一体化对我国职业健康和安全也存在某些负面影响，一定程度上加剧了已经严峻的形势。如某些工业发达国家，以发展中国家法制标准不健全为“可乘之机”，把环境污染和职业危害突出的制造业转移至发展中国家，包括有毒有害原材料和加工过程转向发展中国家。作为发展中国家，我国要改变经济基础和科技水平较低，管理及法制滞后，监察力度不足的现状，使员工待遇、劳动保护、工作条件和社会保险等方面尽快赶上来，任重道远，还有很长的路要走。这也表明我国职业健康安全系统正面临严峻的挑战。

然而企业的职业健康安全并非是无规律可寻的。彻底解决安全生产问题和遏制重大事故发生的恰恰是需要从建立运行有效和持续改进的职业健康安全系统开始。

总结已经发生的许多事故教训，无非是职业健康安全管理体系缺失，危险源识别缺失，加上系统控制不当，造成危险危害因素失控。事故大都是来自于系统的风险事件。系统的风险事件，实际上大都是人为可控的。如果我们强化管理，做好危险源识别，控制和防范措施得力有效，事故是完全可以避免的；否则事故发生就是必然的。认识重大事故的规律，首先要从其构成的要素入手。事故往往是质量问题的加剧或进一步扩大形成，因此可以说同质量问题一样，具有共同的根源——“人机料法环”，也需要从这个共同根源入手解决。通过对火灾、爆炸、塌翻、中毒等各类安全事故，以及道路交通事故、飞机失事、火车相撞等意外事故的分析，不难看出其中的规律。事故的发生不外乎由于人的瞎指挥误操作（人的原因），由于设备带病运转和设施不安全状态（机器的原因），由于温度失常或可燃气体失控（环境的原因），由于易燃易爆物品或有毒化学品存贮控制失当（材料的原因），由于原料配比错误流程错误等（方法的原因）所导致。从“人机料法环”分类分析，有利于进一步寻找原因和进一步改进。因为每个环节都有对应的专业职能部门负责，对于积累资料总结经验和持续改进无疑是很方便的。

目前大家所依据的标准GB/T 13861—2009《生产过程危险危害因素分类和代码》，它虽具有广泛的实用性，尤其对于医疗抢救或诊治很有利；但是对于企业来说则显得分类太烦琐，不利于寻找原因，以便改进。例如物理危险危害因素，在人为原因，机器原因，每种原因都可能出现。误操作可以导致肢体损伤，机器爆炸可以导致肢体损伤，等等，医生只要知道这些就够了。但是企业要知道在哪个环节出的问题，如果是误操作，就不需要过多关注机器，只要加强培训，提高作业的正确性，或最多增加安全防护装置等；如果是机器问题，那么注意力必须放在机器上，研究机器的维护保养，机器的安全性能等。又例如烧伤，可能是外部燃放烟花爆竹引起，也可能是易燃易爆物品存储条件失当所致，尽管对于医生来说是一样的，但是对于组织而言，却有很大差异，他们为了防止类似事故发生，他们会针对各自情况采取根本不同的策略。因此“人机料法环”这种分类方法有也有助于统计分析，有助于管理层了解和掌握更具有价值的信息，容易掌握组织群体管理的薄弱环节究竟在哪里。而上述标准没有这个功能，把很重要的信息忽略掉了。职业健康安全体系必须防止“各顾各”和“推委扯皮”，防止“以罚代改”。那种负责找原因的，只负责惩处，不负责改进；负责“改进的”，没有犯错误（原班人马已经更新），更无法举一反三。把“四不放过”当做空头口号喊，并不落实，因此不能防止重犯类似的错误和问题。

人们愈来愈认识到，中国古代“以人为本”的思想极具现实意义，劳动力质量是提高生产率水平和促进经济增长占据第一位的因素。而确保人力资源的质量的基本条件则是确保职业健康安全水平。不能设想单纯要求员工具有优良的劳作态度、素质与技能，但却由于职业健康安全没有保证使其在事故和职业病中丧失工作能力。即使仅从经济上分析这也得不偿失；更不要说为现代法律所不容。

人类改善工作条件，关注职业健康安全，从立法开始。最早的职业安全健康立法，可追溯到 13 世纪德国政府颁布的《矿工保护法》，1802 年英国政府制定的最初工厂法《保护学徒的身心健康法》。世界范围的安全立法是在人类进入 20 世纪才开始联合行动，这就是 1919 年第一届国际劳工大会制定的有关工时、妇女、儿童劳动保护的一系列国际公约。英国、德国、美国等工业发达国家是职业安全健康立法较早和较为完善的国家。其他国家如日本 1915 年才正式实施《工厂法》，比英国晚了近百年。中国最早是 1922 年 5 月 1 日在广州召开的第一次劳动大会提出的《劳动法大纲》。中国的台湾地区在 1974 年 4 月 16 日颁布《劳工安全卫生法》。1994 年 7 月 5 日，八届人大八次常务会议通过了《中华人民共和国劳动法》。于 2002 年 5 月 1 日正式实施《中华人民共和国职业病防治法》。2002 年 11 月 1 日起施行《中华人民共和国安全生产法》。

职业健康安全的规律的把握和控制，从危险源的识别开始。这里需要注意，危险危害因素识别的充分性和更新的动态性尤其不可忽视。

至于重要危险危害因素的评价，可以运用定性法，也可以运用定量法。其中“定性法”就是：综合三种可能性和三种后果，得出五个风险级别，每个风险级别对应一套控制措施供实施之用。详见表 7-18 和表 7-19。

表 7-18　风险定性评价关系表

	轻微损失	中等损失	严重损失
不可能	Ⅰ. 可忽略风险	Ⅱ. 可容许风险	Ⅲ. 中度风险
有可能	Ⅱ. 可容许风险	Ⅲ. 中度风险	Ⅳ. 重大风险
完全可能	Ⅲ. 中度风险	Ⅳ. 重大风险	Ⅴ. 特大风险

表 7-19　风险控制措施策划原则

风险级别	控制措施
Ⅰ. 可忽略风险	无须采取措施，不必保持记录，一般性观察
Ⅱ. 可容许风险	不需要添加措施，现有方案中择优，注意观测，防止风险升级
Ⅲ. 中度风险	立即启动规定措施，以便降低风险等级。对应严重后果的情况，应进一步评估，并采取响应措施
Ⅳ. 重大风险	立即启动有效措施并投入必要资源，直至风险降低始可正常运作。风险涉及正进行的工作时，立即启动应急措施
Ⅴ. 特大风险	必须停止工作。采取有效措施并投入必要资源。直到确认风险降低二级或以下，方可开始/继续工作

LEC定量评价法参见表7-20、表7-21，就是分别对于LEC赋值，取其乘积为风险值D再判定属于五个风险级别之一。其中数值参见表，关系式：D＝LEC

其中：

D——风险值；

L——可能性，以概率值表示；

E——暴露在危险环境中的频繁程度；

C——事故后果，以伤亡人数，系统损失范围和程度评估分值。

表7-20 LE值取值表

可能值L	事故发生的可能性	频度值E	暴露的程度
10	完全可以预料	10	连续暴露
6	相当可能	6	每天工作时间暴露
3	可能，但不经常	3	每周一次或偶而
1	可能性小，存在意外	2	每月一次
0.5	不可能	1	每年几次
0.2	很不可能	0.5	很罕见
0.1	实际不可能		

表7-21 CD值及风险等级划分界限

后果值C	事故后果	LEC乘积值D	危险程度	风险等级
100	大灾，许多人亡，大面积停电系统和主设备遭重创	大于320	极其危险，停止作业	不可容许
40	灾，数人亡，主设备坏，停电	160～320	高度危险，立即整改	重大
15	严重，一人亡，设备坏，停电	70～160	显著危险，需要整改	中度
7	严重，重伤，设备坏	20～70	一般危险，需要注意	可容许
3	重大致残，设备坏	低于20	稍有危险，可以接受	轻微
1	影响职业健康安全基本要求			

健康安全管理体系的有效性首先在于识别重要危险危害因素，不允许视而不见。王家岭煤矿“3·28透水事故”业已定论属于人为责任事故。他们在地质地理环境不清楚，采掘方向遇到大量积水情况下，仍然蛮干；2010年3月28日上午10时30分，在距离事故三个小时项目部副经理曹××在20101工作面回风巷巷道发现少量出水，上报后拖延一小时，竟然在11时50分，事故前二个多小时作出推测：“这是小构造出水，不会对施工生产构成威胁”，作出继续作业的荒唐而愚昧的决定。使得井下作业的400多员工面临灭顶之灾。即使按照他们的保守评估，也应探测水害水源（见表7-22）。他们没有分析每次出水量的变化；没有分析透水后，哪些人员难以撤离，应预先升井；没有分析继续作业需要哪些防护措施；更没有分析如何探测，探测前如何防护。先不讲《煤矿防治水规定》要求“防治水要坚持预测预报、有疑必探、先探后掘、先治后采原则和防、堵、疏、排、截综合治理措施”。就说“有疑必探”，已经出水了，疑点出来了，他们竟然还能闭着眼睛作出这样的决定！类似的矿难难道他们没有听

说过吗？那些视制度如废纸、拿生命当儿戏的人站在这样重要的管理岗位上，使得整个体系失去了识别和鉴别能力，使得管理体系脆弱得不堪一击。

表 7-22　王家岭煤矿 3·28 出水风险评估分析表

	L	E	C	D 乘积	对应的管理行为
正常评估值	3	6，因每天工作暴露	40	720	极其危险，不应继续作业，探测水源
最保守估值	1	6，因每天工作暴露	40	240	高度危险，立即整改，探测水源
现场评估 A	0.5	6，因每天工作暴露	40	120	显著危险，需要整改，探测水源(失误判断 A)
现场评估 B	0.5	6，因每天工作暴露	15	45	一般危险，可容许风险，探测水源(失误判断 B)

关于方案，对于职业健康安全的重要危险危害因素的控制重在源头控制，例如设计或策划时解决；重在消除危险源，例如以安全品取代危险品；重在降低风险，例如使用安全电压电器；重在依靠技术进步，改善技术水平，减少暴露于风险环境的机会；重在预防性措施，例如提升人员素质进行职业健康安全培训等。

【操作运行】（OHSAS 覆盖 OHSAS 18001：2007/4.3.1/4.3.2/4.3.3）

目的：通过目标管理和对于重要危险危害因素进行动态监控，确保满足法规和其他要求。

范围：危险危害因素：

1）组织活动，产品和服务中可能造成人员伤害，职业病，财产损失和作业环境破坏的风险。

2）工作场所的设备设施。

3）状态：正常，异常，紧急。

4）类型：物理危险危害因素 15 项；化学性危险危害因素 6 项；生物性危险危害因素 5 项；心理生理性危险危害因素 6 项；行为性危险危害因素 5 项；其他危险危害因素 16 项。

法律法规：现行有效的适宜的国家签署的国际条约；国家法律法规；地方法律；法律法规的支持性标准。

定义（引自 OHSAS 18001：2007 的内容）：

危险源辨识　hazard identification

识别危险源的存在并确定其特性的过程。

事件　incident

导致或可能导致事故的情况。

注：其结果未产生疾病、伤害、损坏或其他损失的事件在英文中还可称为“near-miss”。英文中、术语“incident”包含“near-misses”。

目标　objectives

组织在职业健康安全绩效方面所要达到的目的。

职业健康安全　occupational health and safely(OHS)

影响工作场所内员工、临时工作人员、合同方人员、访问者和其他人员健康和安全的条件和因素。

风险　risk

某一特定危险情况发生的可能性和后果的组合。

风险评价　risk assessment

评估风险大小以及确定风险是否可容许的全过程。

安全　safety

免除了不可接受的损害风险的状态。

可容许风险　tolerable risk

根据组织的法律义务和职业健康安全方针，已降至组织可接受程度的风险。

绩效　performance

基于职业健康安全方针和目标，与组织的职业健康安全风险控制有关的，职业健康安全管理体系的可测量结果。

注1：绩效测量包括职业健康安全管理活动和结果的测量。

注2："绩效"也可称为"业绩"。

职责：见表7-23。

表7-23　职业健康安全职责分配表

	危险危害因素	法律法规标准	重要危险危害因素	目标	管理方案
识别	各部门	各部门	各部门	安全部	安全部
核准	安全部	安全部	安全部	管理代表	管理代表
批准	管理代表	管理代表	管理代表	管理评审	管理评审

程序：见图7-4

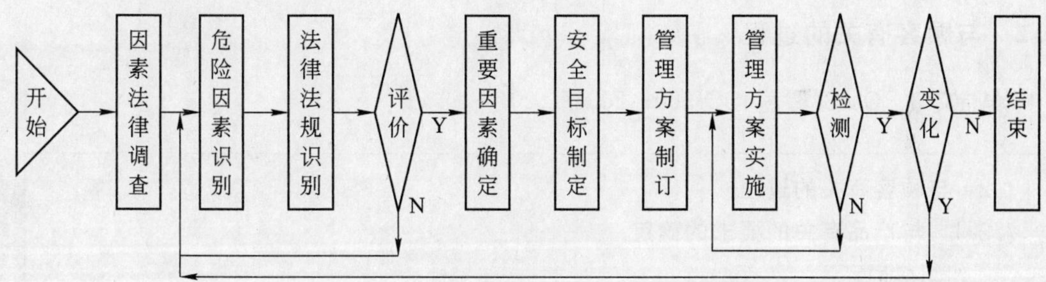

图7-4　危险危害因素管理目标和方案管理程序

记录：

(1) 危险危害因素评价表；

(2) 重要危险危害因素表(包括更新前)；

(3) 职业健康安全目标；

(4) 适用(OHSAS)环境法律法规清单；

(5) 职业健康安全管理方案；

(6) 职业健康安全监测记录(包括组织和第三方监测)。

表7-24　20世纪70至80年代十大公害事件

事件	时间	地点	危害	原因
维索化学污染	1976年	意大利	多人中毒，居民搬迁，几年后婴儿畸形多	农药厂爆炸，二噁英污染

续表 7-24

事件	时间	地点	危害	原因
阿摩柯卡的斯油轮泄油	1978 年	法国	藻类、湖间带动物、海鸟灭绝、工农业生产、旅游业损失大	油轮触礁，22 万吨原油入海
三哩岛核电站泄漏	1979 年	美国	周围 80 公里 200 万人口极度不安，直接损失 10 多亿美元	核电站反应堆严重失水
威尔士饮用水污染	1985 年	英国	200 万居民饮水污染，44%的人中毒	化工公司将酚排入迪河
黑西哥气体爆炸	1984 年	墨西哥	4 200 人伤，400 人亡，300 栋房毁，10 万人被疏散	石油公司一个油库爆炸
博帕尔农药泄漏	1986 年	印度	1 408 人亡，2 万人严重中毒，15 万人接受治疗，20 万人逃离	45 吨异氰酸甲酯泄漏
切尔诺贝利核电站泄漏	1986 年	前苏联	31 人亡，203 人伤，13 万人疏散，直接损失 30 亿美元	4 号反应堆机房爆炸
莱茵河污染	1986 年	瑞士	事故段生物绝迹，160 公里鱼类死亡，480 公里不能饮用	化学公司仓库起火，30 吨 S. P. Hg 剧毒物入河
莫农格希拉河污染	1988 年	美国	严重影响沿岸 100 万居民生活	石油公司油罐爆炸，350 万吨原油入河
埃克森・瓦尔迪兹油轮漏油	1989 年	美国	海域严重污染	漏油 26.2 万桶

7.2 与顾客有关的过程

【标准原文】 QMS(覆盖 ISO 9001:2008/7.2)

7.2 与顾客有关的过程

7.2.1 与产品有关的要求的确定

组织应确定：

a) 顾客规定的要求，包括对交付及交付后活动的要求；

b) 顾客虽然没有明示，但规定用途或已知的预期用途所必需的要求；

c) 适用于产品的法律法规要求；

d) 组织认为必要的任何附加要求。

注：交付后活动包括诸如保证条款规定的措施、合同义务（例如，维护服务）、附加服务（例如，回收或最终处置）等。

7.2.2 与产品有关的要求的评审

组织应评审与产品有关的要求。评审应在组织向顾客作出提供产品的承诺（如：提交标书、接受合同或订单及接受合同或订单的更改）之前进行，并应确保：

a) 产品要求已得到规定；

b) 与以前表述不一致的合同或订单的要求已得到解决；

c) 组织有能力满足规定的要求。

评审结果及评审所引起的措施的记录应予保持。

若顾客没有提供形成文件的要求，组织在接受顾客要求前应对顾客要求进行确认。

若产品要求发生变更，组织应确保相关文件得到修改，并确保相关人员知道已变更的要求。

注：在某些情况中，如网上销售，对每一个订单进行正式的评审可能是不实际的，作为替代方法，可对有关的产品信息，如产品目录、产品广告内容等进行评审。

7.2.3 顾客沟通

组织应对以下有关方面确定并实施与顾客沟通的有效安排：

a) 产品信息；

b) 问询、合同或订单的处理，包括对其修改；

c) 顾客反馈，包括顾客抱怨。

【认知理解】 QMS 覆盖 ISO 9001:2008/7.2

诚信原则是一个综合的概念，可以在不同的层次展开。而在 QMS 中，它首先是一种理念，同时也是一种规则，说它是理念，就是体现在以顾客为关注的焦点，满足和超过顾客的期望；说它是规则，就是体现在必须遵守诺言，不允许违背合同、协议。

中国自古以来，崇尚诚信原则，商界也无例外。

有个成语“自相矛盾”，出自战国时期《韩非子·难势》。这个故事警示人们，不应说大话，说大话一定不能自圆其说，更经不起验证。

“诚者不伪，信者不欺”，诚实守信的传统美德，孕育了许多老字号，例如扬州的戴春林，苏州的孙春阳，京城的王麻子，杭州的张小泉……著名徽商胡雪岩创办胡庆余堂，以“戒欺”告诫同仁，“几百贸易均着不得欺字。药业关系性命，尤为万不可欺，余存心济事，不以劣品弋取厚利，惟愿诸君心余之心，采办务真，修制务精，不至欺予以欺世人，是则造福冥冥，谓诸君之善为余谋也可，谓诸君之善自为谋也可”在国内，传为佳话。

2001 年 9 月，伊梅尔特接替杰克·韦尔奇出任通用电器 GE 董事长兼 CEO，在诸多可选择的理念中，他首推“以诚信为本，不伪造盈利”。

1962 年，在美国总统的一篇咨文中，提出消费者四大权利：

(1) 要求安全的权利；

(2) 了解相关信息的权利；

(3) 自由选择的权利；

(4) 提出诉怨的权利。

尊重消费者的权利，就要诚实守信；就要进行要求分析，就要建立与顾客沟通的渠道；就要采办务真，修制务精；就要满足顾客的要求，并提升顾客的满意度。

在营销环节与顾客打交道时，应注意的第一个问题是：产品要求的确定，应全面，尤其不可忽视法规标准的要求。某个企业为顾客加工医药用金属软管。顾客在要求中强调了重量不应小于某个数值。这个要求一直下达到了车间加工部门，车间轻易地满足了顾客这个要求。但这批货顾客收到之后，却全部报废。为什么呢？原来医药用金属软管有行业标准，这个行业标准对金属软管的厚度有明确规定。这个企业在加工中为了确保软管的重量，把厚度加大了，并超过了行业标准的要求。由于加工中没有兼顾顾客要求和行业标准，因此付出了代价。

如果企业生产电子产品，就要关注安全和电磁辐射标准；如果企业生产服装就要关注环保标准；如果企业生产食品，就要关注卫生标准。诸如此类相关的标准是一定不可忽视的。合同评审，一定要审慎，全面评估能否满足顾客所有的要求，包括潜在没有明示的要求。

另一方面，合同评审一定要注意评审时机应在签约之前。应当切实做到按承诺的市场节奏运作。有一个企业的合同评审记录表明，其评审的时间都是在合同签约之后，而且没有提出任何异议。但其交货期达成率仅为 70%左右。实际上把合同评审当成了形式，而没有起到应起的作用。或许有人提出评审可否简化的问题。企业快速运转，单纯走形式是浪费时间，更没有必要使简单问题复杂化。一个长年的合同，签约前评审，日后分期下单，每单只要授权人对交货期相关事项评审即可，这样便可以把内容简化，不必要让所有责任部门都来重新评审一次在总合同中已经评审过的内容。也就是把技术质量要求的评审和每批交货的评审分开，分别进行。

再者，加强与顾客沟通，包括合同执行过程中，对变更事项第一时间做出反应，也是十分关键的。应确保沟通渠道畅通、简化、快捷、双向，不应由于惧怕接受投诉，而给顾客一个无法接通的电话号码，形成沟通障碍。

最后，还应指出，在理解和运作本要素时，应要注意接口要素较多的特点。这些接口要素是：

(1) 4.2.3 文件控制(外来文件)；

(2) 7.3 设计和开发；

(3) 7.5 生产和服务提供；

(4) 8.5.2 纠正措施。

有的企业设立销售部负责营销业务，与顾客打交道；也有的企业设立市场部，除了营销业务，还负责市场调查、广告以及售后服务和修理业务。

【操作运行】 QMS 覆盖 ISO 9001:2008/7.2

目的：通过及时沟通，使顾客与产品/服务有关的要求得到识别和满足。

范围：合同/订单/合同订单变更/顾客沟通。

定义(引自 GB/T 19000—2008/ISO 9000:2005)：

顾客　customer　接受产品的组织或个人。

示例：消费者、委托人、最终使用者、零售商、受益者和采购方。

注：顾客可以是组织内部的或外部的。

要求　requirement　明示的、通常隐含的或必须履行的需求或期望。

注 1："通常隐含"是指组织、顾客和其他相关方的惯例或一般做法，所考虑的需求或期望是不言而喻的。

注 2：特定要求可使用限定词表示，如：产品要求、质量管理要求、顾客要求。

注 3：规定要求是经明示的要求，如：在文件中阐明。

注 4：要求可由不同的相关方提出。

注 5：本定义与 ISO/IEC 导则第 2 部分：2004 的 3.12.1 中给出的定义不同。

要求　requirement　表达应遵守的准则的条款。

能力　capability　组织、体系或过程实现产品并使其满足要求的本领。

注：ISO 3534-2 中确定了统计领域中过程能力术语。

职责：批准：总经理；管理：销售部；执行：销售部/生产部/设计开发部。

程序：与顾客有关的过程程序如图 7-5 所示。

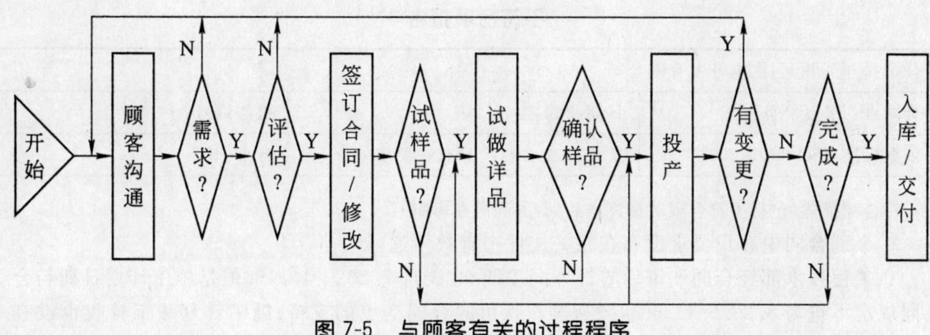

图 7-5 与顾客有关的过程程序

记录：

（1）与顾客联络记录；

（2）合同评审记录；

（3）合同/合同变更记录；

（4）样品确认书；

（5）合同达成情况分析记录。

【不符合项案例】 QMS(覆盖 ISO 9001:2008/7.2)

不符合项报告 1

公司：□□□□□供电设备厂		
合同号：□□□□□□	日期：200×.12.23	报告编号：Ⅰ-03/07
依据标准：ISO 9001:2008	违反条款：7.2.2 与产品有关要求的评审	分类：Ⅱ
不符合项描述(包括不符合项对最终产品/服务的潜在影响)： 在合同评审方面还有缺陷，如： 订单 01-195 及其合同评审记录均表明交货期为 10 月底，但是合同至今尚未完成，也没有记录表明与顾客商定交货延期，不能支持和证实合同评审结论的有效性。 以上不符合 ISO 9001:2008 标准 7.2.2 条关于确保满足规定要求的规定。 受审核方签字 □□□　　审核员签字 □□□		
请留意：纠正措施实施情况应在一个月内(Ⅱ类或一般 NCR)或两个月内(Ⅰ类或严重 NCR)验证		

注：本表格不完整，未包括其余栏目，请参照使用时注意。

不符合项报告 2

公司：□□□□□电力有限公司		
合同号：□□□□□□□	日期：200×.12.21	报告编号：SⅡ-01/04
依据标准：ISO 9001:2008	违反条款：7.2.2 与产品有关要求的评审	分类：Ⅱ
不符合项描述(包括不符合项对最终产品/服务的潜在影响)： 在对投标评审方面还有缺陷，如： 2001.5.16 对□□110 kV 变电改造投标项目进行合同评审时，没有识别公司以往优质品率为 70%，但是客户要求为 85%以上的差别，也没有对如何采取措施解决这一差距作出说明，不能确保合同评审的有效性和满足客户要求。 以上不符合 ISO 9001:2008 标准 7.2.2 条关于合同评审的要求。 受审核方签字 □□□　　审核员签字 □□□		
请留意：纠正措施实施情况应在一个月内(Ⅱ类或一般 NCR)或两个月内(Ⅰ类或严重 NCR)验证		

注：本表格不完整，未包括其余栏目，请参照使用时注意。

不符合项报告3

<table>
<tr><td colspan="3">公司:□□□□□供电开发有限公司</td></tr>
<tr><td>合同号:□□□□□□□</td><td>日期:200×.12.20</td><td>报告编号:Ⅰ-02/05</td></tr>
<tr><td>依据标准:ISO 9001:2008</td><td>条款:7.2.2与产品有关要求的评审</td><td>分类:Ⅱ</td></tr>
<tr><td colspan="3">不符合项描述(包括不符合项对最终产品/服务的潜在影响):
个别合同中客户要求没有在相关文件中有效传递,如:
工程技术部经合同评审后签订合同工期90天自7.20.—10.19.但是施工计划日期与合同规定不符为8.29.—11.6.也没有客户认可的合同变更的支持;施工计划竣工验收也没有将合同中经24 h运行的条件列入,不能确保合同评审的有效性。
以上不符合ISO 9001:2008标准7.2.2条与产品有关要求评审的要求。
受审核方签字 □□□ 审核员签字 □□□</td></tr>
<tr><td colspan="3">请留意:纠正措施实施情况应在一个月内(Ⅱ类或一般NCR)或两个月内(Ⅰ类或严重NCR)验证</td></tr>
</table>

注:本表格不完整,未包括其余栏目,请参照使用时注意。

不符合项报告4

<table>
<tr><td colspan="3">公司:□□□□□供电局</td></tr>
<tr><td>合同号:□□□□□□□</td><td>日期:200×.10.16</td><td>报告编号:Ⅰ-01/06</td></tr>
<tr><td>依据标准:ISO 9001:2008</td><td>违反条款:7.2.2与产品有关要求的评审</td><td>分类:Ⅱ</td></tr>
<tr><td colspan="3">不符合项描述(包括不符合项对最终产品/服务的潜在影响):
部分合同条款尚不够规范,如:
与□□□公司签署09040100010#趸售合同规定电压标准为35 kV±3.5 kV,没有识别条款中违背标准GB 12325—1990的关于允许偏差幅度≤10%的要求,忽略了该项顾客潜在的要求。
以上不符合ISO 9001:2008标准7.2.2条有关法律法规的要求。
受审核方签字 □□□ 审核员签字 □□□</td></tr>
<tr><td colspan="3">请留意:纠正措施实施情况应在一个月内(Ⅱ类或一般NCR)或两个月内(Ⅰ类或严重NCR)验证</td></tr>
</table>

注:本表格不完整,未包括其余栏目,请参照使用时注意。

不符合项报告5

<table>
<tr><td colspan="3">公司:□□□□□供电局</td></tr>
<tr><td>合同号:□□□□□□□□</td><td>日期:200×.01.25</td><td>报告编号:Ⅰ-01/05</td></tr>
<tr><td>依据标准:ISO 9001:2008</td><td>违反条款:7.2.2与产品有关要求的评审</td><td>分类:Ⅱ</td></tr>
<tr><td colspan="3">不符合项描述(包括不符合项对最终产品/服务的潜在影响):
在履行服务承诺方面还有个别问题,如:
记录表明,低压报装212832#合同的客户□□□于2001.11.8付款,11.15.通电,没有证据说明超过5个工作日完成理由充分并取得顾客认可,影响到履行服务承诺的有效性。
以上不符合ISO 9001:2008标准7.2.2条有关满足顾客要求能力的规定。
受审核方签字 □□□ 审核员签字 □□□</td></tr>
<tr><td colspan="3">请留意:纠正措施实施情况应在一个月内(Ⅱ类或一般NCR)或两个月内(Ⅰ类或严重NCR)验证</td></tr>
</table>

注:本表格不完整,未包括其余栏目,请参照使用时注意。

不符合项报告 6

公司:□□□□□□□供电局		
合同号:□□□□□□□	日期:200×.09.21	报告编号:S-02/03
依据标准:ISO 9001:2008	条款:7.2.2 与产品有关要求的评审	分类:Ⅱ
不符合项描述(包括不符合项对最终产品/服务的潜在影响): 在合同评审方面还有不规范之处,如: 没有记录表明在与□□□公司签署 01-01-5 合同之前,按规定进行了合同评审;合同中涉及的技术保证协议 TL4.6-4:1999,但没有识别出期错误编号 TS4.93a-1999;技术协议中也没有明确具体标准或编号,不能确保合同评审的有效性。 以上不符合 ISO 9001:2008 标准 7.2.2 条接受顾客要求前确认顾客要求的规定。 受审核方签字 □□□ 审核员签字 □□□		
请留意:纠正措施实施情况应在一个月内(Ⅱ类或一般 NCR)或两个月内(Ⅰ类或严重 NCR)验证		

注:本表格不完整,未包括其余栏目,请参照使用时注意。

7.3 设计和开发

【标准原文】 QMS 覆盖 ISO 9001:2008/7.3

7.3 设计和开发

7.3.1 设计和开发策划

组织应对产品的设计和开发进行策划和控制。

在进行设计和开发策划时,组织应确定:

a) 设计和开发的阶段;

b) 适合于每个设计和开发阶段的评审、验证和确认活动;

c) 设计和开发的职责和权限。

组织应对参与设计和开发的不同小组之间的接口实施管理,以确保有效的沟通,并明确职责分工。

随着设计和开发的进展,在适当时,策划的输出应予以更新。

注:设计和开发的评审、验证和确认具有不同的目的,根据产品和组织的具体情况,可单独或以任意组合的方式进行并记录。

7.3.2 设计和开发输入

应确定与产品要求有关的输入,并保持记录。这些输入应包括:

a) 功能要求和性能要求;

b) 适用的法律法规要求;

c) 适用时,来源于以前类似设计的信息;

d) 设计和开发所必需的其他要求。

应对这些输入的充分性和适宜性进行评审。要求应完整、清楚,并且不能自相矛盾。

7.3.3 设计和开发输出

设计和开发输出的方式应适合于对照设计和开发的输入进行验证,并应在放行前得到批准。

设计和开发输出应：

a）满足设计和开发输入的要求；

b）给出采购、生产和服务提供的适当信息；

c）包含或引用产品接收准则；

d）规定对产品的安全和正常使用所必需的产品特性。

注：生产和服务提供的信息可能包括产品防护的细节。

7.3.4　设计和开发评审

应依据所策划的安排，在适宜的阶段对设计和开发进行系统的评审，以便：

a）评价设计和开发的结果满足要求的能力；

b）识别任何问题并提出必要的措施。

评审的参加者应包括与所评审的设计和开发阶段有关的职能的代表。评审结果及任何必要措施的记录应予保持。

7.3.5　设计和开发验证

为确保设计和开发输出满足输入的要求，应依据所策划的安排对设计和开发进行验证。验证结果及任何必要措施的记录应予保持。

7.3.6　设计和开发确认

为确保产品能够满足规定的使用要求或已知的预期用途的要求，应依据所策划的安排对设计和开发进行确认。只要可行，确认应在产品交付或实施之前完成。确认结果及任何必要措施的记录应予保持。

7.3.7　设计和开发更改的控制

应识别设计和开发的更改，并保持记录。应对设计和开发的更改进行适当的评审、验证和确认，并在实施前得到批准。设计和开发更改的评审应包括评价更改对产品组成部分和已交付产品的影响。更改的评审结果及任何必要措施的记录应予保持。

【认知理解】 QMS 覆盖 ISO 9001:2008/7.3

QMS 对过程进行管理控制涉及全部要素，当然设计过程也不例外。什么是对设计过程的管理控制呢？

各行各业都有专业的设计技术，例如电子产品设计、服装设计、电力设备设计、电子变压器设计、工厂设计、建筑设计等。运用这些专业设计技术，就是对设计过程的管理控制吗？当然不是。

在质量管理理论中涉及了可靠性设计、安全性设计、三次设计、生态设计等，是否运用这些设计技术，就是对设计过程管理控制呢？也不是。这些设计技术有助于设计质量的提升，但它当然属于设计技术本身的范畴，还不能称之为对设计过程进行管理和控制。

那么，什么是设计过程的管理和控制的手段呢？

设计过程管理和控制的手段有三个，它们在设计的不同阶段的适当时机加以运用：

(1) 设计和开发的评审（相关职能部门人员参与）；

(2) 设计和开发的验证（设计人员内部进行，也不排除委托其他人员）；

(3) 设计和开发的确认（顾客或其代表参与）。

此外，还有四个重要环节：

(1) 设计和开发的策划(注意策划内容)；

(2) 设计和开发的输入(应予评审)；

(3) 设计和开发的输出(应予验证)；

(4) 设计和开发的变更(应评审验证和确认)。

把握住三个控制手段和四个重要环节，对设计和开发过程进行管理和控制，是许多经验教训的结晶。对初出茅庐的小企业如此，对世界一流的巨无霸企业也是如此。

1994 年，英特尔公司将刚开发出的“奔腾”电脑芯片带着缺陷匆忙地进入生产阶段，致使浮点运算错误没有提前发现，更没有提前排除故障，结果付出了惨痛的代价，也为世人留下对格鲁夫“十倍速”理论的思考。

1994 年 11 月 22 日，在家中批改作业的格鲁夫接到电话，电视媒体记者要求会见。

1994 年 12 月 12 日，IBM 公司“奔腾”芯片电脑停止运算。

1994 年 12 月 15 日，格鲁夫承诺满足更换芯片要求。

六个星期内，英特尔公司损失 5 亿美元。

现代企业会由于关键环节的失控变得十分脆弱，并以十倍速度影响整个体系，导致其崩溃。幸亏，天才的格鲁夫反应迅速，当机立断方才力挽狂澜。

1965 年，刚走出哈佛校门的雷夫・芮德(Ralpy Nader)出版了一本影响深远的著作——《在任何速度下都不安全》(UNSAFE AT ANY SPEED)，指出美国交通事故大多肇因于汽车本身设计不良，机件失灵等因素，引起广大消费者和政府的注意，并且促使联邦政府制定了交通安全检查标准，要求汽车制造厂商改进各项安全设备。芮德一击奏效，更加积极投入消费者保护运动。他深入各行各业，揭发有害消费者健康的行为和产品。由于他持续不断的努力，使美国政府陆续制定瓦斯设备安全、辐射安全和煤矿安全标准法令，加强了保护消费者的法令依据。

这件事使我们反思：如果制造厂商站在消费者或顾客的立场主动重新审视自己的产品和服务；在设计和开发的环节，认真研究法律法规，认真进行安全的风险评估，把问题解决在设计开发环节，解决在制造厂商的手里，这样不是更加减少和避免了消费者或顾客的损失了么？可惜现行的许多关于设计开发的技术书籍或教科书，尚缺少依据法律法规这个环节。

玩具、家用电器、服装和食品行业安全标准示例参见表 7-25。

由于设计缺陷，遭遇产品召回事件屡见不鲜，却没有引起各行业领袖们的重视。

2009 年，前 5 个月在欧盟宣布召回的 92 项纺织服装产品中来自中国的 65 项，同比有增无减。仅以 5 月份欧盟宣布召回的 18 项纺织服装产品为例，其中来自中国的 13 项中 12 项是由于存在伤害危险，又主要是由于绳带/线圈不符合要求所致。欧盟的标准 EN 14682 要求固定在服装上的环绳收紧后其突出的长度，绳带/线圈平放其固定两点间长度，以及可调节搭襻的长度均不得超过 7.5 cm；0～7 岁(身高 134 cm 以下)儿童服装头部和颈部区域不允许有任何束带或绳索。然而出口企业在遭遇责令召回之前竟然对这些规定闻所未闻。那么请问：你的质量管理体系干什么去了？很显然，这是在顾客沟通环节(7.2 要素)就应该解决的问题，实际上沟通并不充分；这些产品的设计依据(输入)(7.3.2 要素)缺乏充分的法律法规要求，至少在评审设计依据(输入)时也应发现并加以解决；再退一步，这些产品设计样板如果按照常规事先经过输入国(地区)反复确认(7.3.6 要素)再行投产，也同样会避免责令召回事件的发生。如此一连串的管理缺失表明存在一连串的管理真空。是很不应该的！为什么不能让这些教训“举一反三”，大家共同来汲取呢？难道一定要等到自己的产品被责令召回那一天才醒悟吗？在互联网时代，有这么好的沟通工具，“信息不畅”这样的低级错误实在不应再犯了。我们必须看到，欧盟在服装的安全标准方面十分严格，还表现在环保要求也不断升级上(参见表 7-27)。

2010 年，以“精益生产”闻名于世的日本丰田公司，又以大量汽车召回事件震惊世界。说明任何安全缺陷，在损失顾客的利益的同时也在损害生产者自身的利益，无一幸免，并且难以逃脱法律的制裁。该事件也是源于安全部件加速(油)踏板存在设计缺陷，长时间使用后，低温下通暖风时加速踏板出现阻滞，影响调速；极端情况下，加速踏板卡滞不能复位，严重影响行车安全，甚至导致伤亡事故。美国交通安全管理部门在迫使其召回后仍开出 1 600 万美元的罚单。美国召回制度的运转依托基础法律制度，包括产品侵权责任法。曾有一著名案例，即加州居民拉蒙·罗莫大妇一家驾福特 T 型车，遇车祸导致人员死伤。后查明事故主因系油箱置于车尾，属生产厂商产品设计缺陷。鉴于法庭认定福特早已获悉此隐患而未主动召回，最终作出判决：在 500 万美元伤亡赔偿的基础上，又判令福特偿付 2.9 亿美元的天价罚款。请读者留意，ISO 9000:2005 中定义“缺陷”(defect)“为未满足与预期或规定用途有关的要求”。上述设计缺陷，即 ISO 9000 定义的缺陷，在描述一般产品问题是不加采用的。该术语之所以强调慎重使用，应区分缺陷与不合格的不同之处，是因为其中具有法律内涵，尤其是在与产品责任有关时方才使用。

如果说对于质量管理体系 QMS 而言，设计输入(依据)不应忽略法律法规；那么对于整合管理体系 IMS 而言，就更不容许忽略法律法规，因为此时的管理体系不仅要关注质量，还要关注环保和职业健康安全。不仅应当从源头控制质量，还要从产品的整个生命周期上把握和控制污染预防，节约资源，还要从源头消除危险源和控制职业健康安全风险。可以毫不夸张地说，在整合管理体系中，设计(输入)承担着组织的更广泛领域的社会责任。

卡逊著作《寂静的春天》告诉人们类似 DDT 的发明和大量使用，在杀死蚊子的同时也杀死益虫并且带来一系列有害环境影响的教训不应重演了；人类不应单纯追求商业利益和局部效益而沾沾自喜于“头疼医头，脚疼医脚”顾此失彼的蹩脚的“发明”和“创新”了；人类在发明创新之前必须评价和规避其环境影响和关乎人类健康安全的风险。

表 7-25 四行业安全标准示例表

	玩具	家用电器	服装	食品
国际标准	ISO 8124		Oeko-Tex standard 110 生态纺织品标准认证，国际纺织品环保协会	CAC/Rep Rev. 2-1985
中国	GB 6675—2003 国家玩具安全技术规范	3C 产品认证	GB 18401—2003 国家纺织产品基本安全技术规范 CQC 生态纺织类产品认证 CSC S 9000T 中国纺织企业社会责任管理标准	GB 14881—1994 食品企业通用卫生规范 GB 8957—1988 糕点厂卫生规范 GB 12693—2003 乳制品企业良好生产规范 GB 12694—1990 肉类加工厂卫生规范

续表 7-25

	玩具	家用电器	服装	食品
欧盟	EN 71 欧盟玩具安全标准	CE 产品认证	Eco-label 生态标签 Oeko-Tex Standard 100 2002/61/EC-关于禁用铬偶氮染料(2003.9.11 起) 2003/3/EC 关于禁用“蓝色素”(蓝色含铬偶氮染料)(2004.6.18 起)	EC 629—2008
美国	ASTM 美国玩具安全标准 F963	UL 产品认证	CPSIA	FDA 认证

【资料链接】

引自 ISO 9004:2000 的内容:

7.3 设计和开发

7.3.1 通用指南

最高管理者应当确保组织对所必需的设计和开发过程作出规定,并予以实施和保持,从而有效和高效地对顾客和其他相关方的需求和期望作出反应。

在设计和开发产品或过程时,管理者应当确保组织不仅要考虑它们的基本性能和功能,而且还要考虑影响满足顾客和其他相关方所期望的产品和过程业绩的所有因素,如:组织应当考虑寿命周期、安全和卫生、可试验性、可使用性、易用性、可信性、耐久性、人类工效、环境、产品处置和已识别的风险。

管理者还有责任确保采取措施识别和减轻对组织的产品和过程的使用者存在的潜在风险。风险评估应当评价产品或过程中可能出现的故障或失效及其影响。这种评估结果应当用来确定和实施预防措施,从而减轻已识别的风险。设计和开发的风险评估方法可包括:

——设计故障模式和影响分析;

——故障树分析;

——可靠性预计;

——关联图;

——排序技术;

——模拟技术。

7.3.2 设计和开发的输入和输出

组织应当对影响产品设计和开发以及促进有效和高效的过程业绩的过程的输入加以识别,以满足顾客和其他相关方的需求和期望。这些外部的需求和期望与组织内部的需求和期望都应当适合于转化为设计和开发过程的输入要求。

输入可包括:

a) 外部输入,如:

——顾客或市场的需求和期望；

——其他相关方的需求和期望；

——供方的贡献；

——来自使用者以实现稳健设计和开发的输入；

——相关法律法规要求的变化；

——国际或国家标准；

——行业规范。

b) 内部输入，如：

——方针和目标；

——组织内人员的需求和期望，包括来自过程输出接受者的需求和期望；

——技术开发；

——对完成设计和开发的人员应当具备的能力的要求；

——从以往经验获得的反馈信息；

——现有过程和产品的记录和数据；

——其他过程的输出。

c) 对确定产品或过程的安全性和适当功能以及维护保养至关重要的特性的输入，如：

——运行、安装和应用；

——贮存、搬运和交付；

——物理参数和环境；

——产品处置的要求。

基于对最终使用者和直接顾客的需求和期望的评估而获得的与产品有关的输入很重要。这种输入应当以对产品进行有效和高效验证和确认的方式来表达。

输出应当包括能按已策划的要求进行验证和确认的信息。设计和开发的输出可包括：

——证实将过程输入与过程输出相比较的数据；

——产品规范，包括验收准则；

——过程规范；

——材料规范；

——试验规范；

——培训要求；

——使用者和消费者的信息；

——采购要求；

——鉴定试验报告。

设计和开发输出应对照输入进行评审，以提供输出是否有效和高效地满足过程和产品要求的客观证据。

7.3.3 设计和开发评审

最高管理者应当确保指派适宜的人员管理和实施系统的评审，以便确定是否达到了设计和开发目标。这样的评审可在设计和开发过程的选定阶段以及结束时进行。

评审的内容可包括：

——输入是否足以完成设计和开发任务；
——已策划的设计和开发过程的进展情况；
——满足验证和确认的目标；
——评定产品在使用中潜在的危害或故障模式；
——产品性能的寿命周期数据；
——在设计和开发过程期间对更改及其影响的控制；
——问题的识别和纠正；
——设计和开发过程改进的机会；
——产品对环境的潜在影响。

组织应当在适宜阶段对设计和开发的输出以及过程进行评审，以满足顾客和组织中接受过程输出的人员的需求和期望。此外，组织还应当考虑其他相关方的需求和期望。

设计和开发过程的输出验证活动可包括：

——将输入要求与过程的输出进行比较；
——采用比较的方法，如采用可替代的设计和开发计算方法；
——对照类似的产品进行评价；
——试验、模拟或试用，以验证输出符合特定的输入要求；
——对照以往的过程经验所吸取的教训进行评价，如不合格和不足之处。

设计和开发过程输出的确认对顾客、供方、组织内人员和其他相关方是否乐于接受和使用组织的产品非常重要。

受影响的各方参与评审，可使实际使用者通过以下方式对输出作出评价：

——建筑、安装或应用之前的工程设计确认；
——软件安装或使用前的输出确认；
——广泛采用前的服务确认。

为了对产品的未来应用提供信任，可能需要对设计和开发的输出进行部分确认。

组织应当通过验证和确认活动获得足够的数据，以便对设计和开发的方法和决策进行评审。对设计和开发方法的评审应当包括：

——过程和产品的改进；
——输出的可用性；
——过程和评审记录的适宜性；
——故障的调查活动；
——未来的设计和开发过程的需求。

表7-26列出的是国内部分行业产品安全标准，供参考。

表7-26　国内部分行业产品安全标准

序号	产品类别	产品系列名称	产品依据的标准
1	电线和电缆	电线组件	GB 15934—2008
		矿用橡套软电缆	GB 12972.1～10—2008
		交流额定电压3 kV及以下铁路机车车辆用电线电缆	GB 12528—2008、JB 8145—1995

续表 7-26

序号	产品类别	产品系列名称	产品依据的标准
2	家用和类似用途设备	家用电动洗衣机	GB 4706.1—2005、GB 4706.24—2008 GB 4706.20—2004、GB 4706.26—2008
		电热水器，电热淋浴器(储水式)	GB 4706.1—2005、GB 4706.12—2006
		室内加热器	GB 4706.1—2005、GB 4706.23—2007
		真空吸尘器	GB 4706.1—2005、GB 4706.7—2004
		皮肤和毛发护理器具	GB 4706.1—2005、GB 4706.15—2008
		电熨斗	GB 4706.1—2005、GB 4706.2—2007
		电磁灶、电烧箱	GB 4706.1—2005、GB 4706.29—2008
		电动食品加工器具	GB 4706.1—2005、GB 4706.30—2008
		微波炉、烹调电灶	GB 4706.1—2005、GB 4706.21—2008 GB 4706.22—2008
		吸油烟机	GB 4706.1—2005、GB 4706.28—2008
		液体加热器、电饭锅	GB 4706.1—2005、GB 4706.19—2008 GB 4706.6—1995
		电动机—压缩机	GB 4706.1—2005、GB 4706.17—2004
3	整机附件和连接器控制开关	家用和类似用途插头插座	GB 1002—2008、GB 2099.1—2008 GB 2099.2—2008、GB 2099.3—2008 GB 1003—2008
		家用和类拟用途耦合器	GB 17465.1—1998、GB 17465.2—1998
		家用和类似用途照明开关	GB 16915.1—2003
		电气装置附件暗装面板	GB 17466—2008
4	照明设备	嵌入式灯具	GB 7000.1—2007、GB/T 3746—1999
		固定式灯具	GB 7000.1—2007、GB 7000.10—2008
		可移式灯具	GB 7000.1—2007、GB 7000.11—2008
		荧光灯用镇流器	GB 2313—1993
		荧光灯用交流电子镇流器	GB 15143—1994
5	信息技术和办公用电气设备	微型计算机及外设(包括微型机主机、显示器、开关电源、打印机)、传真机、收款机、电脑游戏机、学习机	GB 4943—2001
6	低压大功率开关设备	低压断路器	GB 14048.2—2008
		低压空气式隔离器、开关、隔离开关和熔断器组合电器	GB 14048.3—2008
		接触器和电动机启动器	GB 14048.4—2003
		控制电路电器和开关元件	GB 14048.5—2008

续表 7-26

序号	产品类别	产品系列名称	产品依据的标准
7	整机保护设备	低压熔断器	GB 13539.1—2008
		专职人员使用熔断器	GB/T 13539.2—2008
		半导体器件保护用熔断器	GB 13539.1—2008、GB/T 13539.4—2005
		热熔断体	GB 9816—1998
		小型熔断器的管状熔断体	GB 9364.1—1997、GB 9364.2—1997 GB 9364.3—1997
8	电子娱乐设备	录像机、电视机天线放大器、直插式电源变换器、CATV 放大器、音频功率放大器、激光视盘机、黑白、彩色电视接收机用显像管、无线电子接收机	GB 8898—2001
		电子琴	GB 8898—2001
9	分马力电机	小功率电动机	GB 12350—2000
10	电焊机	弧焊整流器	GB 15579
		TIG 焊机	GB 15579
		MIG/MAG 焊机	GB 15579
		等离子弧焊机和切割机	GB 15579
		埋弧焊机	GB 15579
		电阻焊机	GB 15578—2008

重要提示：本书提供的所有标准仅供参考，不负责版本跟踪；如拟采用，务请查阅是否有新版本推出，以防止误用过期失效版本。

【操作运行】 QMS(覆盖 ISO 9001:2008/7.3)

目的：通过对设计策划和设计过程控制，确保产品/服务满足规定的要求和已知预期用途的要求。

范围：产品/服务规范的设计开发；

控制环节：设计计划/设计输入/设计输出/设计变更；

控制活动：设计评审/设计验证/设计确认。

定义(引自 GB/T 19000—2008/ISO 9000:2005)：

设计和开发 design and development 将要求转换为产品、过程或体系的规定的特性或规范的一组过程。

注 1：术语“设计”和“开发”有时是同义的，有时用于规定整个设计和开发过程的不同阶段。

注 2：设计和开发的性质可使用限定词表示(如产品设计和开发或过程设计和开发)。

评审 review 为确定主题事项达到规定目标的适宜性、充分性和有效性所进行的活动。

注：评审也可包括确定效率。

示例：管理评审、设计和开发评审、顾客要求评审和不合格评审。

验证　verification　通过提供客观证据对规定要求已得到满足的认定

注 1："已验证"一词用于表明相应的状态。

注 2：认定可包括下述活动，如：

——变换方法进行计算；

——将新设计规范与已证实的类似设计规范进行比较；

——进行试验和演示；

——文件发布前进行评审。

确认　validation　通过提供客观证据对特定的预期用途或应用要求已得到满足的认定。

注 1："已确认"一词用于表明相应的状态。

注 2：确认所使用的条件可以是实际的或是模拟的。

职责：批准：总经理；管理：设计开发部；执行：设计开发部/生产部/采购部。

程序：设计和开发管理的控制程序见图 7-6。

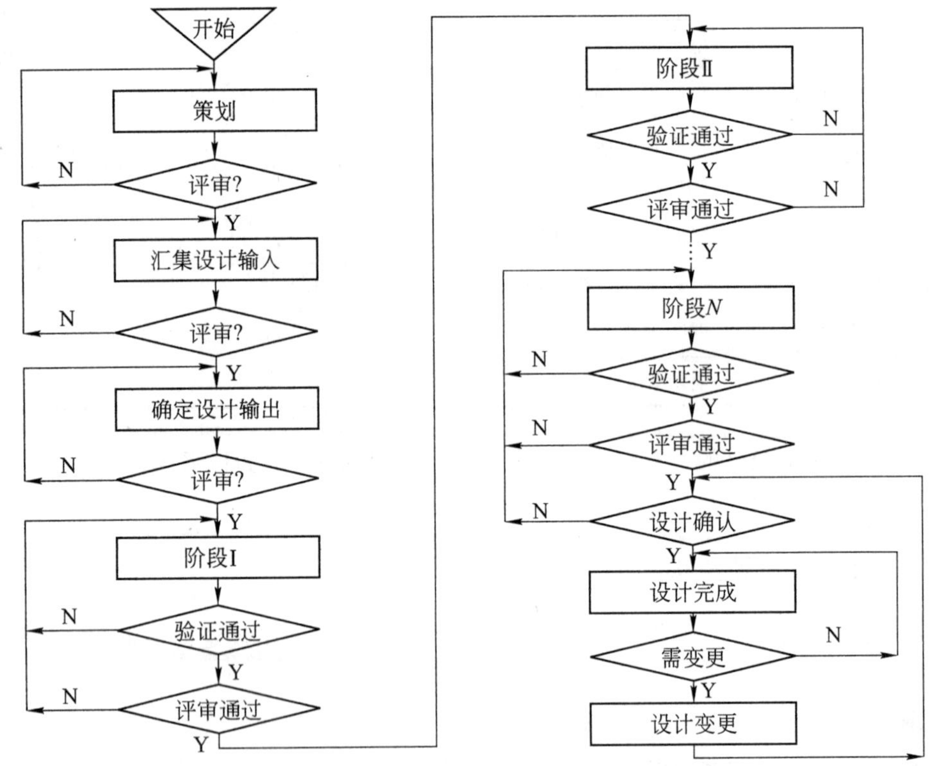

图 7-6　设计和开发管理控制程序

记录：

(1) 设计和开发计划书；

(2) 设计和开发验证记录；

(3) 设计和开发评审记录；

(4) 设计和开发确认记录；

(5) 设计和开发变更记录。

【不符合项案例】 QMS 覆盖 ISO 9001:2008/7.3

不符合项报告1

<table>
<tr><td colspan="3">公司:□□□□□□供电设备厂</td></tr>
<tr><td>合同号:□□□□□□□</td><td>日期:200×.06.23</td><td>报告编号:Ⅰ-04/07</td></tr>
<tr><td>依据标准:ISO 9001:2008</td><td>违反条款:7.3.2 设计和开发输入</td><td>分类:Ⅱ</td></tr>
<tr><td colspan="3">不符合项描述(包括不符合项对最终产品/服务的潜在影响):
在设计评审方面还有缺陷,如:
GE 箱式变压器设计计划书作为设计输入文件列出,但是没有具体描述低压特性指标,也没有记录表明对设计输入按要求进行了评审,不能确保设计依据的充分性和适宜性。
以上不符合 ISO 9001:2000 标准 7.3 条关于设计输入应予以评审的规定。
以上不符合 ISO 9001:2000 标准 7.5.2 关于过程确认的要求。
受审核方签字 □□□　　审核员签字 □□□</td></tr>
<tr><td colspan="3">请留意:纠正措施实施情况应在一个月内(Ⅱ类或一般 NCR)或两个月内(Ⅰ类或严重 NCR)验证</td></tr>
</table>

注:本表格不完整,未包括其余栏目,请参照使用时注意。

不符合项报告2

<table>
<tr><td colspan="3">公司:□□□□□□五金制品厂</td></tr>
<tr><td>合同号:□□□□□□□□</td><td>日期:200×.01.11</td><td>报告编号:SⅡ-01/04</td></tr>
<tr><td>依据标准:ISO 9001:2008</td><td>违反条款:7.3.2/6 设计和开发输入/确认</td><td>分类:Ⅱ</td></tr>
<tr><td colspan="3">不符合项描述(包括不符合项对最终产品/服务的潜在影响):
在控制设计和开发输入和确认活动方面还有缺陷,如:
(1) DLL392 的新产品规格设定书中没有提出盐雾试验的具体条件,没有产品寿命的具体规定,没有安规的量化的界限;增加了依据的不确定性和执行的随意性;
(2) DLL392 的设计确认,没有证据表明取得了顾客的认可,不能确保满足预期的应用要求。
以上不符合 ISO 9001:2008 标准 7.3 条设计和开发的控制的要求。
受审核方签字 □□□　　审核员签字 □□□</td></tr>
<tr><td colspan="3">请留意:纠正措施实施情况应在一个月内(Ⅱ类或一般 NCR)或两个月内(Ⅰ类或严重 NCR)验证</td></tr>
</table>

注:本表格不完整,未包括其余栏目,请参照使用时注意。

不符合项报告3

<table>
<tr><td colspan="3">公司:□□□□□□□音箱厂</td></tr>
<tr><td>合同号:□□□□□□□</td><td>日期:200×.09.28</td><td>报告编号:Ⅰ-02/05</td></tr>
<tr><td>依据标准:ISO 9001:2008</td><td>条款:7.3.6 设计和开发确认</td><td>分类:Ⅱ</td></tr>
<tr><td colspan="3">不符合项描述(包括不符合项对最终产品/服务的潜在影响):
在对新品开发的确认环节还有个别不足之处,如:
B2—20010501#设计开发任务书,要求按 SX—SLM172YJSIN 图纸开发样品,结果虽然其各个部件分别取得顾客的书面确认,但是任务书没有要求,也没有证据表明样品及其技术规范取得了顾客的书面认可,不能为批量生产提供充分的依据,也不能确保批量生产满足顾客要求。
以上不符合 ISO 9001:2008 标准 7.3.6 条关于设计开发确认在产品交付之前完成的规定。
受审核方签字 □□□　　审核员签字 □□□</td></tr>
<tr><td colspan="3">请留意:纠正措施实施情况应在一个月内(Ⅱ类或一般 NCR)或两个月内(Ⅰ类或严重 NCR)验证</td></tr>
</table>

注:本表格不完整,未包括其余栏目,请参照使用时注意。

不符合项报告4

<table>
<tr><td colspan="3">公司:□□□□□环保有限公司</td></tr>
<tr><td>合同号:□□□□□□</td><td>日期:200×.10.16</td><td>报告编号:S-01/02</td></tr>
<tr><td>依据标准:ISO 9001:2008</td><td>违反条款:7.3.2/3设计和开发输入/输出</td><td>分类:Ⅱ</td></tr>
<tr><td colspan="3">不符合项描述(包括不符合项对最终产品/服务的潜在影响):
在设计控制的策划方面尚有不足之处,如:
□□废水治理工程计划(200×.8.)没有对设计依据(输入)和设计结果(输出)作出明确规定,也没有记录表明对设计输入和设计输出做了评审,因此不能确保工程满足客户要求。
以上不符合 ISO 9001:2008 标准 7.3 条要求。
受审核方签字 □□□ 审核员签字 □□□</td></tr>
<tr><td colspan="3">请留意:纠正措施实施情况应在一个月内(Ⅱ类或一般 NCR)或两个月内(Ⅰ类或严重 NCR)验证</td></tr>
</table>

注:本表格不完整,未包括其余栏目,请参照使用时注意。

不符合项报告5

<table>
<tr><td colspan="3">公司:□□□□□家具有限公司</td></tr>
<tr><td>合同号:□□□□□□□</td><td>日期:200×.06.08</td><td>报告编号:Ⅰ-01/04</td></tr>
<tr><td>依据标准:ISO 9001:2008</td><td>违反条款:7.3.2设计和开发输入</td><td>分类:Ⅱ</td></tr>
<tr><td colspan="3">不符合项描述(包括不符合项对最终产品/服务的潜在影响):
在设计输入的识别和评审方面还有缺陷,如:
200×.4.24.—5.31.进行的实木餐桌02—003#设计开发建议书中,设计输入没有全面识别适用的法律法规标准,尤其是强制性标准 GB 18584—2001 没有作为设计依据,也没有进行评审,不能确保满足规定的要求。
以上不符合 ISO 9001:2008 标准 7.3 条关于设计输入的要求。
受审核方签字 □□□ 审核员签字 □□□</td></tr>
<tr><td colspan="3">请留意:纠正措施实施情况应在一个月内(Ⅱ类或一般 NCR)或两个月内(Ⅰ类或严重 NCR)验证</td></tr>
</table>

注:本表格不完整,未包括其余栏目,请参照使用时注意。

不符合项报告6

<table>
<tr><td colspan="3">公司:□□□□□□家具有限公司</td></tr>
<tr><td>合同号:□□□□□□</td><td>日期:200×.06.17</td><td>报告编号:Ⅰ-02/04</td></tr>
<tr><td>依据标准:ISO 9001:2008</td><td>条款:7.3.5设计和开发验证</td><td>分类:Ⅱ</td></tr>
<tr><td colspan="3">不符合项描述(包括不符合项对最终产品/服务的潜在影响):
设计和开发的验证活动尚存在不够充分的问题,如:
200×.6.17.验证2025产品的报告中因没有包括下垂度指标和力学性能指标,所以不能认为此项验证活动是充分的,不能确保设计和开发输出满足输入 GB/T 3324—1995 的要求。
以上不符合 SS-QP-7004/A-0 程序 5.2.3 条的规定。
受审核方签字 □□□ 审核员签字 □□□</td></tr>
<tr><td colspan="3">请留意:纠正措施实施情况应在一个月内(Ⅱ类或一般 NCR)或两个月内(Ⅰ类或严重 NCR)验证</td></tr>
</table>

注:本表格不完整,未包括其余栏目,请参照使用时注意。

不符合项报告 7

<table>
<tr><td colspan="3">公司:□□□□□□服装有限公司</td></tr>
<tr><td>合同号:□□□□□□</td><td>日期:200×.07.02</td><td>报告编号:Ⅰ-01/05</td></tr>
<tr><td>依据标准:ISO 9001:2008</td><td>违反条款:7.3.3 设计和开发输入</td><td>分类:Ⅱ</td></tr>
<tr><td colspan="3">不符合项描述(包括不符合项对最终产品/服务的潜在影响):
在设计开发输入还存在个别问题,如:
1) 200×年 4 月公司设计部开发的秋冬季产品资料 W4-164 款《头版版单》口袋车明线尺寸要求为 9 1/2”*6”,但是头版样衣为 10 1/8”*7”,又如:W4-221 款耳仔数量不一,没有识别和处置;
2) 款号为 W4-043 的女装牛仔裤《头版版单》前裤袋口尺寸为 1 1/2”和2 3/4”两个尺寸要求,但没有书面变更的依据。
以上不符合 ISO 9001:2008 标准 7.3.3 要素关于设计输入应完整清楚不能自相矛盾的要求。
受审核方签字 □□□　　　　审核员签字 □□□</td></tr>
<tr><td colspan="3">请留意:纠正措施实施情况应在一个月内(Ⅱ类或一般 NCR)或两个月内(Ⅰ类或严重 NCR)验证</td></tr>
</table>

注:本表格不完整,未包括其余栏目,请参照使用时注意。

不符合项报告 8

<table>
<tr><td colspan="3">公司:□□□□□服装有限公司</td></tr>
<tr><td>合同号:□□□□□□</td><td>日期:200×.07.02</td><td>报告编号:Ⅰ-02/05</td></tr>
<tr><td>依据标准:ISO 9001:2008</td><td>违反条款:7.3.5 设计和开发验证</td><td>分类:Ⅱ</td></tr>
<tr><td colspan="3">不符合项描述(包括不符合项对最终产品/服务的潜在影响):
在设计开发的验证环节上存在问题,如:
1) 200×年 6 月 22 日技术部批准“□利威”款号为 W4-071 的女装裤可以进行大货生产,但没有证据表明满足《生产版单》要求的条件,即“大货前所有辅料和车花线进行耐高温测试”;
2) 200×年 5 月 28 日批准“□伟”款号为 W4-093 的产品进行大货生产,但是没有证据表明满足《生产版单》要求的条件,即“开裁前正货布要测试固色度不低于 4 级、缩水率不高于横向 5%直向 4%、干湿擦牢度不低于 4 度、起毛程度不低于 4 度、测骨起扭度不超 4%”;
以上不符合 ISO 9001:2008 标准 7.3.5 要素关于确保设计开发输出满足输入要求的要求。
受审核方签字 □□□　　　　审核员签字 □□□</td></tr>
<tr><td colspan="3">请留意:纠正措施实施情况应在一个月内(Ⅱ类或一般 NCR)或两个月内(Ⅰ类或严重 NCR)验证</td></tr>
</table>

注:本表格不完整,未包括其余栏目,请参照使用时注意。

表 7-27　2010 版 Oeko-Tex Standard 100 限值指标表

项目	类别	Ⅰ婴幼儿	Ⅱ直接接触皮肤	Ⅲ非直接接触皮肤	Ⅳ装饰
pH		4.0～7.5	4.0～7.5	4.0～9.0	4.0～9.0
甲醛 mg/kg	根据日本法令 112 检测	nd	75	300	300
可萃取重金属 mg/kg	锑 Sb	30.0	30.0	30.0	
	砷(砒霜)As	0.2	1.0	1.0	1.0
	铅 Pb	0.2	1.0	1.0	1.0

续表 7-27

项目	类别	Ⅰ婴幼儿	Ⅱ直接接触皮肤	Ⅲ非直接接触皮肤	Ⅳ装饰
可萃取重金属 mg/kg	镉 Cd	0.1	0.1	0.1	0.1
	铬 Cr	1.0	2.0	2.0	2.0
	六价铬 CrⅥ	低于检测限			
	钴 Co	1.0	4.0	4.0	4.0
	铜 Cu	25.0	50.0	50.0	50.0
	镍 Ni	1.0	4.0	4.0	4.0
	汞 Hg	0.02	0.02	0.02	0.02
消解样品中重金属	铅 Pb	45.0	90.0	90.0	90.0
	镉 Cd	50.0	100.0	100.0	100.0
杀虫剂 mg/kg	总量	0.5	1.0	1.0	1.0
氯苯酚 mg/kg	五氯苯酚 PCP	0.05	0.5	0.5	0.5
	四氯苯酚 TeCP,总量	0.05	0.5	0.5	0.5
邻苯二甲酸盐(酯) w-%	DINP,DONP,DEHP,BBP,DBP,DIDP,DIBP 总量	0.1			
	DEHP,BBP,DBP,DIBP 总量		0.1	0.1	0.1
有机锡化物 mg/kg	三丁基锡 TBT	0.5	1.0	1.0	1.0
	三苯基锡 TPhT	0.5	1.0	1.0	1.0
	二丁基锡 DBT	1.0	2.0	2.0	2.0
	二辛基锡 DOT	1.0	2.0	2.0	2.0
其他化学残留物 mg/kg	邻苯基苯酚 OPP	50.0	100.0	100.0	100.0
	芳香胺化合物	不得检出			
	PFOS　μg/m²	1.0	1.0	1.0	1.0
	PFOA	0.1	0.25	0.25	1.0
染色剂 mg/kg	可分解芳香胺,致癌物质,致过敏物质,其他有害物　均不得使用				
	氯苯及氯甲苯　总量	1.0	1.0	1.0	1.0
	生物活性物质	不得检出			
阻燃剂	一般性	不得检出			
	PBB,TRIS,TEPA,pentaBDE,octaBDE,DecaBDE,HBCDD 均不得使用				
色牢度　级≥	耐水洗色牢度	3	3	3	3
	耐酸汗渍色牢度	3～4	3～4	3～4	3～4

续表 7-27

项目	类别	Ⅰ婴幼儿	Ⅱ直接接触皮肤	Ⅲ非直接接触皮肤	Ⅳ装饰
色牢度 级≥	耐碱汗渍色牢度	3～4	3～4	3～4	3～4
	耐干摩擦色牢度	4	4	4	4
	耐唾液及汗液色牢度	不褪色			
挥发性气体 mg/m³	甲醛/甲苯	0.1/0.1	0.1/0.1	0.1/0.1	0.1/0.1
	苯乙烯	0.005	0.005	0.005	0.005
	乙烯基环乙烷	0.002	0.002	0.002	0.002
	苯基环乙烷	0.03	0.03	0.03	0.03
	1,3-丁二烯	0.002	0.002	0.002	0.002
	氯乙烯	0.002	0.002	0.002	0.002
	芳香烃/有机挥发物	0.3/0.5	0.3/0.5	0.3/0.5	0.3/0.5
气味检测	一般性	无异味			
	SVN 195 651(被套类)	3	3	3	3
禁用纤维	石棉	不得使用			
多环芳烃 mg/kg	苯并(a)芘	1.0	1.0	1.0	1.0
	多环芳烃 总量	10.0	10.0	10.0	10.0

7.4 采购

【标准原文】 QMS 覆盖(ISO 9001:2008/7.4)

引自 QMS ISO 9001:2008 的内容:

7.4 采购

7.4.1 采购过程

组织应确保采购的产品符合规定的采购要求。对供方及采购产品的控制类型和程度应取决于采购产品对随后的产品实现或最终产品的影响。

组织应根据供方按组织的要求提供产品的能力评价和选择供方。应制定选择、评价和重新评价的准则。评价结果及评价所引起的任何必要措施的记录应予保持(见 4.2.4)。

7.4.2 采购信息

采购信息应表述拟采购的产品,适当时包括:

a) 产品、程序、过程和设备的批准要求;

b) 人员资格的要求;

c) 质量管理体系的要求。

在与供方沟通前,组织应确保规定的采购要求是充分与适宜的。

> **7.4.3 采购产品的验证**
>
> 组织应确定并实施检验或其他必要的活动，以确保采购的产品满足规定的采购要求。
>
> 当组织或其顾客拟在供方的现场实施验证时，组织应在采购信息中对拟采用的验证安排和产品放行的方法作出规定。

【认知理解】 QMS(覆盖ISO 9001:2008/7.4)

采购是QMS的重要要素和过程，它关系到：

(1) 产品质量：俗话说"药材好，药才好"，原材料在产品质量中起着决定性的、不可替代的作用。

(2) 产品的交货期：有道是"巧妇难为无米之炊"，如果原材料供应不上，产品的交货期就难以保证。

(3) 产品的成本：原材料成本、采购成本是产品成本的组成部分，只有不断降低成本，才有可能不断提高利润。

采购活动必须事先对供方能力进行评估，选择合格供方，再行采购。

采购活动使供方与组织形成上游供应链，而销售活动使组织与顾客形成下游供应链，组织的竞争力不仅体现在其内部，而且也体现在这条供应链上。换句话说，组织的竞争力不仅体现在对其内部资源的控制上，而且体现在其对整个供应链的有效把握上。现代企业在供应链上作足了文章，以便在市场的海洋里生存和发展。作为基本的控制框架，采购必须注意以下环节：

1) 供方管理

在确定选择准则、评价和重新评价准则的基础上，选择合格供方；

对合格供方动态监控，淘汰不合格供方，促进有问题的供方改进。

2) 采购资料管理

确保采购要求是充分的，必要时对产品生产过程提出要求，对人员或体系提出要求。对供方体系提出要求后，应实施第二方审核。

3) 采购产品的验证

采购合同应明确放行的方式，尤其在附加现场验证条款时，更应规定放行方式。本要素只要求是否进行验证，至于验证活动的执行情况如何则不做要求。验证活动的执行在其接口要素ISO 9001:2008的8.2.4中进行，因此如审核验证的活动应在要素ISO 9001:2008的8.2.4中进行。

【操作运行】 QMS(覆盖ISO 9001:2008/7.4)

目的：通过对供方和采购信息控制，确保采购产品/服务满足采购要求。

范围：(1) 合格供方；(2)采购信息。

定义(引自GB/T 19000—2008/ISO 9000:2005)：

供方 supplier 提供产品的组织或个人(3.3.6)

示例：制造商、批发商、产品的零售商或商贩、服务或信息的提供方。

注1：供方可以是组织内部的或外部的。

注2：在合同情况下供方有时称为"承包方"。

职责：批准：总经理；管理：采购部；执行：采购部/设计开发部/质量部。

程序：采购过程控制程序见图7-7。

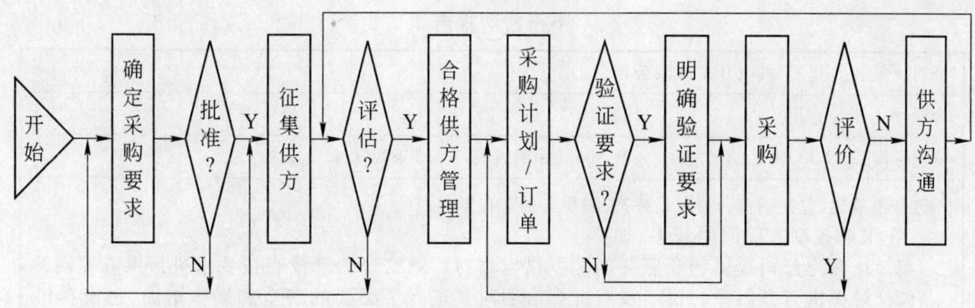

图 7-7 采购过程控制程序

记录：

(1) 供方评价表；

(2) 合格供方一览表；

(3) 供方行为跟踪表；

(4) 供方整改要求表；

(5) 供方数据分析表；

(6) 采购订单/采购信息变更记录。

【不符合项安例】 QMS(覆盖 ISO 9001:2008/7.4)

不符合项报告1

<table>
<tr><td colspan="3">公司:□□□□□供电设备厂</td></tr>
<tr><td>合同号:□□□□□□</td><td>日期:200×.06.23</td><td>报告编号:Ⅰ-05/07</td></tr>
<tr><td>依据标准:ISO 9001:2008</td><td>违反条款:7.4.1 采购过程</td><td>分类:Ⅱ</td></tr>
<tr><td colspan="3">不符合项描述(包括不符合项对最终产品/服务的潜在影响):
在对供方进行评价和选择方面还有问题点如:
没有记录表明对正在提供喷涂服务的□ □□□服务公司,事先进行了评价并满足规定的要求,不能确保其喷涂质量的符合产品标准。
以上不符合 ISO 9001:2008 标准 7.4 条关于对供方控制的规定。

受审核方签字 □□□　　　　审核员签字 □□□</td></tr>
<tr><td colspan="3">请留意:纠正措施实施情况应在一个月内(Ⅱ类或一般 NCR)或两个月内(Ⅰ类或严重 NCR)验证</td></tr>
</table>

注:本表格不完整,未包括其余栏目,请参照使用时注意。

不符合项报告2

<table>
<tr><td colspan="3">公司:□□□□□电力有限公司</td></tr>
<tr><td>合同号:□□□□□□□</td><td>日期:200×.08.21</td><td>报告编号:SⅡ-02/04</td></tr>
<tr><td>依据标准:ISO 9001:2008</td><td>违反条款:7.4.2 采购资料</td><td>分类:Ⅱ</td></tr>
<tr><td colspan="3">不符合项描述(包括不符合项对最终产品/服务的潜在影响):
在采购资料控制方面还有问题点如:
200×.8.17.的采购计划规定负荷开关 FNS—10 kV CRD/400,但是采购合同却为 FNS—10 kV CRD/100,采购资料不能满足规定的要求。
以上不符合 ISO 9001:2008 标准 7.4 条关于采购资料审批的要求。

受审核方签字 □□□　　　　审核员签字 □□□</td></tr>
<tr><td colspan="3">请留意:纠正措施实施情况应在一个月内(Ⅱ类或一般 NCR)或两个月内(Ⅰ类或严重 NCR)验证</td></tr>
</table>

注:本表格不完整,未包括其余栏目,请参照使用时注意。

不符合项报告 3

<table>
<tr><td colspan="3">公司：□□□□□□供电开发有限公司</td></tr>
<tr><td>合同号：□□□□□□</td><td>日期：200×.06.01</td><td>报告编号：Ⅰ-03/05</td></tr>
<tr><td>依据标准：ISO 9001：2008</td><td>条款：7.4.1 采购过程/7.4.2 采购资料</td><td>分类：Ⅰ</td></tr>
<tr><td colspan="3">不符合项描述（包括不符合项对最终产品/服务的潜在影响）：
在采购控制方面问题较多，如：
1. 正在为公司提供物资服务的□□供电器材厂第二经营部没有按要求进行供方控制；
2. 对提供劳务服务的民工没有证据表明对其进行了必要的安全和操作培训，也没有相应资格等控制的书面要求；
3. 不能确保与供方沟通前，采购资料是充分的，如 QP-07-03-01 的变化没有根据。
以上不符合 ISO 9001：2008 标准 7.4 条采购过程和采购资料的控制的要求。
受审核方签字　□□□　　　　审核员签字　□□□</td></tr>
<tr><td colspan="3">请留意：纠正措施实施情况应在一个月内（Ⅱ类或一般 NCR）或两个月内（Ⅰ类或严重 NCR）验证</td></tr>
</table>

注：本表格不完整，未包括其余栏目，请参照使用时注意。

不符合项报告 4

<table>
<tr><td colspan="3">公司：□□□□□□服装有限公司</td></tr>
<tr><td>合同号：□□□□□□□</td><td>日期：200×.07.02</td><td>报告编号：Ⅰ-03/06</td></tr>
<tr><td>依据标准：ISO：9001：2008</td><td>条款：7.4.2 采购信息</td><td>分类：Ⅱ</td></tr>
<tr><td colspan="3">不符合项描述（包括不符合项对最终产品/服务的潜在影响）：
在外包过程策划上还存在个别问题如：
虽然存在产品外包加工过程，但相关文件 COP-0823/A1《制程控制作业程序》和 COP-0751/A1《生产计划安排与控制程序》中没有识别外包加工过程，也没有另行规定采购信息，不能确保对于外包加工过程的有效控制。
以上不符合 ISO 9001：2008 标准第 7.4.2 条款“确保规定的采购要求是充分和适宜的”的要求。
被审核方签字　□□□　　　　审核员签字　□□□</td></tr>
<tr><td colspan="3">请留意：纠正措施实施情况应在一个月内（Ⅱ类或一般 NCR）或两个月内（Ⅰ类或严重 NCR）验证</td></tr>
</table>

注：本表格不完整，未包括其余栏目，请参照使用时注意。

7.5　生产和运行控制

7.5.1　生产和过程控制

7.5.1.1　生产控制

【标准原文】 QMS 覆盖 ISO 9001：2008/7.5.1/7.5.2

> **7.5　生产和服务提供**
>
> **7.5.1　生产和服务提供的控制**
>
> 组织应策划并在受控条件下进行生产和服务提供。适用时，受控条件应包括：
>
> a）　获得表述产品特性的信息；
>
> b）　必要时，获得作业指导书；
>
> c）　使用适宜的设备；

d) 获得和使用监视和测量设备；

e) 实施监视和测量；

f) 实施产品放行、交付和交付后活动。

7.5.2 生产和服务提供过程的确认

当生产和服务提供过程的输出不能由后续的监视或测量加以验证，使问题在产品使用后或服务交付后才显现时，组织应对任何这样的过程实施确认。

确认应证实这些过程实现所策划的结果的能力。

组织应对这些过程作出安排，适用时包括：

a) 为过程的评审和批准所规定的准则；

b) 设备的认可和人员资格的鉴定；

c) 特定的方法和程序的使用；

d) 记录的要求；

e) 再确认。

【认知理解】 QMS(覆盖 ISO 9001:2008/7.5.1/7/5/2)

1. 生产和服务提供的控制

复杂问题简单化，将复杂问题或者按层次由浅入深，或者按时间由前到后分解成一个个简单问题逐一解决，这是人类千百年来在许多领域探索出的解决问题之道。

生产过程分解为工序，按工序组织生产正是基于这种智慧的产物，既有利于提升效率，又有利于保证质量。按流行的说法，这是美国福特汽车公司的发明。实际上按工序组织生产由来已久。确切地说，福特汽车公司开创了汽车工业的流水线生产方式，而并非是开创其他工业按工序组织生产的先河。古代景德镇陶瓷就是按工序组织生产的，并且有了很细致的专业分工。另据明代宋应星著《天工开物》记载，江南丝绸其工艺过程无不分工细作，以致精品享誉中外。出自“蜀纸之乡”的夹江竹纸做工十分考究，从选料到出纸共分十五个环节，七十二道工序。只不过现代工业生产例如电子产品的流水线，作业手段更先进，工序的分解更注重各个工序作业时间的平衡，其工序作业时间或者相等，或者成倍比关系，以使流水线运转顺畅，方便质量控制和绩效管理。电子、服装、食品、供电、物业五行业生产/服务提供过程示例见表 7-28。

表 7-28 五行业生产/服务提供过程表

项目＼行业	电子产品	纺织服装	食品	公共事业供电	物业管理
产品/服务提供过程	零件加工 表面处理 部件加工 组装	粗纱 细纱 漂染 纺织/针织 剪裁 整理 烫熨	清洗 消毒 配料 搅拌 发酵 成形/冷藏 烘 封装	变电 输电 配电 用电 检修 调度 SCADA 继电保护	维修 保安 绿化 清洁 消毒杀菌 垃圾清运 二次供水

说到质量控制，自然要说到要求、规格和标准；质量控制的过程就是满足要求、规格和标准的过程。按工序组织生产，就要把生产过程的质量控制转变成各个工序的质量控制。产品的质量标准也同时分解为各个工序的质量标准。各个工序如何控制质量，满足要求、规格和标准呢？这也是有规律可循的。我们仍然可以追溯到农耕时代古人的智慧。《孟子·公孙丑上》称："天下之不助苗长者寡矣，以为无益而舍之者，不耕苗者也；助长者，揠苗者也。非徒无益，而又害之。"意思是生产过程放任自流，听之任之，是达不到目的的；操之过急，强行干预，也适得其反，是不能奏效的。"过犹不及"(《论语·先进》)，达不到标准和越过标准，都不标准，只能"允执其中"(《论语·尧旦》)，恰到好处。

"允执其中"，琴弦调整适中，不松不紧，正合适，琴声方能悦耳；

"允执其中"，煮饭时间恰到好处，不长不短，刚刚好，饭才不夹生，也不糊锅底；

"允执其中"，农田灌溉适量，不旱，也不涝，庄稼才能丰收；

"允执其中"，服装制作的大烫工序熨斗的温度适中，符合该面料要求的温度范围，不过高，防止烫坏面料；也不过低，以防达不到平整面料的效果，才能满足烫熨的工艺要求；

"允执其中"，车轴的加工粗细适当，过粗则车轮安不上，过细则车轮无法固定，必须符合标准尺寸或误差在允许公差范围内方才满足使用要求；

"允执其中"，电网运行控制保证用户端电压适当，其波动不低不高，正好处于允许误差范围；同样频率也符合标准，其波动不低不高，也正好处于允许误差范围；当然还有其他用户端的电能各项指标，都应当在标准值和允许误差范围内，才能使得用户用电安全和各项要求得到保障。

现代过程控制理论也告诉我们，应使质量特性指标控制在允许误差为零的点的周围区间，并且成正态分布，才是恰到好处。也同样是"允执其中"，"过犹不及"。

1929 年，休哈特发表《工业产品质量的经济控制》。从此，统计过程控制成为质量控制的新领域，一改单纯靠产品检验进行质量控制的传统。无数事实表明，产品质量是过程质量决定的。

20 世纪 70 年代，SONY 公司彩色电视机，经历了不同产地不同质量因而市场反应截然不同的情景。该公司在日本产地和美国产地彩色电视机设计方案，产品生产线都完全一样，然而顾客对其中日本产地的产品热情高，对美国产地的产品热情较低。原因是色彩浓度 $m\pm5$ 的标准偏差不同，日本产地的整机 $\sigma=1.667$，美国产地的整机 $\sigma=2.887$（以上资料摘自 1979 年 4 月 17 日《朝日新闻》）。虽然同样是合格品，但日本产地的指标成正态分布，大都在标准值附近分布，使用一阶段后，指标值虽有一些漂移，但仍在合格范围，所以整机效果没反映出异常。而美国产地的指标不成正态分布，比较分散，使用一阶段后，指标值漂移到合格范围之外，影响到视觉，主观感觉整机效果就差一些了。标准偏差 σ 是质量特性指标偏离标准值的统计描述，参见图 7-8。

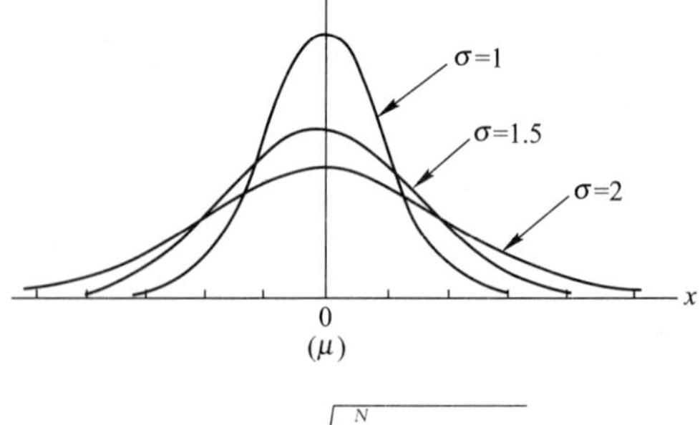

$$\sigma = S = \sqrt{\frac{\sum_{i=1}^{N}(x_i-\mu)^2}{N}}$$

平均值 x 与规格中心值 μ 重合时：

$$C_{pk}=C_p=T/6\sigma$$

平均值 x 与规格中心值 μ 不重合时：

$$C_{pk}=(1-|C_a|)\times C_p$$

图 7-8　正态分布示意图

这件事告诉我们：同样 SONY 彩色电视机其受欢迎程度不同，销售利润不同，不是因为产地的不同，而是由于质量的差别。明明提供的产品规格型号相同且又都是合格品，为什么说质量不同？那就是过程质量不同，因而内在质量不同——特性指标参差不齐所致。可能是特性的漂移，可能是平均无故障间隔时间缩短，也可能是安全特性降低，等等。由此得知过程质量控制决不简单地追求达成合格品；远非如此。过程质量控制必须使得主要特性指标瞄准允许误差范围的中心，成正态分布，参见图 7-10。或者尚没有稳定成正态分布，或者尚没有瞄准中心点，而是偏离中心点，都是不成功的控制。要作到过程质量的有效控制，除了专业技术，工艺经验，还需要借助于统计过程控制的工具。而许多企业高层管理者以为过程控制就是单纯的现场"5S"等，只要现场发现和解决问题就足够了，其实这是不全面的。运用统计技术使得我们可以从标准差 σ 和过程能力指数 C_p 来分析和衡量过程质量水平。

质量特性指标的统计分散程度，是用来描述过程质量的。这种统计分散程度又叫质量的波动性。

过程控制，就是针对质量的波动性，使之在允许的范围内波动，防止和避免异常波动，即超出允许范围的波动。

由于造成过程质量波动性的原因是"人机料法环"所以控制过程质量的波动性就变成了"人机料法环"的掌控。那么，"人机料法环"又是怎样影响过程质量的波动性的呢？

人：操作者的误操作；

机：机器设备失修、老化；稳定性、可靠性差；配合件、传动件间隙；定位装置偏移；磨损、损坏、事故等；

料：产地不同、批次不同而引起的原材料物理、化学性能差异，或物流过程造成的污染、损坏等；

法：流程、工序的衔接、顺序改变；工具的改变；控制参数的变化等；

环：环境的温度、湿度、噪声、振动、清洁度、静电等。

所谓过程处于受控状态，必须通过控制，有效地避免和降低这些因素对过程质量波动性的影响，有效地避免和防止出现异常波动，使质量特性的波动性控制在允许的范围内。

食品、药品生产企业中还应运用 HACCP 危害分析关键点控制方式，对于卫生条件的保证和污染防范进行管理和控制。环保体系还运用环境因素的评估对重要环境因素实施管理方案加以管理和控制，这种方法对于过程也有借鉴的意义。

2. 生产和服务提供过程的确认

关于对过程的确认，在 QMS 运作中曾经有争论。常常有的说这是特殊过程，要确认，有的人却说这不是特殊过程，不要确认也是可以的。例如，有个企业生产塑料蝴蝶发夹，生产主管说这个产品很简单，没有什么强度要求，不必要对注塑过程进行参数确认。有一个机台产生了大量的废品。本来注射一次出 10 只蝴蝶，但成品只有一、二只，其余均注射未饱满。主管解释说，废品也没有关系，我们可以回收，经粉碎造粒可以重新使用。孰不知用去多少机时？很显然这种解释是不成立的。既不符合管理的质量要求，也不符合管理的效率要求。

如果把过程确认当做一个方法，我们可以从中受益匪浅。工业自动化把许多过程连接得没有了时间间隔，使得操作者无法介入，无法中断，无法监测某一个中间过程，如果运用过程确认，我们便可以更加心中有数，更加稳妥，更加有效。

过程的确认是基于对过程的结果产品的确认；只有产品的质量特性得到确认了，过程方才得以确认。

除了初始的确认以外，经过适当的时间间隔后，应对过程进行再确认，确保及时地对过程的变化和更改做出反应是必要的。以下过程尤其应注意：

(1) 具有高价值和安全性的至关重要的产品；

(2) 仅在产品使用时才能暴露出产品的不足；

(3) 不可重复的过程；

(4) 无法对产品进行验证。

过程确认，是对影响过程质量的工艺参数、设备参数的确认，参见表7-30。我们注意到，由此得到的参数，往往不是一个个参数点，而是一个个参数允许变化的范围，也就是说，在这个范围内即使参数波动、变化，只要不超过这个范围，仍然可以生产出合格品。有的企业称"首件确认"，实际也是过程确认的一种方法，通过生产出合格品来确认过程的。

过程确认，与构成过程的要素的认可有一定联系，但并不能以这种认可来替代过程确认。构成过程的要素诸如人员、设备、环境、材料、方法等，对其认可是对其本身状态的评价，并不涉及某个具体过程加工生产的产品。成批量地生产出不合格品，有时不是设备出了故障，而是参数没有调整到合适的位置。当然，过程确认，不仅意味着设备参数调整到位，而且也意味着设备是完好的、安全的。不能设想，业已确认的过程中有安全隐患的设备在运行。

过程确认，必须是接下来投产的过程，不能张冠李戴，以甲过程确认替代乙过程的确认，否则失去过程确认的意义了。过程构成的要素发生变化，比如设备变化或材料变化应当重新确认，不能沿用以往确认的结果。

过程确认的方法，常因行业不同、过程不同而有所变化。上述"首件确认"，一般在制造业使用。在建筑业、公共事业和服务业则要根据确认的过程特点决定，可以用测量的方法，直接测试过程的特性指标参数和功能，或用仿真、比对、模拟等方法进行。

有的企业设立生产部，负责计划、调度等工作，也有的企业设立产品制造中心(PMC)，负责计划、调度和采购工作，当然，具体组织生产制造过程是在生产车间进行。

3. 与ISO 9001:2000的7.5.1/7.5.2要素并行运行和接口的要素

与ISO 9001:2000的7.5.1/7.5.2要素并行运行的要素有(见表7-29)

(1) ISO 9001:2000的6.3基础设施；

(2) ISO 9001:2000的6.4工作环境；

(3) ISO 9001:2000的7.5.3标识和可追溯性；

(4) ISO 9001:2000的7.6监视和测量装置的控制；

(5) ISO 9001:2000的8.2.4产品的监视和测量；

(6) ISO 9001:2000的8.3不合格品的控制。

表7-29　与ISO 9001:2008的7.5.1/7.5.2要素并行运行的要素

与6.3要素并行	计划生产时间	计划间歇时间	沟通/确认	设施事故
7.5.1/7.5.2责任者	正确操作，日常维护保养		生产前/生产结束	立即报告/协助处置
6.3责任者	巡视，协助调整，排除故障	定期设备设施维护保养/检修	检修前/检修后	现场处置/分析原因

续表 7-29

与6.3要素并行	计划生产时间	计划间歇时间	沟通/确认	设施事故
与6.4要素并行	计划生产时间	计划间歇时间	沟通/确认	设施事故
7.5.1/7.5.2责任者	日常维护，监测生产现场	监测生产现场	生产前/生产结束	立即报告/协助处理
6.4责任者	监测，调整	监测，调整，环境改造	异常调整时	现场处理/分析原因
与7.5.3要素并行	计划生产时间	计划间歇时间	沟通/确认	备注
7.5.1/7.5.2责任者	维护标识	维护标识		
7.5.3责任者	标识操作/巡视	标识操作/巡视	启动/变更时	
与7.6要素并行	计划生产时间	计划间歇时间	沟通/确认	计量器具失准
7.5.1/7.5.2责任者	正确使用/保养计量器具			评估影响，采取措施
7.6责任者	巡视	定期校准，标识	校准前/校准后	检修，调查原因
与8.2.4要素并行	计划生产时间	计划间歇时间	沟通/确认	异常
7.5.1/7.5.2责任者	自检，交检			立即报告，采取措施
8.2.4责任者	产品检验	产品检验	检验前/检验后	立即报告，调查原因

与7.5.1/7.5.2要素接口的要素：

(1) 7.2与顾客有关的过程；

(2) 7.3设计和开发；

(3) 7.4采购；

(4) 7.5.5产品防护。

【资料链接】

7.1.3.3 产品和过程的确认和更改(ISO 9004:2000)

管理者应当确保对产品的确认能证实产品满足顾客和其他相关方的需求和期望。确认活动可包括建立模型、模拟和试用，以及顾客和其他相关方参与的评审。

需考虑的事项应当包括：

——质量方针和目标；

——设备的能力或鉴定；

——产品的生产条件；

——产品的使用或应用；

——产品的处置；

——产品的寿命周期；

——产品对环境的影响；

——使用自然资源(包括材料和能源)所产生的影响。

组织应当以适当的间隔对过程进行确认，以确保及时地对影响过程的更改作出反应。尤其应注意具有以下特点的过程的确认：

——具有高价值和安全性至关重要的产品；

——仅在产品使用中才暴露出产品的不足；

——不可重复的过程；

——无法对产品进行验证。

组织应当实施有效和高效地控制更改的过程，以确保产品或过程的更改对组织有利并能满足相关方的需求和期望。组织应当对更改进行识别、记录、评定、评审和控制，以便了解更改对其他过程以及顾客和其他相关方的需求和期望的影响。

组织应当记录和传达任何影响产品特性的过程更改，以保持产品的符合性并为采取纠正措施或改进组织的业绩提供信息。组织还应当明确更改的权限，以确保对更改进行控制。

组织应当在任何相关的更改后，对以产品形式存在的输出进行确认，从而确保更改达到了预期结果。

可考虑使用模拟技术为预防过程故障或失效制定计划。

应当通过风险评估来评价过程中可能产生的故障和失效及其影响。评价结果应当用来确定并实施预防措施，以减轻已识别的风险。风险评估的方法可包括：

——故障模式和影响分析；

——故障树分析；

——关联图；

——模拟技术；

——可靠性预计。

【操作运行】 QMS(覆盖 ISO 9001:2008/7.5.1/7.5.2)

目的：使生产和服务提供过程在受控条件下进行，达到顾客关于质量和交货期的要求。

范围：过程质量的波动性(涉及人员/机器设备/材料/工艺技术/环境/测量)

定义：(略，参见 7.1 操作运行定义)

职责：批准：总经理；管理：生产部；执行：生产部/工程部/资材部。

程序：生产和服务提供的控制程序见图 7-9。

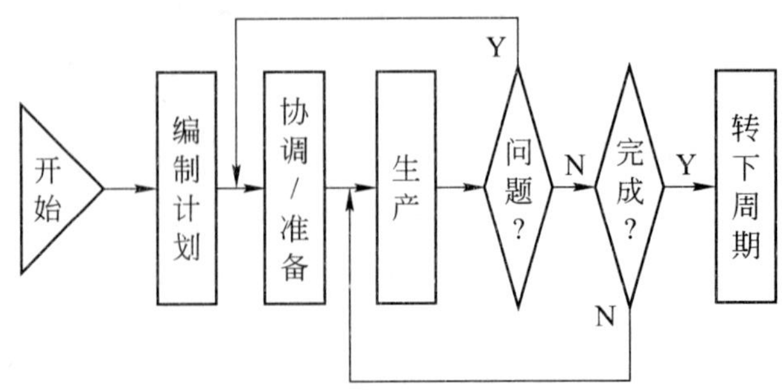

图 7-9　生产和服务提供的控制程序

生产和服务提供过程的确认程序见图 7-10。

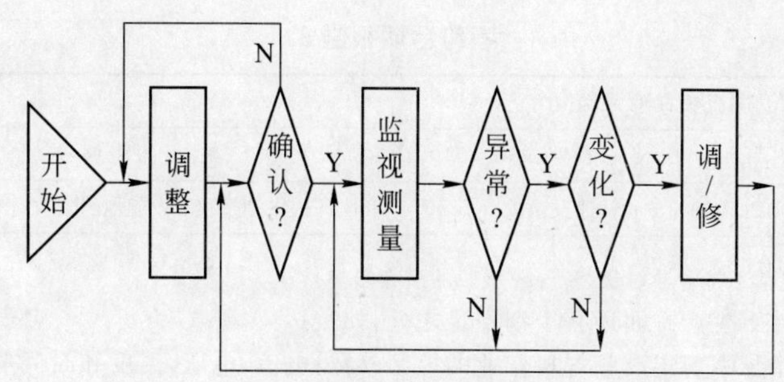

图 7-10 生产和服务提供过程的确认程序

记录：

(1) 生产计划/排期表；

(2) 生产计划跟踪表；

(3) 生产计划达成率和分析；

(4) 设备工艺参数监视测量表/工艺参数变更记录表；

(5) 过程确认记录。

【不符合项案例】 QMS(覆盖 ISO 9001:2008/7.5.1/7/5/2)

不符合项报告 1

<table>
<tr><td colspan="3">公司:□□□□□供电局</td></tr>
<tr><td>合同号:□□□□□□</td><td>日期:200×.09.30</td><td>报告编号:Ⅰ-03/06</td></tr>
<tr><td>依据标准:ISO 9001:2008</td><td>违反条款:7.5.1 生产和服务提供的过程</td><td>分类:Ⅱ</td></tr>
<tr><td colspan="3">不符合项描述(包括不符合项对最终产品/服务的潜在影响)：
定期巡视检测后动中还有不规范之处，如：
200×.9.27.ZBD-3B 载波机测试记录表明，发信支路电平标准值−36 dB，实测值−38 dB，超过±1 dB 的要求，检测人员没有识别和采取措施，不能有效确保运行设备的符合性要求。
以上不符合 ISO 9001:2008 标准 7.5.1 条有关受控条件的要求。

受审核方签字 □□□　　　　审核员签字 □□□</td></tr>
<tr><td colspan="3">请留意：纠正措施实施情况应在一个月内(Ⅱ类或一般 NCR)或两个月内(Ⅰ类或严重 NCR)验证</td></tr>
</table>

注：本表格不完整，未包括其余栏目，请参照使用时注意。

不符合项报告 2

<table>
<tr><td colspan="3">公司:□□□□□供电局</td></tr>
<tr><td>合同号:□□□□□□□</td><td>日期:200×.11.25</td><td>报告编号:Ⅰ-02/05</td></tr>
<tr><td>依据标准:ISO 9001:2008</td><td>违反条款:7.5.1 生产和服务提供的过程</td><td>分类:Ⅱ</td></tr>
<tr><td colspan="3">不符合项描述(包括不符合项对最终产品/服务的潜在影响)：
在定期巡视方面还有问题，如：
1. 没有记录表明 200×.11.□□变电站按规定对主变压器进行了每月一次定期检查(除日常检查以外还包括本体接地等三项)；
2. 没有记录表明 200×.11.对 220 kV□线其中 331＃—340＃杆按规定进行了每月一次的定期巡视，不能确保对运行设备监视和测量的有效性。
以上不符合 ISO 9001:2008 标准 7.5.1 条有关过程监控的要求。

受审核方签字 □□□　　　　审核员签字 □□□</td></tr>
<tr><td colspan="3">请留意：纠正措施实施情况应在一个月内(Ⅱ类或一般 NCR)或两个月内(Ⅰ类或严重 NCR)验证</td></tr>
</table>

注：本表格不完整，未包括其余栏目，请参照使用时注意。

不符合项报告 3

<table>
<tr><td colspan="3">公司:□□□□□□陶瓷模具有限公司</td></tr>
<tr><td>合同号:□□□□□□□</td><td>日期:200×.10.12</td><td>报告编号:Ⅰ-03/05</td></tr>
<tr><td>依据标准:ISO 9001:2008</td><td>违反条款:7.5.1 生产和服务提供的过程</td><td>分类:Ⅱ</td></tr>
<tr><td colspan="3">不符合项描述(包括不符合项对最终产品/服务的潜在影响):
在受控条件下生产方面还有个别不足之处,如:
没有作业指导书规定高频焊接作业的控制参数;电流,电压,温度和时间等;也没有记录表明其操作时参数的确认方法,因此不能确保此项活动控制的有效性。
以上不符合 ISO 9001:2000 标准 7.5.1 条关于对活动实施监视与测量的规定。
受审核方签字　□□□　　　　审核员签字　□□□</td></tr>
<tr><td colspan="3">请留意:纠正措施实施情况应在一个月内(Ⅱ类或一般 NCR)或两个月内(Ⅰ类或严重 NCR)验证</td></tr>
</table>

注:本表格不完整,未包括其余栏目,请参照使用时注意。

不符合项报告 4

<table>
<tr><td colspan="3">公司:□□□□□环保有限公司</td></tr>
<tr><td>合同号:□□□□□□□</td><td>日期:200×.12.18</td><td>报告编号:S-02/02</td></tr>
<tr><td>依据标准:ISO 9001:2008</td><td>违反条款:7.5.1 生产和服务提供的过程</td><td>分类:Ⅱ</td></tr>
<tr><td colspan="3">不符合项描述(包括不符合项对最终产品/服务的潜在影响):
在工艺参数控制方面还有问题,如:
样品室签发 63-6 型鞋试做流程单(200×.12.17.)规定中段烘箱温度 50 ℃～70 ℃,传送速度为(400～600)r/min;但是 3 月 18 日生产线实际情况为 93 ℃和 750 r/min 不能确保满足产品符合性要求。
以上不符合 ISO 9001:2008 标准 7.5.1 参数监控的要求。
受审核方签字　□□□　　　　审核员签字　□□□</td></tr>
<tr><td colspan="3">请留意:纠正措施实施情况应在一个月内(Ⅱ类或一般 NCR)或两个月内(Ⅰ类或严重 NCR)验证</td></tr>
</table>

注:本表格不完整,未包括其余栏目,请参照使用时注意。

不符合项报告 5

<table>
<tr><td colspan="3">公司:□□□□□塑胶有限公司</td></tr>
<tr><td>合同号:□□□□□□□</td><td>日期:200×.10.16</td><td>报告编号:R-03/05</td></tr>
<tr><td>依据标准:ISO 9001:2008</td><td>违反条款:7.5.1 生产和服务提供的过程</td><td>分类:Ⅱ</td></tr>
<tr><td colspan="3">不符合项描述(包括不符合项对最终产品/服务的潜在影响):
在过程参数监控方面还有个别不足之处,如:
200×.10.15.上光机前轮送轮速率为 1 200,后轮送轮速率为 31.4;与《上光特殊制程标准》MC0901 A 的规定:1 800±100 和 40±5 不符;不能确保监控活动与文件规定的一致性。
以上不符合 ISO 9001:2008 标准 7.5.1 对适宜的过程参数进行监控规定。
受审核方签字　□□□　　　　审核员签字　□□□</td></tr>
<tr><td colspan="3">请留意:纠正措施实施情况应在一个月内(Ⅱ类或一般 NCR)或两个月内(Ⅰ类或严重 NCR)验证</td></tr>
</table>

注:本表格不完整,未包括其余栏目,请参照使用时注意。

不符合项报告6

公司:□□□□□□模具制品有限公司		
合同号:□□□□□□	日期:200×.07.20	报告编号:Ⅰ-03/05
依据标准:ISO 9001:2008	违反条款:7.5.1生产和服务提供的过程	分类:Ⅱ
不符合项描述(包括不符合项对最终产品/服务的潜在影响): 配料房的操作尚有不规范的问题,如: 注塑作业指导书要求:产品2115主机底用料ABS757的配比为:ABS75 kg+克种(黑色粉)750 g+ABS水口料10 kg～15 kg,但是,没有记录表明,6～7月份的配料操作是按上述配比进行的,因此无法验证和确保此项配料操作是符合要求的。 以上不符合质量手册QM—14/1.1的2B)条规定。 受审核方签字 □□□ 审核员签字 □□□		
请留意:纠正措施实施情况应在一个月内(Ⅱ类或一般NCR)或两个月内(Ⅰ类或严重NCR)验证		

注:本表格不完整,未包括其余栏目,请参照使用时注意。

不符合项报告7

公司:□□□□□软管厂		
合同号:□□□□□□	日期:200×.12.29	报告编号:Ⅰ-02/04
依据标准:ISO 9001:2008	违反条款:7.5.2生产和服务提供的确认	分类:Ⅱ
不符合项描述(包括不符合项对最终产品/服务的潜在影响): 在过程参数确认方面,还有问题,如: 200×.12.27.上午,塑胶软管注头车间生产ϕ25×105产品时,由6号机改为7号机,没有对注头参数重新确认,导致压力等参数与规定数值不符,射一/射二/射三/加料压实际分别为356/305/205/869,与工艺卡要求的数值410/422/205/998不符,不能确保过程确认准则的实施和过程能力的实现。 以上不符合ISO 9001:2008标准7.5.2条关于再确认的要求。 受审核方签字 □□□ 审核员签字 □□□		
请留意:纠正措施实施情况应在一个月内(Ⅱ类或一般NCR)或两个月内(Ⅰ类或严重NCR)验证		

注:本表格不完整,未包括其余栏目,请参照使用时注意。

不符合项报告8

公司:□□□□□音箱厂		
合同号:□□□□□□□	日期:200×.09.28	报告编号:Ⅰ-03/05
依据标准:ISO 9001:2008	违反条款:7.5.2生产和服务提供的确认	分类:Ⅱ
不符合项描述(包括不符合项对最终产品/服务的潜在影响): 在对设备和加工参数认可方面还有个别不足之处,如: 没有记录表明,在木工课自动切板机的加工生产开始前,对系统的控制/执行各个部件和整体的安全性/正常状态和具体加工参数的正确性进行了必要的确认,也没有规定设备及参数认可包括再确认的接受准则;不能确保后续的监控活动的有效性。 以上不符合ISO 9001:2008标准第7.5.2条关于应对过程确认作出安排的规定。 受审核方签字 □□□ 审核员签字 □□□		
请留意:纠正措施实施情况应在一个月内(Ⅱ类或一般NCR)或两个月内(Ⅰ类或严重NCR)验证		

注:本表格不完整,未包括其余栏目,请参照使用时注意。

不符合项报告9

公司：□□□□□□实业有限公司		
合同号：□□□□□□	日期：200×.08.03	报告编号：Ⅰ-02/04
依据标准：ISO 9001:2008	违反条款：7.5.2生产和服务提供过程的确认	分类：Ⅱ
不符合项描述(包括不符合项对最终产品/服务的潜在影响)： 在工艺参数确认的环节尚有个别不足之处，如： 6.17.10:00时，5T生产的工艺参数为：丁烷量-23.1；单苷酯量-1.5；丁烷压力-80；但是，作业指导书ETD-SOP-008 A/0规定：丁烷量-38；单苷酯量-1.2；丁烷压力-60。没有记录表明上述工艺参数的变更经过必要的确认，因此，不能确保此后的监控的有效性。 以上不符合KD/QP-7.5.2-04 A/0程序5.3.2条规定。 受审核方签字　□□□　　审核员签字　□□□		
请留意：纠正措施实施情况应在一个月内(Ⅱ类或一般NCR)或两个月内(Ⅰ类或严重NCR)验证		

注：本表格不完整，未包括其余栏目，请参照使用时注意。

不符合项报告10

公司：□□□□□服装有限公司		
合同号：□□□□□□	日期：200×.07.02	报告编号：Ⅰ-04/05
依据标准：ISO 9001:2008	违反条款：7.5.2生产和服务提供过程的确认	分类：Ⅱ
不符合项描述(包括不符合项对最终产品/服务的潜在影响)： 在生产过程工艺参数的制定和确认方面存在个别不足，如： 200×.07.01生产尾部车间在加工产品(W4-099)时，没有对大烫工序和压朴工序的温度特性，按面料材质不同分别进行规定，也没有进行记录和确认，故不能确保过程能力得以有效控制。 以上不符合ISO 9001:2000标准7.5.2关于过程确认的要求。 受审核方签字　□□□　　审核员签字　□□□		
请留意：纠正措施实施情况应在一个月内(Ⅱ类或一般NCR)或两个月内(Ⅰ类或严重NCR)验证		

注：本表格不完整，未包括其余栏目，请参照使用时注意。

【生产作业文件示例】

修锡补件工须知

(电子厂波峰焊接后工序)

批准	
审核	
拟制	

焊点要求		焊点要求		焊点缺陷
不可接受的	可接受的	不可接受的	可接受的	
1 焊锡不足	1 标准的：焊锡点光亮平滑	1 冷焊	1 标准的：焊锡点光亮平滑	1 冷焊，可焊性差 2 焊桥，焊锡短路

续表

焊点要求		焊点要求		焊点缺陷
不可接受的	可接受的	不可接受的	可接受的	3 焊脚未切断，短路 
2 焊锡太多	2 标准的：焊锡适量	2 凸出显示不良	2 凹下显示良好	4 不沾锡，锡量不足
3 焊点尖锐	3 标准的：焊锡点光亮平滑	3 冷焊 零件脚 焊锡 铜箔	3 标准的：焊锡点光亮可焊性良好	5 锡点裂 6 锡尖
4 冷焊	4 标准的：可焊性良好	4 假焊：超过 75° 120° 75° 焊锡 接脚	4 标准的：75° 40°	7 锡球(珠) 8 弯脚

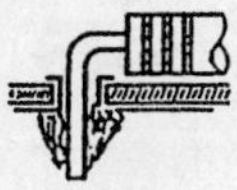

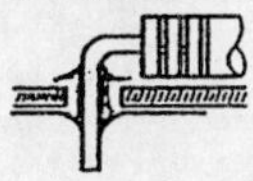

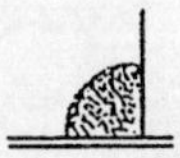

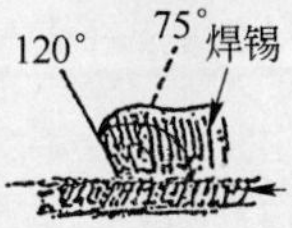

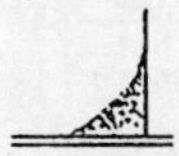

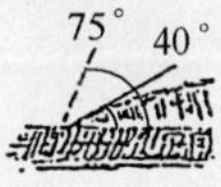

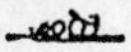

手工焊接工艺要点	作业要求	注意事项	应避免的误操作举例
1. 铬铁 40 W～60 W，温度：260 ℃±10 ℃； 2. 时间：3 s； 3. 焊锡/助焊剂：适量； 4. 烙铁头保持清洁； 5. 工件除锈，保证可焊性良； 6. 烙铁头与工件夹角适当。	1. 操作者应掌握焊点标准； 2. 按工艺要求做好焊前准备：工具/焊锡/助焊剂/工件正确无误，工件预处理完成； 3. 操作熟练：姿势平稳，动作到位，停顾时间恰到好处，提起烙铁利落。	1. 工件位置适当，方便提取； 2. 防止烙铁烫伤工件等物； 3. 烙铁损坏/漏电/异常应立即停止焊接，及时处置；或更换合格烙铁继续操作； 4. 解决连焊短路问题，不应用烙铁头切割，要用"抹焊"方式解决。	1. 乱甩烙铁头的焊锡； 2. 烙铁头带着污垢进行操作； 3. 对阻焊物/氧化物视而不见不处理，一味长时间焊接； 4. 烙铁和焊锡丝举得高高，往焊盘上滴焊锡； 5. 单纯图快，焊接时间不足 1 s。

【面料烫熨温度示例】

面料烫熨温度掌控参考表见表 7-30。

表 7-30 面料烫熨温度掌控参考表

QMW—7520—01 A/0 批准：□□□　　审核：□□□　　拟制：□□□

面料类别		直接烫熨/℃	垫干布烫熨/℃	垫湿布烫熨℃（温度随湿布含水率降低而改变）	备注
棉	平纹	175～195 反面			面料含水率 15%～20%
	平纹白色面料	165～185			
	斜纹	185～205 反面	210～230		面料含水率 15%～20%
	绒类	B:185～205 反面		A:200～230	A:湿布含水率 80%～90% B:湿布含水率 10%～20%

续表 7-30

面料类别		直接烫熨/℃	垫干布烫熨/℃	垫湿布烫熨℃（温度随湿布含水率降低而改变）	备注
麻	深色	175～195 反面			面料含水率 20%～25%
	白色	165～180			
毛	银枪呢 大衣呢	B:160～180 反面		A:200～250	A:湿布含水率 110%～120% B:湿布含水率 15%～30%
	海军呢 粗花呢	B:160～180 反面		A:220～250	A:湿布含水率 95%～105% B:湿布含水率 2%～10%
	精纺		175～205	200～250	湿布含水率 65%～100%
	凡尔丁 派力司	B:160～180 反面	175～205	A:200～220	A:湿布含水率 65%～75% B:湿布含水率 5%～15%
	马裤呢 海力蒙	B:160～180 反面	175～205	A:220～250	A:湿布含水率 90%～100% B:湿布含水率 5%～15%
	长毛绒			250～300	A:湿布含水率 120%～130% B:湿布含水率 30%～40%
桑蚕丝	纱罗	165～185 反面	180～190	190～220	面料含水率 25%～35%
	缎	165～185 反面			面料含水率 25%～35%
	棉衣			210～230	湿布含水率 65%～75%
柞丝	绸	155～165 反面			面料含水率 5%～10%
	哔叽		湿布下加干布	190～220	湿布含水率 40%～50%
涤纶	纯涤纶 弹力呢	B:150～170 反面		A:190～220	A:湿布含水率 70%～80% B:湿布含水率 10%～20%
	涤/棉	B:150～170 反面		A:190～210	A:湿布含水率 60%～70% B:湿布含水率 15%～20%
	涤/毛	B:150～170 反面		A:200～220	湿布含水率 75%～85%
	涤纶长丝	150～170 反面			面料含水率 15%～20%
锦纶	薄型	125～145 反面			面料含水率 15%～20%
	厚型	125～145 反面		190～220	A:湿布含水率 80%～90% B:湿布含水率 10%～20%
维纶		125～145 反面		注	面料含水率 5%～10% 不可垫湿布
腈/纶		115～135 反面		180～210	A:湿布含水率 65%～75% B:湿布含水率 10%～20%
丙纶		85～105 反面			面料含水率 10%～15%

注意：
(1) 面料含水需均匀喷洒；
(2) 反面烫熨后如发现正面不平整，则正面垫干布并改为对应的温度进行烫熨；
(3) 避免产生极光，如已经产生应设法祛除；
(4) 烫熨时压力和时间随面料厚度增加而适当增加。

7.5.1.2 环保运行控制

【标准原文】 EMS(覆盖 ISO 14001:2004/4.4.6)

> **4.4.6 运行控制**
>
> 组织应根据其方针、目标和指标，识别和策划与所确定的重要环境因素相关的运行，以确保其通过下列方式在规定的条件下进行：
>
> a) 建立、实施并保持一个或多个形成文件的程序，以控制因缺乏程序文件而导致偏离环境方针、目标和指标的情况；
>
> b) 在程序中规定运行准则；
>
> c) 对于组织使用的产品和服务中所确定的重要环境因素，应建立、实施并保持程序，并将适用的程序和要求通报供方及合同方。

【认知理解】 EMS(覆盖 ISO 14001:2004/4.4.6)

涉及的内容同时启动，包括大气污染预防和污水处理、噪声、电磁辐射控制，危险废弃物处置和资源节约等。

表 7-31 环保设施运行表(示例)

类别	环保设施		运行控制指标	监测项目
烟气类	静电除尘器		电场投用率、除尘效率、漏风率、阻力、一次电压、二次电压、一次电流、二次电流	SO_2、NO_x、烟尘、含氧量、除尘效率、烟气量、CO、脱硫效率、湿度
	湿式除尘器		除尘效率、漏风率、阻力、水压、水量	
	脱硫方式	湿式石灰石石膏法	脱硫效率、烟气处理率、耗电率、投用率	
		半干/干法	脱硫效率、烟气处理率、耗电率、投用率	
废水类	工业	灰水处置	设备投用率、废水处理率、废水排放口污染物浓度(pH、SS、COD、氟化物、硫化物、砷、排水量、铅、镉、铬)、硬度	
		脱硫废水处置	设备投用率、废水处理率、废水排放口污染物浓度(pH、SS、COD、氟化物、硫化物、砷、排水量、铅、镉、铬、汞、氯离子)、排水量	
		工业废水处置	设备投用率、废水处理率、废水排放口污染物浓度(pH、SS、COD、氟化物、硫化物、砷、排水量、铅、镉、铬)、排水量、水温	
	生活污水		COD、SS、BOD_5、排水量	
固废类	可回用		分类正确、标识、统计	
	不可回用	可以降解	分类正确、标识、统计、搬运、填埋、记录	
		毒害	分类正确、标识、统计、搬运记录、资质机构转运	记录核实
噪声	消音、改良备、隔音		按要求，定点于车间和厂界定期监测	
电磁	屏蔽、改设备、隔离		按要求监测	

运行控制应当依据程序文件及其支持性作业文件的规定要求进行。许多企业处于建立

环境管理体系初期，如何运行操作大家还不熟悉，因此指导性文件当属必备（参见表7-31），并且一定要培训操作者到熟练掌握为止。

关于消烟除尘的控制，克服和避免应付检查的被动的环保行为，严格按照作业要求进行；检测中发现偏离或偏离要求的倾向时，应当及时调整或处置。

关于污水处置，同样应当克服和避免应付检查的被动的环保行为，严格按照作业要求进行；检测中发现偏离或偏离要求的倾向时，应当及时调整或处置。

关于噪声，设法消除噪声源，或与操作人员隔离、屏蔽。降低震动水平、减震，监视和避免马达紧固件松动。

关于固体废弃物，分类收集；专人运转记录，防止搬运途中丢失造成二次污染；通过资格机构运转。

关于危险化学品管理控制，仓库位置远离办公、生产和原材料及成品仓库区域（大于或等于30 m），符合温度湿度要求；避免雨季浸涝；避免台风和沙尘暴破坏；抗震性能好。每种化学品均挂有MSDS卡片，清楚地标明其物理化学性能和对于环境影响、人体危害及应急处置方法等，卧式露天储油罐应按照要求修建不低于0.5 m的不渗漏的围堰等。

关于水电资源节约，数据表明我国企业的差距和节约潜力还很大。目前我国建筑中80%以上属于高耗能建筑，单位建筑面积采暖能耗为气候相近发达国家的3倍左右。中国的汽车生产过程消耗为1.6吨油当量，较美国0.9吨油当量差很多。从能源利用效果来看，2004年GDP占全球GDP只有4%，原油消耗了全球的8%、电力消耗了10%、铝19%、铜20%、煤炭31%、钢材30%。我国单位GDP的能耗是日本的7倍、美国的6倍，甚至是印度的2.8倍。实际上这些都反映出管理的差距。目前在中国“低碳”概念的推广，使人们想出了很多办法节约能源；企业更应使员工养成良好个人节约习惯（避免空屋点电灯，机器空转，下班不关机器等）；尤其不能忽略配电的三相电的平衡，尽可能减少无功功率，提高功率因数。许多企业的经验证明这样节电的效果更加明显。也就是说，如果您的企业配电盘上显示的功率因数比较低，说明您的无功损耗很大，节约的潜力也很大。此外还可以改进设备，降低能耗；淘汰落后技术/产能，尽可能减少夜班，等等。提升质量和成品率也是一个行之有效的办法，对于成品率低的企业尤其如此。也有的企业不仅以节约百分比为目标而且以单位能耗/水耗的产出作为目标，加强了推动改进的力度。

【操作运行】 EMS（覆盖ISO 14001:2004/4.4.6）

目的：确保管理方案对重要环境因素的控制活动运行有效，防止或避免偏离方针目标指标的情况发生。

范围：所有识别出的重要环境因素；水气声渣污染排放预防治理与控制，资源节约与控制。

职责：管理：环境部；执行：各个责任部门；作业：员工。

程序：EMS运行控制程序如图7-11所示。

其中：(1) 培训内容：环境方针目标、程序文件、作业文件；个人与体系关系；失误影响等；水气声渣的排放标准、控制方法、危险废弃收集物运送规定；水电等资源节约方法；环境保护基础；环境应急准备和响应。

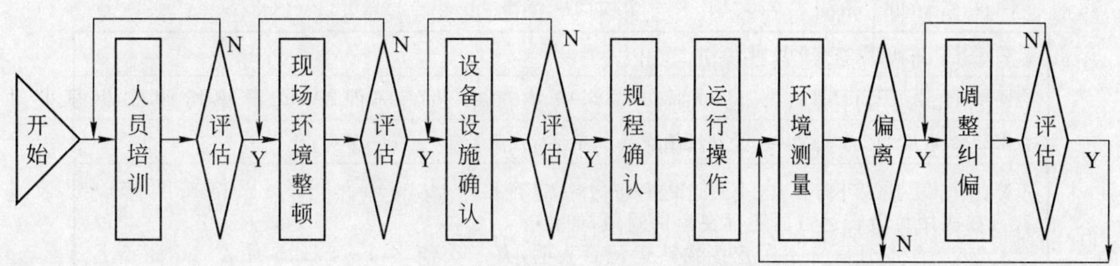

图 7-11 EMS 运行控制程序

(2) 设备设施：污水处理、消烟除尘设施、噪声隔离和消声器、危险化学品储运设备等。

(3) 运行操作：

① 大气污染(烟尘)控制排放控制程序；

② 污水(工业污水和生活污水)处置控制排放程序；

③ 噪声控制程序；

④ 危险品废弃物转运控制程序；

⑤ 水电资源节约控制程序；

⑥ 相关方施加环境影响控制程序。

记录：

(1) 大气污染(烟尘)控制排放控制运行记录；

(2) 污水(工业污水和生活污水)处置运行记录；

(3) 噪声控制装置和检测记录；

(4) 危险品废弃物转运记录；

(5) 水电资源节约记录；

(6) 相关方施加环境影响沟通记录。

【不符合项报告案例】

不符合项报告 1

<table>
<tr><td colspan="3">公司：□□□□□电子厂</td></tr>
<tr><td>合同号：□□□□□□□</td><td>日期：200×.05.20</td><td>报告编号：Ⅰ-03/06</td></tr>
<tr><td>依据标准：ISO 14001：2004</td><td>违反条款：4.4.6 运行控制</td><td>分类：Ⅱ</td></tr>
<tr><td colspan="3">不符合项描述(包括不符合项对最终产品/服务的潜在影响)：
在环境运行控制方面存在个别不足，如：
位于公司厂区内的食堂已经承包给□□□公司，但是其油烟排放和污水排放没有进行检测和控制，也没有记录表明通过沟通对相关方施加影响，不能确保环境运行控制的有效性。
以上不符合 ISO 14001：2004 标准 4.4.6 关于环境运行通报供方的要求。
受审核方签字 □□□　　审核员签字，□□□</td></tr>
<tr><td colspan="3">请留意：纠正措施实施情况应在一个月内(Ⅱ类或一般 NCR)或两个月内(Ⅰ类或严重 NCR)验证</td></tr>
</table>

注：本表格不完整，未包括其余栏目，请参照使用时注意。

不符合项报告2

公司:□□□□□服装有限公司		
合同号:□□□□□□□□	日期:200×.06.10	报告编号:Ⅰ-02/05
依据标准:Ⅰ ISO 14001:2004	违反条款:4.4.6运行控制	分类:Ⅱ
不符合项描述(包括不符合项对最终产品/服务的潜在影响): 在医用垃圾转运方面还存在个别问题,如: 200×年5月医务室医疗废物转运记录表明,有三次(5月1—4日,5月7—10日,5月21—24日)暂存超过2天,不符合国务院《医疗废物管理条例》第17条关于暂存期限的规定;也没有记录表明对于问题已经识别并予以纠正,不能确保危险废弃物控制的有效性。 以上不符合ISO 14001:2004标准4.4.6关于运行控制的要求。 受审核方签字 □□□　　审核员签字 □□□		
请留意:纠正措施实施情况应在一个月内(Ⅱ类或一般NCR)或两个月内(Ⅰ类或严重NCR)验证		

注:本表格不完整,未包括其余栏目,请参照使用时注意。

不符合项报告3

公司:□□□□□□□有限公司		
合同号:□□□□□□□	日期:200×.09.08	报告编号:Ⅰ-02/03
依据标准:ISO 14001:2004	违反条款:4.4.6运行控制	分类:Ⅱ
不符合项描述(包括不符合项对最终产品/服务的潜在影响): 在污水处理指标控制方面还存在个别问题,如: 200×年8月20日污水排放指标检测报告表明,其中8月5日生化需氧量BOD为30,按规定排放应执行一级标准,应当为20。但是没有记录表明对超标准排污问题进行识别和处置,不能确保污水处理过程控制的有效性。 以上不符合ISO 14001:2004标准4.4.6要素关于环境运行控制的要求。 受审核方签字 □□□　　审核员签字 □□□		
请留意:纠正措施实施情况应在一个月内(Ⅱ类或一般NCR)或两个月内(Ⅰ类或严重NCR)验证		

注:本表格不完整,未包括其余栏目,请参照使用时注意。

7.5.1.3 健安运行控制

【标准原文】 OHSAS(覆盖OHSAS18001:2007/4.4.6)

4.4.6 运行控制

组织应确定有哪些作业和活动与已识别需进行控制的危险源有关,以控制职业健康安全风险。应包括对变更的管理(见4.3.1节),对于哪些作业与活动,组织应该实施和保持:

a) 那些适合于组织的职业健康安全的作业与活动;应将其作业控制纳入职业健康安全管体系;

b) 对采购的商品、设备和服务的控制;

c) 对在工作场所的供方和其他来访者的控制;

d) 组织应建立、实施并保持一个或多个形成文件的程序,以防止因缺乏形成文件的程序,可能导致偏离职业健康安全方针和目标的运行情况;

e) 缺少这些运行标准,可能导致偏离职业健康安全方针和目标时,应制定相应的运行标准。

【认知理解】 OHSAS(覆盖 OHSAS 18001:2007/4.4.6)

我们的目的是降低职业健康安全风险，当然涉及组织各个过程；而最好从源头上解决，例如从设计环节上消除危险源最好。对于暂时无法从设计环节上解决的，则应严格监控其危险危害点及其状态，采取措施降低其风险级别，尽可能降低到可以接受/容许的风险水平。例如防止锅炉意外爆炸，应当严格控制锅炉温度，压力，使之处于安全运行范围等。

关于人员的安全和健康问题，其中安全卫生教育培训，厂长经理不少于40学时，管理人员不少于120学时，班组长不少于24学时。电力部门还规定班组每周固定学习时间，包括反事故演习等。培训工作对于相对落后的地方尤其重要。但是在2009年—2015年的地方职业健康安全规划草案中，有的竟然提出至2015年的培训率达90%。还没有讲培训合格率(可能更低)。显然是很不严肃的。无论如何也要剩下10%？难道剩下10%不培训是可以接受的吗？难道任何组织可以不要对剩下10%人员负责吗？通过管理体系运作，就不应保留死角、真空地带和管理盲点。

休息，既是员工的权利也是保持劳动力健康的手段。企业应当按照国家规定保证工作时间、休息时间和休假制度。

劳保用品是作业的必要安全卫生防护装备。除坚持佩戴着装外，还应按规定定周期更换/检查，确保劳保用品防护的有效性。例如绝缘隔离板、绝缘靴和绝缘手套，必须保持其绝缘性能良好，耐高压电击和绝缘电阻符合要求。

资质，尤其是特种工作岗位的资质必须满足要求。资质是落实有一定专业性和难度的安全操作规范的必要条件，只有操作者切实满足安全操作要求，例如高处作业配防护带，高压测量单手操作，严格工作票制度等才能确保安全控制到位，是避免各种误操作的基础。特殊工种的误操作常常是构成事故的重要危险源。

关于职业病防治，当前职业病防治形势依然严峻，突出问题是：

一是职业病病人数量大。30年来，我国累计报告职业病50多万例，近年新发病例数仍呈上升趋势。

二是尘肺病、职业中毒等职业病发病率居高不下。尘肺病是我国最主要的职业病，约占职业病病人总数的80%，近年平均每年报告新发病例1万多例。

三是职业病危害范围广。煤炭、冶金、化工、建材、汽车制造、医药等行业不同程度地存在职业病危害。许多中小企业工作场所劳动条件恶劣，劳动者缺乏必要的职业病防护。

四是对劳动者健康损害严重。尘肺病等慢性职业病一旦发病往往难以治愈，伤残率高，严重影响劳动者身体健康甚至危及其生命安全。

五是群发性职业病事件时有发生。应当在企业调查的基础上，严格按照法规要求办理。

部分行业职业病见表7-32。定期检查，一旦发现，应立即就医诊治。工厂涉及职业病的卫生标准应满足GBZ 1—2002《工业企业设计卫生标准》。开展煤工尘肺、矽肺、石棉肺、铅中毒、苯中毒、镉中毒、锰中毒、汞中毒、职业性肿瘤和放射性职业病危害等的监测，建立职业病监测哨点，及时掌握职业病在高危人群发病特点、发展趋势、分布情况和发病规律，开展职业健康风险评估和预警，探索有效的干预措施。

表 7-32　部分行业职业病类别

职业病危害因素		可能的职业病	行业/工种
粉尘类	矽尘	矽肺	采矿,采煤,施工
	煤尘	煤尘肺	采煤,施工,煤加工,司炉,锅炉工,锅炉检修
	石棉尘	石棉尘肺	保温作业,锅炉检修
	水泥尘	水泥尘肺	水泥加工,运输,施工
化学物质类	氯气	氯气中毒	水处理
	氮氧化合物	氮氧化合物中毒	施工
	一氧化碳	一氧化碳中毒	锅炉工,水电施工
物理因素	高温	中暑	锅炉工,水电养护
	高气压	减压病	供热
	局部震动	手臂震动病	施工
耳鼻喉口腔危害因素	噪声	噪声聋	锅炉工,发电机运行/维护,施工,煤加工,汽机养护

女工保护应当执行经期、孕期、产期和哺乳期保护规定,避免从事禁忌劳作,注意未成年人保护规定。

关于环境的安全。加强作业场所密闭空间作业的管理,严格实施密闭空间的作业准入制度;对产生重大职业中毒隐患的设施、场所进行治理。

爆炸危险场所严格按照危险等级管理控制,厂区布局合理,安全距离符合要求,有毒有害场所严格执行国家卫生标准,分级管理,凡有毒化学品,易燃易爆物品应当有效隔离与生产办公和普通仓库保持安全距离。例如,严禁架空线路跨越爆炸危险场所。架空线路与爆炸危险场所边界的距离至少应为杆塔高度的 1.5 倍等;油库建筑、储油罐的防火距离,防火堤规格和消防设施应当符合法规要求。

灯光设置满足视力保护的要求。为保护显示屏作业人员的视力,有的企业对于从业人员每天安排一定工间休息时间,防止视力损伤和其他损害。

温度因素:高低温作业人员,应确保有效防护和持续工作时间的限制。

噪声因素:设法消除噪声源,或与操作人员隔离,屏蔽。降低震动水平,减震,监视和避免马达紧固件松动。

辐射因素:检测计量防护措施的效果,人员的防护服装应满足要求。

关于设备的安全,在坚持定期维护保养的同时应重点关注安全性能和安全部件的检修和更新。避免限位开关,行程开关安全部件带病运转。例如电气/器设备,安全操作关键在于开关机构(触点接触电阻大可能引燃或使之断电),设立过流过压或继电保护装置,以便在发生过载、短路、漏电、接地、断线等故障时,能自动报警或切断电源。例如接地不良,也可能造成间接引发火灾;正在工作的机器突然断电,引发各种事故,例如损坏机器部件/工件,使人员遭受伤害,流程性材料生产过程更加危险,极易产生连锁反应。

关于运输的安全,应按照要求包装合理可靠,车速控制适当,司机要熟悉交通路况,遵守交通规则,防止疲劳驾车和酒后驾车等。尤其是具有特殊安全防护要求的更应当按照MSDS安全数据单(见表7-33)的要求进行。如果委托运输,则应当将涉及职业健康安全的要求通知相关方。

表7-33　MSDS表格示例

MSDS物质安全数据单:乙醇(示例)

有效期:自□□□□年□□月□□日起五年　　　　拟制:□□□审核:□□□批准:□□□

第1部分:化学品名称			
化学品中文名称	乙醇	化学品俗名	酒精
化学品英文名称	ethyl alcohol	英文名称	ethanol
技术说明书编码	393	CAS No.	64-17-5
分子式	C_2H_6O	分子量	46.07
生产企业名称	□□□□□□		
地址	□□□□□		
生效日期	□□□□□□至□□□□□□	应急电话	110
第2部分:成分/组成信息			
有害物成分	含量	有害组分的化学文摘索引登记号 CAS No.	
乙醇		64-17-5	
第3部分:危险性描述			
危险性类别	第3.2类中闪点易燃液体	燃爆危险	易燃,具有刺激性
健康危害	本品为中枢神经系统抑制剂。首先引起兴奋,随后抑制。 急性中毒:急性中毒多发生于口服。一般可分为兴奋、催眠、麻醉、窒息四阶段。患者进入第三或第四阶段,也现意识丧失、瞳孔扩大、呼吸不规律、休克、心力循环衰竭及呼吸停止。 慢性影响:在生产中长期接触高浓度本品可引起鼻、眼、粘膜刺激症状,以及头痛、头晕、疲乏、易激动、震颤、恶心等。 长期酗酒可引起多发性神经病、慢性胃炎、脂肪肝、肝硬化、心肌损害及器质性精神病等。皮肤长期接触可引起干燥、脱屑、皲裂和皮炎		
侵入途径	皮肤、眼睛、吸入、食入	环境危害	水体短期酸性污染
第4部分:急救措施			
皮肤接触	脱去污染的衣着,用流动清水冲洗		
眼睛接触	提起眼睑,用流动清水或生理盐水冲洗。就医		
吸入	迅速脱离现场至空气新鲜处。就医		
食入	饮足量温水,催吐。就医		
第5部分:消防措施			
危险特性	易燃,其蒸气与空气可形成爆炸性混合物,遇明火、高热能引起燃烧爆炸。与氧化剂接触发生化学反应或引起燃烧。在火场中,受热的容器有爆炸危险。其蒸气比空气重,能在较低处扩散到相当远的地方,遇火源会着火回燃		
有害燃烧产物			
灭火方法	尽可能将容器从火场移至空旷处。喷水保持火场容器冷却,直至灭火结束。灭火剂:抗溶性泡沫、干粉、二氧化碳、砂土		

续表 7-33

第 6 部分:泄漏应急处理			
应急处理	人员迅速撤离泄漏污染区至安全区,通风换气,并进行隔离,严格限制出入。移开引燃源,切断火源。建议应急处理人员戴自给正压式呼吸器,穿防静电工作服。尽可能切断泄漏源。防止流入下水道、排洪沟等限制性空间。小量泄漏:用砂土或其他不燃材料吸附或吸收。也可以用大量水冲洗,洗水稀释后放入废水系统。大量泄漏:构筑围堤或挖坑收容。用泡沫覆盖,降低蒸气灾害。用防爆泵转移至槽车或专用收集器内,回收或运至废物处理场所处置		
第 7 部分:操作处置与储存			
操作注意事项	密闭操作,全面通风。操作人员必须经过专门培训,严格遵守操作规程。建议操作人员佩戴过滤式防毒面具(半面罩),穿防静电工作服。远离火种、热源,工作场所严禁吸烟。使用防爆型的通风系统和设备。防止蒸气泄漏到工作场所空气中。避免与氧化剂、酸类、碱金属、胺类接触。灌装时应控制流速,且有接地装置,防止静电积聚。配备相应品种和数量的消防器材及泄漏应急处理设备。倒空的容器可能残留有害物		
储存注意事项	储存于阴凉、通风的库房。远离火种、热源。库温不宜超过 30 ℃。保持容器密封。应与氧化剂、酸类、碱金属、胺类等分开存放,切忌混储。采用防爆型照明、通风设施。禁止使用易产生火花的机械设备和工具。储区应备有泄漏应急处理设备和合适的收容材料。		
第 8 部分:接触控制/个体保护			
中国 MAC (mg/m^3)	尚无最高容许浓度标准		
前苏联 MAC (mg/m^3):	1 000		
TLVTN	OSHA 1 000 ppm,1 880 mg/m^3;ACGIH 1 000 ppm,1 880 mg/m^3		
监测方法			
工程控制	生产过程密闭,全面通风,隔离。提供安全淋浴和洗眼设备		
呼吸系统防护	一般不需要特殊防护,高浓度接触时可选用空气呼吸器、自给式呼吸器、氧气呼吸器、过滤式防毒面具(半、全面罩)防尘口罩		
眼睛防护	一般不需特殊防护或选用安全面罩、安全防护眼镜、化学安全防护眼镜、安全护目镜、安全防护面罩		
身体防护	穿防静电工作服		
手防护	戴一般作业防护手套或选用防护手套、橡胶手套、乳胶手套、耐酸碱手套、防化学品手套、皮肤防护膜等		
其他防护	工作现场严禁吸烟		
第 9 部分:理化特性			
外观与性状	无色液体,有酒香。	pH	
熔点(℃)	−114.1	相对密度(水=1)	0.79
沸点(℃)	78.3	相对蒸气密度(空气=1)	1.59
主要成分	纯品	饱和蒸气压(kPa)	5.33(19 ℃)

续表 7-33

<table>
<tr><td colspan="5">第 9 部分：理化特性</td></tr>
<tr><td>临界压力(MPa)</td><td>6.38</td><td colspan="2">燃烧热(kJ/mol)</td><td>136 5.5</td></tr>
<tr><td>临界温度(℃)</td><td>243.1</td><td colspan="2">辛醇/水分配系数的对数值</td><td>0.32</td></tr>
<tr><td>闪点(℃)</td><td>12</td><td colspan="2">爆炸上限%(体积分数)</td><td>19.0</td></tr>
<tr><td>引燃温度(℃)</td><td>363</td><td colspan="2">爆炸下限%(体积分数)</td><td>3.3</td></tr>
<tr><td>溶解性</td><td colspan="2">与水混溶，可混溶于醚、氯仿、甘油等多数有机溶剂</td><td>折射率</td><td>1.366</td></tr>
<tr><td>主要用途</td><td colspan="4">用于制酒工业、有机合成、消毒以及用作溶剂</td></tr>
<tr><td colspan="5">第 10 部分：稳定性和反应活性</td></tr>
<tr><td>稳定性</td><td>正常情况下安定</td><td>禁配物</td><td colspan="2">强氧化物、酸类、酸酐、碱金属、胺类</td></tr>
<tr><td>避免接触的条件</td><td>氧化剂：可能剧烈反应
过氧化氢：混合物遇热震动爆裂
碱金属：爆炸性反应
酸，酸酐：剧烈反应</td><td>避免接触的状态</td><td colspan="2">过热</td></tr>
<tr><td>危害聚合物</td><td></td><td>危害分解物</td><td colspan="2"></td></tr>
<tr><td colspan="5">第 11 部分：毒性资料</td></tr>
<tr><td>急毒性</td><td colspan="4">吸入：1)可能刺激呼吸道和黏膜；2)可能危害中枢神经，症状：兴奋，陶醉，头疼，头昏眼花，困倦，视觉模糊，疲劳，战栗，痉挛，丧失意识，昏睡，停止呼吸和死亡。
皮肤：轻微刺激
眼睛：1)暴露可能中度刺激；2)直接接触可能引起刺激，痛，角膜发炎及损害角膜。
食入：1)可能危害中枢神经，如吸入症状；2)严重急性中毒可能引起血糖过低体温过低和伸肌僵硬；3)吸入肺部可能引起肺炎。
LD50(测试动物，暴露途径)：7 060 mg/kg(兔，吞食)7 430 mg/kg(兔，皮肤)
LC50(测试动物，暴露途径)：20 000 ppm/10 H(大鼠，吞食)
局部效应：20 mg/24 H(兔子，皮肤)造成中度刺激；
500 mg(兔子，眼睛)造成严重刺激</td></tr>
<tr><td>致敏感性</td><td colspan="4">长期皮肤接触可能导致少数人皮肤过敏性反应。</td></tr>
<tr><td>慢毒性长期毒性</td><td colspan="4">1)长期皮肤接触可能导致脱脂，红，痒，发炎，龟裂，二度感染；2)长期皮肤接触可能导致少数人皮肤过敏性反应；3)食入：慢性中毒可能导致肝脏，肾脏，大脑，肠胃道和心肌衰退。4)可能引起不良生殖影响；5)使曾患肝病患者增加危害性；6)与其他药物同时使用可能产生不良作用</td></tr>
<tr><td>生殖毒性</td><td colspan="4">200 mg/kg，子宫内，5 天，影响生殖力；
8 mg/kg，静脉注射，怀孕 32 周，影响新生儿的 Apgar 计分值</td></tr>
<tr><td colspan="5">第 12 部分：生态资料</td></tr>
<tr><td>可能的环境影响</td><td colspan="4">土壤：蒸发，渗透，生物分解；
水体：蒸发，生物分解，一定时期使水体呈酸性，对于水中生物产生毒性；
空气：光解，4～6 天，雨水冲刷可以清除</td></tr>
<tr><td>避免事项</td><td colspan="4">避免氧化剂，过氧化氢，碱金属，酸，酸酐接触和产生化学反应及其污染</td></tr>
<tr><td colspan="5">第 13 部分：废弃处理方法</td></tr>
<tr><td>废弃处理方法</td><td colspan="4">按法律法规处理，建议使用适当方法焚烧</td></tr>
</table>

续表 7-33

第 14 部分:运输资料			
国际运送规定	1) 国际航运组织:IATA/ICAO 分级:3; 2) 国际海运组织:IMDG 分级:3; 3) 美国交通部:DOT49CFR 第三类易燃液体,包装等级:Ⅱ级		
联合国编号	1170		
危险品货物编号	32061	包装分类	052
包装方法	小开口钢桶;小开口铝桶;安瓿瓶外普通木箱;螺纹口玻璃瓶、铁盖压口玻璃瓶、塑料瓶或金属桶(罐)外普通木箱		
运输注意事项	铁路运输时:限用钢制企业自备罐车装运,装运前需报主管部门批准。运输车辆应配备相应品种和数量的消防器材及泄漏应急处理设备。夏季最好早晚运输。运输时所用的槽(罐)车应有接地链,槽内可设孔隔板以减少震荡产生静电。严禁与氧化剂、酸类、碱金属、胺类、食用化学品等混装混运。运输途中应防曝晒、雨淋,防高温。中途停留时应远离火种、热源、高温区。装运该物品的车辆排气管必须配备阻火装置,禁止使用易产生火花的机械设备和工具装卸。公路运输时要按规定路线行驶,勿在居民区和人口稠密区停留。铁路运输时要禁止溜放。 严禁用木船、水泥船散装运输		
第 15 部分:法规信息			
国内法规	《化学危险物品安全管理条例》(1987 年 2 月 17 日国务院发布),《化学危险物品安全管理条例实施细则》(化劳发[1992]677 号),《工作场所安全使用化学品规定》([1996]劳部发 423 号)等法规,针对化学危险品的安全使用、生产、储存、运输、装卸等方面均作了相应规定;《常用危险化学品的分类及标志》(GB 13690—92)将该物质划为第 3.2 类中闪点易燃液体。其他法规:《无水乙醇生产安全技术规定》(HGA 011—83)		
第 16 部分:其他信息			
	从略		

所有职业健康安全涉及的环节,均应以文件形式明确规定。包括程序文件,作业指导书,记录表单等,目的是确保职业健康安全方针和目标的实现。

【操作运行】 OHSAS(覆盖 OHSAS 18001:2007/4.4.6)

目的:确保管理方案对于重要危险危害因素的控制活动有效,防止或避免偏离方针目标的情况发生。

范围:所有识别出的重要危险危害因素　职业健康安全,职业病预防,事故预防,劳动保护

职责:管理:健康安全部;执行:各个责任部门;作业:员工。

程序:OHSAS 运行控制程序如图 7-12 所示。

记录:

(1)员工身体检查(包括职业病专门检查)记录;

(2) 工时/加班/工休记录;病假记录;

(3) 职业病跟踪记录/统计表;

(4) 劳保安全用品检测记录;

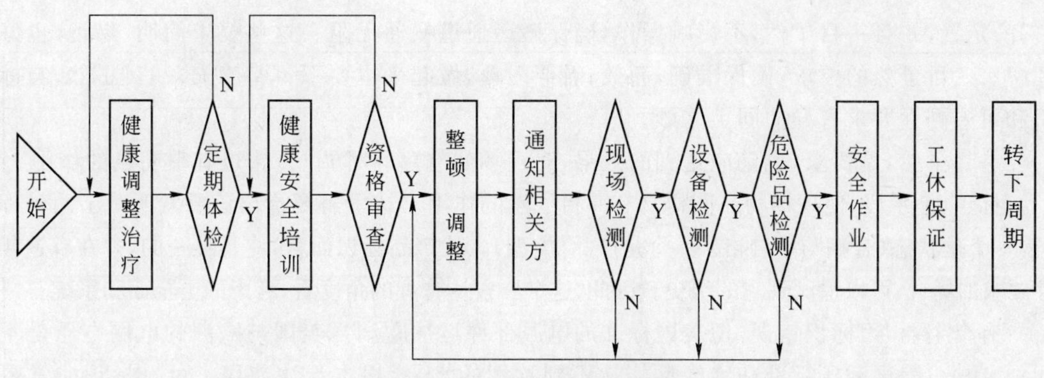

图 7-12 OHSAS 运行控制程序

注:培训内容:职业健康安全方针目标、程序文件、作业文件;个人与体系关系;失误影响等;

职业健康安全基础、职业病预防、事故预防、劳动保护、应急准备响应(见 ISO 9001:2008 的 6.2)。

资格包括:特殊岗位资格、职业健康安全资格、未成年保护、女工保护,童工禁止。

整顿调整:包括现场安全防护、设备安全、危险品防护、安全作业保证和劳动保护、工作时间和休息时间保证。

(5) 相关方沟通记录;

(6) 设备安全部件检测维修和更换记录;

(7) 一般轻微工伤记录;

(8) 危险化学品仓库储存条件检测记录;

(9) 作业安全巡视记录;

(10) 特殊环境条件检测记录/准入记录;

(11) 女工四期安排记录;

(12) 特殊工种上岗证书(有效期);

(13) 其他重要危险危害因素控制记录;

(14) 职业健康安全培训记录。

7.5.2 生产过程确认

内容已经并入 7.5.1.1,此处从略。

7.5.3 标识和可追溯性

【标准原文】 覆盖 ISO 9001:2008/7.5.3

> **7.5.3 标识和可追溯性**
>
> 适当时,组织应在产品实现的全过程中使用适宜的方法识别产品。
>
> 组织应在产品实现的全过程中,针对监视和测量要求识别产品的状态。
>
> 在有可追溯性要求的场合,组织应控制产品的唯一性标识,并保持记录。
>
> 注:在某些行业,技术状态管理是保持标识和可追溯性的一种方法。

【认知理解】 覆盖 ISO 9001:2008/7.5.3

为使物流管理有序化和高效,标识是重要管理手段。

企业现场的"5S 管理"源自日本。其中整理整顿要求现场物品应分类,只保留有用的,整齐，定置，并且一目了然，不影响操作，确保搬运通道畅通无阻。这些要求简明、易记，也好理解。一目了然的要求，确保准确，高效，看似简单，做起来也要下一番工夫；一目了然，与标识和可追溯性要求有异曲同工之妙。

一目了然，是要求，也是应达到的效果，对现场的有序化、防止差错也有很明显的作用。

标识，是手段，使现场物品同样具有一目了然的作用。这里需要指出该要素明确了两种标识：一个是状态（合格与不合格），一个是产品（类型）。就产品标识而言，应是唯一的，并在有追溯性要求的场合，可以追溯到它的历史。因此，这个要素从管理的角度看，考虑的更全面和系统。

有个企业，因标识错误，把美国标准的电源部件运往欧洲。美国与欧洲的电网电压是不同的，因此，美国耐压标准和绝缘性能达不到欧洲的水平，根本无法使用。可见标识非常重要，不容忽视。

状态标识：合格，不合格，有时也用“待检”表明其状态还未确定。

产品标识：类型很多，多数采用编码的方法。为了使之具有唯一性，一般其中编入时间量，因为时间具有无限延伸而不重复的特性，年月日是不会重复的。大量生产使用批次，产量小的可以用序号。通常型号规格与日期、批次或序号组成产品标识编码；产品种类型号规格很多还可以增加识别码的位数，以示区别。

【操作运行】　覆盖 ISO 9001:2008/7.5.3

目的：确保在产品/服务实现过程中不同类型产品不混用，不同监视测量状态的产品不误用。

范围：

类型标识：(1) 产品/服务；

(2) 设备/仪器/工具；

(3) 设施/场地位置标识。

状态标识：(1) 监视测量状态（合格/不合格）；

(2) 检修状态（禁止启动）。

定义（引自 ISO 9000:2005）：

可追溯性　traceability　追溯所考虑对象的历史、应用情况或所处位置的能力

注 1：当考虑产品时，可追溯性可涉及：

——原材料和零部件的来源；

——加工的历史；

——产品交付后的发送和所处位置。

注 2：在计量学领域中：使用 VIM：1993，6.10 中的定义。

职责：批准：管理者代表；管理：生产部/质量部；执行：生产部/资材部/质量部/工程部/设计开发部。

程序：产品标识程序见图 7-13。

记录：

(1) 产品标识卡；

(2) 设施标识卡；

(3) 标识一览表；

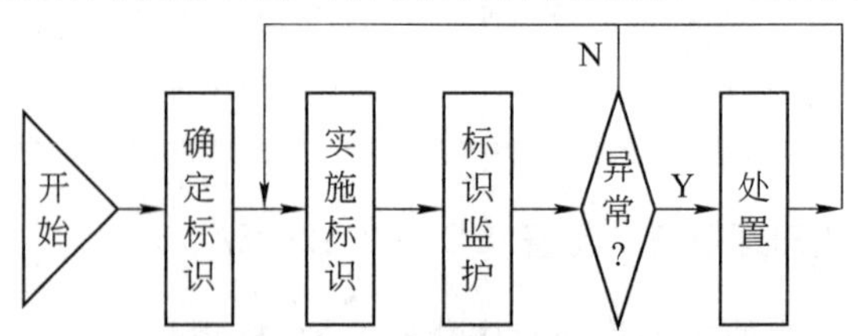

图 7-13　产品标识程序

(4) 状态标识卡(合格证/卡)。

7.5.4 顾客财产

【标准原文】 覆盖 ISO 9001:2008/7.5.4

> **7.5.4 顾客财产**
>
> 组织应爱护在组织控制下或组织使用的顾客财产。组织应识别、验证、保护和维护供其使用或构成产品一部分的顾客财产。如果顾客财产发生丢失、损坏或发现不适用的情况,组织应向顾客报告,并保持记录。
>
> 注:顾客财产可包括知识产权和个人信息。

【认知理解】 覆盖 ISO 9001:2008/7.5.4

如何对待和处置顾客财产,是诚信理念与原则的试金石。用得着"己所不欲,勿施于人"的古训。

"完璧归赵"这个成语出自司马迁《史记·廉颇蔺相如列传》,比喻原物完好无损归还原主。对顾客财产,就应当如此对待,尊重顾客的所有权。然而,完璧归赵的典故,却从相反的角度述说一个历史故事。此完璧归赵,并非是靠秦王的诚信实现的,而是靠赵使者蔺相如的机智,在识破秦王的背离诚信,抛弃承诺的本质后,使用计谋实现的。而完璧归赵,留给我们的喻意,更多的是尊重他人的所有权,顾客的所有权,物归原主,物权归原主。

按标准要求,对待顾客财产,除了诚信理念之外,在具体操作上,要像其他财产一样管理,只是在识别上要明确。涉及处置等问题,应记录并及时与顾客沟通。因为所有权在顾客,因而处置权也在顾客;即使是不适用,报废,也应由顾客决定如何处理。

像来自顾客的机器设备、仪表、软件,来料加工的材料,甚至知识产权、工业产权也均应如此。

【操作运行】 覆盖 ISO 9001:2008/7.5.4

目的:确保组织使用的顾客财产得到识别、验证、保护和维护,并在需要时保证顾客行使处置权。

范围:(1)在库顾客产品/设备/工具;(2)生产中顾客产品/设备/工具;(3)知识产权和工业产权。

定义:(略)

职责:批准:顾客(代表);受理:资材部;执行:资材部/生产部/质量部/工程部/设计开发部。

程序:顾客财产识别、验证、保护和维护程序见图 7-14。

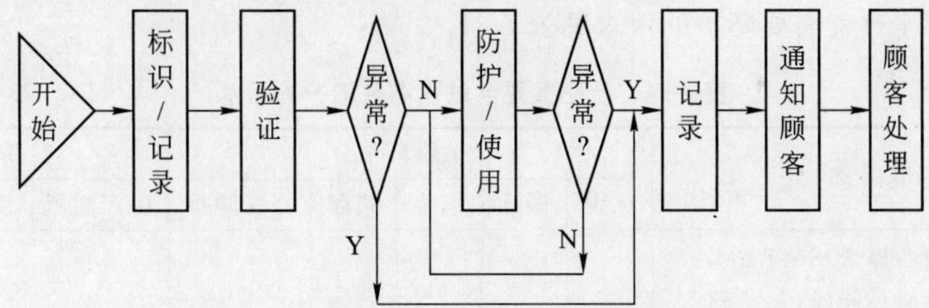

图 7-14 顾客财产识别、验证、保护和维护程序

记录：

（1）顾客财产登记表；

（2）顾客财产处置记录/联络记录。

7.5.5　产品防护

【标准原文】 覆盖 ISO 9001:2008/7.5.5

> **7.5.5　产品防护**
>
> 组织应在产品内部处理和交付到预定的地点期间对其提供防护，以保持符合要求。适用时，这种防护应包括标识、搬运、包装、储存和保护。防护也应适用于产品的组成部分。

【认知理解】 覆盖 ISO 9001:2008/7.5.5

物流管理一个重要环节，就是产品防护。

中国古代的丝绸之路，从中原到中亚，直至欧洲。元论是丝绸还是瓷器，都是很容易破损的物品，不精心保护是无法到达目的地的。在当时还不发达的交通运输条件下，却经历如此长途跋涉，历经千山万水，更不乏沙漠与雪原，可见当时已经有了产品防护的技术和丰富的经验。产品防护技术，同其他科技一样不断发展进步，与时俱进。不仅如此，产品防护已经成为 QMS 一项管理要求。

有一次第三方审核，审核员在仓库问："有没有需要进行产品防护的材料清单？"回答是，目前库存材料，库房的条件都可以满足储存要求，不需要其他防护条件。审核员又问："有没有产品保存期限要求？"回答是没有这类材料。但是在现场审核中，审核员却发现，五号干电池有一捆被堆在货架里侧，是年初进货的，而摆在外侧的一捆已经发出了 2/3，是当月（十月份）进货的。后来，又发现集成电路器件开封后，散放在塑料盒内，这种塑料盒是库房用于放置金属螺钉用的普通塑料盒，没有防静电措施。审核员就现场发现此两个问题，提出了不符合项报告。

进行产品防护，首先要识别产品防护品种的防护条件，这是产品防护前提。五号干电池，有保存期限要求，应当在发放时本着"先进先出"方式，并且关注保存期限，防止过期失效。

集成电路为静电敏感器件，发放剩余散件应放置防静电容器中，货架和操作者也应有相应的防静电措施。

类似的有防护要求的产品，都应识别出，并采取相应的防护措施。

产品实现全过程需要防护的因素见表 7-34。

表 7-34　产品实现全过程需要防护的因素

影响因素	关键环节					阶段		
	标识	搬运	包装	储存	特殊防护	生产过程	交付	全过程
温度（例如用的焊膏）SMT 贴片	○	○	○	○	○	○	○	○
湿度（例如金属标准件）	○	○	○	○	○	○	○	○

续表 7-34

影响因素	关键环节					阶段		
	标识	搬运	包装	储存	特殊防护	生产过程	交付	全过程
静电(例如集成电路器件)	○	○	○	○	○	○	○	○
清洁度(例如食品)	○	○	○	○	○	○	○	○
震动(例如玻璃器皿)	○	○	○	○	○	○	○	○
冲击(例如精密天平)	○	○	○	○	○	○	○	○
强磁场(例如磁卡)	○	○	○	○	○	○	○	○
保存期限(例如干电池)	○		○	○			○	

当然需要防护的因素还不止这些,辐射、易燃易爆和危险化学品更需要专业防护技术和储存场所。

爆炸危险场所严格按照危险等级管理控制,布局合理、安全距离符合要求,有毒有害场所严格执行国家卫生标准,分级管理,凡有毒化学品,易燃易爆物品应当有效隔离与生产办公和普通仓库保持安全距离。例如,严禁架空线路跨越爆炸危险场所。架空线路与爆炸危险场所边界的距离至少应为杆塔高度的 1.5 倍,等等;油库建筑,储油罐的防火距离,放火堤规格和消防设施应当符合法规要求。危险化学品必须明示 MSDS 物质安全数据单(参见表 7-32),并且严格按照要求储存条件进行管理控制。

【操作运行】 覆盖 ISO 9001:2008/7.5.5

目的:确保产品/工程验收交付前,不损坏/变质/失效,满足符合性要求。

范围:(1)在库产品;(2)运输在途中产品;(3)生产现场的产品。

定义:(略)

职责:批准:总经理;管理:资材部;执行:资材部/生产部/销售部/质量部。

程序:产品防护程序见图 7-15。

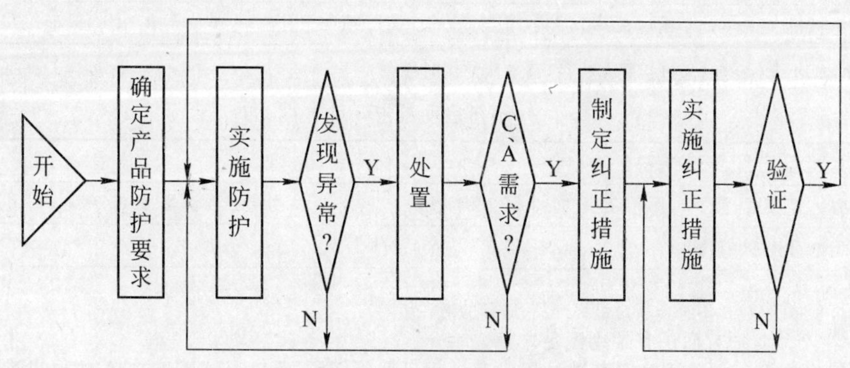

图 7-15 产品防护程序

记录:

(1) 台账/产品了防护要求清单;

(2) 产品防护记录/异常处置记录;

(3) 纠正措施记录(可存入ISO 9001:2008的8.5.2)。

【不符合项案例】 覆盖ISO 9001:2008/7.5.5

不符合项报告1

<table>
<tr><td colspan="3">公司:□□□□□陶瓷模具有限公司</td></tr>
<tr><td>合同号:□□□□□□</td><td>日期:200×.10.12</td><td>报告编号:Ⅰ-04/05</td></tr>
<tr><td>依据标准:ISO 9001:2008</td><td>违反条款:7.5.5产品防护</td><td>分类:Ⅱ</td></tr>
<tr><td colspan="3">不符合项描述(包括不符合项对最终产品/服务的潜在影响):
在对库存化学品管理方面还有个别不足之处,如:
200×.10.10.在库产品甲苯为1997.6.进货,已经超过保存期限一年的规定,没有进行识别和采取措施,不能有效防止误用过期失效产品。
以上不符合ISO 9001:2008标准7.5.5条规定。
受审核方签字　□□□　　审核员签字　□□□</td></tr>
<tr><td colspan="3">请留意:纠正措施实施情况应在一个月内(Ⅱ类或一般NCR)或两个月内(Ⅰ类或严重NCR)验证</td></tr>
</table>

注:本表格不完整,未包括其余栏目,请参照使用时注意。

不符合项报告2

<table>
<tr><td colspan="3">公司:□□□□□五金制品厂</td></tr>
<tr><td>合同号:□□□□□□□</td><td>日期:200×.10.11</td><td>报告编号:Ⅰ-04/06</td></tr>
<tr><td>依据标准:ISO 9001:2008</td><td>违反条款:7.5.5产品防护</td><td>分类:Ⅱ</td></tr>
<tr><td colspan="3">不符合项描述(包括不符合项对最终产品/服务的潜在影响):
在金属材料管理方面还有缺陷,如:
在库钢板0.8×188等已经生锈,没有识别,也没有关于产品防护的有关规定,不能确保库存产品满足符合性要求。
以上不符合ISO 9001:2008标准7.5.5条产品防护的要求。
受审核方签字　□□□　　审核员签字　□□□</td></tr>
<tr><td colspan="3">请留意:纠正措施实施情况应在一个月内(Ⅱ类或一般NCR)或两个月内(Ⅰ类或严重NCR)验证</td></tr>
</table>

注:本表格不完整,未包括其余栏目,请参照使用时注意。

不符合项报告3

<table>
<tr><td colspan="3">公司:□□□□□□塑胶有限公司</td></tr>
<tr><td>合同号:□□□□□□</td><td>日期:200×.10.16</td><td>报告编号:R-05/05</td></tr>
<tr><td>依据标准:ISO 9001:2008</td><td>违反条款:7.5.5产品防护</td><td>分类:Ⅱ</td></tr>
<tr><td colspan="3">不符合项描述(包括不符合项对最终产品/服务的潜在影响):
在产品防护方面还有个别不足之处,如:
200×.10.15.在库产品新美油墨没有进货日期等标识,无法按WE1501 A的要求进行保存期限管理,不能有效识别,防止产品超过有效期或变质。
以上不符合ISO 9001:2008标准7.5.5条防止变质的规定。
受审核方签字　□□□　　审核员签字　□□□</td></tr>
<tr><td colspan="3">请留意:纠正措施实施情况应在一个月内(Ⅱ类或一般NCR)或两个月内(Ⅰ类或严重NCR)验证</td></tr>
</table>

注:本表格不完整,未包括其余栏目,请参照使用时注意。

7.6 监视和测量设备的控制

【标准原文】 覆盖 ISO 9001:2008/7.6

7.6 监视和测量设备的控制

组织应确定需实施的监视和测量以及所需的监视和测量设备，为产品符合确定的要求提供证据。

组织应建立过程，以确保监视和测量活动可行并以与监视和测量的要求相一致的方式实施。

为确保结果有效，必要时，测量设备应：

a) 对照能溯源到国际或国家标准的测量标准，按照规定的时间间隔或在使用前进行校准和(或)检定(验证)。当不存在上述标准时，应记录校准或检定(验证)的依据；

b) 必要时进行调整或再调整；

c) 具有标识，以确定其校准状态；

d) 防止可能使测量结果失效的调整；

e) 在搬运、维护和储存期间防止损坏或失效。

此外，当发现设备不符合要求时，组织应对以往测量结果的有效性进行评价和记录。组织应对该设备和任何受影响的产品采取适当的措施。

校准和检定(验证)结果的记录应予保持。

当计算机软件用于规定要求的监视和测量时，应确认其满足预期用途的能力。确认应在初次使用前进行，并在必要时予以重新确认。

注：确认计算机软件满足预期用途能力的典型方法包括验证和保持其适用性的配置管理。

【认知理解】 覆盖 ISO 9001:2008/7.6

对监视和测量设备的控制，是诚信理念与规则的技术保证。

中国有句成语叫“一丝不苟”，在管理界和民间广为流传。一丝不苟，是说认真而不马虎，不允许有一丝的差错。换句话说，这个成语是以量化的要求来确定认真程度的：只有误差小于一丝的情况下，才能认为是可以接受的。那么，应该用什么样的测量工具才能满足要求呢？显然，如果我们的测量工具误差已经是“一丝”或“大于一丝”，就无法测量出误差是否“小于一丝”，是达不到目的的。我们运用的测量工具，其准确度应更高，至少在 1/3 丝以上，1/10 丝最好(过分高，不经济，也不必要)：也只有如此，才能确保其测量结果的有效性。显然我们是把“丝”看作计量单位的。例如，检验员拿到的检验规范规定零件的外径(15＋0.3)mm，他的游标卡尺的准确度应该是 0.03 mm(即 1/10)，至少是 0.1 mm(即 1/3)，否则不能保证他的测量结果是满足要求的。

测量设备的准确度是相对的，取决于其本身误差；误差小，则准确度较高；误差大，则准确度低。此外,测量设备的误差又不是一成不变的,使用频度高低、调整次数、存放条件的变化,这些因素都会导致其误差的改变,间接地成为时间的函数,随时间的延长而增加,当误差加大到规定的界限之外,测量结果的有效性则值得怀疑了。

为了确保测量设备测量活动及其结果的有效性,必须注意对以下活动进行控制:

(1) 周期校准:规定时间间隔,并追溯到国际标准或国家标准。

(2) 规范调整:调整作业应规范化,防止导致测量结果失效。

(3) 标准状态标识:防止误用不合格状态。

(4) 防护控制:在搬运、维护和储存中应做好必要防护。

(5) 失准控制:应记录并评估测量结果的有效性,必要时采取措施,防止由于测量失准导致不合格品流向顾客。

(6) 内校控制:应记录并在作业文件指导下进行。

(7) 组织内部校准,应满足一些条件。这些条件包括当地法规。内校的人员应符合要求,经过必要的专业培训合格,取得资格。另外,内校项目应在资质允许范围之内的,不应超范围。内校,还应有作业指导书和校准记录,也就是应规范作业,确保校准的有效性。例如有个别的内校记录表示,一把游标卡尺只校准一个点,一个电子称只校准一种量程,这些都是不符合要求的。

【操作运行】 覆盖 ISO 9001:2008/7.6

目的:确保监视和测量活动可行,与要求一致,并确保监视和测量结果有效。

范围:(1)测量设备;(2)计量器具/仪表;(3)测试工装等。

定义:(略)

职责:批准:管理者代表;

管理;质量部;执行:质量部/生产部/工程部/设计开发部。

程序:监视和测量设备的控制程序见图 7-16。

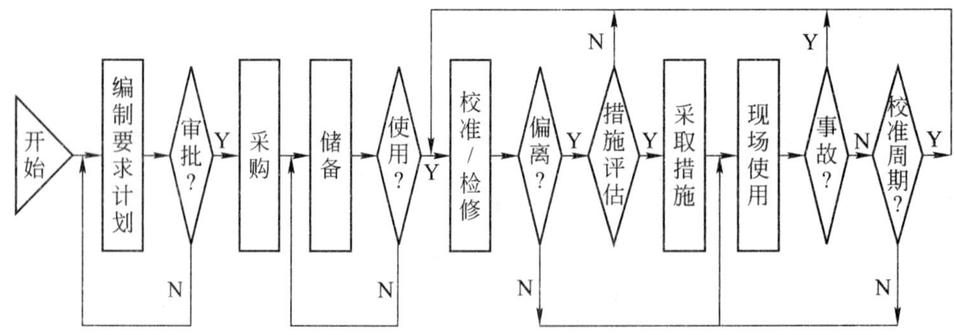

图 7-16　监视和测量设备的控制程序

记录:

(1) 外校记录;

(2) 内校记录;

(3) 失准评估/处置记录。

【不符合项案例】 覆盖 ISO 9001:2008/7.6

不符合项报告 1

<table>
<tr><td colspan="3">公司:□□□□□供电局</td></tr>
<tr><td>合同号:□□□□□□</td><td>日期:200×.12.25</td><td>报告编号:I-03/05</td></tr>
<tr><td>依据标准:ISO 9001:2008</td><td>违反条款:7.6 监视和测量设备控制</td><td>分类:Ⅱ</td></tr>
<tr><td colspan="3">不符合项描述(包括不符合项对最终产品/服务的潜在影响):
在按规定的周期校准和确认方面还有个别问题,如:
1) 抢修中心在用的 ZC25B-3 型兆欧表没有在校准有效期内的合格状态标识和记录;
2) □□变电站在用电压监测仪 DT3-100/G(No.16453 和 16534)没有在有效期内的合格状态标识和记录;
3) □□变电站绝缘手套/绝缘靴检查确认有效期为 200×.12.5.超过期限而没有识别和采取措施。
以上不符合 ISO 9001:2008 标准 7.6 条有关监视和测量设备周期校准的规定。
受审核方签字 □□□　　审核员签字 □□□</td></tr>
<tr><td colspan="3">请留意:纠正措施实施情况应在一个月内(Ⅱ类或一般 NCR)或两个月内(Ⅰ类或严重 NCR)验证</td></tr>
</table>

注:本表格不完整,未包括其余栏目,请参照使用时注意。

不符合项报告 2

<table>
<tr><td colspan="3">公司:□□□□□供电安装有限公司</td></tr>
<tr><td>合同号:□□□□□□□</td><td>日期:200×.12.03</td><td>报告编号:I-02/04</td></tr>
<tr><td>依据标准:ISO 9001:2008</td><td>违反条款:7.6 监视和测量设备控制</td><td>分类:Ⅱ</td></tr>
<tr><td colspan="3">不符合项描述(包括不符合项对最终产品/服务的潜在影响):
在失准仪表的管理方面还有缺陷,如:
对 200×.11.22.检定不合格的绝缘电阻表 ZCWG-2A,没有按规定对其测量结果如在□□□□1#主变压器试验中的测量数据,进行有效性评估并适用时采取措施。
以上不符合 ISO 9001:2008 标准 7.6 条对不符合要求器具控制的要求。
受审核方签字 □□□　　审核员签字 □□□</td></tr>
<tr><td colspan="3">请留意:纠正措施实施情况应在一个月内(Ⅱ类或一般 NCR)或两个月内(Ⅰ类或严重 NCR)验证</td></tr>
</table>

注:本表格不完整,未包括其余栏目,请参照使用时注意。

不符合项报告 3

<table>
<tr><td colspan="3">公司:□□□□□□陶瓷模具有限公司</td></tr>
<tr><td>合同号:□□□□□□</td><td>日期:200×.12.20</td><td>报告编号:I-04/06</td></tr>
<tr><td>依据标准:ISO 9001:2008</td><td>违反条款:7.6 监视和测量设备控制</td><td>分类:Ⅱ</td></tr>
<tr><td colspan="3">不符合项描述(包括不符合项对最终产品/服务的潜在影响):
在监视和测量设备校准方面还有不规范之处,如:
1) 200×.12.用电管理部校准的三相电能表,没有按规程要求检测工频耐压,不能确保校准的有效性;
2) 变电工区介损表 GWS-2A 于 200×.8.修理后未在使用前进行校准,不能确保其测量满足符合性要求。
以上不符合 ISO 9001:2008 标准 7.6 条有关确保校准状态的要求。
受审核方签字 □□□　　审核员签字 □□□</td></tr>
<tr><td colspan="3">请留意:纠正措施实施情况应在一个月内(Ⅱ类或一般 NCR)或两个月内(Ⅰ类或严重 NCR)验证</td></tr>
</table>

注:本表格不完整,未包括其余栏目,请参照使用时注意。

不符合项报告 4

<table>
<tr><td colspan="3">公司:□□□□□电力有限公司</td></tr>
<tr><td>合同号:□□□□□□</td><td>日期:200×.06.21</td><td>报告编号:SⅡ-03/04</td></tr>
<tr><td>依据标准:ISO 9001:2008</td><td>违反条款:7.6 监视和测量设备控制</td><td>分类:Ⅱ</td></tr>
<tr><td colspan="3">不符合项描述(包括不符合项对最终产品/服务的潜在影响):
在测量仪表校准方面还有缺陷,如:
没有记录表明对 3393＃变压器直流电阻测试仪使用前进行了校准,也没有进行校准控制的周期等要求,不能确保测量结果的有效性。
以上不符合 ISO 9001:2008 标准 7.6 条关于周期校准的要求。
受审核方签字　□□□　　　　审核员签字　□□□</td></tr>
<tr><td colspan="3">请留意:纠正措施实施情况应在一个月内(Ⅱ类或一般 NCR)或两个月内(Ⅰ类或严重 NCR)验证</td></tr>
</table>

注:本表格不完整,未包括其余栏目,请参照使用时注意。

不符合项报告 5

<table>
<tr><td colspan="3">公司:□□□□□塑胶有限公司</td></tr>
<tr><td>合同号:□□□□□□□</td><td>日期:200×.09.21</td><td>报告编号:R-03/03</td></tr>
<tr><td>依据标准:ISO 9001:2008</td><td>违反条款:7.6 监视和测量设备控制</td><td>分类:Ⅱ</td></tr>
<tr><td colspan="3">不符合项描述(包括不符合项对最终产品/服务的潜在影响):
在电能表校准方面还有个别不足之处,如:
200×.9.20.电测班进行 DT862-4/380 V-3×5(20)/2.0 级电能表校准时,取消工频耐压试验;此举与其依据的规程 JJG-307-88 的要求不符,没有确保校准项目的充分性。
以上不符合 ISO 9001:2008 标准 7.6 条关于确保监测结果有效性的规定。
受审核方签字　□□□　　　　审核员签字　□□□</td></tr>
<tr><td colspan="3">请留意:纠正措施实施情况应在一个月内(Ⅱ类或一般 NCR)或两个月内(Ⅰ类或严重 NCR)验证</td></tr>
</table>

注:本表格不完整,未包括其余栏目,请参照使用时注意。

不符合项报告 6

<table>
<tr><td colspan="3">公司:□□□□□□电子实业有限公司</td></tr>
<tr><td>合同号:□□□□□□</td><td>日期:200×.11.19</td><td>报告编号:C-02/04</td></tr>
<tr><td>依据标准:ISO 9001:2008</td><td>违反条款:7.6 监视和测量设备控制</td><td>分类:Ⅱ</td></tr>
<tr><td colspan="3">不符合项描述(包括不符合项对最终产品/服务的潜在影响):
公司在测量装置的校验方面还存在问题:
1) 温度计(−50 ℃～750 ℃),扭力计,阻值测试仪,分阻比值仪无校验记录,且量测仪器年度校验周期表未规定校验方式和校验周期;
2) C-20-012 示波器为内校,但公司未测定内校标准,不能确保测量结果的准确性。
以上不符合 ISO 9001:2008 标准 7.6 条款的要求。
受审核方签字　□□□　　　　审核员签字　□□□</td></tr>
<tr><td colspan="3">请留意:纠正措施实施情况应在一个月内(Ⅱ类或一般 NCR)或两个月内(Ⅰ类或严重 NCR)验证</td></tr>
</table>

注:本表格不完整,未包括其余栏目,请参照使用时注意。

第 8 章 测量、分析和改进

本章覆盖：ISO 9001：2008/8、ISO 14001：2004/4.5/4.4.7、OHSASI 8001：2007/4.5/4.4.7 等内容。解读指南见表 8-1。

表 8-1 解读指南表

本书章节号	分体系标准要素号码			解读方式					
8 测量、分析和改进	QMS	EMS	OHSAS	标准原文	认知理解	操作运行	示例	资料	不符合项案例
8.1 总则	8.1			• 162	• 162	• 165	○	○	• 166
8.2 监视和测量									
8.2.1 顾客满意	8.2.1			• 167	• 168	• 169	○	• 168	• 170
8.2.2 内部审核	8.2.2	4.5.4	4.5.4	• 171	• 172	• 174	○	○	○
8.2.3 过程监视和测量	8.2.3	(4.5.1)	(4.5.1)	• 175	• 176	• 176	○	○	• 177
8.2.4 产品监视和测量	8.2.4			• 178	• 178	• 179	• 181	○	• 182
8.2.5 环境监视测量		4.5.1/2		• 184	• 184	• 185	○	○	• 186
8.2.6 健安监视测量			4.5.1/2	• 186	• 187	• 188	• 150	○	○
8.3 不合格及事故控制									
8.3.1 不合格品控制	8.3			• 189	• 190	• 191	○	○	• 193
8.3.2 不符合控制		4.5.3	4.5.3.2	• 194	• 194	• 195	○	○	○
8.3.3 事故控制			4.5.3.1	• 196	• 196	• 197	○	○	○
8.3.4 应急准备响应		4.4.7	4.4.7	• 198	• 199	• 202	○	○	○
8.4 数据分析	8.4			• 203	• 203	• 205	○	• 205	• 206
8.5 改进	8.5								
8.5.1 持续改进	8.5.1			• 207	• 207	• 210	○	• 208	○
8.5.2 纠正措施	8.5.2	(4.5.3)	(4.5.3)	• 211	• 211	• 214	○	○	• 214
8.5.3 预防措施	8.5.3	(4.5.3)	(4.5.3)	• 216	• 217	• 218	○	• 218	○
• 表示有此内容；○ 表示没有此内容；数字表示本书页码。									

注：表中 QMS 指 ISO 9001：2008；EMS 指 ISO 14001：2004；OHSAS 指 OHSAS 18001：2007。

在以过程为基础的质量管理体系模式中本章所覆盖内容见图 8-1。

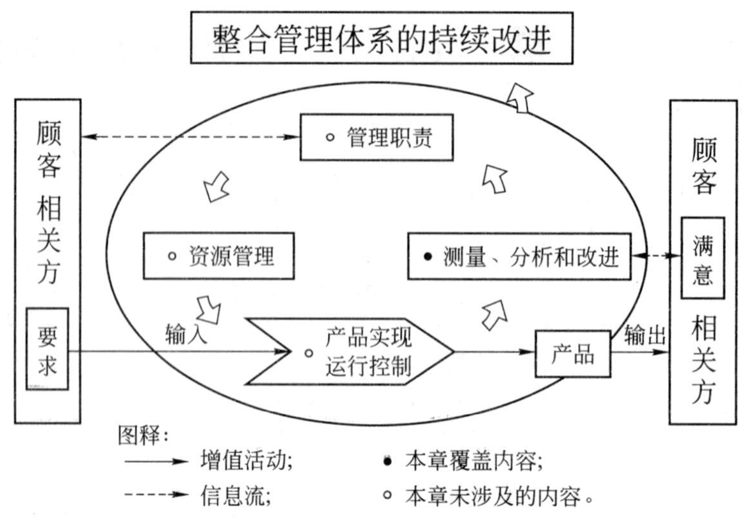

图 8-1 以过程为基础的整合管理体系模式

8.1 总则

【标准原文】 覆盖 ISO 9001:2008/8.1

> **8 测量、分析和改进**
>
> **8.1 总则**
>
> 组织应策划并实施以下方面所需的监视、测量、分析和改进过程:
>
> a) 证实产品要求的符合性;
>
> b) 确保质量管理体系的符合性;
>
> c) 持续改进质量管理体系的有效性。
>
> 这应包括对统计技术在内的适用方法及其应用程度的确定。

【认知理解】 覆盖 ISO 9001:2008/8.1

整合管理体系 IMS 是否具有先进性,不仅在于它是否运用了当代最先进的管理理论和方法,还在于它是否可持续发展,是否具备自我完善和持续改进机制。

之所以说整合管理体系 IMS 具有持续改进机制,是因为无论 QMS,EMS 还是OHSAS,这三个分体系都引进了 PDCA 循环持续改进机制。持续改进,不仅否定了停滞不前,否定了与时代脱节,而且指出改进的方向不应局限于为当代的局部的利益谋求发展,不应牺牲长远的全球的利益而谋求发展。工业革命的单纯追求效率,不讲求质量;单纯追求商业利益,以污染环境为代价;一味地追逐利润,而忽视人类健康和安全的做法,是现代管理体系必须摒弃的陈旧做法。那种制造问题和麻烦于先,治理解决问题于后的发展路线,那种盲目的竭泽而渔的发展路线,是缺乏社会责任的发展路线;那是持续改进发展模式应该彻底摒弃的"发展"。如果说组织的社会责任可以用时间定义,那就是不仅要对今天负责,而且要对历史和对未来负责;经不起时间检验的社会责任不是真正的社会责任。而持续改进模式,则最能协

助组织担负起这种社会责任。

QMS 是建立在 PDCA 循环的基础上的，它将永无休止地改进，再改进，在 PDCA 循环中建立、运行和发展。

20 世纪 50 年代，戴明在日本讲学称 PDCA 为休哈特循环，但世人把它称之为戴明循环或“戴明轮”(见图 8-2)。戴明认为 C(检查)有限制的意思，他更喜欢研究(S)，所以 PDCA，也被称为 PDSA。

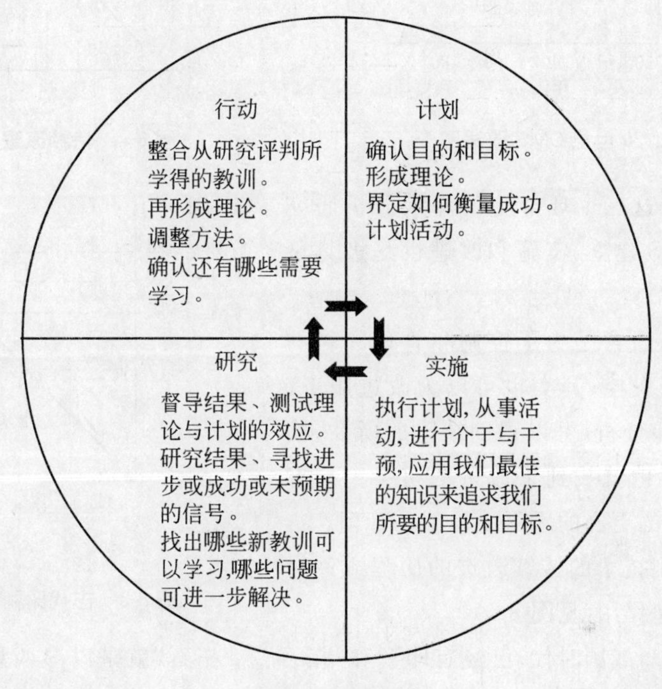

图 8-2 戴明轮

PDCA 循环于 2000 年正式被 ISO 9001:2000 标准采用。

P——策划：根据顾客要求和组织方针，为提供结果建立必要的目标和过程；

D——实施：实施过程；

C——检查：根据方针、目标和产品要求对体系、过程和产品进行监视和测量，并报告结果；

A——处置：采取措施，以持续改进过程业绩。

PDCA 循环普通适用，包括 PDCA 本身。例如，P 有几个环节，它们也会面临是否需要改进的问题，因此也会出现几个范围较小的 PDCA 循环。D 有几个环节，C 有几个环节，A 有几个环节，同样会出现更小范围的 PDCA 循环。历史表明：PDCA 循环，是科学技术乃至经济社会进步的带有规律性的总结，也是 QMS 的重要理念、原则和工具。如图 8-3 所示反映了 20 世纪 QMS 的持续改进。又如图 8-4 所建立的持续改进坐标系可以用来描述在 PDCA 的作用下，不同的时间点对应不同的水平和随着时间的推移，水平不断提高的情况。

朱兰(Julan)博士在《质量控制手册》中提出质量三部曲：质量策划(计划)、质量控制、质量改进。这三部曲涉及 PDCA 三个环节 PDA，没有把 C 独立出来，也没有揭示其中的联系。

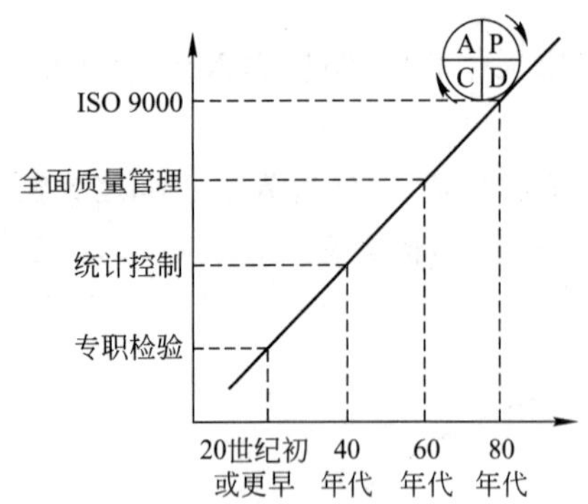

图 8-3 20 世纪 QMS 改进图

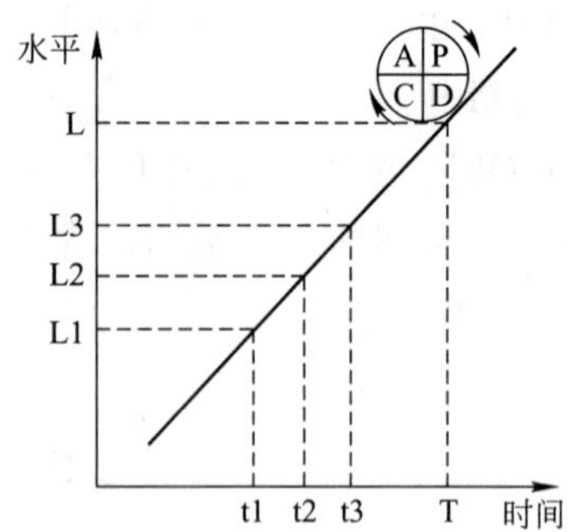

图 8-4 持续改进坐标系

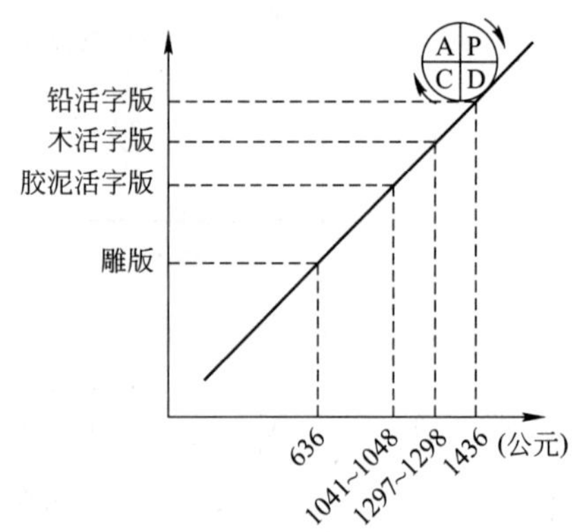

图 8-5 古代印刷术改进图

尽管如此，由于在这三个环节上的深入分析研究和探讨，对于 QMS 建立、实施和改进也是极具价值的。

监视和测量，通常是为了控制和管理的目的即调整偏离，防止失控；其实也可以为改进服务，因为，监视、测量和分析，可以识别缺陷的所在；确认了缺陷的所在，也就找到了改进的机会。只有改进了，才能在新的更高的水平上控制和管理。

重温古代印刷技术的持续改进的历程或许对我们具有某些启迪作用（见图 8-5）。

公元前 4 世纪，战国时代，已经有印章和“拓石”。“拓石”就是以湿纸紧贴石碑，用墨打拓其文字和图形，把碑上的文字和图形转拓在纸上。这是印刷技术的先驱。

公元 7 世纪，唐朝贞观年间出现了雕版印刷技术。取得手抄和临摹不能达到效率和质量的一致性。由于字不能重复使用，使制版工作又成为影响效率的瓶颈。

公元 1041—1048 年，宋仁宗庆历年间，毕升发明了胶泥活字版。如《梦溪笔谈》记述：“若只印三二本，未为简易；若印数十百千本，则极为神速。”并且形成了制活字、排版、印刷的工艺流程。但其胶泥活字工艺复杂，又有待改进。

公元 1297—1298 年，元成宗大德元年间，王祯改进活字印刷术，创制了木活字（wood type），还设计了转轮排字架，减轻劳动强度，提高排字效率，所著《造活字印书法》为世界最早的系统叙述活字版印刷术的珍贵文献。但木活字在使用中，限于材质特性，仍然存在不能经久耐用的问题。

公元 1436 年在朝鲜和公元 1450 年在欧洲先后出现铅活字版印刷。

在我们为古代先人的创造性鼓掌的时候，不妨反思一下：雕版印刷技术的缺陷导致了胶泥活字印刷术的发明，胶泥活字的缺陷导致了木活字的革新，木活字的缺陷又导致了铅活字发明，为什么这些改进需要历经几个朝代？为什么雕版印刷等技术缺陷，不能在同一个朝代克服？难道这些缺陷不是与生俱来的吗？为什么同年代的人们认识不到这些缺陷呢？怎样才能识别这些缺陷呢？毫无疑问，古代印刷技术经历的 PDCA 四个阶段的轮回才进入下一

个更高级的水平。然而这里的 C,是通过漫长的社会实践来完成的。如果 PDCA 四个阶段作为系统主体的主动自觉行为,包括 C 阶段,那么结果就会截然不同。这将形成一种自我完善、改进的机制。

对于 QMS 来说,体系有 PDCA 循环,过程有 PDCA 循环,各个产品也有 PDCA 循环,甚至还可以逐步把范围缩小,以至于一台机床,一个人都会有它的 PDCA 循环,这些大大小小的 PDCA 循环都转动起来,又相互促进,这个体系活力可想而知(实例见图 8-6)。

在这里,C——检查,就是监视、测量、分析,是关系识别改进机会的重要一环。

a) 证实产品的符合性的监视、测量;

b) 确保质量管理体系的符合性的监视、测量、分析;

c) 持续改进质量管理体系的有效性的监视、测量、分析。

除了仪表检测外,统计技术是不可缺少的工具。从哪里着手改进,或者说改进的切入点在哪里,取决于是否有一双“慧眼”,这“慧眼”就是监视、测量、分析。

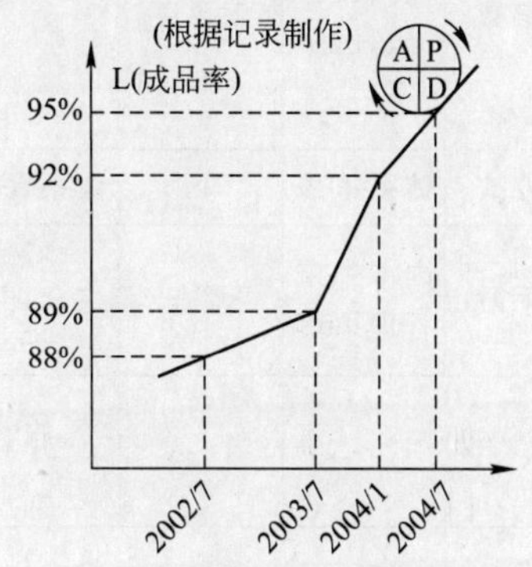

图 8-6 某工厂金属软管成品率改进图

【操作运行】 覆盖 ISO 9001:2008/8.1

目的:确保针对体系/过程/产品服务的监视测量、分析、改进活动的适宜性,以识别改进机会,控制改进过程的有效性。

范围:(1)质量管理体系;(2)过程;(3)产品。

职责:批准:管理者代表;管理:质量部;执行:授权人。

程序:测量、分析和改进程序见图 8-7。

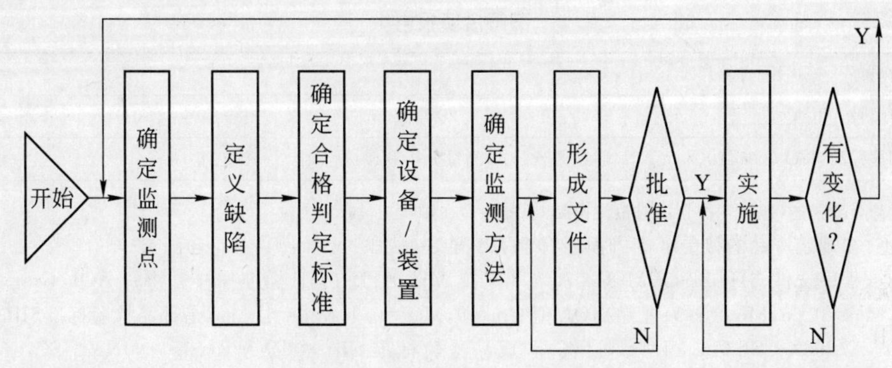

图 8-7 测量、分析和改进程序

记录:

(1) 测量分析改进策划记录(见表 8-2);

(2) 测量分析和改进策划变更记录。

表 8-2　体系/过程/产品监视和测量比较表(策划参考)

<table>
<tr><td></td><td colspan="3">体　系</td><td colspan="13">过　程</td><td colspan="6">产　品</td></tr>
<tr><td rowspan="2">指标参数</td><td rowspan="2">符合性
有效性
适宜性</td><td rowspan="2">顾客满意度</td><td rowspan="2">成熟度</td><td colspan="6">一般过程</td><td colspan="7">生产/服务提供过程</td><td rowspan="2">材料合格率</td><td rowspan="2">制造过程合格率</td><td rowspan="2">成品一次合格率</td><td rowspan="2">废品率</td><td rowspan="2"></td><td rowspan="2"></td></tr>
<tr><td>上岗合格率</td><td>设备完好率</td><td>交期达成率</td><td>目标达成率</td><td></td><td></td><td>温度</td><td>时间</td><td>压力</td><td>黏稠度</td><td>原料配比</td><td>浓度</td><td></td></tr>
<tr><td>方式</td><td>体系审核</td><td></td><td>体系评价</td><td colspan="6">基础统计</td><td colspan="7">仪器仪表传感器</td><td colspan="6">检验试验</td></tr>
<tr><td>手段</td><td>内审外审
管理评审</td><td>调查</td><td>综合评价</td><td colspan="6">统计　对比　考核</td><td colspan="7">仪器仪表　测量系统</td><td colspan="6">人员感官　仪器仪表
计量工具　测量系统</td></tr>
<tr><td>次/年</td><td>2～3</td><td>1～4</td><td>1</td><td colspan="6">1 次/月</td><td colspan="7">按规定时间间隔:小时/分/秒</td><td colspan="6">按批次</td></tr>
<tr><td>处置</td><td colspan="3">纠正措施</td><td colspan="6">纠正措施</td><td colspan="7">即时调整/处置/检修/纠正措施</td><td colspan="6">不合格处置/纠正措施</td></tr>
<tr><td>特点</td><td colspan="3">1）数据量大；
2）周期长；
3）主要在高层进行</td><td colspan="6">1）统计是基础；
2）主要在中层进行</td><td colspan="7">1）实时快速反应；
2）现场处理；
3）注意过程确认</td><td colspan="6">事后进行，被动验证</td></tr>
<tr><td>准则</td><td colspan="3">1）文件；
2）合同；
3）ISO 9001:2008；
4）法律法规</td><td colspan="6">质量目标/质量计划</td><td colspan="7">作业指导书/作业标准/技术标准</td><td colspan="6">产品检验规范/统计抽样标准/合同要求/法规标准</td></tr>
</table>

【不符合项案例】　覆盖 ISO 9001:2008/8.1

不符合项报告 1

<table>
<tr><td colspan="3">公司:□□□□□音箱厂</td></tr>
<tr><td>合同号:□□□□□□</td><td>日期:20××.09.28</td><td>报告编号:Ⅰ-04/05</td></tr>
<tr><td>依据标准:ISO 9001:2008</td><td>违反条款:8.1 测量分析和改进总则</td><td>分类:Ⅱ</td></tr>
<tr><td colspan="3">不符合项描述(包括不符合项对最终产品/服务的潜在影响):
在规定产品的接受准则方面还有个别不足之处,如:
程序文件 GHDB2-QPM-804 A/0 规定按 MIL-STD-105E 标准抽样。物料 AQL Cra=0,Maj=0.65,Min=1.5;成品 AQL 值 Cra=0,Maj=0.4,Min=1.0;但是部品检验标准SIR-001 A/0(SX—SIM161YJMM,铭板)和成品检验标准 SIP—005 A/0(SX—N0N222JSC,音箱)中均没有具体界定 Cra(致命不良)Maj(重缺点)和 Min(轻缺点),无法有效进行识别和结果判定。
以上不符合 ISO 9001:2008 标准 8.1 条关于证实产品符合性策划的规定。
受审核方签字　□□□　　　　审核员签字　□□□</td></tr>
<tr><td colspan="3">请留意:纠正措施实施情况应在一个月内(Ⅱ类或一般 NCR)或两个月内(Ⅰ类或严重 NCR)验证。</td></tr>
</table>

注:本表格不完整,未包括其余栏目,请参照使用时注意。

不符合项报告 2

公司:□□□□□塑胶模具制品厂		
合同号:□□□□□□□□	日期:20××.10.03	报告编号:Ⅰ-03/04
依据标准:ISO 9001:2008	违反条款:8.1 测量分析和改进总则	分类:Ⅱ
不符合项描述(包括不符合项对最终产品/服务的潜在影响): 在策划验证产品符合性的接受准则方面尚有不足之处,如: 产品 X09180 足球场玩具的成品接受准则尚不够完整,成品检验仅有外观标准和安全标准,没有对实物标准。 (如样板/限定标准)做出规定,也没有涉及功能和油漆重金属含量等客户要求,因此不能确保对产品特性的最终监视和测量活动能持续满足验证产品的要求。 以上不符合质量手册 QM—22/1.0 的 2 条的要求。 受审核方签字 □□□ 审核员签字 □□□		
请留意:纠正措施实施情况应在一个月内(Ⅱ类或一般 NCR)或两个月内(Ⅰ类或严重 NCR)验证。		

注:本表格不完整,未包括其余栏目,请参照使用时注意。

不符合项报告 3

公司:□□□□□实业有限公司		
合同号:□□□□□□□	日期:20××.08.01	报告编号:Ⅰ-04/06
依据标准:ISO 9001:2008	违反条款:8.1 测量分析和改进总则	分类:Ⅱ
不符合项描述(包括不符合项对最终产品/服务的潜在影响): 在产品接受准则的策划方面还有不足之处,如: 微波治疗仪产品检验规范中环境温度定范围较小为−10 ℃～40 ℃,与 GB 9706—1995 要求−40 ℃～70 ℃不符,不能确保产品在规定的环境条件下运输和储存满足产品符合性要求。 以上不符合 ISO 9001:2008 标准 8.1 条有关证实产品符合性验证的规定。 受审核方签字 □□□ 审核员签字 □□□		
请留意:纠正措施实施情况应在一个月内(Ⅱ类或一般 NCR)或两个月内(Ⅰ类或严重 NCR)验证。		

注:本表格不完整,未包括其余栏目,请参照使用时注意。

8.2 监视和测量

8.2.1 顾客满意

【标准原文】 覆盖 ISO 9001:2008/8.2.1

> **8.2 监视和测量**
>
> **8.2.1 顾客满意**
>
> 作为对质量管理体系绩效的一种测量,组织应监视顾客关于组织是否满足其要求的感受的相关信息,并确定获取和利用这种信息的方法。
>
> 注:监视顾客感受可以包括从诸如顾客满意度调查、来自顾客的关于交付产品质量方面数据、用户意见调查、流失业务分析、顾客赞扬、索赔和经销商报告之类的来源获得输入。

【认知理解】 覆盖 ISO 9001:2008/8.2.1

顾客满意度是对质量管理体系业绩考核的一种指标。

麻省理工学院的战略计划研究所建立的"市场战略对利润的影响数据库"十余年数据分析的结论:市场占有率是利润的主要来源;而持续的市场占有率来自"顾客感觉到的产品或服务的相对质量"的领先地位。

总部设在日内瓦的世界经济论坛和瑞士洛桑国际管理开发学院 20 世纪 80 年代以来,每年发表世界竞争力报告,其最重要的结论是:不断改进,努力适应用户要求的质量水平和为达到顾客满意的质量水平持续的进行质量创新是世界竞争能力领先的两个基本条件。

1986 年,一位美国消费心理学家创建 CS(顾客满意)。

1986 年,美国发表消费者对汽车满意度排行榜。

1989 年,瑞典引入 CS 指标体系,建立了全国性的 CSI(顾客满意指标体系)。

1991 年 5 月,美国市场营销协会召开首届 CS 战略研讨会。

此后,CS 逐步在全球推广开来。

顾客满意度是在事先设计好项目和各项分数级别的基础上,调查顾客群体,统计计算出一个相对于满分的数值,通常用百分数来表示。

顾客满意度应具有可比性,以便于观察逐年上升或下降的趋势。

顾客满意度的调查和计算应保证客观、真实。为此,当需要在顾客群中抽样的时候,应确保抽样样本的代表性,如果样本之间销售额比重悬殊,统计时应考虑加权平均。

有一个组织年终把附近的顾客请来吃饭,同时采用调查问卷的方式请代表提意见,50 个代表有一位提出批评意见,于是该组织把顾客满意度确定为 98%。这样选择的顾客代表能否具有代表性呢? 值得置疑。另一个组织在汇总调查表时,发现顾客打分都在 60 分以上,于是他们决定 60 分为满意,结果满意度为 100%,实际加权平均后为 72%,这样便失去了真实性。

当然这种调查,偶然也会遇到个别情绪化的答卷;或者是满分,或者是 1 分或 0 分。这时,应及时与对方沟通,如果低分数,商量如何改进,过一段再发出问卷,用增加频次的方式,使个别答卷的极端的数据趋于正常化,与此同时也改进了自己的不足。异常满分时,增加频次也可以找到趋向正常的数据。

【资料链接】

8.2.1.2 顾客满意程度的测量和监视(ISO 9004:2000)

对顾客满意程度的测量和监视应当以与顾客有关的信息的评审为基础。这些信息的收集可以是主动的或被动的。管理者应当认识到有许多与顾客有关的信息的来源,并应当建立有效和高效地收集、分析和利用这些信息的过程,以改进组织的业绩。组织应当识别以书面和口头方式得到的顾客和最终使用者的信息的来源,包括内部来源和外部来源。与顾客有关的信息可包括:

——对顾客和使用者的调查;

——有关产品各方面的反馈;

——顾客要求和合同信息;

——市场需求;

——服务提供数据；

——竞争方面的信息。

组织的管理者应当将顾客满意程度的测量结果作为一种重要工具。组织征询、测量和监视顾客满意程度的反馈过程应当持续地提供信息，并应当考虑与要求的符合性、满足顾客的需求和期望以及产品价格和交付等方面的情况。

组织应当建立并利用有关顾客满意程度方面的信息来源并与顾客合作，从而预测未来的需求。组织应当策划并建立有效和高效地倾听"顾客的声音"的过程。对这些过程的策划应当确定并实施数据收集方法，包括信息的来源、收集的频次和对数据的分析评审。有关顾客满意程度方面的信息来源可包括：

——顾客抱怨；

——与顾客的直接沟通；

——问卷和调查；

——委托收集和分析数据；

——关注的群体；

——消费者组织的报告；

——各种媒体的报告；

——行业研究的结果。

【操作运行】 覆盖 ISO 9001:2008/8.2.1

目的：测量质量管理体系的业绩。

范围：顾客群体全部或抽取其中部分代表。

定义（引自 ISO 9000:2005）：

顾客满意 customer satisfaction 顾客对其要求已被满足程度的感受(3.1.4)

注 1：顾客抱怨是一种满意程度低的最常见的表达方式，但没有抱怨并不一定表明顾客很满意。

注 2：即使规定的顾客要求符合顾客的愿望并得到满足，也不一定确保顾客很满意。

职责：批准：管理者代表；管理：销售部；执行：销售部。

程序：监视和测量顾客满意度的程序见图 8-8。

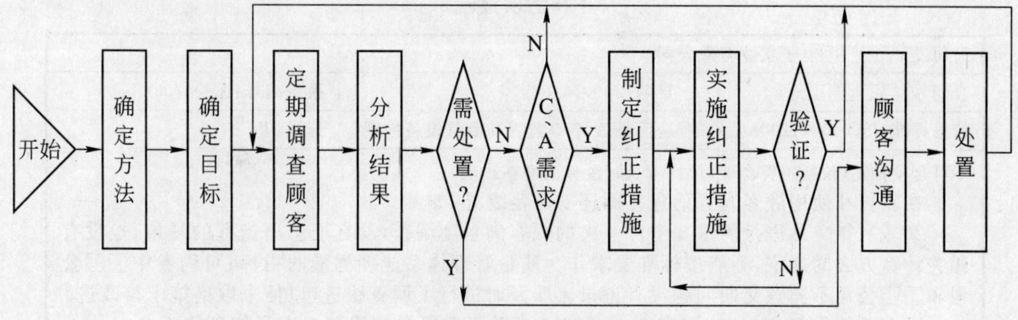

图 8-8 监视和测量顾客满意度的程序

记录：

(1) 顾客满意度调查表；

(2) 顾客满意度统计评价表；

(3) 顾客满意度调查表问题处理记录。

【不符合项案例】 **覆盖** ISO 9001:2008/8.2.1

不符合项报告 1

公司:□□□□□精密焊接有限公司		
合同号:□□□□□□	日期:20××.07.07	报告编号:S-03/03
依据标准:ISO 9001:2008	违反条款:8.2.1 顾客满意	分类:Ⅱ
不符合项描述(包括不符合项对最终产品/服务的潜在影响): 在处理顾客满意调查方面还有问题,如: 没有记录表明对顾客满意调查中提出“不满意”的□□□公司的□□□□□公司进行跟进调查,以求改进。 以上不符合 ISO 9001:2008 标准 8.2.1 条顾客满意的要求。 受审核方签字　□□□　　审核员签字　□□□		
请留意:纠正措施实施情况应在一个月内(Ⅱ类或一般 NCR)或两个月内(Ⅰ类或严重 NCR)验证。		

注:本表格不完整,未包括其余栏目,请参照使用时注意。

不符合项报告 2

公司:□□□□□软管厂		
合同号:□□□□□□□	日期:20××.12.29	报告编号:Ⅰ-04/04
依据标准:ISO 9001:2008	违反条款:8.2.1　顾客满意	分类:Ⅱ
不符合项描述(包括不符合项对最终产品/服务的潜在影响): 顾客满意调查的处理,还有不足之处,如: 20××年度顾客满意度调查结果,没有形成量化的结论,因此不便于作为企业业绩的测量和进行比较;对□□□等提出的不满意项目也没有跟进调查提出改进方案。 以上不符合 ISO 9001:2008 标准 8.2.1 条的要求。 受审核方签字　□□□　　审核员签字　□□□		
请留意:纠正措施实施情况应在一个月内(Ⅱ类或一般 NCR)或两个月内(Ⅰ类或严重 NCR)验证。		

注:本表格不完整,未包括其余栏目,请参照使用时注意。

不符合项报告 3

公司:□□□□□电子实业有限公司		
合同号:□□□□□□	日期:20××.08.16	报告编号:Ⅰ-04/06
依据标准:ISO 9001:2008	违反条款:7.6 监视和测量设备控制	分类:Ⅱ
不符合项描述(包括不符合项对最终产品/服务的潜在影响): 在获得和使用顾客满意信息方面还有不足之处,如: 20××年 7 月进行的每 3 个月一次的顾客满意度调查,没有汇总出指标的量值,也没有相关计算方法的规定,不能按标准要求作为质量管理体系业绩测量的指标;对问卷中□□公司和□□公司不满意交期问题没有记录表明及时进行了调查跟进,以便采取措施求得改进。 以上不符合 ISO 9001:2008 标准 8.2.1 条关于获得和使用顾客满意信息的要求。 受审核方签字　□□□　　审核员签字　□□□		
请留意:纠正措施实施情况应在一个月内(Ⅱ类或一般 NCR)或两个月内(Ⅰ类或严重 NCR)验证。		

注:本表格不完整,未包括其余栏目,请参照使用时注意。

8.2.2 内部审核

【标准原文】 覆盖 ISO 9001:2008/8.2.2

> **8.2.2 内部审核**
>
> 组织应按策划的时间间隔进行内部审核，以确定质量管理体系是否：
>
> a) 符合策划的安排（见 7.1）、本标准的要求以及组织所确定的质量管理体系的要求；
>
> b) 得到有效实施与保持。
>
> 组织应策划审核方案，策划时应考虑拟审核的过程和区域的状况和重要性以及以往审核的结果。应规定审核的准则、范围、频次和方法。审核员的选择和审核的实施应确保审核过程的客观性和公正性。审核员不应审核自己的工作。
>
> 应编制形成文件的程序，以规定审核的策划、实施、形成记录以及报告结果的职责和要求。
>
> 应保持审核及其结果的记录（见 4.2.4）。
>
> 负责受审核区域的管理者应确保及时采取必要的纠正和纠正措施，以消除所发现的不合格及其原因。后续活动应包括对所采取措施的验证和验证结果的报告（见 8.5.2）。
>
> 注：作为指南，参见 ISO 19011。

【标准原文】 覆盖 ISO 14001:2004/4.5.5

> **4.5.5 内部审核**
>
> 组织应确保按照计划的时间间隔对环境管理体系进行内部审核。目的是：
>
> a) 判定环境管理体系：
>
> 1）是否符合组织对环境管理工作的预定安排和本标准的要求；
>
> 2）是否得到了恰当的实施和保持。
>
> b) 向管理者报告审核结果。
>
> 组织应策划、制定、实施和保持一个或多个审核方案，此时，应考虑到相关运行的环境重要性和以往的审核结果。
>
> 应建立、实施和保持一个或多个审核程序，用来规定：
>
> ——策划和实施审核及报告审核结果、保存相关记录的职责和要求；
>
> ——审核准则、范围、频次和方法。
>
> 审核员的选择和审核的实施均应确保审核过程的客观性和公正性。

【标准原文】 覆盖 OHSAS 18001:2007/4.5.4

> **4.5.4 审核**
>
> 组织应建立并保持审核方案和程序，定期开展职业健康安全管理体系审核，以便：
>
> a) 确定职业健康安全管理体系是否：

1) 符合职业健康安全管理的策划安排,包括满足本标准的要求;

2) 得到了正确实施和保持;

3) 有效地满足组织的方针和目标;

b)　评审以往审核的结果;

c)　向管理者提供审核结果的信息。

审核方案,包括日程安排,应基于组织活动的风险评价结果和以往审核的结果。审核程序应既包括审核的范围、频次、方法和能力,又包括实施审核和报告审核结果的职责和要求。

如果可能,审核应由与所审核活动无直接责任的人员进行。

注:这里"无直接责任的人员"并不意味着必须来自组织外部。

【认知理解】　覆盖 ISO 9001:2008/8.2.2, ISO 14001:2004/4.5.5 和 OHSAS 18001:2007/4.5.

1. 审核的特点

QMS 审核同 5S 检查不同,不是组织体系中个别要素的检查,也不只是限于现场管理。它有三个特点:

(1) 客观性:公正诚信、正直、保守机密和谨慎是审核员的职业基础,审核发现、审核结论和审核报告真实、准确地反映审核活动。报告审核中的重大障碍及审核组与受审核方之间没有解决的分歧意见。

(2) 系统性:有计划地进行的正式审核活动。审核证据是可验证的,审核证据的获取,以适当的抽样方法取得的样本为基础,从准备到实施,到提出不符合项,采取纠正措施,验证后结案,都以文件化方式进行。

(3) 独立性:审核员独立于受审核的活动,不带偏见,没有利益冲突。独立性是审核的公正性和审核结论的客观性的基础。

2. QMS 审核准则

作为审核的依据,有以下几项:

(1) QMS 文件;

(2) 合同;

(3) ISO 9001:2005(GB/T 19001—2008)(当出现新版时,以最新版本为准);

(4) 法律、法则、行业标准。

3. 文件审核

审核体系文件与审核准则的符合性,如果有缺陷,应在现场审核之前予以改正,视问题程度确定现场审核是否适宜和审核日期。

4. 现场审核准备

(1) 计划:分年度计划和实施计划二类。年度计划可以用流动计划,也可以是集中审核计划。所谓流动计划,就是各部门具体审核日期不同,依次排开,一个周期下来完成整个组织的审核;而集中审核是在规定日期内,将所有部门审核完毕。实施计划,应具体列出目的、范围和日程安排,按标准 ISO 19011:2002(GB/T 19011—2003)的内容列出,其中所到部门主要审核的要素,应列出(一般要素号三位)。

(2) 文件:检查表抽样计划。检查表是审核的"路线图",把审核方法、抽样方案和思路事先书面列出，以示审核正规，不为现场情况干扰，确保审核目标的实现。

5. 现场审核方法

审核路线是顺信息流、物流而下，可以防止遗漏；逆流而上，则可有深度，通常是二者结合起来。

QMS审核不是地毯式检查，而是抽样审核。为降低抽样审核的风险，样本的抽取应当采用随机抽样方式，或样本分布均匀，以确保样本的代表性，样本的抽取应有审核员亲自抽取，而不应由受审核方提供。样本数量取决于审核进度要求和样本总量，一般3个～12个。如果需要对同类现场抽样，应注意三年内的审核覆盖全部现场，并在审核报告和计划中说明。

(1) 交谈：例如了解情况，以寻求审核重点疑点等；

(2) 现场观察：例如作业情况、设备情况和标识情况等；

(3) 抽查文件和记录：例如管理评审、人员资格记录等；

(4) 验证：例如对合格品重新检验，对管理评审决议的执行检查，对上次审核的不符合项纠正措施验证等。

6. 不符合项的写法

一般分五步，五个内容：

(1) 界定问题：说明问题发生的场所，与确定为违犯条款相呼应。

(2) 描述事实：应让第三者看懂和可以验证。为此，时间、责任者、产品/设备标识和具体情况应简要、清晰地描述。

(3) 潜在(或已经形成)的影响：说明潜在危害性，如果已形成后果的应明确，促其改进。

(4) 违犯条款：明确违犯标准的条款，体系文件的条款，以便于受审核方纠正。

(5) 严重程度：要么判一般或轻微，要么判严重，共两级；也可以增加"观察项"，"观察项"属于证据不足的问题，只提请今后注意，防止发展为不符合项。

7. 审核报告

应说明审核重点，与上次审核的区别以及上次审核以来体系运作变化情况，是否有进步，并说明此次审核发现的薄弱环节和改进机会，也可以提出改进建议。

8. 后续活动

审核后提出的不符合项，责任部门应制定并实施纠正措施，验证后如不符合要求，应重新检讨，直至验证合格方能结案。

9. 判别不符合项违犯的标准条款

为方便初学者入门提供某些审核员经验如下：

(1) 能细则细原则：列出标准要素，最细一般到三级，例如：7.3.4，不要仅指出7.3；

(2) 就近原则：例如培训记录问题应为6.2.2e)，而不要列为4.2.4记录控制，在看待问题发生的日期也如此，同样记录有远有近，以近为主；

(3) 由表及里原则：操作人员不懂按作业指导书操作，不列为7.5.1生产和服务提供的控制而列为6.2.1人力资源总则或6.2.2能力、意识和培训；在其他岗位也如此；

(4) 分清两类合同：销售合同问题为7.2与顾客有关的过程要素，采购合同为6.4工作环境要素；

(5) 一般情况下，一个问题点，只判一个条款，而不判多个条款不符合；

(6) 避免望文生义：不应认为培训机构只有6.2人力资源要素，设计机构只有7.3设计和开发要素，检验机构只有8.2.4产品的监视和测量要素，而没有产品/服务提供要素。

要素识别参考示例见表 8-3。

表 8-3 要素识别参考表示例

要素	培训机构	设计院	检验机构
顾客	学生和出资者	设计委托方	检验委托方
产品	培训服务	设计服务	检验试验服务
顾客财产	学生用品	顾客样品/商标	顾客样品/样机
6.2 人力资源	以机构内部人员为对象	以院内人员为对象	以机构内部人员为对象
7.3 设计和开发	课程设计	方案设计	检测方案设计
7.5.1 生产和服务提供的控制	培训计划和实施教学 过程 实验 实习	设计计划和实施过程中模型制造、中间制品制造、样品和样机制作、制图	检测计划和实施检测过程中测量设备调整和测量条件的控制
8.2.4 产品的监视和测量	考试 教学效果评估	设计样品/样机的检验、试验材料、模型、中间制品检验、试验	检验试验复核报告审核

【操作运行】 覆盖 ISO 9001:2008/8.2.2,ISO 14001:2004/4.5.5 **和** OHSAS 18001:2007/4.5.

目的:验证质量管理体系是否符合策划安排要求,是否得到保持与有效实施,并持续改进。

范围:质量管理体系范围内的各个部门,活动涉及各项产品和服务。

定义(引自 GB/T 19000—2008/ISO 9000:2005):

审核 audit 为获得审核证据并对其进行客观的评价,以确定满足审核准则的程度所进行的系统的、独立的并形成文件的过程。

注 1:内部审核有时称第一方审核,由组织自己或以组织的名义进行,用于管理评审和其他内部目的,可作为组织自我合格声明的基础。在许多情况下,尤其在小型组织内,可以由与正在被审核的活动无责任关系的人员进行,以证实独立性。

注 2:外部审核包括通常所说的“第二方审核”和“第三方审核”。第二方审核由组织的相关方,如顾客或由其他人员以相关方的名义进行。第三方审核由外部独立的审核组织进行,如提供符合 GB/T 19001 或 GB/T 24001 要求认证的机构。

注 3:当两个或两个以上的管理体系被一起审核时,称为“多体系审核”。

注 4:当两个或两个以上审核组织合作,共同审核同一个受审核方时,这种情况称为“联合审核”。

审核方案 audit programme 针对特定时间段所策划并具有特定目的的一组(一次或多次)审核。

注:审核方案包括策划、组织和实施审核的所有必要的活动。

审核准则 audit criteria 一组方针、程序或要求。

注:审核准则是用于与审核证据进行比较的依据。

审核证据 audit evidence 与审核准则有关并能够证实的记录、事实陈述或其他信息。

注:审核证据可以是定性的或定量的。

审核发现 audit finding 将收集的审核证据对照审核准则进行评价的结果。

注:审核发现能表明符合或不符合审核准则,或指出改进的机会。

审核结论 audit conclusion 审核组考虑了审核目的和所有审核发现后得出的最终审核结果。

审核委托方 audit client 要求审核的组织或人员。

注:审核委托方可以是受审核方或是依据法律或合同有权要求审核的任何其他组织。

受审核方 auditee 被审核的组织。

审核员 auditor 经证实具有实施审核的个人素质和能力的人员。

注:GB/T 19011 中描述了与审核员相关的个人素质。

审核组 audit team 实施审核的一名或多名审核员,需要时,由技术专家提供支持。

注 1:审核组中的一名审核员被指定作为审核组长。

注 2:审核组可包括实习审核员。

职责:批准:管理者代表;管理:质量部;执行:审核组。

程序:内部审核程序见图 8-9。

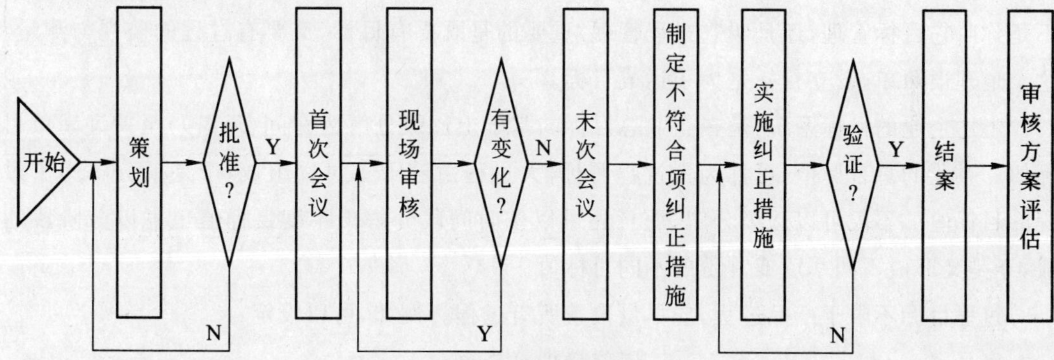

图 8-9 内部审核程序

记录:

(1) 内审年度计划;

(2) 内审实施计划;

(3) 内审检查表;

(4) 内审报告;

(5) 内审不符合项报告;

(6) 内审首/末次会议签到者表;

(7) 内审员资格证书(可存入 6.2 人力资源)。

8.2.3 过程监视和测量

【标准原文】 覆盖 ISO 9001:2008/8.2.3

8.2.3 过程的监视和测量

组织应采用适宜的方法对质量管理体系过程进行监视,并在适用时进行测量。这些方法应证实过程实现所策划的结果的能力。当未能达到所策划的结果时,应采取适当的纠正和纠正措施。

注:当确定适宜的方法时,建议组织根据每个过程对产品要求的符合性和质量管理体系有效性的影响,考虑监视和测量的类型与程度。

【认知理解】 **覆盖** ISO 9001:2008/8.2.3

过程的监视与测量与目标管理有关。

东莞有个企业，其目标管理是这样做的：企业、部门、班组，甚至关键岗位的个人（工作）都有年度质量目标；在一张大表中，一目了然，每个月的实际情况都反映在表中，对应目标值，很快可以看到目标达成率。凡是没有达成目标的责任者都要分析原因，并制定出下个月达成目标的措施。

实际上，他们在测算每个月实际达成情况的过程，就是在做过程的监视与测量。

目标管理，过程管理，是从不同的角度看问题，从而强调某个侧面的管理概念。没有目标的过程管理就像没有导航系统的小舟在大海中漂泊，任随潮汐驱动和海浪的击打，无法靠岸；而没有过程的监视与测量的目标管理，则如同空中楼阁，没有可靠的支撑。所以，重要的不是你叫它目标管理，还是叫它过程管理，重要的是既要有目标，又要有过程的监视与测量。这个道理很简单，设立目标是为了达成目标。

上述企业的目标系统，是在企业总目标的基础上逐级分解为车间、班组乃至关键岗位目标值。企业的总目标值，可称为大过程目标，大过程由若干子过程组成，于是就分解为子过程的目标值。不仅可以逐级分解，而且还可以按时间段分解。年度目标值也可以分阶段达成，于是又形成不同季度或月份的不同目标值。

过程目标不限于产品过程，应尽量覆盖所有过程。例如，可以设定：

废品率；　　岗位培训合格率；

一次合格率；　　计量器具校准合格率和按期校准率；

合同达成率；　　产品漏检率；

设备完好率；　　顾客满意率等。

管理体系在操作运行时，完全可以将环境目标和职业健康安全目标的月度考核纳入本要素，即将 8.2.5 和 8.2.6 的目标部分的监测内容纳入本要素。是否这样做，取决于组织的分工安排。

【操作运行】 **覆盖** ISO 9001:2008/8.2.3

目的：验证质量管理体系各个过程是否达到预期的能力，并进行偏离调整，确保策划结果的实现。

范围：质量目标及其分解指标。是否增加环境目标和职业健康安全目标，取决于组织的安排。

职责：批准：管理者代表；

管理：质量部；

执行：质量目标及其分解指标的责任部门。

程序：过程的监视和测量程序见图 8-10。

记录：(1) 月度质量目标测定表；

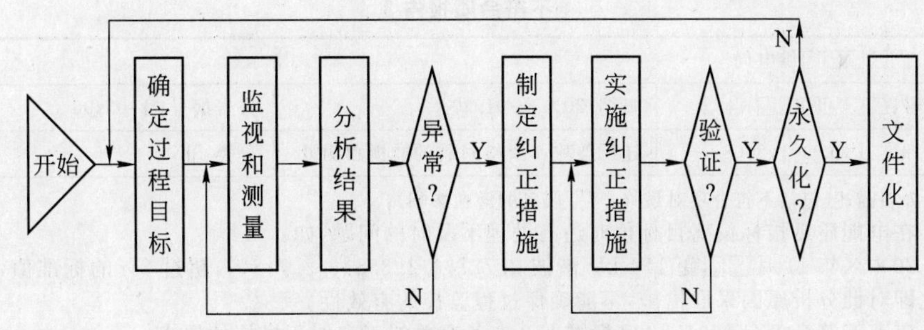

图 8-10　过程的监视和测量程序

（2）质量目标偏离调查分析；

（3）纠正措施记录。

注：如果本要素包括环境目标和职业健康安全目标的监测，也应当参照列出的质量记录，保存相应的监测记录。

【不符合项案例】　覆盖 ISO 9001:2008/8.2.3

不符合项报告 1

公司：□□□□□□供电设备厂		
合同号：□□□□□□□	日期：20××.11.23	报告编号：Ⅰ-06/07
依据标准：ISO 9001:2008	违反条款：8.2.3 过程的监视和测量	分类：Ⅱ
不符合项描述(包括不符合项对最终产品/服务的潜在影响)： 个别过程未达到策划结果的水平时，在处理方面还有问题点如： 20××年 10 月份准时交货率均低于 85%的要求，与采购准时率较低仅达到 70%的水平有关，但是没有记录表明对此及时研究采取了必要的对策，不能确保过程监视的有效性。 以上不符合 ISO 9001:2008 标准 8.2.3 条关于过程监视的规定。 受审核方签字　□□□　　审核员签字　□□□		
请留意：纠正措施实施情况应在一个月内(Ⅱ类或一般 NCR)或两个月内(Ⅰ类或严重 NCR)验证。		

注：本表格不完整，未包括其余栏目，请参照使用时注意。

不符合项报告 2

公司：□□□□□□软管厂		
合同号：□□□□□□□□	日期：20××.01.29	报告编号：Ⅰ-01/05
依据标准：IISO 9001:2008	违反条款：8.2.3 过程的监视和测量	分类：Ⅱ
不符合项描述(包括不符合项对最终产品/服务的潜在影响)： 对过程的监视和测量还有缺陷，如： 塑胶软管印刷车间 20××年 12 月成品率为 96.40%，没有实现规定目标值 98%，但是没有证据表明车间为此进行了调查研究，针对具体人具体产品进行原因分析并采取对策，以求改进。 以上不符合 ISO 9001:2008 标准 8.2.3 条对不合格过程采取纠正和纠正措施的要求。 受审核方签字　□□□　　审核员签字　□□□		
请留意：纠正措施实施情况应在一个月内(Ⅱ类或一般 NCR)或两个月内(Ⅰ类或严重 NCR)验证。		

注：本表格不完整，未包括其余栏目，请参照使用时注意。

不符合项报告 3

公司：□□□□□供电局		
合同号：□□□□□□	日期：20××.01.30	报告编号：Ⅰ-05/06
依据标准：ISO 9001：2008	违反条款：8.2.3 过程的监视和测量	分类：Ⅱ
不符合项描述(包括不符合项对最终产品/服务的潜在影响)： 在电能质量指标偏离目标值时还有处理不及时的问题，如： 20××年 11 月□□变 110 kV 谐波 2.727%/2.358%/2.718%，超过 2%的标准值，没有立即对此分析原因采取措施，不能确保过程监控的有效性。 以上不符合 ISO 9001：2008 标准 8.2.3 条有关纠正和纠正措施的要求。 受审核方签字　□□□　　审核员签字　□□□		
请留意：纠正措施实施情况应在一个月内(Ⅱ类或一般 NCR)或两个月内(Ⅰ类或严重 NCR)验证。		

注：本表格不完整，未包括其余栏目，请参照使用时注意。

8.2.4　产品监视和测量

【标准原文】　覆盖 ISO 9001：2008/8.2.4

> **8.2.4　产品的监视和测量**
>
> 组织应对产品的特性进行监视和测量，以验证产品要求已得到满足。这种监视和测量应依据所策划的安排(见 7.1)在产品实现过程的适当阶段进行。应保持符合接收准则的证据。
>
> 记录应指明有权放行产品以交付给顾额的人员(见 4.2.4)。
>
> 除非得到有关授权人员的批准，适用时得到顾客的批准，否则在策划的安排(见 7.1)已圆满完成之前，不应向顾客放行产品和交付服务。

【认知理解】　覆盖 ISO 9001：2008/8.2.4

自古以来，人类就十分重视检验和验证活动，光说“言必信，行必果”还不够，还要经过验证，“岁寒，然后知松柏之后凋也”(见《论语・子罕》)。比如《韩非子・显学》这样说：“无参验而必之者，愚也。”意思是不经过分析验证对事物做出判断是愚蠢的。

至于专职检验，一般认为是 20 世纪初叶的事，这可能是指有文字记载的历史。检验活动是否设置专人进行，应取决于工业化对分工的要求，只要对分工要求迫切，这个行业就会率先设置专职检验。这种分工要求，应该是工业化初期就出现了。而中国古代的陶瓷生产，出窑后的检验筛选，也不亚于现代专职检验，尤其是官窑，不符标准均予以销毁。

20 世纪 40 年代以后的统计过程控制和 20 世纪 60 年代以后的全面质量管理，改变了人们把质量检验作为质量管理主要的甚至唯一的手段的观念。但是质量检验仍作为质量控制和质量保证的重要手段得到普遍重视和发展。目前，不仅检验方法、手段更加科学合理，而且在检验的组织上也逐渐趋于独立，以确保检验活动的独立性和公正客观性。

作为一个重要的质量管理要素，产品的监视和测量，应注意：

(1) 产品的接受准则，均不应在执行中被忽视：

a)　法律法规，首先是强制性安全标准的规定；

b)　顾客要求，体现在合同中或具有同等效力的文件中规定；

c)　产品合格判定标准(其上二者优先于本标准)。

(2) 符合接受准则的报告(或记录),不应有遗漏项目。

(3) 与本要素并行运行要素有(见表 8-4):

表 8-4 与本要素并行运行的要素

与 4.2.3 要素并行				
	检验前	检验中	沟通	备注
8.2.4 责任者	查准则充分性 版本正确性	识别作废文 件,防误用	检验前	
4.3.2 责任者	及时发放准则	巡视	检验后	
与 6.2 要素并行				
	检验前	检验中	沟通	备注
8.2.4 责任者	能力确认	按岗位要求确 定上岗操作者	岗位变更时	
6.2 责任者	培训,能力 确认/评估	抽查	培训前	
与 7.6 要素并行				
	检验前	检验中	沟通	计量器具失准
8.2.4 责任者	查计量器具 适用性,标识	正确使用计 量器具,仪表		评估影响/ 采取措施
7.6 责任者	完成校准	巡视	校准前/校准后	检修,调查原因

a) 4.2.3 文件控制:确保提供接受准则的文件现行有效;

b) 6.2 人力资源:确保从事检验试验人员的资格;

c) 7.6 监视和测量装置的控制:确保监视和测量活动可行和结果有效。

(4) 本要素的接口要素有:

a) 7.5.3 标识和可追溯性:检验结束应标识其合格与不合格状态;

b) 8.3 不合格品控制:对判定为不合格的部分应按相应规定处理。

(5) 通常企业的检验试验活动,企业提供的依据为:

a) 进货检验规范;

b) 制造过程半成品检验规范;

c) 成品检验规范;

d) 合格判定标准;

e) GB/T 2828.1 抽样标准。

有的企业设立的品质部,负责原材料进厂检验(IQC),过程半成品检验(PPQC),成品检验(POC);也有的企业专门设立品质保证部,负责对 QMC 审核,对检验部门的检验结果进行确认(QA)。

【操作运行】 覆盖 ISO 9001:2008/8.2.4

目的:验证质量管理体系各项产品和服务是否符合规定的要求。

范围:

(1) 采购产品;

(2) 半成品;

(3) 成品/服务。

定义(引自 GB/T 19000—2008/ISO 9000:2005):

特性 characteristic 可区分的特征。

注 1:特性可以是固有的或赋予的。

注 2:特性可以是定性的或定量的。

注 3:有各种类别的特性,如:

——物理的(如:机械的、电的、化学的或生物学的特性);

——感官的(如:嗅觉、触觉、味觉、视觉、听觉);

——行为的(如:礼貌、诚实、正直);

——时间的(如:准时性、可靠性、可用性);

——人因工效的(如:生理的特性或有关人身安全的特性);

——功能的(如:飞机的最高速度)。

质量特性 quality characteristic 与要求有关的,产品、过程或体系的固有特性。

注 1:"固有的"是指本来就有的,尤其是那种永久的特性。

注 2:赋予产品、过程或体系的特性(如:产品的价格,产品的所有者)不是它们的质量特性。

检验 inspection 通过观察和判断,适当时结合测量、试验或估量所进行的符合性评价。[ISO/IEC 指南 2]

试验 test 按照程序确定一个或多个特性。

合格(符合) conformity 满足要求。

注:与英文术语"conformance"是同义的,但不赞成使用。

偏离许可 deviation permit 产品实现前,对偏离原规定要求的许可。

注:偏离许可通常是在限定的产品数量或期限内并针对特定的用途。

放行 release 对进入一个过程的下一阶段的许可。

注:在英语中,就计算机软件而论,术语"release"通常是指软件本身的版本。

职责:批准:管理者代表;管理:质量部;执行:质量部。

程序:产品的监视和测量程序见图 8-11。

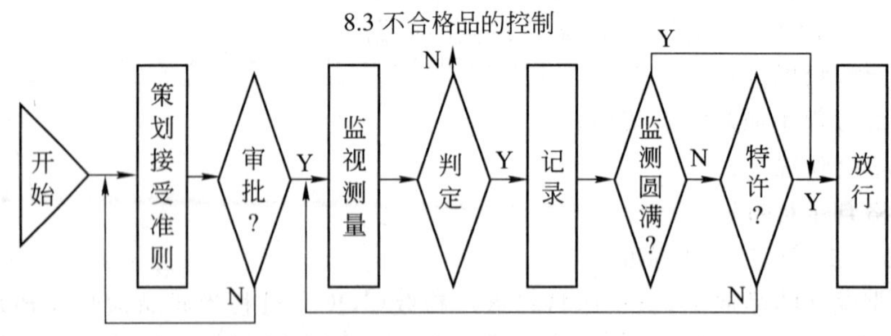

图 8-11 产品的监视和测量程序

记录:

(1) 进货检验记录;

(2) 半成品检验记录;

(3) 产品/服务检验记录;

(4) 返工/返修重检记录;

(5) 让步放行核准记录。

【产品检验规范示例】

安全规格检查标准书	机种名称：MODLE NO ALL MODEL	检验内容： HI—POT/INSULATION TEST

使用工具与治具

1：FUNCTU/INSULATION TESTER X1

2：校正盒　X1

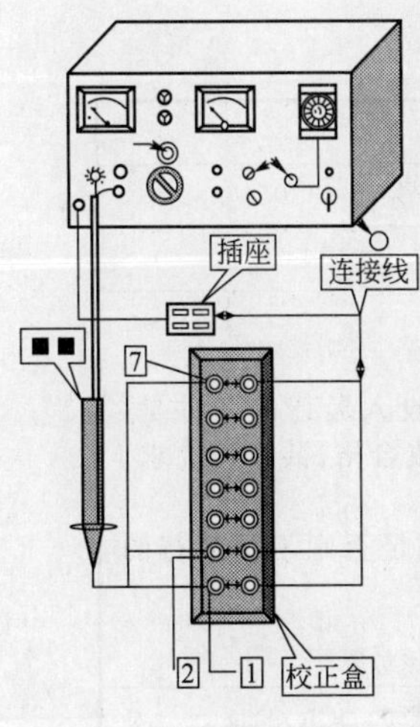

构查方法：

一、仪器校正

（一）电压校正

1. 用连线将校正盒与仪器输出插座连起来。

UL/CSA："1"插座（1 200 V 1 mA 1.2 M）VDE 等欧洲机种"2"插座（3 000 V 5 mA 600 K）

2. 打开电源，将 FUNCTION 选择为"PUN"高压测试档，定时开关（TIMER）打至"OFF"，电压调整旋钮（VOLTAGE ADJ）旋至最小（MIN），选择好合适的电源（CUT OFF CURRENT）。

3. 将探棒插入插座中，按下测试钮，此时 TEST IND（测试指标灯）亮，顺时针方向慢慢旋转电压调节钮，直到发出响声和 NG IND（NG 指示灯）亮为此，按下 RESET 键，响声停止。

4. 将定时间开关 ON，调节时间钮确定自动测试时间（1 秒/3 秒/1 分钟）+1/−0。

（二）绝缘阻抗校正（INSULATION）

1. 将功能选择为"INS"，DC 开关打至"500 V"档，将探棒和仪器 GND（按地点）相触，看"MΩ 表指针是否归零，若有偏差，用一字起子微调"0ADJ"钮使指针归零。

2. 将控棒插入校正盒"7"挡插座中，MΩ 表指针应在 10 MΩ±10%以内，表示仪器正常，绝缘阻抗校正完成，将 FUNCTION 回到 PUN（高压）档。

二、测试

1. 确认仪器校正在特测机器的标准。

2. 将待测电源插头到仪器输出座上，（SET 不可接其他仪器）将探棒放在机壳裸露的螺丝上或指定 HI-POT TEST 点，按测试开关，测试开始，TEST IND（指示灯）亮，若有响声 NG IND 灯亮则表示机器高压击穿（属致命缺陷）若发现不良立即向上级报告待研究对策，测试结果记录在报表上。

3. 将功能打至 INS DC 500 V，将控棒接触机壳裸露的螺丝上看 MΩ 表指针，若大于 10 MΩ 表示 OK，若小于 10 MΩ 则 NG，不良品同上处理（欧洲机种适用）（UL/CSA 在 3 MΩ 以上）

三、注意

1. 指定专人负责每日三次校正仪器（上午上班前，下午上班前，晚上加班前）校正校验结果记录于报表上，并签名。

2. 测试时身体任何部位不能接触到探棒头及被测 SET，以确保安全。

3. 非担当者不能随便乱动仪器，以确保安全。

四、社内 HI-POT TEST 规格

名称		IPQC	IQC	QC/QA 规格
UL	AMERICA	1 200 V　1 mA　1 秒钟	依承认书条件	1 000 V　1 mA　1 分钟
CSA	CANADA	1 200 V　1 mA　1 秒钟	依承认书条件	1 000 V　1 mA　1 分钟
VDE	EUROPE	3 000 V　5 mA　3 秒钟	依承认书条件	3 000 V　5 mA　1 分钟
SAA	AUSTRALIA	3 000 V　5 mA　3 秒钟	依承认书条件	3 000 V　5 mA　1 分钟
BS	ENGLAND	3 000 V　5 mA　3 秒钟	依承认书条件	3 000 V　5 mA　1 分钟
J	JAPAN	1 200 V　1 mA　1 秒钟	依承认书条件	1 000 V　1 mA　1 分钟

注：

1：1 200 V　1 mA　1.2 kΩ

2：3 000 V　5 mA　600 kΩ

7：　10 MΩ

拟制	审核	批准
□□□	□□□	□□□

【不符合项案例】 覆盖 ISO 9001:2008/8.2.4

不符合项报告 1

<table>
<tr><td colspan="3">公司:□□□□□电子厂</td></tr>
<tr><td>合同号:□□□□□□□</td><td>日期:20××.01.18</td><td>报告编号:Ⅰ-01/03</td></tr>
<tr><td>依据标准:ISO 9001:2008</td><td>违反条款:8.2.4 产品的监视和测量</td><td>分类:Ⅱ</td></tr>
<tr><td colspan="3">不符合项描述(包括不符合项对最终产品/服务的潜在影响):
在进料检验的判定方面还有问题点如:
20××年 11 月 23 日验证供应商报告时,将□□公司提供的 1.0 mm 铜线共159.13 kg 判为合格,其抗拉强度 24.8 和伸长率 29.9～30.4,与产品承认书规定的22.5～24.5 及27.16～28.84 要求不符。
以上不符 ISO 9001:2008 标准 8.2.4 条验证的要求。
受审核方签字 □□□ 审核员签字 □□□</td></tr>
<tr><td colspan="3">请留意:纠正措施实施情况应在一个月内(Ⅱ类或一般 NCR)或两个月内(Ⅰ类或严重 NCR)验证。</td></tr>
</table>

注:本表格不完整,未包括其余栏目,请参照使用时注意。

不符合项报告 2

<table>
<tr><td colspan="3">公司:□□□□□供电局</td></tr>
<tr><td>合同号:□□□□□□□□</td><td>日期:20××.01.25</td><td>报告编号:Ⅰ-04/05</td></tr>
<tr><td>依据标准:ISO 9001:2008</td><td>违反条款:8.2.4 产品的监视和测量</td><td>分类:Ⅱ</td></tr>
<tr><td colspan="3">不符合项描述(包括不符合项对最终产品/服务的潜在影响):
在竣工验收方面还存在个别问题,如:
20××年 12 月 12 日□□变电站验收报告最后提出移交设备和投入运行的条件是:1)通过试运行;2)完成竣工资料;3)验收报告中提出的 5 个方面问题整改合格;共三项要求。但是没有证据表明问题整改合格,不能确保工程验收的充分性和有效性。
以上不符合 ISO 9001:2008 标准 8.2.4 关于验证产品要求得到满足否则不得放行的要求。
受审核方签字 □□□ 审核员签字 □□□</td></tr>
<tr><td colspan="3">请留意:纠正措施实施情况应在一个月内(Ⅱ类或一般 NCR)或两个月内(Ⅰ类或严重 NCR)验证。</td></tr>
</table>

注:本表格不完整,未包括其余栏目,请参照使用时注意。

不符合项报告 3

<table>
<tr><td colspan="3">公司:□□□□□环保有限公司</td></tr>
<tr><td>合同号:□□□□□□□</td><td>日期:20××.07.28</td><td>报告编号:S-02/02</td></tr>
<tr><td>依据标准:ISO 9001:2008</td><td>违反条款:8.2.4 产品的监视和测量</td><td>分类:Ⅱ</td></tr>
<tr><td colspan="3">不符合项描述(包括不符合项对最终产品/服务的潜在影响):
在检验和试验接受准则的策划和制定方面还有不足之处,如:
1) □公司的安装工程虽然进行了自主检验活动,但是没有检验规范界定该项活动的内容和要求,不能确保检验活动满足控制要求;
2) □电脑废水治理工程,没有记录表明进行了完整的最终检验活动,也没有检验规范对该项活动作出明确规定。
以上不符合 ISO 9001:2008 标准 8.2.4 条要求。
受审核方签字 □□□ 审核员签字 □□□</td></tr>
<tr><td colspan="3">请留意:纠正措施实施情况应在一个月内(Ⅱ类或一般 NCR)或两个月内(Ⅰ类或严重 NCR)验证。</td></tr>
</table>

注:本表格不完整,未包括其余栏目,请参照使用时注意。

不符合项报告 4

公司:□□□□□精密焊接有限公司		
合同号:□□□□□□	日期:20××.07.07	报告编号:Ⅰ-07/07
依据标准:ISO 9001:2008	违反条款:8.2.4 产品的监视和测量	分类:Ⅱ
不符合项描述(包括不符合项对最终产品/服务的潜在影响): 在成品检验方面还有问题点如: 20××年 11 月□□□□变电工程的 GZDW32-20A/220 型产品最终检验记录尚不完整没有提供数据表明按规定对稳压精度,纹波系数和稳流精度进行了试验和测量,不能支持检验合格的结论。 以上不符合 ISO 9001:2008 标准 8.2.4 条关于验证产品要求的规定。 受审核方签字 □□□　　审核员签字 □□□		
请留意:纠正措施实施情况应在一个月内(Ⅱ类或一般 NCR)或两个月内(Ⅰ类或严重 NCR)验证。		

注:本表格不完整,未包括其余栏目,请参照使用时注意。

不符合项报告 5

公司:□□□□□五金制品厂		
合同号:□□□□□□□	日期:20××.05.11	报告编号:Ⅰ-06/06
依据标准:ISO 9001:2008	违反条款:8.2.4 产品的监视和测量	分类:Ⅱ
不符合项描述(包括不符合项对最终产品/服务的潜在影响): 在产品检验方面还有问题点如: 产品 BF27FSB0595 首件检验记录 4-ϕ10×20,与图纸 4-ϕ11×20 的要求不符,不能确保其后加工的符合性。 以上不符合 ISO 9001:2008 标准 8.2.4 条验证产品的要求。 受审核方签字 □□□　　审核员签字 □□□		
请留意:纠正措施实施情况应在一个月内(Ⅱ类或一般 NCR)或两个月内(Ⅰ类或严重 NCR)验证。		

注:本表格不完整,未包括其余栏目,请参照使用时注意。

不符合项报告 6

公司:□□□□□供电安装有限责任公司		
合同号:□□□□□□	日期:20××.05.03	报告编号:Ⅰ-03/04
依据标准:ISO 9001:2008	违反条款:8.2.4 产品的监视和测量	分类:Ⅱ
不符合项描述(包括不符合项对最终产品/服务的潜在影响): 在变压器试验方面还有不足,如: 对□□□厂 110 kV 变压器交接试验,其中油试验报告表明试验与 DL/T 596—1996 要求不符,尚缺少应测项目“界面张力”,“介绍”和“体积电阻率”等,不能确保报告结论的有效性。 以上不符合 ISO 9001:2008 标准 8.2.4 条符合接受准则的要求。 受审核方签字 □□□　　审核员签字 □□□		
请留意:纠正措施实施情况应在一个月内(Ⅱ类或一般 NCR)或两个月内(Ⅰ类或严重 NCR)验证。		

注:本表格不完整,未包括其余栏目,请参照使用时注意。

8.2.5 环境监视测量

【标准原文】 EMS 覆盖 ISO 14001:2004/4.5.1/4.5.2

> **4.5.1 监测和测量**
>
> 组织应建立、实施并保持一个或多个程序，对可能具有重大环境影响的运行的关键特性进行例行监测和测量。程序中应规定将监测环境绩效、适用的运行控制、目标和指标符合情况的信息形成文件。
>
> 组织应确保所使用的监测和测量设备经过校准或验证，并予以妥善维护。且应保存相关的记录。
>
> **4.5.2 合规性评价**
>
> 4.5.2.1 为了履行遵守法律法规要求的承诺，组织应建立、实施并保持一个或多个程序，以定期评价对适用法律法规的遵守情况。
>
> 组织应保存对上述定期评价结果的记录。
>
> 4.5.2.2 组织应评价对其他要求的遵守情况。这可以和 4.5.2.1 中所要求的评价一起进行，也可以另外制定程序，分别进行评价。
>
> 组织应保存上述定期评价结果的记录

【认知理解】 覆盖 EMS ISO 14001:2004/4.5.1/4.5.2

环境检测的对象是环境污染排放与标准比较是否合格。

所谓环境绩效就是组织对其环境因素进行管理取得的可测量的结果。关于环境绩效的测量，在环境管理体系条件下，可以对照组织的环境方针、环境目标、环境指标及其他环境绩效要求对结果进行测量。这些体现成绩和效果的测量结果，可以用于组织自身不同时期的比较，也可以用于不同组织之间在同一时间点上的比较；从而看到变化和差别。

关于目标指标实现程度的测量，这是目标管理在环境因素管理的具体应用。例如年度目标，分 12 个月，逐步实现，如果某个月分偏离太多，就会对手下个月形成压力，甚至可能影响全年目标的实现。为了及时掌握情况，便于即使调整资源和运行参数，这种测量就十分必要。

关于运行控制和过程参数的监视测量，这是环境监视和测量的核心，要求大量专业的测量，有的专门有标准提出要求，包括测量的条件，测量的方法等。这里有关于污染因子的测量，例如废水中的 COD、SS、BOD_5、重金属等排放浓度的检测；废气中 SO_2、NO_x 等排放浓度的检测；还有电力和水的消耗，等等。为了确保测量的有效性，应当注意以下几点；

(1) 确定依据标准和测量方法标准；

(2) 确定地域等级和对应的标准要求数据的取值；

(3) 测量设备仪器；

(4) 排放口和测量空间点的确定和时间频度的确定；

(5) 测量的方法的确定；

（6）记录和计算比较。

关于合规性评价。合规性之所以单独提出加以强调，体现了标准对于组织遵纪守法提出更加严格要求，也是回应管理承诺的具体体现和定期检查。评价内容可以是全面（多项）评价，也可以突出某一项来评价。评价方式可以运用审核方法，也可以抽测某项特性指标。除了使用法律法规要求外，还应定期评价其他要求，例如资源能源消耗，相关方要求，顾客要求和产品中环境因素控制的符合性评价。

【操作运行】 覆盖 EMS ISO 14001:2004/4.5.1/4.5.2)

目的：通过监视测量，验证体系合规性、环境绩效、目标指标的实现，确保及时识别运行过程的异常、偏离，及时调整，并推动持续改进。

范围：监视测量组织所在地域的水气声渣的污染治理和资源节约的过程监测、环境绩效、目标指标的检测，适用法律法规的其他要求的合规性。

定义：（略）

职责：总指挥：管理者代表；管理：环境部（行政部）；执行：各个责任部门；作业：专业班组（例如污水处理班）。

程序：见图 8-12。

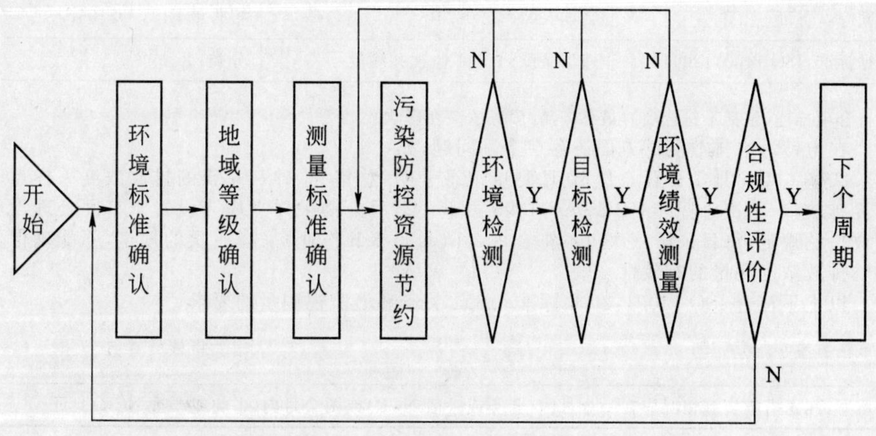

注：遇超标排放，污染事故，应启动应争响应程序强化控制。

图 8-12　环境监视测量流程图

记录：

（1）水气声渣排放测量记录（分别记录）；

（2）污染处理过程记录；

（3）资源节约记录（电水和其他资源）；

（4）目标实现测量记录；

（5）环境绩效定期测量记录；

（6）合规性定期审核记录。

【不符合项案例】 覆盖 ISO 14001:2004/4.5.1

不符合项报告 1

公司:□□□□□电子厂		
合同号:□□□□□□□	日期:20××.05.20	报告编号:Ⅰ-03/06
依据标准:ISO 14001:2004	违反条款:4.5.1 监视和测量	分类:Ⅱ
不符合项描述(包括不符合项对最终产品/服务的潜在影响): 在环境监测方面存在个别不足,如: 位于厂区内的冲压车间的噪声测量步点,设于厂界围墙外的 4 个点均与围墙等高,与 GB 12348—2008 规定"测点应选在厂界外 1 m、高于围墙 0.5 m 以上的位置"不符合,不能确保测量的有效性。 以上不符合 ISO 14001:2004 标准 4.5.1 关于环境测量的要求。 受审核方签字 □□□　　审核员签字 □□□		
请留意:纠正措施实施情况应在一个月内(Ⅱ类或一般 NCR)或两个月内(Ⅰ类或严重 NCR)验证。		

注:本表格不完整,未包括其余栏目,请参照使用时注意。

不符合项报告 2

公司:□□□□□电子有限公司		
合同号:□□□□□□□	日期:20××.06.10	报告编号:Ⅰ-02/05
依据标准:ISO 14001:2004	违反条款:4.5.1 监视和测量	分类:Ⅱ
不符合项描述(包括不符合项对最终产品/服务的潜在影响): 在电镀污水排放测试方面还存在个别问题,如: 20××年 6 月 1 日至 6 月 10 日测量记录表明,总铬、总砷和总镍的排放浓度采样点于厂界排放口,不符合标准 GB 8978—1996 关于一类污染物采样点应当设置于车间处理设施排放口的规定;每日采样三次也不符合每 2 h(每日 8 h 作业)采样一次的规定,不能确保污染物排放浓度测量的有效性。 以上不符合 ISO 14001:2004 标准 4.5.1 关于环境监视测量的要求。 受审核方签字 □□□　　审核员签字 □□□		
请留意:纠正措施实施情况应在一个月内(Ⅱ类或一般 NCR)或两个月内(Ⅰ类或严重 NCR)验证。		

注:本表格不完整,未包括其余栏目,请参照使用时注意。

8.2.6 健安监视测量

【标准原文】 覆盖 OHSAS 18001:2007/4.5.1/4.5.2

4.5.1 绩效测量与监视

组织应建立、实施并保持一个或多个程序,以定期测量和监视职业健康安全绩效。该程序应能提供:

a) 适合组织需要的定性或定量的测量方法;

b) 监视组织职业健康安全目标的实现程度;

c) 监视控制的有效性(在职业健康和安全方面);

d) 主动性的绩效测量以监视是否符合职业健康安全管理方案、控制和运行标准;

e) 被动性的绩效测量以监视职业病、事件(包括事故、虚惊事件等)及其他不良职业健康安全绩效的历史证据;

f) 记录充分的监视和测量的数据和结果,以便于后续纠正或预防措施的分析。

4.5.2 合规性评价

4.5.2.1 为了履行遵守法律法规(见4.2(c))的承诺,组织应建立、实施并保持一个或多个程序,以定期评价对适用法律法规(见4.3.2)的遵守情况。组织应保存对上述定期评价结果的记录。

4.5.2.2 组织应评价对组织同意遵守的其他要求(见4.3.2)的遵守情况。这可以和4.5.2.1所要求的评价一起进行,也可以另外建立程序,分别进行评价。

组织应保存上述定期评价结果的记录。

注:定期评价频率可根据不同的其他要求而改变。

【认知理解】 覆盖OHSAS 18001:2007/4.5.1/4.5.2

监视和测量是确保职业健康安全活动和控制有效的重要手段,是为了提前识别异常苗头倾向,及时处置,降低事故风险;也是改进机会确认的前提,改进决策的依据。从对象来说包括作业环境(场所)、设备设施、劳保用品和其他产生职业危害的因素,以避免员工遭遇职业禁忌的发生。

作业环境(场所),是指从业人员进行职业活动的所有地点,包括建设单位施工场所,开始和变更时尤其应当关注。职业危害,是指从业人员在从事职业活动中,由于接触粉尘、毒物等有害因素而对身体健康所造成的各种损害。他们可能来自作业场所,可能来自作业设备或原辅材料加工过程。职业禁忌,是指从业人员从事特定职业或者接触特定职业危害因素时,比一般职业人群更易于遭受职业危害损伤和罹患职业病,或者可能导致原有自身疾病病情加重,或者在从事作业过程中诱发可能导致对他人生命健康构成危险的疾病的个人特殊生理或者病理状态。他们可能来自作业场所管理缺失,设备或原辅材料加工过程失控,安全防护设施失效,违反安全规程的误操作等因素作为诱因而发生。

针对个人防护涉及眼部面部、头部、呼吸系统、皮肤、全身、足部和手部防护等。作业环境(场所)需要监测的内容包括:涉及空气质量/清洁通风控制,温度湿度控制,照明合理,职业性噪声接触控制,防止滑倒跌倒和坠落,近头部上空不当悬物,护栏扶手安排适当,防能量伤害(电力、电磁辐射阻隔屏蔽、噪声震动控制)等。

设备设施的安全性能,例如开关性能、接地电阻、开关触点(面)的电阻、绝缘电阻、耐高压击穿特性、自动保护/继电保护的灵敏度和通断性能、限位开关和行程开关的性能等,这是最简单而最常见的事故诱发点;例如设备易损件传动皮带的过期未及时更换、密封件老化失效未更换、齿轮箱油过期未更换、滤清器过期未更换，也是诱发事故的重要环节；又例如电气焊接的防护设备失灵、砂轮的防护设施松动、冲床防护设施失控、固定电机和传送装置紧固件松动，将直接导致人身伤残事故，等等。当设备设施变更时，是否引入新的危险源，安全问题或隐患，应是关注的重要环节，这应是变更管理的重点。这些内容可以在6.3“基础设施”要素进行，只是紧密联系职业健康安全，在这里强调一下，并重点进行监测。

劳动保护用品的安全性能之所以重要，是因为一旦失效就丧失了保护功能，是十分危险的。例如绝缘性能，耐高压击穿性能，密封性能，防水性能，屏蔽性能，绝热性能，防射线性能，避光性能，防噪声性能，抗拉力性能，防滑性能等。应当按照规定定期监测，发现异常及时处置更新，确保万无一失，甚至做到岗位上零缺失。

上述各个环节的监视测量，是根据危险源识别的结果确定的；当计划变更导入新的危险源时，监视测量的对象应当立即随之改变，决不可以在职业健康安全措施尚未到位的情况下仓促上马，包括监视测量手段的完善和到位。

员工的安全操作熟练程度，在预防事故方面起着决定性的作用，因此无论新老员工，必须在培训合格的基础上，无例外地进行岗前重点培训和安全生产现状交底，进行安全交接班。禁止未经培训和培训不合格人员进入工作区从事作业。限制女工四期禁止的作业。班上必须有熟练人员进行安全操作检查。设备参数确认前，首先进行设备安全确认，并在过程进行中，定时监视安全部位是否存在异常。质量异常，经过研究确定是否停产；安全异常，必须立即停产，排除异常并确认后方可恢复生产。

员工的身体检查和职业病防治性身体检查，是职业健康安全业绩或绩效的重要测量内容和评价依据。应当保持原始记录和定期数据分析的记录。发现新的职业病异常情况，应进一步依法进行职业详细调查，以便制定进一步防治措施和方案。如果防治有效，也应进一步完善和充实永久性职业健康安全管理设施程序和作业规程。

在监视测量中，合规性作为一个突出的对象和内容提出是非常必要的。职业健康安全方面的法律法规很多，组织必须识别哪些是适用的，并且即时跟进得到最新版本；按照法律法规要求执行和及时调整方针、目标、方案和措施；定期检查其合规性。合规性的检查，包括法律法规方面，也包括其他规定，例如相关方要求和组织自行规定的要求。

【操作运行】 **覆盖** OHSAS 18001:2007/4.5.1/4.5.2

目的：通过监视测量，确保运行过程的异常，偏离和事件事故得以控制，推动持续改进。

范围：法律法规的执行、目标指标执行、作业环境、设备安全、劳保用品、安全作业、职业病监测。

职责：管理：健安部(管理部)；执行：专业人员；作业：各个部门专职人员。

程序：见图8-13。

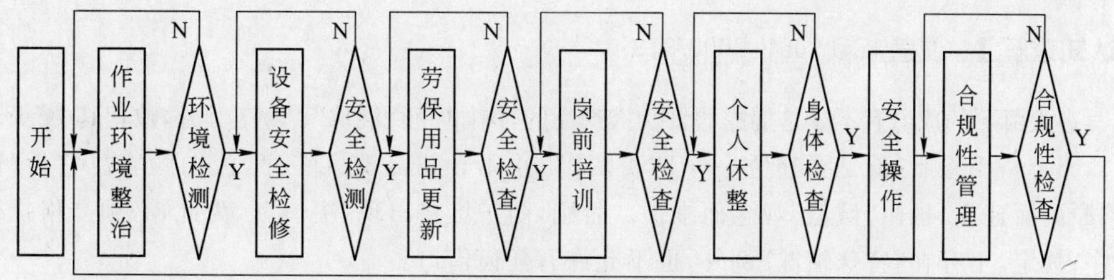

图 8-13 职业健康安全监视测量流程图

注：作业环境检测对象：包括有毒有害气体，电磁辐射，放射线，噪声，光线强度，温度湿度。

设备安全检测对象：包括开关接点，绝缘性，接地电阻，易损件损坏程度，其他安全部件，设备老化程度，失修程度，事故风险。

劳保用品安全检测对象：更新周期，绝缘性，抗电击性，拉力，损坏程度，防爆性等。

记录：

(1) 各项安全检测记录；
(2) 状态标识；
(3) 事件/事故记录；
(4) 环境安全整治记录；
(5) 设备安全检修记录；
(6) 劳保用品更新记录；
(7) 人员岗前安全培训/安全交底记录；
(8) 职业病/定期体检记录；
(9) 职业病调查记录；
(10) 合规性检查记录。

8.3 不合格及事故控制

8.3.1 不合格品控制

【标准原文】 覆盖 ISO 9001:2008/8.3

> **8.3 不合格品控制**
>
> 组织应确保不符合产品要求的产品得到识别和控制，以防止其非预期的使用或交付。应编制形成文件的程序，以规定不合格品控制以及不合格品处置的有关职责和权限。
>
> 适用时，组织应通过下列一种或几种途径处置不合格品：
>
> a) 采取措施，消除发现的不合格；
>
> b) 经有关授权人员批准，适用时经顾客批准，让步使用、放行或接收不合格品；
>
> c) 采取措施，防止其原预期的使用或应用；
>
> d) 当在交付或开始使用后发现产品不合格时，组织应采取与不合格的影响或潜在影响的程度相适应的措施。
>
> 在不合格品得到纠正之后应对其再次进行验证，以证实符合要求。
>
> 应保持不合格的性质的记录以及随后所采取的任何措施的记录，包括所批准的让步的记录(见 4.2.4)。

【认知理解】 覆盖 ISO 9001:2008/8.3

古人留下的成语有不少是揭露假冒伪劣产品的，例如“鱼目混珠”、“金玉其外，败絮其中”等。

不合格品控制，就是要建立一个防护堤，防止不合格品流入工序，流向顾客。它为“诚信”原则而建立，也由“诚信”观念而维护。否则，防护堤将出现“决口”。为此，必须严格执行程序、规定，不存在“特殊情况”例外，也不允许有任何借口。

一次内审，内审员发现材料仓库的不合格品控制存在问题。开始时，他看到仓库管理井井有条，一切都很有秩序，不合格品设有专门摆放的区域，地面画有红线，货上标识卡、记录也很齐整。他在抽查的记录中，看到两天前进货的一批电子器件虽已判定不合格，但却被生产车间领出。在进一步了解情况时，内审员得到的解释是：这次任务急，再次进货已经来不及，加强整机检验就是了，不会有多大问题的。内审员说：“按程序规定，应经过批准后，逐个检测，选用合格品。但是这次领出直接用到生产中，与程序文件要求不符，无法确保不合格品不流入工序。”显然，内审员拒绝了上述解释。

不合格品可能产生的场所情况很多，也比较复杂，分布于生产流程乃至物流的许多环节；而产品的不合格状态，在适当处置之后，重新检验合格时，也就改变为合格状态。这种状态的可变性、形成的复杂性、分布的广泛性，在管理和控制活动中必须予以关注，至少应控制以下环节：

(1) 标识：为的是防止混淆，必要时应与合格品隔离；

(2) 记录：为的是提供可追溯性；

(3) 评估：合理处置的前提；

(4) 处置：改变不合格状态或降低损失；

(5) 通知有关部门：提高效率和减少损失。

不合格的控制，应全面考虑，各种条件、场合形成的不合格品分别评估处置。这些情况和场合包括：

(1) 库存超过保存期限的；

(2) 搬运损坏的；

(3) 生产过程中产生的；

(4) 顾客退货的等。

对服务业来说，例如公共事业供电部门，电能的不合格常因电力设施的问题点所致。如变压器、输电线路、配电线路和用电线路有问题，均会导致供电问题。因此可以通过定义各种设施的问题点并对这些问题进行监控和处置、抢修等。于是电能不合格控制此时转化为基础设施(设备)的问题点监控。

某供电公司的一个人工值守变电站的值班日志表明，在三班倒的值班过程中，有一个班没有对上一班记录的 1 号主变压器渗油的问题点进行监视，也没有记录，持续一个星期。按规定主变压器渗油是问题点，但尚未影响电网运行，主管部门应掌握这个信息，并提请巡视人员监视，也就是观察这个问题是否在变化，是否由渗油转为滴油或更严重的问题，以便主管部门根据这些变化，在适当时机采取措施加以处置。但这个信息没有及时传递到相关班组，使得监视问题设备的活动中断。尽管这段时间问题并没有变化，但从管理的角度，不能不说是个漏洞，不能确保设备问题监视的有效性。

【操作运行】 覆盖 ISO 9001:2008/8.3

目的:对不合格产品进行控制,防止误用和交付不合格品。

范围:(1) 进货不合格品;

(2) 半成品不合格品;

(3) 库存再检不合格品;

(4) 顾客退回不合格品。

定义(引自 GB/T 19000—2008/ISO 9000:2005):

不合格(不符合) nonconformity 未满足要求。

缺陷 defect 未满足与预期或规定用途有关的要求。

注1:区分缺陷与不合格的概念是重要的,这是因为其中有法律内涵,特别是在与产品责任问题有关的方面。因此,使用术语“缺陷”应当极其慎重。

注2:顾客希望的预期用途可能受供方信息的性质影响,如所提供的操作或维护说明。

纠正 correction 为消除已发现的不合格所采取的措施。

注1:纠正可连同纠正措施一起实施。

注2:返工或降级可作为纠正的示例。

返工 rework 为使不合格产品符合要求而对其采取的措施。

注:返修与返工不同,返修可影响或改变不合格产品的某些部分。

降级 regrade 为使不合格产品符合不同于原有的要求而对其等级的变更。

返修 repair 为使不合格产品满足预期用途而对其采取的措施。

注1:返修包括对以前是合格的产品,为重新使用所采取的修复措施,如作为维修的一部分。

注2:返修与返工不同,返修可影响或改变不合格产品的某些部分。

报废 scrap 为避免不合格产品原有的预期用途而对其所采取的措施。

示例:回收、销毁。

注:对不合格服务的情况,通过终止服务来避免其使用。

让步 concession 对使用或放行不符合规定要求的产品的许可。

注:让步通常仅限于在商定的时间或数量内,对含有不合格特性的产品的交付。

偏离许可 deviation permit 产品实现前,对偏离原规定要求的许可。

注:偏离许可通常是在限定的产品数量或期限内并针对特定的用途。

“合格”(符合)相关概念及其关系见图 8-15。

职责:批准:管理者代表;管理:质量部;执行:质量部、生产部、资材部。

程序:不合格品的控制程序见图 8-14。

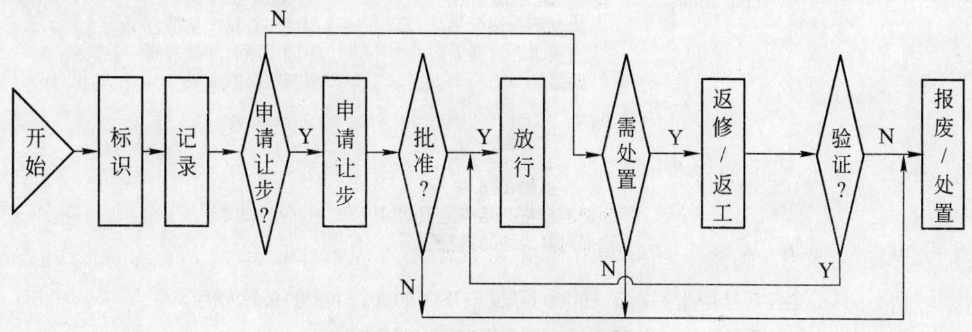

图 8-14 不合格品控制流程图

记录：

（1）不合格处置记录；

（2）报废记录。

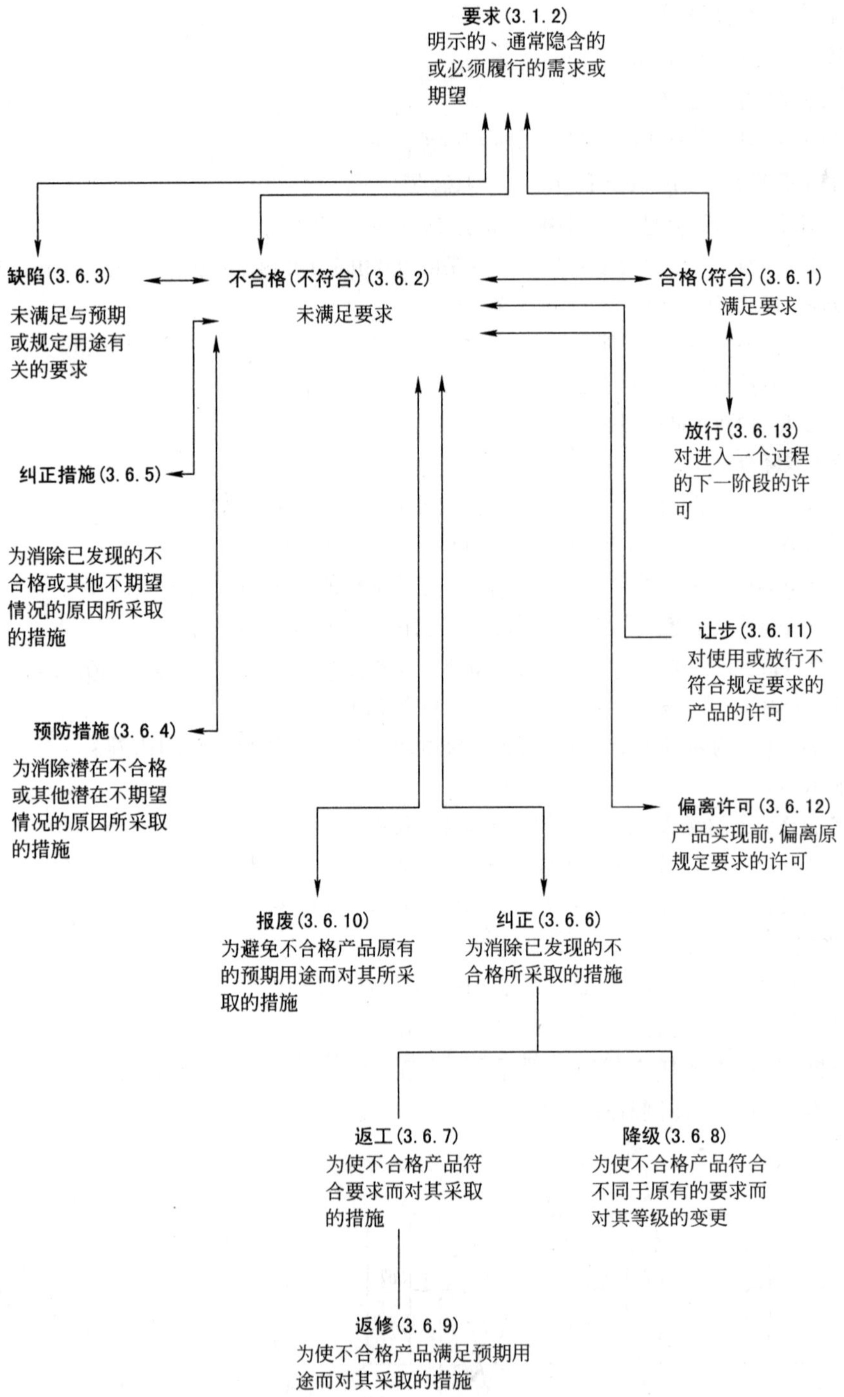

要求(3.1.2)
明示的、通常隐含的或必须履行的需求或期望

缺陷(3.6.3)
未满足与预期或规定用途有关的要求

不合格(不符合)(3.6.2)
未满足要求

合格(符合)(3.6.1)
满足要求

放行(3.6.13)
对进入一个过程的下一阶段的许可

纠正措施(3.6.5)
为消除已发现的不合格或其他不期望情况的原因所采取的措施

让步(3.6.11)
对使用或放行不符合规定要求的产品的许可

预防措施(3.6.4)
为消除潜在不合格或其他潜在不期望情况的原因所采取的措施

偏离许可(3.6.12)
产品实现前，偏离原规定要求的许可

报废(3.6.10)
为避免不合格产品原有的预期用途而对其所采取的措施

纠正(3.6.6)
为消除已发现的不合格所采取的措施

返工(3.6.7)
为使不合格产品符合要求而对其采取的措施

降级(3.6.8)
为使不合格产品符合不同于原有的要求而对其等级的变更

返修(3.6.9)
为使不合格产品满足预期用途而对其采取的措施

注：括号中为 GB/T 19000—2008/ISO 9000:2005 的条款序号。

图 8-15 “合格”相关概念图

【不符合项案例】 覆盖 ISO 9001:2008/8.3

不符合项报告1

公司:□□□□□供电开发有限公司		
合同号:□□□□□□	日期:20××.06.01	报告编号:Ⅰ-04/05
依据标准:ISO 9001:2008	违反条款:8.3 不合格品控制	分类:Ⅱ
不符合项描述(包括不符合项对最终产品/服务的潜在影响): 在不合格品记录方面尚有问题点如: □□路架空线移改工程没有记录施工过程中发生的不合格/问题,未按要求保持不合格性质以及随后采取任何措施的记录,不能为数据分析和改进提供必要的信息。 以上不符合 ISO 9001:2008 标准 8.3 条不合格品记录的要求。 受审核方签字 □□□　　审核员签字 □□□		
请留意:纠正措施实施情况应在一个月内(Ⅱ类或一般 NCR)或两个月内(Ⅰ类或严重 NCR)验证。		

注:本表格不完整,未包括其余栏目,请参照使用时注意。

不符合项报告2

公司:□□□□□供电安装有限责任公司		
合同号:□□□□□□□	日期:20××.10.03	报告编号:Ⅰ-04/04
依据标准:I ISO 9001:2008	违反条款:8.3 不合格品控制	分类:Ⅱ
不符合项描述(包括不符合项对最终产品/服务的潜在影响): 在施工问题处置方面还有不足之处,如: 1) 20××年 9 月 5 日安全质量科发出检查□□□改造工程"安全质量存在问题通知单",提出五个问题;但没有证据表明问题已经整改并解决; 2) □□110 kV 线路工程验收复检问题清单提出 27 个问题需要解决,但是没有"工程问题处理单"说明处理结果和进展,而实际已经通电移交。 以上不符合 ISO 9001:2008 标准 8.3 条对不合格品控制的要求。 受审核方签字 □□□　　审核员签字 □□□		
请留意:纠正措施实施情况应在一个月内(Ⅱ类或一般 NCR)或两个月内(Ⅰ类或严重 NCR)验证。		

注:本表格不完整,未包括其余栏目,请参照使用时注意。

不符合项报告3

公司:□□□□□塑料制品有限公司		
合同号:□□□□□□	日期:20××.04.16	报告编号:S-06/06
依据标准:ISO 9001:2008	违反条款:8.3 不合格品控制	分类:Ⅱ
不符合项描述(包括不符合项对最终产品/服务的潜在影响): 在对不合格品返工后处置和记录方面还有问题点如: 4 月 15 日拉丝车间检验员,没有记录不合格返工的类型和数量,也没有记录表明返工后再次检验的结果,不能为数据分析和改进提供必要的数据。 以上不符合 ISO 9001:2008 标准 8.3 条关于不合格品控制和记录的要求。 受审核方签字 □□□　　审核员签字 □□□		
请留意:纠正措施实施情况应在一个月内(Ⅱ类或一般 NCR)或两个月内(Ⅰ类或严重 NCR)验证。		

注:本表格不完整,未包括其余栏目,请参照使用时注意。

8.3.2 不符合控制

【标准原文】 覆盖 EMS ISO 14001:2004 /4.5.3/OHSAS 18001:2007/4.5.3.2

EMS:ISO 14001:2004

> **4.5.3 不符合、纠正和预防措施**
>
> 组织应建立、实施并保持一个或多个程序,用来处理实际或潜在的不符合,采取纠正措施和预防措施。程序中应规定以下方面的要求:
>
> a) 识别和纠正不符合,并采取措施减少所造成的环境影响;
>
> b) 对不符合进行调查,确定其产生原因,并采取措施避免再度发生;
>
> c) 评价采取预防措施的需求;实施所制定的适当措施,以避免不符合的发生;
>
> d) 记录采取纠正措施和预防措施的结果;
>
> e) 评审所采取的纠正措施和预防措施的有效性。
>
> 所采取的措施应与问题和环境影响的严重程度相符。
>
> 组织应确保对环境管理体系文件进行必要的更改。

OHSAS 18001:2007

> 4.5.3.2 不符合、纠正措施和预防措施
>
> 组织应建立、实施并保持一个或多个程序,用来处理实际或潜在的不符合,并采取纠正措施或预防措施。
>
> 程序中应规定下列要求,以便:
>
> a) 识别并纠正不符合,并采取措施以减少对职业健康安全的影响;
>
> b) 调查不符合情况,确定其原因,并采取措施以防止再度发生;
>
> c) 评价采取预防措施的需求,实施所制定的适当预防措施,以预防不符合的发生;
>
> d) 记录并沟通所采取纠正措施和预防措施的结果;
>
> e) 评价所采取纠正措施和预防措施的有效性。

【认知理解】 覆盖 EMS ISO 14001:2004/4.5.3/OHSAS 18001:2007/4.5.3.2

根据 ISO 9000:2005/3.6.1/2 定义:合格即符合,表示满足要求;不合格即不符合,表示不满足要求,两种说法表达的意思相同。或者是产品,或者是管理活动,通过监视测量其结果与规范(标准)比较之后可以被赋予某种监视测量状态,或者合格(满足要求)/不合格(不满足要求);也可以说符合/不符合。那么到底是用称谓"合格/不合格"呢,还是称谓"符合/不符合"呢?习惯用法,通常取决于场合和监视测量对象如何。当产品作为对象描述其监视测量状态时,用"合格/不合格"多些;当运作的体系及其要素作为对象描述其监视测量状态时,用"符合/不符合"多些。在本章节我们不妨也做这样的约定,显然按这个约定,状态描述的区别,并未改变其内涵,而只是区别了使用的场合而已。

通过监视测量,验证体系环保或职业健康安全的合规性、质量、环境或职业健康安全绩效、整合管理体系各项目标指标的实现,包括体系审核的结果,我们更多使用符合/不符合来

描述其状态。

在环境管理体系，未满足要求，就是偏离环境法律法规，环境管理体系要求包括方针目标和过程控制的要求等，其结果可能造成污染排放超标准，资源的浪费等，我们使用不符合来描述其状态。

在职业健康安全管理体系，未满足要求，就是任何与作业标准、程序、法规、管理体系绩效等的偏差，其结果能够直接或间接导致伤害或职业病、财产损失、工作环境破坏或这些情况的组合，我们也使用不符合来描述其状态。

但是由于使用场合不同，处置要求也相应有所调整。

不合格品出现的数量和条件不同，并不笼统要求所有不合格品均要求采取纠正措施；但是不符合项，则应当要求采取纠正措施。

这是因为不合格品产生的原因可能是随机的，不是管理控制的问题所致；而不符合则大多是管理问题所致。当过程处于稳定的呈现正态分布时，可以称为过程处于受控状态。此时也会产生2.73% 的不合格品。另外，即使过程不稳定，也不是随便拿来个不合格品，而也应当在统计分析中选择“关键的少数”再分析原因，采取纠正措施。

如果不符合实际上并没有发生，只是处于潜在的情况，即有可能发生，称为潜在不符合，此时应当评估一下是否需要采取预防措施；如果有必要，目前也可能作到则应当采取预防措施；如果有必要，但是目前尚做不到，则应当考虑重新选择实施方案；如果根本就没有必要，发生问题（不符合）的风险是可以接受的，则不必采取预防措施。

无论纠正措施还是预防措施，均应评估其可行性，并且跟进验证其有效性，直至达到预期目的为止。

【操作运行】 **覆盖** EMS ISO 14001:2004/4.5.3/OHSAS 18001:2007/4.5.3.2

目的：通过对已经发生的不符合项/潜在的不符合项进行原因分析，针对原因采取纠正措施/预防措施，防止再次发生/发生，并推动持续改进。

范围：环境管理体系和职业健康安全管理体系的不符合项，包括潜在的不符合项，纠正措施，预防措施。

职责：总指挥：管理者代表；管理：环境部（审核组）/健安部（审核组）；执行：各个责任部分；作业：审核组。

程序：见图 8-16，图 8-17。

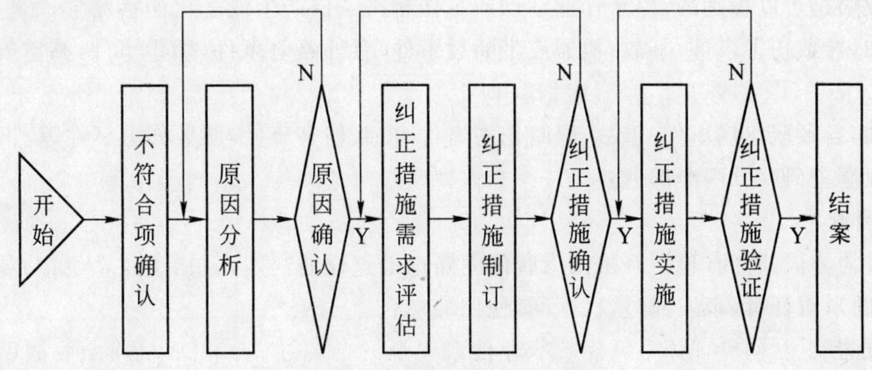

图 8-16 不符合控制流程图(1)

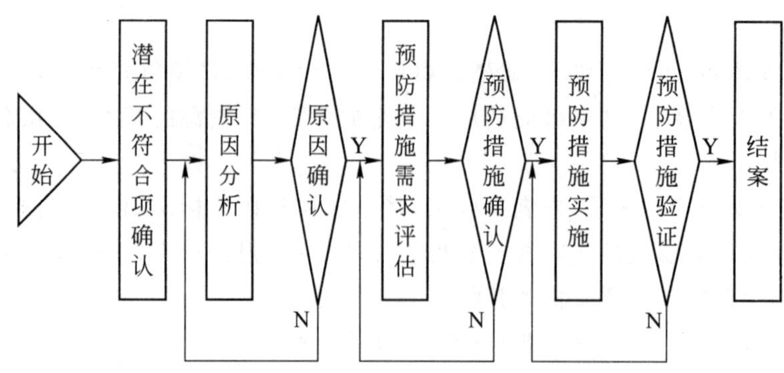

图 8-17　不符合控制流程图(2)

记录：

(1) 不符合项和纠正措施(包括验证)记录；

(2) 潜在不符合项和预防措施(包括验证)记录。

8.3.3　事故控制

【标准原文】　覆盖 OHSAS 18001:2007/4.5.3.1

> **4.5.3.1　事件调查**
>
> 组织应建立、实施并保持一个或多个程序，用于记录、调查及分析事件，以便：
>
> a)　确定可能造成或引发事件的潜在的职业健康安全管理的缺陷或其他原因；
>
> b)　识别采取纠正措施的需求；
>
> c)　识别采取预防措施的机会；
>
> d)　识别持续改进的机会；
>
> e)　沟通事件的调查结果。
>
> 事件调查应及时进行。
>
> 任何识别的纠正措施需求或预防措施的机会应该按照4.5.3.2 的相关规定处理。

【认知理解】　覆盖 OHSAS 18001:2007/4.5.3.1

事件就是导致事故或职业病的情况。所谓事故是造成伤害、职业病、死亡的意外情况；所谓职业病是可以识别的，由于作业活动或工作相关条件产生或恶化的状况。

例如，导致伤害事件/事故：机器皮带断裂事件，意外停电事件，烟尘事件，高空安全带事件等。

例如，导致职业病事件/事故：眼睛伤害事件，皮肤伤害事件，肢体伤害事件等。

一般调查研究分两个部分：

1. 调查

事实的构成：时间(包括开机前后时间间隔)，地点(设备号，人员，工位，人员与危险源距离，现场图)，责任者，事发经过，次生问题。

2. 分析

分析验证事件产生的原因。

事件调查是事故预防的基础和前提，确保事件调查正确方向是十分重要的。为此要求：

(1) 事件调查坚持客观性，避免主观臆断。

重事实不重口供，把事件调查任务定为查找事故的原本过程，事实和原因。事件不是人们愿意或故意造成的，事件的发生是人的行为过失或科技、设备、设施缺陷所致。事件，包括事故是反面教材，也是健康安全工作的宝贵财富，广泛吸取事故教训，总结血的经验，认识规律性的东西，改进健康安全工作，预防未来事故，远比追究和认定事故个人责任重要得多。也只有这样才能充分尊重事实，充分揭示事实的本来面貌。

(2) 事件调查坚持科学性，结论经得起专家推敲和历史考验的。不可以现任领导一个说法，下任领导又一个说法。确保事件调查的有效性。

(3) 事件调查坚持公正性。专门调查人员，必要时聘请有关的专家参加，或进行专业检测，调查组工作实施开放式，避免偏听偏信，一言堂，防止主观片面性。

(4) 事件调查坚持公开性。防止暗箱操作。

根据调查结果，针对危险源采取措施，包括改善粉尘等恶劣环境，改进基础设施设备安全性能，消除危险源，采取空间隔离或设置安全距离，采取工作时间交错等方式，增加休息时间和调整高温，高空作业时间，以及改善个人防护用具用品，例如头面部防护、皮肤防护、全身防护等。

采取措施后，对于实施效果也要监测，以便验证其有效性，并提供进一步改进的数据。对于没有效果的措施，应当重新研究制订新的措施；对于有效的措施，应当列入永久性文件加以规定，以便保证其安全措施的传承性。

国外专业调查指出，“对 297 家公司 175 万件事故的统计表明，每 600 个未遂事故就可能造成 1 次重大事故；每 10 个轻伤就可能造成 1 次重伤以上事故”。这里的未遂事故，就是虚惊事件。可见事件的调查研究赶在事故发生之前非常关键，对于事故预防至关重要。

【操作运行】 覆盖 OHSAS 18001:2007/4.5.3.1

目的：通过事件调查，针对危险源采取措施，预防事故和职业病发生。

范围：(1) 造成伤害、职业病和死亡的意外事故；

(2) 其结果未造成伤害、职业病和死亡的虚惊事件；

(3) 导致应急响应的事件。

定义：事件　incident　导致或可能导致事故或职业病(3.8)的情况。

注 1：造成伤害、职业病、死亡的意外情况称为事故。

注 2：其结果未产生伤害、职业病、死亡称为虚惊事件(“naer-miss”)事件包括事故。

注 3：紧急情况是事件的特殊类型。

职责：总指挥：管理者代表；管理：健安部(行政部)；执行：各个责任部门；作业：专业小组。

程序：见图 8-18。

记录：

(1) 事件调查记录；

(2) 事件分析记录；

(3) 预防措施及其验证记录；

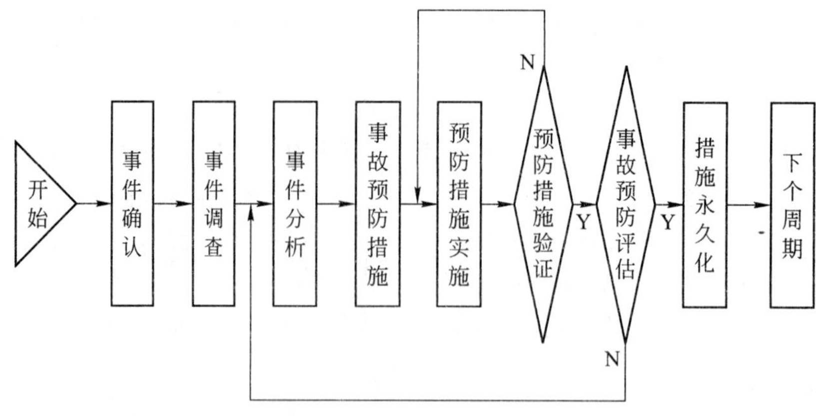

图 8-18 事故控制流程图

(4)预防措施评估记录;

(5)事故职业病防范永久性制度建立记录。

8.3.4 应急准备响应

【标准原文】 IMS(覆盖 QMS ISO 9001:2008/8.3,EMS ISO 14001:2004/4.4.7,OHSAS 18001:2007/4.4.7)

EMS:ISO 14001:2004

> **4.4.7 应急准备和响应**
>
> 组织应建立、实施并保持一个或多个程序,用于识别可能对环境造成影响的潜在的紧急情况和事故,并规定响应措施。
>
> 组织应对实际发生的紧急情况和事故做出响应,并预防或减少随之产生的有害环境影响。
>
> 组织应定期评审其应急准备和响应程序。必要时对其进行修订,特别是在事故或紧急情况发生后。
>
> 可行时,组织还应定期试验上述程序。

OHSAS 18001:2007

> **4.4.7 应急准备和响应**
>
> 组织应建立、实施并保持一个或多个程序,用于:
>
> a) 识别可能发生的紧急情况;
>
> b) 响应此类紧急情况。
>
> 组织应对实际发生的紧急情况和事故做出响应,以预防或减少此类事故或紧急情况对职业健康安全所造成的后果。策划紧急程序时,组织应考虑相关方的需求,如紧急情况发生后可能的服务提供者或邻居;如可行,组织应定期试验上述紧急情况程序,适当时,包括相关方。
>
> 组织应定期评审其紧急准备和响应程序,必要时对其进行修订,特别是在定期试验和紧急情况发生之后(见 4.5.3)。

【认知理解】 (IMS 覆盖 QMS ISO 9001:2008/8.3,EMS ISO 14001:2004/4.4.7,OHSAS 18001:2007/4.4.7)

ISO 14001 和 OHSAS 18001 都有一个要素 4.4.7 应急准备和响应,在整合管理体系中,与 ISO 9001 哪个要素归类在一起?

这个归类涉及组织运作控制的指导思想,涉及组织对于事故的认知,涉及过程控制的有效性和应急反应的力度。我看到有三种情况:初看起来都有一些道理,但是管理手册的结构大不相同,自然会对于管理体系的运作产生不能忽略的影响。

(1) 归类于为过程控制(ISO 9001/7.5),见《质量环境职业健康安全一体化管理体系基础知识》(中国计量出版社)和《典型行业 ISO 14001:2004 换版与运行指南》(中国标准出版社)。

这样归类,可能由于 4.4.6 运行控制后面紧接着就是 4.4.7 的缘故。运行就是主要活动,应急也是主要活动,把主要活动都放在一起,有什么不可以?

(2) 归类于为策划过程(ISO 9001/5.4),见 DL/T 1004—2006《质量职业健康安全和环境整合管理体系规范及使用指南》(中国电力出版社)。

这样归类可能是因为重点理解时间概念"准备"上,既然是准备,自然是在时序上要往前推;策划就是事先要做的事情。

(3) 归类于为不合格控制(ISO 9001/8.3),见 ISO 14001:2004 附录 B-1/B-2 表、OHSAS 18001:2007 附录 A 表。因为标准明明白白,划归 8.3 不合格品控制。显然只有这样才与标准的归类一致。

表 8-5 不合格等术语比较表

	不合格	不符合	事故	事件
定义	未满足要求	未满足要求	造成死亡疾病伤害损坏或其他损失的以外情况	导致或可能导致事故的情况
准则	检验试验规范	体系要求,法律等	按损失衡量	按风险评价
场合对象	QMS 主要针对产品或其特性指标而言,也可以描述资源性的事物的状态	QMS,EMS,OHSAS 主要用来描述管理行为与标准条款对照的结果	OHSAS(QMS,EMS) 指危险源失控的意外情况,已经造成安全健康问题和损失	OHSAS 导致或可能导致事故的情况
程度	轻微,严重,致命	轻微(二类),严重(一类)	一般,重大,特大	风险
处置	评定后处置: 返工/返修/报废/让步接受	纠正;防止问题扩大,尽可能减少和降低问题的影响	立即处置:见应急措施	根据事件的风险评估决策
应急	一般不需要	一般不需要	需要	取决于风险级别
纠正措施	一般不需要 如果出现趋势性和管理问题,过程失控情况时,则要求:防止再次出现不合格	需要:防止再次出现不符合	需要:防止再次发生/出现事故	需要:防止再次发生/出现事故,或降低事故风险
预防措施	一般不需要	一般不需要 当出现潜在不符合时则需要	取决于评估结果	取决于评估结果

归类哪个要素到底有没有关系？如果有关系，又有什么关系？随便设置又有什么弊端呢？合理设置又有什么益处呢？进一步分析如下。

(1) 首先看究竟什么情况下需要应急响应？显然是当系统出现非正常运行时。而系统正常运行的任务是确保运行控制的特性指标在正常的范围波动，希望生产更多合格品，偶然发现出现异常倾向和苗头时及时调整。而应急响应，完全不是为了生产更多合格品，而是面对系统异常甚至失控，要尽可能减少损失。显然不是在正常运行控制中要解决的问题。把应急响应放到过程运行控制中很牵强。过程处于受控状态和失控状态是两种截然不同的状态。这两种过程状态必然需要两种截然不同的管理行为。不应当是把应急响应的前提——事故等视为一种“常态”对待和处置，不应看作属于过程控制“常态”的管理和处置方法应当解决的问题。换句话说，不应当把事故出现看作是过程控制的正常的现象。如果这样对待则完全丧失了应急的意义。而这种认识往往是事故频发的思想根源。过程处于受控状态，虽然会出现波动，但是并没有处于异常范围；虽然会出现不合格品，但是人员设备是安全的并没有发生事故，也没有污染排放失控造成重大环境影响的情况出现。决不能同发生事故同日而语。发生事故是过程失控的极端特殊情况，不合格品大量出现、设备损坏、人员伤亡、大量污染无组织排放，不符合事件和事故已经发生了。这时系统的损失不是按照统计规律被限制在很小的水平，而是以几何级数迅速膨胀，这时的管理行为目的是控制系统迅速膨胀的损失，这时的管理行为必须急速作出超越常规的应对反应；这种应对反应从目的、人员组织、资源调配、运行程序上都会大大区别于日常的过程控制。此外，应对事故灾难通常需要许多跨专业的知识和技能，也是过程人员不具备的，因为正常情况下需要的不是这样的专业知识和技能。

应急响应的启动，是万不得已的事情。宁可把工作做在前面，避免事故的发生。纵然事故多发的企业，仍然不应视事故为“常态”。视事故成为“常态”，就会没完没了地反复处理事故而心安理得，这完全是一种恶性循环的情况。系统事故风险度极高，就不能继续作业，应当停止作业，来解决降低事故风险问题，直到风险降低到可以接受为止。

因此，应急响应不归类于主过程或运行控制，更有利于过程控制的专一性；过程控制是很复杂的，因素很多，需要专业人员集中精力搞，才能搞好；搞得好也自然会减低事故风险，避免各种极端情况的出现，而不是时刻准备着应付事故风险。

(2) 应急响应是策划时要解决的问题么？也不是。PDCA 四个环节，是我们把系统置于可持续发展框架下的工具。每个要素都存在持续改进的问题，因此每个要素都存在这四个环节。应急响应过程如同需要其他三个环节一样需要策划 P 环节，而不是应急响应属于策划环节。就如同我们不应把需要 PDCA 四个环节的任何过程归结为其中任何环节一样，也不应归类于策划 P 的环节。PDCA 四个环节是每个过程都要求进入的改进循环，就不应把任何过程归类于其中。显然应急响应在策划要素描述也是十分牵强。应急响应不是策划的要求和方法，它是具有管理对象管理方法的具体管理行为。应急响应并不局限于高层管理者。应急响应，是基于已经发生的事件或事故。一般均与运作现场联系十分紧密，与具体作业人员的作业联系非常紧密。也需要经常进行演练。尤其不能误解为发生事故之后，方才策划；这样不是绝对不成，但很可能太晚了。这时已经不是策划，而是启动策划好的程序；不是策划，最多是及时应变。因此，不归类于策划环节更好些。

上述两种做法不仅在概念上逻辑上有失合理性，在运行上也不顺手，在大流程上有支解体系之嫌。

(3) 归类于不合格/不符合控制,这样处理是否仅仅是为了与标准的附表一致吗?其合理性在什么地方呢?

应急响应,是在出现事故以后一种迅速补救活动,以便控制和减少损失。因此是不合格/不符合的程度极其严重甚至出现极端情况后,组织被动/被迫不得已采取的紧急行动。归类于不合格控制还是比较合适的。

俗话说,一把钥匙开一把锁。过程处于受控状态和失控状态是两种截然不同的状态。这两种截然不同的状态必然需要两种截然不同的管理行为来应对。本来事故就是不合格/不符合的极端情况,在处置上也自然是在不合格/不符合处置的基础上叠加进一步的要求。为了防止不合格品混入合格品中,需要管理行为加以干涉/隔离。如同不合格/不符合处置需要与主流程分离,与过程控制区别开来一样,事故处置更应与主过程区别开来。也正因为事故属于不合格/不符合的极端情况,所以当事故发生以后启动应急响应,需要突破常规的流程,集中必要的资源,立即采取超常规做法进行处置,以便防止事故继续扩大范围,尽可能降低损失;迅速抢救受伤人员,并使安全受到威胁的人员有序撤离危险区域。另外事故的后续的活动也是与纠正措施联系在一起的,其中有许多鉴别和评估的环节,因此与不合格/不符合要素归类于一起,是较为适合的管理方式和使得流程更加顺畅的选择。

表 8-6 应急准备/响应要点一览表

灾害事故类型	预防	应急准备	应急响应
大批不合格品发出 大批不合格品退货 给顾客造成损失巨大	QMS 过程控制	1) 资源准备(人员) 2) 流程准备 3) 顾客沟通	1) 顾客沟通 2) 不合格品处置 3) 紧急措施 4) 善后和改进
火灾	IMS 火灾危险源控制	1) 消防组织/人员到位 2) 消防器材设施合格 3) 应急响应演练 4) 危险/化学品远离火源	1) 局部灭火 2) 报警 3) 逃生/撤离物品 4) 灭火 5) 善后和改进
地震	IMS 地理环境历史建筑防震	1) 危房加固 2) 个人生活品储备 3) 抗震物资准备 4) 应急演练 5) 次生灾害预防	1) 报告 2) 逃生/撤离 3) 救援 4) 安置 5) 善后和灾后重建
台风	IMS 台风历史设施防台风	1) 危房加固 2) 个人生活品储备 3) 抗台风物资准备 4) 应急演练 5) 次生灾害预防	1) 报告 2) 撤离海上(水上)/露天作业 3) 救援/关闭门窗/收回悬挂物 4) 安置/保护加固露天设施器材 5) 善后和灾后重建
压力容器爆炸	IMS 安全部件维护保养/更新安全操作	1) 安全部件检修 2) 人员/物资转移计划 3) 应急演练 4) 次生灾害预防	1) 报告 2) 撤离人员/物资 3) 抢救 4) 善后处置改进

续表 8-6

灾害事故类型	预防	应急准备	应急响应
化学品泄露	EMS/OHSAS 防泄露措施	1）按 MSDS 要求培训/演练	1）按 MSDS 要求处置 2）报告
大量污染排放	EMS 排污过程控制环保设施维护	1）监测时间间隔缩短 2）应急措施演练 3）应急物品/工具准备	1）报告 2）紧急处置/检测强度加大 3）善后与改进
人员肢体伤害	OHSAS 设备维护保养安全操作	1）人体消毒/包扎用品准备 2）止血包扎应急处置演练	1）报告/120 2）应急处置 3）医院抢救
人员触电伤害	OHSAS 触电保护措施安全作业/标识	1）人体消毒/包扎用品准备 2）应急处置演练	1）报告 2）切断电源/撤离/隔离/紧急处置 3）医院抢救
人员中暑	OHSAS 高温作业防护改善作业条件	1）中暑药物配备 2）人员中暑急救训练	1）报告 2）撤离高温区/紧急处置 3）医院抢救
人员冻伤	OHSAS 低温作业防护改善作业条件	1）人体解冻药物/包扎用品准备 2）冻伤应急处置演练	1）报告 2）冻伤应急处置 3）医院抢救
人员食物中毒	OHSAS 饮食卫生食堂培训	1）解毒用品药物配备 2）中毒急救培训	1）报告 2）紧急处置 3）医院抢救

总之，当不合格/不符合发展到事故的状态时，过程控制性质产生突变。此时管理者必须意识到需要迅速改变管理行为、管理方式。因为事故具有突发生，所以必须事先策划应急预案，作好应急准备；因为事故具有危害性，所以必须事先配备专业人员，由专业人员运用专业的方法进行有序处置；因为事故具有时效性，就来不得半点怠慢迟缓，必须在尽可能短的时间内立即处置，隔离，抢险/抢救，以防止危害范围迅速扩大，通过灾害控制，把损失降到尽可能低的水平。

【操作运行】 IMS(**覆盖** QMS ISO 9001:2008/8.3，EMS ISO 14001:2004/4.4.7，OHSAS 18001:2007/4.4.7.7)

目的：确保突发事故扩大的风险控制有效，将损失尽可能降低。

范围：火灾；化学品泄露；设备事故；质量事故；人身(伤残和中毒)事故；自然灾害。

定义：(略)

职责：总指挥：紧急预案明确的高层管理者；

管理：环境部(行政部)/健安部(管理部)/质量部；

执行：各个责任部门；

作业：紧急预案明确的专业组织(例如义务消防队)。

程序：见图 8-19。

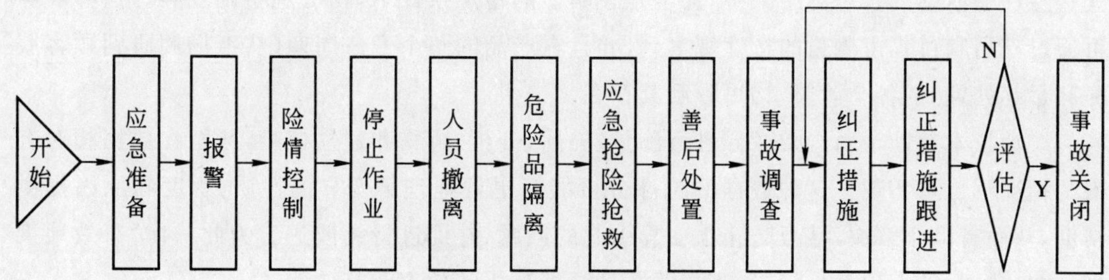

图 8-19 应急准备和响应流程图

注:报警:包括 110/120,组织内部的管理系统值班电话。

事故调查:根据职业健康安全主管行政当局要求进行。

事故关闭:每项事故处置结束,以纠正措施执行并达到预期效果为标志。

记录:

(1) 事故记录;

(2) 人员伤残报告;

(3) 财产损失报告;

(4) 事故调查报告;

(5) 纠正措施记录;

(6) 纠正措施验证记录;

(7) 纠正措施关闭记录。

8.4 数据分析

【标准原文】 覆盖 ISO 9001:2008/8.4

8.4 数据分析

组织应确定、收集和分析适当的数据,以证实质量管理体系的适宜性和有效性,并评价在何处可以持续改进质量管理体系的有效性。这应包括来自监视和测量的结果以及其他有关来源的数据。

数据分析应提供有关以下方面的信息:

a) 顾客满意(见 8.2.1);

b) 与产品要求的符合性(见 8.2.4);

c) 过程和产品的特性及趋势,包括采取预防措施的机会(见 8.2.3 和 8.2.4);

d) 供方(见 7.4)。

【认知理解】 覆盖 ISO 9001:2008/8.4

应用统计技术可帮助组织了解变异,从而有助于组织解决问题并提高过程控制的有效性和效率。这些技术也有助于更好地利用获得的数据进行决策。

在许多活动的状态和结果中，甚至是在明显的稳定条件下，均可观察到变异。这种变异可通过产品和过程可测量的特性观察到，并且在产品的整个寿命周期（从市场调研到顾客服务和最终处置）的各个阶段，均可看到其存在。

统计技术有助于对这类变异进行测量、描述、分析、解释和建立模型，甚至在数据相对有限的情况下也可实现。这种数据的统计分析能对更好地理解变异的性质、程度和原因提供帮助，从而有助于解决，甚至防止由变异引起的问题，并促进持续改进。为此，科学有效地策划、收集数据，认真地做好记录，直接关系到数据分析的效率和有效性。

著名质量专家朱兰（Julan）博士把经济学帕累托（Parato）原理应用于质量管理中，认为在影响产品质量的诸多缺陷中，必然有比例较大“关键的少数”和比例较小的次要的多数；解决问题，首先从“关键的少数”着手。朱兰定理在中国得到广泛的传播和应用。这种数据收集和统计分析工作，应事先策划和做好基础工作，否则也难以奏效。

有一天，顾问老师讲完课，问大家有什么问题，一位品管课的检验员站起来说，她做了排列图，但是并没有关键的少数，“是否朱兰博士的说法不具有普遍性，还是不适合我们电子厂的具体情况呢？”

原来，不是朱兰定理的问题，而是检验员的统计工作出了问题。她搜集四个车间的数据，四个车间对同一问题点分别用四个名称，统计时列为四个问题点。因此占 81% 的比重，变成四个 20% 左右的比重。实际上把关键的少数（这同一问题点）切割了，掩盖了。很多企业的经验是首先做统计分析的基础工作，统一定义问题点，就不会出现同一问题点分别以不同名称分别统计的问题。如果能科学编码，就更方便沟通和准确对策，更具有可追溯性，也会使数据分析更具有效率。例如某工厂就是先将问题点进行定义、编码后，做出排列图，如图 8-20 所示。

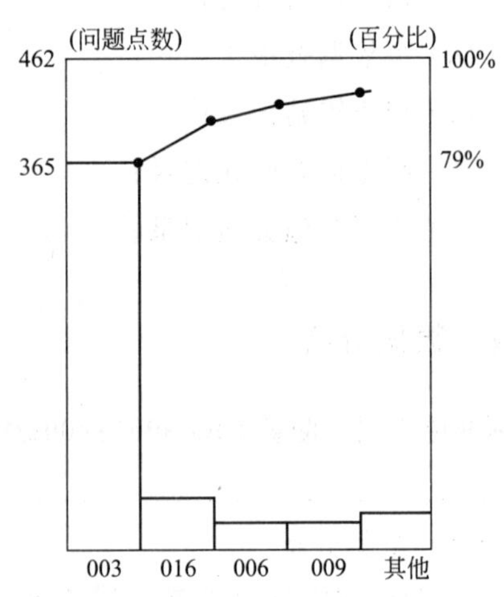

图 8-20　某工厂问题点排列图例

数据分析的工具和技术参阅 ISO/TR 10017:2003(GB/Z 19027—2005)：

(1) 调查表：系统等数据，以获及时事实的明确的认识；

(以下适用于非数字数据的工具和技术)

(2) 分层图：按组归类；

(3) 水平对比法：识别改进机会；

(4) 头脑风暴法：识别改进机会；

(5) 因果图：分析因果关系，协助分析原因，寻找措施；

(6) 流程图：描述过程；

(7) 树图：分析要素关系；

(以下适用于数字数据的工具和技术)

(8) 控制图:论断、控制和确认过程;

(9) 直方图:直观显示数据波动形状;

(10) 排列图:凸显主要的问题或改进机会;

(11) 散布图:发现和确认两组数据之间的关系。

【资料链接】(引自 ISO 9004:2000)

8.4 数据分析

决策应当基于对测量所获得的数据和按照本标准规定所收集的信息的分析。组织应当分析各种来源的数据,以便对照组织的计划、目标和其他规定的指标评定组织的业绩并确定改进的区域,包括相关方可能的利益。

基于事实决策要求进行有效和高效的活动,如:

——有效的分析方法;

——适宜的统计技术;

——基于逻辑分析的结果,权衡经验和直觉,作为决策并采取措施。

数据分析有助于确定现有或潜在问题的根本原因,因而可指导组织作出进行改进所需的纠正和预防措施的决定。

为使管理者对组织的总体业绩作出有效的评价,组织应当汇总和分析来自各部门的数据和信息。组织整体业绩的表达方式应当适合组织的不同层次。

组织可使用分析结果,确定:

——趋势;

——顾客的满意程度;

——其他相关方的满意程度;

——过程的有效性和效率;

——供方的贡献;

——组织业绩改进目标的完成情况;

——质量经济性、财务和与市场有关的业绩;

——业绩的水平对比;

——竞争能力。

【操作运行】 覆盖 ISO 9001:2008/8.4

目的:通过确定、收集和分析适当的数据,证实质量管理体系的适宜性和有效性,并凸显薄弱环节,以寻求持续改进机会。

范围:(1) 质量目标;

(2) 统计分析不合格/缺陷,及其产生原因。

职责:批准:管理者代表;管理:质量部;执行:各部门。

程序:数据分析程序见图 8-21。

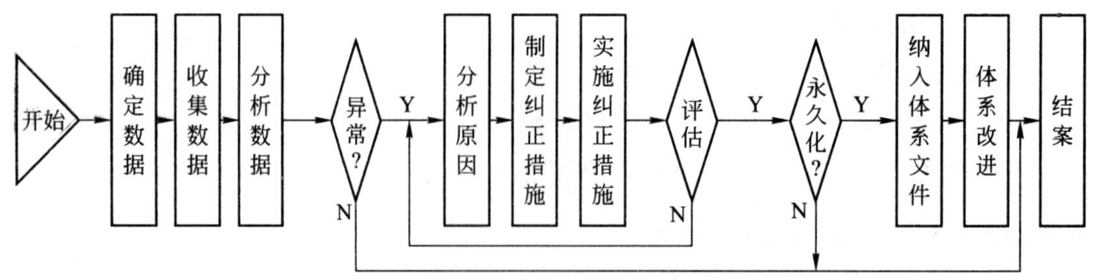

图 8-21 数据分析流程图

记录：

(1) 数据分析表/图；

(2) 纠正措施记录(可存入 8.5.2)。

【不符合项案例】 覆盖 ISO 9001:2008/8.4

不符合项报告 1

公司:□□□□□□供电局		
合同号:□□□□□□□	日期:20××.05.25	报告编号:Ⅰ-05/05
依据标准:ISO 9001:2008	违反条款:8.4 数据分析	分类:Ⅱ
不符合项描述(包括不符合项对最终产品/服务的潜在影响): 在数据分析方面还有个别问题,如: 抢修中心有大量的事故,故障和问题的记录,但是没有进行分类统计,以便找出主要问题并分析原因采取对策寻求持续改进。 以上不符合 ISO 9001:2008 标准 8.4 条有关数据分析的要求。 受审核方签字 □□□　　审核员签字 □□□		
请留意:纠正措施实施情况应在一个月内(Ⅱ类或一般 NCR)或两个月内(Ⅰ类或严重 NCR)验证。		

注:本表格不完整,未包括其余栏目,请参照使用时注意。

不符合项报告 2

公司:□□□□□□有限公司		
合同号:□□□□□□□□	日期:20××.03.12	报告编号:SⅠ-02/02
依据标准:ISO 9001:2008	违反条款:8.4 数据分析	分类:Ⅱ
不符合项描述(包括不符合项对最终产品/服务的潜在影响): 在利用数据分析结果方面还有问题,如: 20××年 2 月品管课的问题分析柏拉图表明,轴抽组的螺钉长度错由一月份的 51.5% 上升至二月份的 81.6%;五通组冲孔不良由一月份的 45% 上升为二月份的 73.69%,但是没有证据表明各个班组调查分析原因并采取了对策,没有及时利用数据分析的结果进行改进。 以上不符合 ISO 9001:2008 标准 8.4 条有关持续改进的要求。 受审核方签字 □□□　　审核员签字 □□□		
请留意:纠正措施实施情况应在一个月内(Ⅱ类或一般 NCR)或两个月内(Ⅰ类或严重 NCR)验证。		

注:本表格不完整,未包括其余栏目,请参照使用时注意。

不符合项报告 3

公司：□□□□□有限公司		
合同号：□□□□□□□	日期：20××.07.23	报告编号：C-03/03
依据标准：ISO 9001:2008	违反条款：8.4 数据分析	分类：Ⅱ
不符合项描述（包括不符合项对最终产品/服务的潜在影响）： 在数据分析方面尚有问题，如： 20××年 6 月数据分析表明 PCB 的产品 AM325MEGA-F 的不良率 3.43%，已经超过了目标值 2%，但是没有证据表明责任部门对持续改进的机会进行了评估和采取相应对策。 以上不符合 ISO 9001:2008 标准 8.4 条有关持续改进的要求。 受审核方签字 □□□ 审核员签字 □□□		
请留意：纠正措施实施情况应在一个月内（Ⅱ类或一般 NCR）或两个月内（Ⅰ类或严重 NCR）验证。		

注：本表格不完整，未包括其余栏目，请参照使用时注意。

8.5 改进

8.5.1 持续改进

【标准原文】 覆盖 ISO 9001:2008/8.5.1

> 8.5 改进
>
> 8.5.1 持续改进
>
> 组织应利用质量方针、质量目标、审核结果、数据分析、纠正措施和预防措施以及管理评审，持续改进质量管理体系的有效性。

【认知理解】 覆盖 ISO 9001:2008/8.5.1

袁隆平教授被誉为杂交水稻之父，他的研究工作为全人类解决粮食问题做出了杰出的贡献，也成为当代持续改进的典范。

他在取得三系杂交、二系杂交成果的基础上进行超级杂交的实验：其中一期（1996 年—2000 年）：700 kg/亩；二期（2001 年—2005 年）：800 kg/亩；现在启动了三期（2006 年—2010 年）：900 kg/亩。

当前，全球化和信息革命，大大加快了市场节奏和工业产品更新换代的周期。摩尔定律告诉我们：微型处理机的速度每 18 个月翻一番；吉尔法定律告诉我们：未来 25 年，主干网的带宽每 6 个月增加一倍。企业家思考的突出的问题是：如何继续领跑世界潮流，如何跟上时代的步伐，而不被历史淘汰——持续改进是企业或其他组织永恒的目标。

经验告诉我们，在一个局部改进容易，使之推广到全局就难了；一次改进容易，持续不断改进就难了。有一个电力部门的 QC 小组，调查电网跳闸停电事故，在统计分析的基础上提出改进措施，并取得成效。但是，这个做法没有推广。几年后，这个改进措施也丢到九霄云外了。当初的措施只是临时措施，没有形成制度化的措施，因此这个部门的电网跳闸停电事故依然如故。这表明在没有持续改进机制的环境中，不能对改进进行识别，也不能对改进进行有效管理，更不要说持续不断地改进了。

改进和创新机制的建立，已经不是浪漫的幻想，而是严肃的现实，是时代的要求。

【资料链接】（引自 ISO 9004:2000）

8.5.4　组织的持续改进

为了有助于确保组织的未来并使相关方满意，管理者应当创造一种文化，以使组织内人员都能积极参与寻求过程、活动和产品性能的改进机会。

为使组织内人员积极参与，最高管理者应当营造一种环境来分配权限，从而使组织内人员都得到授权并接受各自的职责，以识别组织业绩的改进机会。通过下述活动可做到这一点：

——确定人员、项目和组织的目标；

——与竞争对手的业绩和最佳做法进行水平对比；

——对改进的成就给予承认和奖励；

——建议计划，包括管理者及时作出的反应。

为了确定改进活动的结构，最高管理者应当对持续改进的过程作出规定并予以实施，这样的过程适于产品的实现和支持过程以及各项活动。为了确保改进过程的有效性和效率，组织应当就以下方面考虑产品的实现和支持过程：

——有效性（如满足要求的输出）；

——效率（如以时间和费用来衡量的单位产品所耗用的资源）；

——外部影响（如法律法规发生变化）；

——潜在的薄弱环节（如缺少能力和一致性）；

——使用更好方法的机会；

——对已策划和未策划的更改的控制；

——对已策划的收益的测量。

组织应将持续改进的过程作为提高组织内部有效性和效率以及提高顾客和其他相关方满意程度的工具。

管理者应当支持将渐进的持续改进活动作为现有过程以及突破性机会的组成部分，以便为组织和相关方带来最大利益。

支持改进过程的输入可包括来自以下方面的信息：

——确认数据；

——过程的投入产出比数据；

——试验数据；

——自我评定的数据；

——相关方明示的要求和反馈；

——组织内人员的经验；

——财务数据；

——产品性能数据；

——服务提供数据。

管理者应当确保产品或过程的更改得到批准、优化、策划、规定和控制，以满足相关方的要求并避免超出组织的能力。附录 B 表述了组织实施持续过程改进的过程。

附录B(引自ISO 9004:2000)

(提示的附录)

持续改进的过程

组织的战略目标应当是对过程进行持续改进,从而提高组织的业绩,使相关方受益。

下面就是对过程进行持续改进的两种基本途径:

a) 突破性项目,即对现有过程进行修改和改进,或实施新过程;它们通常由日常运作之外的跨职能的小组来实施;

b) 由组织内人员对现有过程进行渐进的持续改进活动。

突破性项目通常包含对现有过程进行重大的再设计,并应当包括:

——确定改进项目的目标和框架;

——对现有的过程进行分析并认清变更的机会;

——确定并策划过程改进;

——实施改进;

——对过程的改进进行验证和确认;

——对已完成的改进作出评价,包括汲取教训。

突破性项目应当以有效和高效的方式按照项目管理方法来管理。更改完成之后,新的项目计划应当为过程的持续管理奠定基础。

组织内人员是提供渐进的持续改进信息的最佳来源,并通常参加工作组。组织应当对渐进的、持续的过程改进活动进行控制,以便了解它们的效果。参与改进的组织内人员应当被授予相应的权限、并应当得到与改进有关的技术支持和必需的资源。

通过上述方法之一进行的持续改进应当包括:

a) 改进的原因:识别过程中存在的问题,选择改进的区域,并记录改进的原因。

b) 目前的状况:评价现有过程的有效性和效率。收集数据并进行分析,以便发现哪类问题最常发生;选择特定问题并确立改进目标。

c) 分析:识别并验证产生问题的根本原因。

d) 确定可能解决问题的办法:寻求解决问题的可替代办法。选择并实施最佳的解决问题的办法,即选择并实施能消除产生问题的根本原因以及防止其再发生的解决办法。

e) 评价效果;确认问题及其产生根源已经消除或其影响已经减少,解决办法已产生了作用,并实现了改进的目标。

f) 实施新的解决办法并规范化:用改进的过程替代老过程,防止问题及其根本原因的再次发生。

g) 针对已完成的改进措施,评价过程的有效性和效率:对改进项目的有效性和效率作出评价,并考虑在组织的其他地方使用这种解决办法。

改进过程应当重复用于遗留问题，以及用于为进一步改进过程制定目标和解决办法。

为使组织内人员积极参与改进活动并提高他们的意识，管理者应当考虑以下活动：

——成立小组并由组员选出组长；

——允许组织内人员对他们的工作场所进行控制和改进；

——将培养组织内人员的知识、经验和技能作为组织整个质量管理活动的组成部分。

【操作运行】 覆盖 ISO 9001:2008/8.5.1

目的：确保持续改进质量管理体系的有效性。

范围：

(1) 质量管理体系；

(2) 质量管理体系过程；

(3) 产品和服务。

定义(引自 GB/T 19000—2008/ISO 9000:2005)：

质量改进 quality improvement 质量管理的一部分，致力于增强满足质量要求的能力。

注：要求可以是有关任何方面的，如有效性、效率或可追溯性。

持续改进 continual improvement 增强满足要求的能力的循环活动。

注：制定改进目标和寻求改进机会的过程是一个持续过程，该过程使用审核发现和审核结论、数据分析、管理评审或其他方法，其结果通常导致纠正措施或预防措施。

职责：批准：管理者代表；管理：质量部；执行：各部门。

程序：持续改进程序见图 8-22。

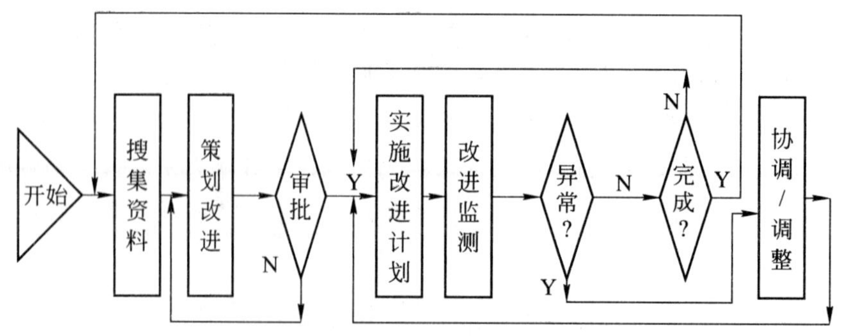

图 8-22 持续改进流程图

记录：

(1) 改进计划；

(2) 改进计划实施记录；

(3) 改进计划实施总结。

8.5.2 纠正措施

【标准原文】 覆盖 ISO 9001:2008/8.5.2

> **8.5.2 纠正措施**
>
> 组织应采取措施，以消除不合格的原因，防止不合格的再发生。纠正措施应与所遇到不合格的影响程度相适应。
>
> 应编制形成文件的程序，以规定以下方面的要求：
>
> a) 评审不合格(包括顾客抱怨)；
>
> b) 确定不合格的原因；
>
> c) 评价确保不合格不再发生的措施的需求；
>
> d) 确定和实施所需的措施；
>
> e) 记录所采取措施的结果(见 4.2.4)；
>
> f) 评审所采取的纠正措施的有效性。

【认知理解】 覆盖 ISO 9001:2008/8.5.2

出了问题，就要有一个解决问题的方案。然而事与愿违时常发生。俗话说“水中捞月”“扑风捉影”，是把现象当成本质；“画饼充饥”，“纸上谈兵”是理论与实际相脱节；“竹篮打水一场空”，是没有抓住主要特性而产生漏洞；而“刻舟求剑”则把主观与客观的矛盾放在相对运动中，阐述一个无效措施的故事，更加发人深省。

我们常常遇到问题而又对策无效，是否也可以从这些成语故事中得到某些启示呢？

“过而不改，是谓过也”(见《论语・卫灵公》)，“过而能改，善莫大焉”(见《左传・宣公二年》)。改过，改弦易辙，记取教训，不再重犯，这正是纠正措施这个管理要素所要求的。这是看似简单，实则不易的事情。这里，区别纠正与纠正措施的不同，也是不可忽视的。纠正是一定要做的，而且应当机立断；但仅仅如此还不够，还应采取纠正措施。纠正和纠正措施的区别见表 8-7。

表 8-7 纠正和纠正措施

	纠正	纠正措施
目的	把损失减到尽可能低	防止不合格再次发生
对象	已发生的不合格	已发生不合格的原因
时效	立即处置	允许有调查分析的时间

不妨分析一下刻舟求剑者的问题：

(1) 时效性差：当不合格事项或意外出现时，应当立即采取行动，防止问题扩大或把损失减到尽可能低。然而大家都急，当事人却不急。江中出事，船靠岸方才行动。

(2) 剑落水位置记录错误：应记江心位置，但当事人却记船体的位置，这个位置相对于水面是运动的。只能返回江心捞剑。

(3) 当事人应当针对剑落江中的原因，采取纠正措施，防止同样问题再次发生。

佛山市一企业总经理说：“我允许犯错误”，“犯错误的学费是一定要交的，但不能重犯。”纠正措施不仅要求纠正有效而且不再重犯。这就是要求纠正措施要素运行有效。

为确保纠正措施的有效性，应主要以下几点：

(1) 问题识别：识别问题的最大障碍是护短。有的管理者追求投诉为零，导致工作人员把顾客投诉当作其他问题处理，比如当作一般往来信息或当作工程变更位置，其结果失去了采取纠正措施的机会，因此当同样情况出现时问题还会发生。所以，识别问题是及时纠正和实施纠正措施的前提。

当然，遇到不合格品就立即采取纠正措施也不必要。过程质量处于受控状态，也会产生不合格品，此种状态下，一般只要对不合格品本身评价，并进行处置就可以了。有一家玩具公司在体系建立初期，曾经针对车间每出现不合格时就采取纠正措施。每天车间都会开出纠正措施要求表10～20张，一个月下来就是厚厚的一叠。品质部人员忙于填写表格，根本没有时间仔细分析，甚至没有时间同车间沟通，穷于应付纸面文章，使不合格原因分析、纠正措施制定、推行和验证都流于形式。自然就不能起到纠正措施的作用。若要从不合格品中寻找改进机会，应当运用统计技术。例如用排列图找出主要的不合格类型，再分析原因，采取纠正措施。这样的纠正措施比随便找一个不合格类型所采取的纠正措施要在降低不合格率方面，效果更显著。

(2) 原因识别：有的管理者不调查、不分析、只凭想象、以罚代管，把对责任者的处理、惩罚当作措施，其结果没有针对原因采取措施，例如没有加强培训，其结果同样的问题还照样出现。原因识别是纠正措施的必要前提。

正如医生治病，如果诊断错误就很危险。现代医学常把慢性脱水病误诊为其他疾病的教训值得引发人们的关注。1980年的一个夏夜，一位年轻人像婴儿一样蜷缩着身子躺在房间的地板上，不停地呻吟："我的溃疡病快疼死我了！"吃了三片抗组胺剂和一瓶抗酸剂，没有任何缓解。F.巴特曼博士见状请他喝了两杯水(1 L)，十几分钟后，他便停止了呻吟，又喝了一杯，几分钟便解除了疼痛。"每年都有一两千人因为常用镇痛剂而丧命"，"止痛药能损害一部分人的肝脏和肾脏，能致人于死命。"(见《水是最好的药》/吉林文史出版社)可见诊断的重要性。制定纠正措施之前，寻找不合格的原因，如同医生诊断病情一样，切不可没有找到原因就乱开"药方"。

(3) 措施的跟进与验证：实施纠正措施的结果，应在验证纠正措施有效之后，决不能在验证之前就撒手不管了。只有切实的做好跟进验证才能确保纠正措施的有效性。

所谓圆满完成纠正措施，一定要圆满回答五个问题：

1) 不合格原因是否已经识别？

2) 纠正措施制定是否针对不合格原因？充分吗？

3) 纠正措施是否按要求启动、执行并完成？

4) 验证纠正措施是否有效？

5) 纠正措施涉及文件的变更是否已经完成？

如果纠正措施没有按要求制定、执行，如果纠正措施执行了，没有取得应有的效果，应当在验证后，再次发出采取纠正措施的要求，包括重新检讨不合格原因和针对性纠正措施的制定。即使经过验证纠正措施取得了效果，如果涉及文件变更没有进行，便不能确保纠正措施持续有效，直至文件变更完成之前也不应该结案。

对于质量问题，要分析可能的原因是不困难的。产品质量特性形成的过程，会有很多可能的因素对其产生影响。而要确定真正的原因，并不是轻而易举的事。调查问题产生的具体时间、地点，甚至机台号码和作业人员，是至关重要的。而这种调查，必须建立在相应的记录完整的基础上，这些记录环环相扣，具有较好的可追溯性。

一家制造碳膜电阻的公司接到顾客的投诉，说有一种阻值X的电阻中，混入了不少阻值Y的电阻。遇到这样的问题，一般人都会想到生产的各个环节，从中选出可能造成混装的环节。如果到此为止，要求凡是可能造成混装的工序，人人都要负责。这样做，是很难彻底解决问题的。因为“原因”并没有确定，“可能的原因”不等于真正的原因，如此对策也只能是一般化号召一下“加强责任心”而已，并不利于真正有效地解决问题，这家公司质量管理人员从生产记录中查到这个机号的产品的生产部门、班级、日期等。终于弄清楚，×月×日下午阻值X电阻于3点20分订线，2 min后阻值Y电阻上线生产。操作者在2 min的时间间隔中没有及时更换电阻槽，致使放阻值X电阻的槽内掸入阻值Y电阻若干。操作者更换电阻槽晚了，而又没有及时捡出混入阻值X电阻槽中的阻值Y电阻。于是这家公司对于客户投诉的纠正措施提出：①立即补足欠客户的阻值X的电阻数量，向顾客致歉；②调整电阻换线时间间隔为5 min，并且对传送带新上线的电阻前加标识，以便适时更换电阻槽；③对全体电阻线操作者进行纠正措施培训。这样做以后，果然解决了以后不再发生类似电阻混装的问题。

这里推荐美国兰德公司的问题分析技术。这项技术应用广泛，在分析问题/偏离原因方面经常是卓有成效的。它要求依次完成以下程序：

(1) 对问题加以定义；

(2) 从四个层面来对问题叙述：问题确认，发生地点，时间以及问题广度等；

(3) 从问题的四个方面抽取关键资料，以便综合出可能的原因；

(4) 检验可能的原因，以便找出最可能的原因；

(5) 证实真正的原因。

问题分析技术的逻辑，支持事实的推论，将不支持事实的推论剥离；这种方法运用我们所有的经验及判断力，帮助我们尽可能用系统和客观的方法达到目的。找到真正原因的过程，正是解决问题的过程。

一家电子产品制造厂商制造微型印刷电路板，品质要求严格。一天产品质量急剧下降，不合格品数量增加。“为什么？”老板立刻要求找出原因。“溶解槽的温度太高了。”一位技师说。于是降低温度。

一星期后，不合格品数量升得更高。“厂内的清洁没有达到标准，可能是问题的原因。”又有人认为酸浓度有问题。解决来解决去，结果问题依然如故。周三，周四，周五又检查了水的质量，甚至检查了作业人员的手指污染的可能性。不合格品仍然居高不下。如果不是一位领班开始有系统地考虑问题的话，他们的问题永远无法解决。“这些不合格品有什么不对劲？”这个问题使大家发现，印刷电路板酸性不均匀，似乎酸性溶液中有某种水溶性杂质。

“这是什么时候发生的？”检查记录之后发现，每到周一早上不合格品率最高，周一下午便降低了，到了周二中午便正常了。于是人们注意力集中于周一早晨。进一步调查，很快发现，几个月前某些水龙头刚换过，这些水龙头开关使用一种硅质材料。周末期间，水管内的硅质材料便开始溶解于水中，因而使溶解过程恶化。每当自来水中的这些污染的水冲去后，情况就好转了。找到真正的原因，问题也就很快解决了。

【操作运行】　覆盖 ISO 9001:2008/8.5.2

目的:消除不合格原因,防止已经发生的不合格再次发生。

范围:(1)顾客投诉;(2)交付后的不合格;(3)质量目标发现偏离和数据分析识别的重点问题;(4)体系审核提出不符合项;(5)管理评审提出的应改进的薄弱环节;(6)其他。

定义(引自 GB/T 19000—2008/ISO 9000:2005):

纠正措施　corrective action　为消除已发现的不合格或其他不期望情况的原因所采取的措施。

注 1:一个不合格可以有若干个原因。

注 2:采取纠正措施是为了防止再发生,而采取预防措施是为了防止发生。

注 3:纠正和纠正措施是有区别的。

职责:批准:管理者代表;管理:质量部;执行:各部门。

程序:制定纠正措施的程序见图 8-23。

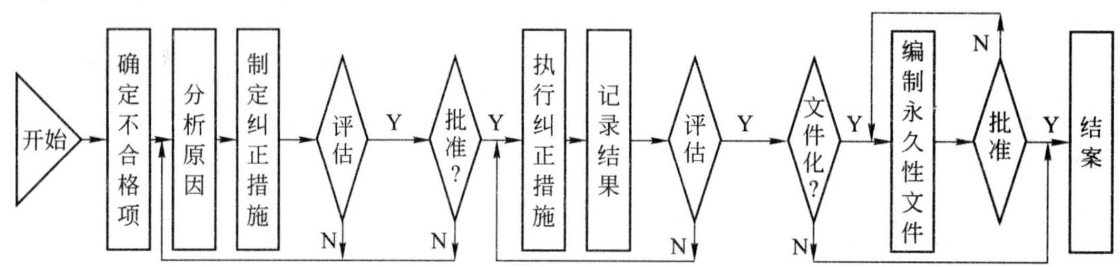

图 8-23　纠正措施流程图

记录:(1) 纠正措施记录;

(2) 纠正措施分类统计。

【不符合项案例】　覆盖 ISO 9001:2008/8.5.2

不符合项报告 1

公司:□□□□□水厂		
合同号:□□□□□□	日期:20××.08.06	报告编号:Ⅰ-01/01
依据标准:ISO 9001:2008	违反条款:8.5.2 纠正措施	分类:Ⅱ
不符合项描述(包括不符合项对最终产品/服务的潜在影响): 对顾客投诉处理还有不规范之处,如: 针对□□□□村 5 月 20 日投诉采取的措施为经营公司出资安装 DN500 给水管,由于客观原因不能立即动工,但是 9 月 21 日却在处理后用户意见中说明水压已有很大改善等,没能对措施的跟进提供有效的验证和评审。 以上不符合 ISO 9001:2008 标准 8.5.2 条关于评审纠正措施的要求。 受审核方签字　□□□　　审核员签字　□□□		
请留意:纠正措施实施情况应在一个月内(Ⅱ类或一般 NCR)或两个月内(Ⅰ类或严重 NCR)验证。		

注:本表格不完整,未包括其余栏目,请参照使用时注意。

不符合项报告 2

<table>
<tr><td colspan="3">公司：□□□□□供电开发有限公司</td></tr>
<tr><td>合同号：□□□□□□□□</td><td>日期：20××.10.15</td><td>报告编号：Ⅰ-05/05</td></tr>
<tr><td>依据标准：ISO 9001:2008</td><td>违反条款：8.5.2 纠正措施</td><td>分类：Ⅱ</td></tr>
<tr><td colspan="3">不符合项描述(包括不符合项对最终产品/服务的潜在影响)：
在针对工程验收问题的检讨方面尚有问题，如：
□□路架空线移改工程 8 月 27 日验收提出 3 个问题，虽然已经于 9 月 28 日处理，但是没有检讨发生的原因，并采取措施，以防止今后再次出现类似问题。
以上不符合 ISO 9001:2008 标准 8.5.2 条纠正措施的要求。
受审核方签字 □□□　　审核员签字 □□□</td></tr>
<tr><td colspan="3">请留意：纠正措施实施情况应在一个月内(Ⅱ类或一般 NCR)或两个月内(Ⅰ类或严重 NCR)验证。</td></tr>
</table>

注：本表格不完整，未包括其余栏目，请参照使用时注意。

不符合项报告 3

<table>
<tr><td colspan="3">公司：□□□□□音箱厂</td></tr>
<tr><td>合同号：□□□□□□□</td><td>日期：20××.09.28</td><td>报告编号：Ⅰ-05/05</td></tr>
<tr><td>依据标准：ISO 9001:2008</td><td>违反条款：8.5.2 纠正措施</td><td>分类：Ⅱ</td></tr>
<tr><td colspan="3">不符合项描述(包括不符合项对最终产品/服务的潜在影响)：
在对顾客投诉处理方面还有个别不足之处，如：
客诉处理报告对顾客□□电子公司关于箱体/喇叭/网布投诉(见 BG 8001)和□电声公司关于 L3000 音箱前板贴皮的投诉(见 BG 7001)处理时，没有在调查分析原因的基础上，针对原因采取措施，不能防止再次发生类似的问题。
以上不符合 ISO 9001:2008 标准 8.5.2 条关于采取纠正措施防止再次发生的规定。
受审核方签字 □□□　　审核员签字 □□□</td></tr>
<tr><td colspan="3">请留意：纠正措施实施情况应在一个月内(Ⅱ类或一般 NCR)或两个月内(Ⅰ类或严重 NCR)验证。</td></tr>
</table>

注：本表格不完整，未包括其余栏目，请参照使用时注意。

不符合项报告 4

<table>
<tr><td colspan="3">公司：□□□□□实业有限公司</td></tr>
<tr><td>合同号：□□□□□□□</td><td>日期：20××.05.20</td><td>报告编号：Ⅰ-04/04</td></tr>
<tr><td>依据标准：ISO 9001:2008</td><td>违反条款：8.5.2 纠正措施</td><td>分类：Ⅱ</td></tr>
<tr><td colspan="3">不符合项描述(包括不符合项对最终产品/服务的潜在影响)：
在处理客户投诉制定纠正措施方面尚有个别不足之处，如：
4 月份处理□□公司关于纸格(制切刀用的纸板)与货不符的投诉，其纠正措施要求限定冲压层数和纸格由客户确认签字等，没有形成文件，因此不能确保措施的有效性。
以上不符合 KD/QP-8.5.2-06　A/O　程序 5.1.4 条规定。
受审核方签字 □□□　　审核员签字 □□□</td></tr>
<tr><td colspan="3">请留意：纠正措施实施情况应在一个月内(Ⅱ类或一般 NCR)或两个月内(Ⅰ类或严重 NCR)验证。</td></tr>
</table>

注：本表格不完整，未包括其余栏目，请参照使用时注意。

不符合项报告5

<table>
<tr><td colspan="3">公司：□□□□□电器厂</td></tr>
<tr><td>合同号：□□□□□□□□</td><td>日期：20××.08.16</td><td>报告编号：Ⅰ-06/06</td></tr>
<tr><td>依据标准：ISO 9001:2008</td><td>违反条款：8.5.2 纠正措施</td><td>分类：Ⅱ</td></tr>
<tr><td colspan="3">不符合项描述(包括不符合项对最终产品/服务的潜在影响)：
在客户投诉处理方面还有不足之处，如：
对□等客户投诉处理，没有按程序文件 SC-QP-014 A4.3.2 条要求调查原因并采取纠正措施，不能有效防止再次发生类似问题。
以上不符合 ISO 9001:2008 标准 8.5.2 条关于消除不合格原因的要求。
受审核方签字 □□□　　审核员签字 □□□</td></tr>
<tr><td colspan="3">请留意：纠正措施实施情况应在一个月内(Ⅱ类或一般 NCR)或两个月内(Ⅰ类或严重 NCR)验证。</td></tr>
</table>

注：本表格不完整，未包括其余栏目，请参照使用时注意。

不符合项报告6

<table>
<tr><td colspan="3">公司：□□□□□□□纸盒厂</td></tr>
<tr><td>合同号：□□□□□□□</td><td>日期：20××.05.05</td><td>报告编号：SⅡ-04/04</td></tr>
<tr><td>依据标准：ISO 9001:2008</td><td>违反条款：8.5.2 纠正措施</td><td>分类：Ⅱ</td></tr>
<tr><td colspan="3">不符合项描述(包括不符合项对最终产品/服务的潜在影响)：
在顾客投诉处理方面还有问题，如：
1) 没有保留□□公司投诉和有关处理的记录，但是该顾客在满意度调查表中却提出对投诉处理不满意，不能验证顾客投诉处理的有效性；
2) 20××年1～4月顾客投诉统计表明，色差问题占26.7%，脏点占23.2%，但是没有记录表明对上述主要问题进行了原因调查分析，并有针对性地采取措施，以求改进。
以上不符合 ISO 9001:2008 标准 8.5.2 条关于消除顾客投诉原因的要求。
受审核方签字 □□□　　审核员签字 □□□</td></tr>
<tr><td colspan="3">请留意：纠正措施实施情况应在一个月内(Ⅱ类或一般 NCR)或两个月内(Ⅰ类或严重 NCR)验证。</td></tr>
</table>

注：本表格不完整，未包括其余栏目，请参照使用时注意。

8.5.3 预防措施

【标准原文】 覆盖 ISO 9001:2008/8.5.3

8.5.3 预防措施

组织应确定措施，以消除潜在不合格的原因，防止不合格的发生。预防措施应与潜在问题的影响程度相适应。

应编制形成文件的程序，以规定以下方面的要求：

a) 确定潜在不合格及其原因；

b) 评价防止不合格发生的措施的需求；

c) 确定并实施所需的措施；

d) 记录所采取措施的结果(见4.2.4)；

e) 评审所采取的预防措施的有效性。

【认知理解】 覆盖 ISO 9001:2008/8.5.3

古往今来，人们为抵御自然灾害的侵袭和其他事故的发生，常常精心筹划，居安思危，未雨绸缪，做到有备无患。战国时期留下的四川都江堰水利工程，至今功效依然如故，它不仅用于农田灌溉，而且具有防洪排沙的功能，充分体现了中华民族的智慧。

当年蜀郡守李冰在治水的过程总结出“深淘滩，低作堰”的三字经和“遇湾截角，逢正抽心”的八字真言，至今仍为水利专业人士所称道。

中国医学也很早就提出预防为主的思想，唐代孙思邈说：“上医医未病之病，中医医欲病之病，下医医已病之病。”如果回顾人类为疾病付出的惨痛代价，我们多么希望让“上医医未病之病”得以普及。

作为管理要素，预防措施，是否像防洪工程？是否像“上医医未病之病”呢？回答是肯定的。

实际上，预防措施，就是上述古代先民用于预防自然灾害的智慧在管理活动中的应用，它针对潜在的不合格（或隐患），采取措施，消除潜在不合格的原因，避免其发生，达到防患于未然的目的，通常在产品的设计开发阶段和制造工艺策划阶段。那些伤及顾客，具有安全缺陷的产品，之所以能够“出笼”，就是因为事先没有识别出隐患，或者没有认真评估发生事故的风险，便导致不良并非预期的结果。

预防措施要素的运作，应注意以下问题：

(1) 预防措施与纠正措施的区别见表 8-8。

表 8-8 纠正措施与预防措施比较表

	纠正措施	预防措施
对象特征	已发生的（不合格）	尚未发生的（不合格）
评估方法	追溯不合格发生的历史、责任分析损失程序，找出根源	风险评估
责任者	发生不合格的直接、间接责任者	授权人
验证特征	是否重复发生	是否发生

不加区别，可能导致以纠正措施取代预防措施，使预防措施要素形同虚设，没有切实运行。

(2) 有效地识别潜在不合格是重要前题。

(3) 有效地分析潜在不合格的原因和适当的风险评估，是做好预防措施的关键。

(4) 评审是预防措施能否有效和不断改进的保证。

这里推荐美国兰德公司“潜在问题分析”。“潜在问题分析”主要的乃是一种导向，一种态度，它的基础是一项信念，亦即使人可以走进未来，看看它藏有什么东西，然后再回到现在，在效果最好的时机，立即采取行动。“潜在问题分析”是一种思考模式，使我们能够改变和改善未来的事件。它是一种有系统的思考过程，使我们能发现和应付那些如果发生将造成伤害的潜在问题。

(1) 找出易出问题的地方，我们可能受到最大的伤害的地方在哪里？什么样的改变，对我们影响最大？

(2) 在最易出问题的地方，找出潜在的特定问题。这些是构成严重威胁，需要我们立即采取行动的特别状况。

(3) 找出能够防止特定潜在问题的行动。这些行动乃是针对那些具有威胁性变化的可能原因。

(4) 对于那些无法完全预防的潜在问题，找出可以使其影响减至最低的应变行动。

预防意识是关键，方法也是不容忽视的。事实上，产品可靠性设计，预防早期失效；环境管理，针对重要环境因素采取控制措施，进行污染预防；针对危险源进行风险评估并采取应对措施，预防职业病和事故发生，所有这些都是带有预防措施性质的举措。尤其是职业健康安全管理明确提出风险概念，并通过 LEC 定量分析进行风险评估，提升预防措施的有效性，完全可以应用于其他领域。源于高风险行业例如航天、汽车技术采用的 FMEA(Failure Mode and Effect Analysis)失效模式和效果分析是一种用来确定潜在失效模式及其原因的分析方法，可在产品设计或生产之前发现并克服缺陷。这项技术，目前已有效应用于许多行业，并且取得较好的成效。

【资料链接】

20 世纪 60 年代初，美国质量管理专家费根堡姆曾经做过分析，当时美国企业尚未普遍推行质量成本管理，内部和外部故障成本在质量成本总额中的比重高达 70%，鉴定成本占 25%，而预防成本很少有超过 5% 的企业。由于忽视了预防措施的重要性，不合格品率很高，直接导致故障成本大量支出。为了减少故障损失，企业不得不进一步加强检验剔除不合格品，于是增加鉴定成本。为限制总成本，不得不减少预防成本，但结果适得其反，不合格品率反而上升了，进入恶性循环。费根堡姆指出，实行预防为主的全面质量管理，预防成本增加 3%～5%，可以取得质量成本总额降低 30% 的良好效果。从推行全面质量管理的结果来看，适当增加预防成本，确实可以减少故障成本和鉴定成本，使质量成本总额降低，取得较好的经济效益。

【操作运行】　覆盖 ISO 9001:2008/8.5.3

目的：消除潜在不合格原因，防止不合格发生。

范围：潜在的不合格。

定义(引自 GB/T 19000—2008/ISO 9000:2005)：

预防措施　preventive action　为消除潜在不合格或其他潜在不期望情况的原因所采取的措施。

注 1：一个潜在不合格可以有若干个原因。

注 2：采取预防措施是为了防止发生，而采取纠正措施是为了防止再发生。

职责：批准：管理者代表/总经理；管理：质量部；执行：设计开发部/工程部/生产部。

程序：制定预防措施的程序见图 8-24。

记录：预防措施记录。

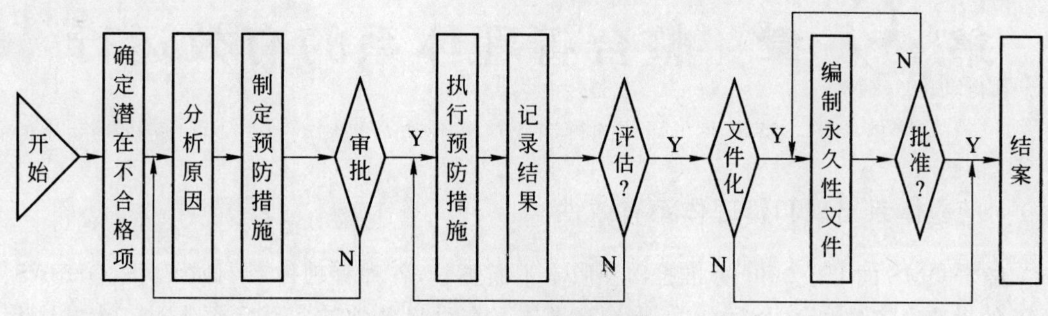

图 8-24 预防措施流程图

第 9 章 整合管理体系的有效运行

9.1 问题体系出现和管理体系有效性

随着 QMS 的 ISO 9000 标准推出和版本不断更新，各种管理体系例如 EMS、OHSAS、IMS 的标准也陆续出台，ISO 9001 质量管理体系在世界各地的实践已经走过二十几个年头。管理体系的国际标准的实践活动，正因为已经走过了这样一段路程，使我们有机会了解它的成功经验和探讨它出现过的问题。归纳问题体系的失效模式，发现至少有“空壳体系”、“孤岛体系”和“黑洞体系”三种是值得关注的。

所谓“空壳体系”，其主要特点就是一个“虚”字，就是所建立的管理体系（包括单一和整合管理体系）文件与组织实际运作相脱节。例如 QMS 文件代表合法体系，但是被挂起来并不运作，组织运作的还是传统的影子体系。这种合法体系被边缘化，传统的影子体系非但没有废弃，反而起主导作用的情况，称为“空壳体系”。造成合法体系与影子体系相颠倒的情况，大都与高层管理者导入管理体系的目的有关，其中把导入管理体系当作面子工程就是典型的一种。不少企业建立标准的管理体系时，抄袭了别人的文件，出版界提供了大量程序和表单范本，可以“照葫芦画瓢”，这样做的直接后果，使得许多企业在建立管理体系的初期失去了一次良好的创新机会。以致影响到日后的运作，根本不知道也不会根据情况改变文件。把要求变成流程，把流程优化再造，这是运行体系的一项基本功。显然，运作不符合实际的管理体系不但加大了运作成本，还不能发挥出管理体系应有的作用，更谈不到有效性。

所谓“孤岛体系”，其主要特点就是一个“散”字；就是管理体系运作没有采用和坚持管理原则倡导的过程方法，跨职能的过程没有推倒部门/职能管理的围墙，严重影响了体系运作的整体性，相关性，突出反映出企业内部文化的矛盾现象，以至形成“信息孤岛”、“物流孤岛”、“流程孤岛”、“供应链孤岛”等，极大地影响和降低了运行效率。这种情况的产生，与贯彻管理体系标准不彻底有关，常常迁就部门利益，让步于小团体主义。

所谓“黑洞体系”，其主要特点就是一个“滞”字，就是管理体系运作不能与时俱进，成为老化衰败的体系。在千变万化的市场环境下，没有应变能力，没有改善机制，只能逐渐退出市场，直到多投入少产出，或有投入没产出。遇到恶劣的宏观环境例如金融危机，更加无力回天。其原因很明显，整个管理体系没有贯彻持续改进的理念，要素展开没有按照 PDCA 循环进行，也没有执行持续改进的管理要素，甚至无法采取措施关闭任何不符合项。人们常说积重难返，就是这个道理。

如何端正组织导入 ISO 9001 等标准的动机；如何提高咨询的档次，达到期望的质量和效果；如何提高审核水平和公正性/一致性，从而提高认证的可信性；总之，如何提高管理体系运行的有效性（包括咨询服务和监管的有效性），成为防止和避免问题体系产生的关键。

什么叫有效性？存在对定义理解的差别。理解的差别决定了运行的差异；运行的差异又决定了有效性的差距。ISO 9000:2005 这样定义：有效性即“完成策划的活动和并得到策划结果的程度”。这个定义告诉我们，有效性因素由两个方面构成，即两个关键词：1）活动；2）结果。显然这两个方面是缺一不可的。

"结果"容易理解,例如你的管理体系运行了一年半载,质量提高了没有?效益提高了没有?效率提高了没有?成本降低了没有?顾客满意度提高了没有?有效性就是结果达到预期目标的程度,结果就是有效性。人们说方针目标的达成,就体现了有效性。

然而有效性的解读,仅限于"结果"是不全面的。定义中间的"活动"这个关键词给忽略了,这是不应该的。既然定义强调两个关键词,缺一不可,怎么可以随意忽略任何一个方面呢?

所谓"活动",在管理体系中,是指管理活动,或管理行为。描述活动或管理行为通常使用"状态"一词。管理行为是否到位,是否合乎标准,是否使得管理对象的特性值波动处于正常范围,出现异常苗头能否及时调整,质量安全环境风险的控制,事故预防是否落实;过程能力是否满足目标实现的要求;总之管理过程是否处于受控状态也体现着有效性。这是管理有效性的重要基础,是绝不能忽视的。过程能力决定结果,过程能力是实现结果的保证。

描述管理体系运行有效性应当兼顾两个方面的"程度",综合起来应体现在以下四个方面:

(1) 管理体系文件的符合性(符合法规和企业实际)——运行依据的有效性;

(2) 管理过程是否处于受控状态——管理行为的合规性和规律性,或过程控制的有效性;

(3) 管理目标例如顾客满意度是否达成——结果的有效性;

(4) 持续改进机制是否建立和保持——持续改进的有效性。

管理体系审核,需要评价和判断管理体系及其要素的"有效性"。脱离上述任何一个方面,都是不全面的,尤其不能忽略管理的过程控制和持续改进。审核员应当特别注意:假如忽略管理的过程控制是否处于受控的状态和持续改进的机制是否保持,可能导致错误的判断。据观察和研究,要防止上述问题体系产生,有效运行管理体系至少需要认知理解和关注下述管理体系 MS 有效运行 6 定理。

取得中国第一张 ISO 9001 证书(0193A001)的上海汽轮机厂,坚持 8 项管理原则,坚持文件/过程/方针目标和持续改进的有效性。管理体系向深度拓展,引入 KPI 绩效管理和 6σ 管理;向宽度拓展,陆续导入 EMS/ISO 14001 和 OHSAS 18001,在产品质量上、企业规模上和市场拓展上均取得显著的业绩(见表 9-1)。

表 9-1 业绩对比

	1993 年		2009 年	
	数值	较认证前增加	数值	较 1993 年增加
汽轮机(万千瓦)	335	34%	2 606	677.9%
销售收入(亿元)	5.77	37%	63.7	1 004.0%
利润(万元)	800	66%	34 000	4 150.0%
利税(万元)	3 715	42%	66 000	1 676.0%
全员劳动生产率(万元/人)	5.6	23%	42.9	666.1%

9.2 管理体系 MS 有效运行 6 定理

问题体系是不愿出现的状况。那么有效运行的管理体系是个什么样子呢?人们喜欢用最简短的方式进行概括说明。在系统讲述之前,不妨先用6个字概括以便对有效运行的管理体系有总体印象。这6个字就是:全、位、时、中、鉴、变。

所谓"全",就是讲究系统性,整体性,全面贯彻8项管理原则,全面使用适宜的管理科技和管理技巧,要素全部按照PDCA循环展开,不可偏废。取得总体成效。

所谓"位",就是管理行为应当覆盖所有的管理空间,正如常说的"管理到位",不能空位,不能缺位/错位,也不能越位。

所谓"时",就是讲就管理行为的动态性、时间性和周期性,必须及时、准时,不要超时、误时;在正确的时间做正确的事情,讲究效率,不浪费时间,处理好历史/现实/未来的关系。

所谓"中",就是管理行为要适中,掌握好度,恰到好处;执行法规标准,既不应过火,也不应不足。

所谓"鉴",就是管理行为对于事物状态的识别能力,对于问题、真伪、变异的鉴别能力,对于严重程度的判断能力,及时识别,准确鉴别,正确决策,不错断,不误判。

所谓"变",就是管理行为的变通性,变革性,对于内外环境的适应性,无论管理要素还是整个管理体系都能适时调整、变化,持续改进,与时俱进。

9.2.1 全

总定理(充分必要条件定理):管理体系管理到位的充分必要条件是,按照8项管理原则建立的管理体系各个要素应按照PDCA循环展开,应充分使用适宜的管理技术或管理技巧,使各项要求均予满足,防止过程落入失控状态;整体管理水平取决于要素平均管理水平和要素管理水平最低者。

按照8项管理原则建立的管理体系各个要素当然应按照PDCA循环展开。国际标准化组织提出的8项管理原则,是一系列国际管理体系标准,ISO 9001,ISO 14001,OHSAS 18001,等等的依据。经全球跨越30多个行业上百万个组织的实践,历时20多年历史检验;经得起如此大规模的国际商业实践的检验,可谓史无前例。之所以要素展开按照PDCA循环展开,就是将持续改进机制引进管理体系,提高自我完善和自我改善的能力。

8项管理原则体现管理最新成果,含盖了管理科技和管理艺术多方面的成就。见表9-2。

表9-2 8项管理原则兼顾管理的科学性和艺术性

<table>
<tr><td rowspan="3"></td><td colspan="4">管理方法不可偏废的两个方面</td></tr>
<tr><td colspan="2">管理的科学性</td><td colspan="2">管理艺术性</td></tr>
<tr><td>•</td><td>支持性理论</td><td>•</td><td>支持性理论</td></tr>
<tr><td>8项管理原则</td><td></td><td>要求管理者的智商
强调数据/规律/理性
强调正确做事和流程
强调共性/过程控制
强调集中
例如5S的前3S</td><td></td><td>要求管理者的情商
强调技巧/艺术/感性
强调正确做人和团队精神
强调个性/有效沟通
强调民主
例如5S的后2S</td></tr>
<tr><td>以顾客为关注焦点</td><td></td><td></td><td>•</td><td>《论语》、马斯洛《人类动机理论》</td></tr>
</table>

续表 9-2

领导作用			•	《论语》、《孙子兵法》、韦伯《理论》
全员参与			•	马斯洛《激励与个人》、麦格雷戈《X 理论 Y 理论》
过程方法	•	泰勒《科学管理原理》、丰田生产方式 SPC、控制论 6σ 技术		
管理的系统方法	•	系统论		
持续改进	•	戴明 PDCA 循环、朱兰《质量手册》、可持续发展理论、创新理论	○	管理艺术创新
基于事实的决策方法	•	信息论、西蒙《管理决策新科学》		
与供方互利的关系			•	供应链理论

季羡林教授称道稻盛和夫是当代少有的企业家兼哲学家。稻盛和夫用四个字概括他的管理哲学:“敬天爱人”。所谓敬天,可以理解为对于大自然敬畏之心,对于规律的尊重,要求管理企业的行为充分使用而不拒绝管理科技;所谓爱人,可以理解为仁爱之心,人性化管理,人本管理,要求管理企业的行为不应当忽视企业文化建设。他还说,“利己则生”,“利他则久”。正如加里·哈默尔所说:“现代管理理论的发展无非就是对两样东西的追求:让管理更加科学,让管理更富人性色彩。”

管理体系有效运行,充分使用管理科技手段例如统计技术,和充分使用管理技巧例如发挥企业文化的作用和影响,两者不可偏废。

历史上认为西方是崇尚科学的“文化”,东方是青睐艺术的“文化”,从历史成果来看似乎也是如此。当年莱布尼兹(德国)就认为,所谓世界文化实际上是由中国和欧洲相互补充而形成的。莱布尼茨关于东西方互补的理念,在管理体系中则变成管理科技与管理文化,管理技术与管理技巧的互补,他们成了相辅相成的一对孪生兄妹。就如同易经的阴阳互补,不能只有“自强不息”,而舍弃“厚德载物”,道理是一样的。

无论从减少内耗的需要来看,从弥补制度的缺失的需要来看,还是从各过程的流程乃至整个管理体系运行更加顺畅的需要来看,企业文化建设都不容忽视。相信这是许多成功企业的真实体验。

任何管理体系的运行,除了合法体系之外,还不可避免地存在影子体系。影子体系具有脱离合法体系运行的倾向。影子体系可能是积极的,例如建立 ISO 9001 管理体系之前的酝酿阶段,它还不是合法体系,而是影子体系;又例如建立 ISO 9001 管理体系之后,之前的体系就成了影子体系,此时如果影子体系继续还在产生作用则可能是消极的。

员工是分布在体系各个层次,处于流程的各个环节上的从事体系运作的。而影响员工行为的不单是管理技术,还有不可忽略的文化因素。作为企业文化的载体的员工,在没有融入新的企业文化之前，不可避免地受到陈旧的文化的影响，不可避免地保持原有的操作习惯。因为员工的经历不同、习惯不同、素质不同，对于运行中的合法体系认知和理解也不尽相同。这就是为什么新的管理技术难以发挥作用的原因所在。因此，单纯的依靠管理技术建立起来的忽略企业文化建设的管理体系，往往很难成功运行。

企业文化也绝不是简单的润滑剂功能所能定义的。影子体系的消极作用生于文化，又止于文化。假如新的体系不能伴随新的强势文化，那么，杂乱无章的文化现象就不可避免地出现。企业文化的重要性由于经济全球化、企业行为不断跨越国界显得十分突出。高沙尔(印度)认为，响应快慢、效率高低及学习能力强弱对于企业竞争力影响很大，还因行业不同、发展的增值阶段不同，对于企业要求也不同；较早些时间，有强大分支机构的"多国型企业"，例如通用电器公司靠的是响应速度；通过集中的国际经营以建立成本优势的"全球型企业"，例如花王公司靠的是运行效率；由母公司扩散知识和能力见长的"国际型企业"，例如AT&T 公司靠的是学习能力。20 世纪 80 年代以来，水涨船高，凡跨边界管理的企业往往需要三个目标合而为一，换句话说原来的单一优势已经难以制胜。对于海外经营的管理者来说，这三方面都要求对于当地文化了如指掌，受各地文化影响的行为特点成为公司的做事方法。在《恶劣的管理理论正在破坏优良的商业实践》中高沙尔批判了管理理论"科学化"和"去人性化"倾向，他说这是在消解企业经理人的道德责任。他认为组织结构、协调模式、发展蓝图等都是会变化的，唯一能应付这些变化的是思维模式。而转变管理者的思维模式，则依赖于人力资源职能的发挥。毫无疑问，跨边界管理所追求的全球效率、地域响应能力和世界水准的知识和创新能力，需要强势的管理文化的支撑。

我们注意到，20 多年来 8 项管理原则在全球化商业实践中，得到广泛认同，尤其是得到企业界精英的认同。无论语言不同，还是生活习俗各异，无论肤色差异，还是信仰有别，都不影响对于 8 项管理原则的理解。你讲 8 项管理原则，他就和你谈贸易，做生意，就有共同话题，就没有沟通障碍。因此，从这个意义上讲，8 项管理原则就是跨边界管理的管理文化。你同他讲论语，听明白了还要上孔子学院；讲 8 项管理原则就没那么复杂，好办多了。

为什么管理要素的实施，管理过程的展开应当充分使用适宜的管理技术和管理技巧？这也是由于管理的双重性决定的。运作管理体系，注意到管理的科学性，重视管理技术应用，是对的；但是忽视管理的艺术性方面，不重视企业文化建设，不重视管理技巧，是不应该的。企业文化，是发挥管理的艺术性的平台，或者说它体现了管理的艺术性。管理界争论管理具有科学性还是具有艺术性，其实无论片面强调其中任何一个方面，都是不全面的。当人们强调管理科学性时，实际上假设了管理具有完美的无需顾及的艺术性；当人们强调艺术性时，实际上假设了管理具有完美无需顾及的科学性。然而，这是不现实的。现实并不完美，放弃任何一个方面，都将使管理体系的运行遭遇难题。强调艺术性者，认为管理无法精确，无法复制，显然与泰勒以来事实和历史不符；强调科学性者的去人性化倾向，面对企业文化对于管理的深刻影响，也无法自圆其说。

如上所述，来自员工文化倾向形成的影子体系有积极的方面，也有消极的方面。员工的经历缺乏成功经验，具有不良习惯，或者不熟悉体系运行正确要求，具有自觉不自觉摆脱合法体系的倾向，不情愿按照合法体系要求执行。因此客观上阻滞了体系的正常运转。各个行业中或多或少的挑战主流规则理念的"潜规则"，就是影子体系作用的显现形式。

前面提到的几种问题体系，也是在这样的基础上发展来的。某些专家在批评 ISO 9001

时实在拿不出什么有说服力的论证。有些抱怨 ISO 9001 的企业家实实在在没有搞懂其中的奥妙，一会把它当作灵丹妙药，一会把它当作“包装”，却没有怀疑自己的理解力和应用能力。

为了解决这些问题，除了加强培训外，在企业中形成 8 项管理原则的企业文化，通过企业文化的培育，可以进一步统一员工的价值观和行为习惯，提升企业的凝聚力；通过企业文化的培育，使得管理体系的影子体系的消极作用降到最低。企业文化建设对于消除影子体系的消极作用，最具针对性和有效性。员工的来源越是多种多样，企业文化建设越显重要。

中国企业建立 8 项管理原则的企业文化并不困难，不仅因为可以从古代先贤那里找到文化渊源，而且正在经历全球化商业实践。吉利公司把文化现象影响个人行为的情况称为元动力说。只有所有员工的元动力取向相同，并与公司宗旨理念目标一致时，才能形成公司的元动力。他们运用“自律”、“自检”、“自觉”、“自主”、“自强”和“自豪”的“6 自”文化来调整和确保元动力的价值取向与公司宗旨理念目标的一致性。自律，以约束个体行为认真执行公司要求；自检，以校正个体行为避免偏离标准的要求；自觉，深化认识以养成按照要求作业的习惯；自主，以增强问题意识形成自我发现问题、分析和解决问题的能力，甚至自我提升，自我创新；自强，以不断研究、不断学习、不断改善；自豪，以确保与公司愿景高度一致，为作出贡献而自豪。我们同意约翰·科特的说法：“文化的改变不是在开始出现，而是在最后发生。”好的做法，学习需要时日，习惯更需要时日。只有形成习惯的好做法，才表明良好文化开始形成。

企业为了冲击竞争激烈的市场，有时喜欢运用动物图腾，例如华为已经开始调整的“狼性文化”曾经一度为商界津津乐道。但是李书福并不崇尚“狼性文化”，而坚持管理文化的人性化。成功收购沃尔沃后，成立了一个“豪华”的董事会，CEO 是德国人，原大众北美的 CEO。尊重和延续了沃尔沃的核心价值和理念，坚持了商业文明和企业文化。这是吉利人的视野和胸怀决定的。

日本经济的崛起，曾引起世界管理界关注企业文化。走上世界的中国企业到底能走多远，正面临着商业文明和企业文化的挑战。此刻想起稻盛和夫说的，“利己则生”，“利他则久”。世界银行 2009 年 1 月 14 日发布公告，将 4 家中国公司列入黑名单，因为在世界银行投标公路项目中有严重腐败和欺诈行为。不能不说全球化背景下走出去的某些“先行者”带出国门的文化是让国人蒙羞的垃圾文化，也给后来者制造着种种困难，同中华民族的传统大相径庭。中华民族自古以来拿最优质瓷器，拿最精良的绸缎奉献给世界，赢得世界的尊重。近来，阿里巴巴的自曝 2 326 名中国会员涉嫌欺诈国际买家，包括 100 名阿里巴巴员工卷入其中，导致三位高管易人。马云说：“这个世界需要的是一家更加开放、更加透明、更加分享、更加负责任，也更加全球化的公司。”这场被誉为捍卫价值观的行动不应当受到责难，这种坚守住商业文明和企业文化的做法是值得称道和效法的。运用企业文化提升企业凝聚力/向心力和团队精神，是管理体系有效运行不可忽略的管理艺术。

早些时候，人们往往把企业比喻成一台机器讲它运行的系统性和规律，而现在人们却越来越热衷于把企业人格化。波士顿学院企业公民研究中心认为：“企业公民是指一个公司将社会基本价值与日常商业实践、运作和政策相整合的行为方式。”世界经济论坛认为，企业公民包括四个方面：好的公司治理和道德价值；对人的责任；对环境的责任；对社会发展的广义贡献。显然，基于 8 项管理原则的企业文化，是筑就企业公民的生命基因，也是企业公民的阳光空气和水。8 项管理原则不仅有助于企业的全球化经营，也可以帮助企业识别合作伙伴，认知跌宕起伏的世界经济中种种荣辱兴衰现象的根源。

建立在8项管理原则基础上的企业文化之所以重要，不仅是个理论问题，更是个实践的问题。例如8项管理原则的核心，是以顾客为关注焦点和持续改进。无论西方还是东方都不难从传统文化中寻找到其历史的渊源。我们为什么不使用员工容易接受的方式解读，将通行的8项管理原则融入企业价值观，变成个性十足的企业文化；融入各项制度中，使得企业文化和制度流程融为一体。无论在产品/服务中，还是在员工身上，人们都可以看到企业文化；因为他们都是企业文化的载体。

为什么跨国集团实行干部本地化，其中重要原因是形成融入本地人口的企业文化，使得企业制度和流程贯彻得更好，管理体系运行更加顺畅，赢得顾客更加满意。当然，企业文化在企业里发挥作用，这是从内涵中自然渗透散发出来的，同毫无内涵的外部包装截然不同。

在全球化背景下，许多大型企业对于国外市场非常憧憬。然而由于缺乏企业文化的支撑，一些企业屡屡碰壁，甚至遭遇"滑铁卢"也时而有之。让全世界仰慕的丰田公司，在进入21世纪的第一个10年，在冲顶"世界第一"时突然从神坛跌落，大批汽车被迫召回。个中原由值得世人深思。《汽车商业评论》仔细分析事件前后认为是企业文化的失败，不能不说颇有见地。创立了精益生产的丰田，恰恰背离了脱离了精益生产的路线。骄傲自大盲目扩张，使它开始背离"以人为本"，不尊重人，听不得不同意见；骄傲自大使它开始背离"持续改善"，对于错误不再有切肤之痛，对于问题反而习以为常了。

在没有走出国门的时候，单一文化环境的人力资源管理，纵然有些落后的成分也未必影响大局，甚至挖坑、设套、做局等招数都可以应付一气。但是跨文化就不那么简单了。

丰田汽车刚到北美的时候，日本人主导公司，本地美国人不受重视，公司可谓"一盘散沙"。直到石坂芳男掌权北美丰田之后，改变了沉闷的企业文化。他要求公司沟通一律使用英语，大胆起用授权本土美国人，避免隔膜与不透明。他在公开场合有这样一段话："从日本派过来就什么都懂么？每个地区国家有不同的文化，所以要授权给他们。我们日本人要尊重聆听本土人的声音，才能知道当地的文化，要积极配合他们。"给公司带来新的氛围。后来，在丰田北美高层确实有了很多美国人，以普莱斯任北美销售公司总裁为代表。但是好景不长。随着丰田北美市场的顺利开拓，本土化的黄金期又很快为日本人控制局面所取代。丰田北美管理文化的国际化并没有完成。设置美籍高管被解读为"仅仅是利用美国人的面孔而已"。后来，终于上演了普莱斯等三名美籍高管陆续辞职的一幕。一时间舆论哗然。

包容和尊重是一种文化，排斥和歧视也是一种文化。不同的企业文化不仅提供了不同的氛围，也产生了不同的结果。丰田北美公司内部开始报喜不报忧，沟通变成拉关系游说，逃避问责；改善与否不取决于需要而是取决于妥协和看眼色行事，向谁妥协取决于职位高低和是否日本人，等等。就这样，信息断流了，信息孤岛化了，丰田北美变成了失去神经和触觉的巨人，"一个高处云端的孤独的巨人"。为什么会大批量召回？为什么问题面前左推右推搪塞不止？根源全在于此，如此而已。不是美国公司，也不是德国公司，而恰恰是丰田公司自己的糟糕的企业文化"咸鱼翻身"，使它摔了不大不小的筋斗。"30年河东，30年河西。"人们早就料到21世纪汽车行业随着清洁能源的使用，必将出现频繁的"洗牌"过程，只是没有想到"洗牌"来得这样快。

正如管理体系文件对于标准有个符合性的问题，运行中的管理体系也有"符合性"的问题，但是习惯上却称之为执行性或有效性。

在中国，无论企业界还是管理界，有一个习惯的表述方式："这项工作做得好，是因为管理到位"，"那项工作出了问题是因为管理不到位"。

"位"，汉语里通常表示空间位置，就是描述物理空间的一种表达方式。田径赛的口令"各就各位"，是要求运动员处于起跑线各自"指定的"位置；足球赛的"传球到位"，是说足球正好传到接球队员的脚下或其可以控制的范围；而"越位"，则是说进攻队员跑动位置不当，先于球越过对方队员的犯规动作。然而，当人们说"皇帝继位"，说"在其位，谋其政"时，这里的"位"，是指职位；可见，"位"除了可以表示物理空间的意义之外，也可以引申出其他含义。

"员工培训不到位"，"计量器具校准不到位"，"顾客投诉处理不到位"，"某某工作管理不到位"，这许多"位"又是在说什么呢？显然，在这里人们将物理空间"位"又赋予了更加丰富的内涵。实际上，人们有意无意已经将空间概念引入管理领域。因为人们接受空间概念比接受管理概念更简单易行。正因为如此，不妨称人们这一发明为管理空间。引进管理空间的概念，就避免了"借用"，"比喻"可能导致的理解的随意性；引进管理空间的概念，再讲"到位"或"不到位"，就确有所指了。而恰好 ISO 9001/ISO 14001/OHSAS 18001 分别提供了这样一个管理空间体系。这是一个同三/四维物理空间不同的多维的空间体系。管理要素数量决定了它的维度(下面会讲到，基于动态体系描述的需要，时间也是不可缺少一个维度)。

类似 ISO 9001/ISO 14001/OHSAS 18001 这样一个管理空间体系，是由各个管理要素组成的，这些要素之间相互联系，组成一个有机整体。换句话说，ISO 9001/ISO 14001/OHSAS 18001这样一个管理空间体系，是由各个要素管理空间组成的；各个要素的管理要求定义了它的管理空间。"文件规定到位"，是说文件规定满足了要求；"要素运行到位"，是说管理运行满足要求，或管理运行有效。

遵循系统论在管理学中应用的原则，强调要素的相关性和系统的整体性。

为什么要处理好整体与局部、要素与要素的接口关系？任何一个要素的失控都将牵连方方面面，甚至导致整个体系的崩溃。尽管各个时期有各个时期管理应当加强的重点要素，但是不应因此忽略其他要素的管理。就 ISO 9001 体系四个大过程而言，主过程辅过程都应管理到位，包括最高管理过程(5 管理职责)应到位，资源管理(6 资源管理)应到位，测量分析和改进管理(8 测量分析和改进)也应到位，产品实现管理(7 产品实现)更应到位。所有的分要素也都应如此。不要让薄弱的管理要素影响全局。或许由于最高管理者的偏爱使得一些要素一时显出强势。但是，无论你的产品过程质量控制(7.5.1/7.5.2)多么强，如果还只是过时的应当退出市场的产品(7.3)；无论你的销售环节(7.2)多么得力，如果你的新产品(7.3)刚刚推出就出现严重质量问题；无论你的产品多么受到市场青睐(7.2)，如果你的关键工序技术人员不能胜任岗位要求(6.2)，导致产品过程质量控制(7.5.1/7.5.2)很不稳定，你的努力都难以奏效，目标都难以达成。不要让脆弱的管理要素拖累整个体系，当市场竞争的焦点集中于这个脆弱甚至失控的管理要素时，在今天信息网络时代，它的消极面可能以十倍速摧毁你的整个体系，这已经为许多事实所验证。

质量管理体系发展历史表明，管理的有效性的提升首先取决于管理行为覆盖管理空间的扩大；统计过程控制是专职检验管理控制空间的扩大，全面质量管理又是前两者管理控制空间的再拓展。是把质量管理当做普通的管理职能运作，还是作为体系来运作，不仅是管理方法的不同，也体现管理理念的不同，其效果也必然大相径庭。之所以如此，源于质量管理的规律：质量管理有效性的程度与质量管理空间直接相关。ISO 14001 和 OHSAS 18001 也不例外。

可见，管理体系管理水平如何，也要从整体来看。如果发现存在脆弱的管理要素，脆弱的环节，你绝不能掉以轻心，不能心安理得地视而不见，不要以为个别要素管理“出色”而可以“一俊遮百丑”；应当及时加强薄弱环节以防功亏一篑，前功尽弃。正如木桶定律告诉我们的：每个要素管理好对整体都有贡献，然而整体管理水平，却取决于“短板高度”即要素管理水平最低者。

9.2.2 位

定理 1(空间定理)：管理体系要素管理到位的必要条件是管理行为覆盖其要素定义的管理空间。

既然管理要素，以它的各项要求构建了管理空间，我们自然有理由要求其管理行为，满足要素的各项要求，也就是覆盖它所构建的管理空间。换句话说，管理要素派生的管理行为有效的必要条件是使其管理触角/神经充满该要素定义的管理空间。而那些管理行为尚未顾及到的地方或角落，我们称之为管理真空或管理盲点。因为管理真空和管理盲点会妨碍管理要素作用的发挥，导致问题和变异不能识别，产生诸多质量问题和不合格品，甚至形成过程失控的局面。

一般来说，管理体系要素，如果涉及物理空间，称之为有形要素；管理触角没有充斥到有形要素的某个管理空间(没有满足某项管理要求)，我们称它为管理真空。管理体系要素，如果不涉及物理空间，我们称之为无形要素；管理神经没有充斥到无形要素的某个管理空间(没有满足某项管理要求)，我们称它为管理盲点。总之，这些都属于管理行为不到位，为管理行为忽略的管理空间。显然，这是我们不希望出现的情况。

如何防止这样的情况出现？如何发现这样的情况出现？这样的情况出现以后，又有什么办法呢？培训到位，是正确启动管理体系运作的基础，也是维持管理体系正确运作的重要条件。假如还有不足，则通过管理体系的动态的自我完善机制解决。

管理体系要素做到位，其含义有四个层次：这就是文件规定到位、过程控制到位、方针目标管理到位和持续改进到位。

管理体系要素做到位，前提是制度规定，文件规定是否到位。因此，建立质量管理体系，初期就要按照质量管理体系方法去做，按照 8 项基本原则和质量管理体系要求建立质量管理体系文件，并且审核其是否符合质量管理体系要求，必要时，进行修改，补充和完善。具体来讲，要素管理的规定文件，主要指质量方针/质量目标，质量手册，程序文件对应的部分，应当回答 5W2H 的问题；这些回答应当准确地满足该要素运行的标准要求，顾客要求，乃至法律法规要求；下级文件则应当以同样方式满足上级文件要求。5W2H 法是第二次世界大战中美国陆军兵器修理部首创。简单、方便，易于理解、使用，富有启发意义，广泛用于企业管理和技术活动，对决策和执行性的活动制定措施有助于审慎思考、防止疏漏。其内容如下：

(1) WHY—为什么？(2) WHAT—是什么？(3) WHERE—何处？(4) WHEN—何时？(5) WHO—谁负责？(6) HOW—怎么做？方法怎样？(7) HOW MUCH—多少？质量如何？费用如何？

管理体系要素在运作一个时期后，市场和组织内部可能出现各种变化，这些变化或许涉及制度文件变化，那么，在文件变更时防止顾此失彼就很重要，不应照顾一点不及其余。应当避免随意性，仍然遵循符合性原则进行修改，补充和完善，并且审核其变更后的文件是否仍然符合管理体系要求，以确保这些修改，补充和完善了的文件确实作到“不走样”。例如产品改变了，原来的质量目标不适用了，不能就此不再设立质量目标了；加强了产品最终检验，不应取消原材料进厂检验；等等。环境目标/职业健康安全目标同样有个不断变化的问题，达到或超过目标指标值之后就要调整，因为这是持续改进的一个推动力。不要因为规模/产品/组织/人员/流程变化，而改变其与管理体系要求的符合性，以便有效地避免系统的“原始”管理真空和管理盲点。

上述文件审核，解决的是：测量质量管理体系要素文件规定的“到位”与否的（符合性）问题。

确保管理体系及其要素运行的执行性和有效性，要靠人员的培训，使各个岗位人员能够正确理解、熟练操作和一丝不苟地执行要素的管理要求。包括责任到位，流程运行各个环节执行到位，与接口要素协调到位，过程控制到位，方针目标管理到位等。有效运行的管理体系，离不开一批敬业的专业人才，离不开人力资源的支撑。而对于要素运行的执行性和有效性如何测量，则通常是用审核或评审的方法进行的（见表9-3）。

表9-3 要素管理空间分析表（ISO 9001:2008 /ISO 14001:2004 /OHSAS 18001:2007）

ISO 9001:2008 要素	ISO 14001:2004 OHSAS 18001:2007 （二者要素号相同）	空间形式		要素性质	
		无形要素	有形要素	广度要素	深度要素
4.1 质量管理体系总要求	4.1	○		○	○
4.2 文件要求	4.4.4/4.4.5/4.5.3	○		○	
5.1 管理承诺		○		○	
5.2 以顾客为关注焦点		○		○	
5.3 质量方针	4.2	○			○
5.4 策划		○	○		○
5.5 职责、权限与沟通	4.4.3			○	
5.6 管理评审	4.6	○	○	○	○
6.1 资源提供	4.4.1		○		
6.2 人力资源	4.4.2		○	○	
6.3 基础设施			○	○	
6.4 工作环境		○	○	○	
7.1 产品实现策划	4.3.1/2/3		○	○	
7.2 与顾客有关的过程			○	○	○
7.3 设计和开发			○	○	
7.4 采购			○	○	
7.5 产品和服务提供	4.4.6		○	○	○
7.6 监视和测量装置的控制	4.5.1	○	○	○	
8.1 监视测量和分析总则			○	○	
8.2 监视和测量	4.5.4/4.5.1/2		○	○	
8.3 不合格品控制	4.5.3/4.4.7	○	○	○	○
8.4 数据分析		○	○	○	○
8.5 改进	4.5.3				

例如许多企业在设计开发要素把设计评审的环节变成形式主义的签字活动，以应付内外部体系审核。因此许多ISO 9001认证企业，没有理解标准要求的真正目的是弥补和防止设计开发技术人员的局限性影响，也就没有按照要求有效利用设计评审这个质量控制的手

段。他们不善于将要求转换成流程,不得不借用别人成功的流程。IBM公司的IPD集成产品开发流程成功一个重要原因,是因为IFD有效地组成了跨部门团队,保证了设计评审的有效性。这是ISO 9001要求十分明确,而我们许多企业还不会用,不善于运用的典型例证。毛病出在不善于把体系/要素要求变成流程,不善于通过管理措施突破职能管理的围墙,不善于识别管理瓶颈,方才导致不能满足要求的情况出现。这是方法问题,也是能力问题。

又例如,许多企业在ISO 9001/7.5.2要素要求过程确认的地方并没有有效运用这个重要的控制方法,或者规避或者流于形式;许多企业实施ISO 9001/8.4要素,却运用普通的指标计算代替SPC和排列图等统计技术的应用,而没有识别过程问题的主次,不能有效降低废品率;等等。类似这些管理行为,难免留下诸多没有覆盖的管理空间区域,留下的许多漏洞,就是盲点或者真空,极大地影响了管理体系运行的有效性。管理要素各项要求得到满足的程度往往取决于管理科技和管理技巧的运用的程度。由于管理科技使用缺失导致管理真空的形成;由于管理技巧滥用导致管理盲点出现。

为了发现或识别这些问题需要审核。审核也同样有一个有效性的问题。

管理体系审核解决的是:测量运行中的管理行为的“到位”与否的问题,也就是进一步推动要素管理的执行性和有效性问题的解决。如果发现有“管理不到位的问题”,审核员会运用《不符合项报告》的形式指出;通过纠正措施加以改进。在《不符合项报告》中,不仅指出问题存在哪个要素哪个具体要求,还指出具体事实说明错在那里。此外,在制定纠正措施前它还要求查明原因,并且针对原因举一反三地采取纠正措施,以防止该类问题再次发生。它并非以查处问题作为终点,而是作为改进的机会,改进的起点,直至问题解决,并在日后的审核中被验证无误,方才允许结案。然而不少企业以罚代改,把惩处结论当作事件处理的终点,而不是把有效改进作为问题的“终点”。在管理体系运行中,叫做不符合项没有“关闭”。妨碍了自我改进机制的建立。不怕有问题,就怕发现不了;不怕有问题,就怕解决不了。ISO 9001/8.2.2要素对于质量管理体系内部审核的要求作出规定;同时,对《不符合项》采取纠正措施又涉及ISO 9001/8.5.2要素的要求。要做到位,自然要满足各个要素所有要求。整个体系运作体现了PDCA循环和持续改进的理念,每个要素运作,乃至每个操作过程也应当加以体现。换句话说,质量管理体系各个层次,各个环节除了按规定运作以外,还应当包括PDCA循环和持续改进,因为这是ISO 9001/8.5.1要素的要求。这个思路适用于整合(集成)管理体系中所有管理体系。

必要时,管理评审可以针对要素管理执行性和有效性作出更高层次的评估,以便推动要素管理的执行性和有效性。

9.2.3 时

定理2(时间定理):管理体系要素管理到位的根本条件和基础是时间管理。

时间是什么?时间是推动春夏秋冬四季轮回,使小孩长大、年轻人变老的力量,它能使现实变成历史,未来变成现实。哲学家说,时间是运动物质存在的形式;物理学家说,时间是运动方程的自变量;银行家说,时间就是金钱;医生说,时间就是生命。东西南北上下谓之宇,古往今来谓之宙。宇宙即时空。在管理体系中,时间发挥着决定性的作用。对于运作的管理体系而言,时间是不可缺少的维度,与管理空间是不可分割的;没有时间,管理空间就失

去了意义。PDCA四个管理环节在时间轴上依次展开、循环往复，形成具有生机活力的PDCA循环；管理活动在时间轴上依次排开就是管理程序；操作执行动作在时间轴上依次排开就是作业流程。管理体系之所以是动态的，就在于时间的延展性；管理体系之所以是多姿多彩的，就在于它的多层次和多维性。

时间管理的内容：时间起始点，终点或时间段的管理是最常见的管理；还有时序的管理：还有目标管理中各类指标的时间含量的计量，统计，计算，评价等。人们讲笑话："八点开会九点到，十点做报告。"这是在批评没有时间起始点管理的情形。"明日复明日，明日何其多。"这是批评没有时间掌控力的拖拉哲学。此外，还有产品有效期，例如食品的有效期涉及消费者的人身安全和健康；还有法律法规文件有效期，例如防止使用失效法律法规文件贻误商机等，这些类性型涉及有效期期限的管理。无论标准的贯彻执行，变异的鉴别，还是变更处置乃至各种决策，都有个时间性的问题（见表9-4）。服务业也十分强调时间性的要求。

表9-4　时间管理 ISO 9001:2008 /ISO 14001:2004 /OHSAS 18001:2007

	过去	现在	将来
时间流向	←	←	←
主要技术	记录 审核（部分） 评审 数据分析	现场作业管理 流程过程管理 检查，审核，评审 变异处置 不合格品控制 变更管理 应急响应	策划，计划，规划 方针目标管理 预防措施 风险评估 评审
典型要素（编号） （严格意义上每个要素都包含过去现在将来）	4.2.4/4.5.3/ 4.5.3	7.5.1/4.4.6/4.4.6 8.3/4.4.7/4.4.7	7.1/4.3.1/2/3/4.3.1/2/3 8.5.3/4.5.3/4.5.3

无论电力故障抢修，还是地震灾害抢险，应急预案的执行需要在第一时间做出反应，甚至改变流程对时间作出规定。例如为了防止心肌坏死，要求急性心肌梗死患者症状出现一小时内完成溶栓和/或在60～90分钟内完成急诊PTCA（经皮腔内冠状动脉成型术）。任何管理行为离开时间性，就变得毫无意义。对时间管理的要求——准确，其误差水平取决于对象和要求。

时间管理渗透在管理体系的各个层次、各个要素、各个方面。

法律/标准/指标包含时间；顾客要求交货期包含时间；过程流程需要时间；管理体系自身节律包含时间；PDCA循环需要时间。

从产品生命周期和知识管理来说，市场预测和新产品开发，预防措施是对于未来的管理；现场管理、过程控制是对于现在的管理；记录和资料管理是对于过去对于历史的管理。"以顾客为关注焦点"。顾客要求，一个不可忽视的方面就是交货期。也许你遇到什么麻烦，也许你遇到更好的机会，但是只要你承诺了，就要克服困难，管好你的时间，按期交货。管理流程、工艺流程、依次排序，不能锣齐鼓不齐，停停打打，或转不起来；更不能扰乱次序，颠三倒四，要让每个环节管理好时间，使得每个程序运作顺畅无阻。每个程序运作顺畅无阻，整个体系才能有序运行。工艺参数，包括压力、温度等，也有时间，同其他参数一样不可忽视，加热过程、热处理、自动装置的时间控制，直接关系产品和服务质量，更要准确管理好时间。在珠江三角洲，生产过程换线改变产品，例如更换模具，有的班组要6～7个小时，有的班组要3～4个小时，有的班组只要15分钟，这是时间管理水平不同所致，管理好时间可以产生高效率，自然也可以降低成本。

要素的启动，或者计划启动，或者流程控制点启动；无论何种启动方式，只要启动了，就充满了时间管理和控制。没有时间管理就是没有管理。以前，我在出差的火车上看到这样一幕：时间大约九月底，一个单位的大门口上方竟然还立着已破损的大字——“庆祝五一”。或许为的就是要等在十一前将其中的“五一”改为“十一”，省得费事吧？接下来，到十二月底，又可以将“十一”换成“元旦”喽！庆祝五一的活动，只能是节日期间的行为，怎么可以“庆祝”几个月呢？怎么可以没有结束呢？

类似的情况还有：某单位十一月份，墙上还张贴着这样的标语：“大干一百天，向国庆献礼！”显然这是十月之前的活动。我们从内容上判断，有效期到十月一日已经截止了，但是还挂在那里，让人非常疑惑。有一个城市，自来水管破裂，马路上形成一条小河，流呀流，一个月后经过这里，却依然如故。责任人为什么第一时间发现不了呢？发现了为什么不能在尽可能短的时间解决呢？可见在正确的时间做正确的事情，说来容易，做起来就不那么简单了。

火车、汽车、飞机等交通工具，现今十分强调准时正点，各个系统为此做了许多严格规定。许多行政管理部门也像“火车要正点”一样，对流程和办事效率做了明确的时间规定和承诺。企业更是如此。许多企业采用丰田JIT(just in time)管理方法，即在需要的时刻按照需要提供，去除“多余积压”(物资)和“等待”(时间)的浪费，则体现了时间管理在系统流程管理上的精确性，有效性；这些对其他管理体系也是适用的。

管理行为在时间维上管理的长度不仅包括现在段，还应将现在段伸展到未来和历史两个方向。管理体系要对于现实负责，也要对历史和未来负责。

管理时间重要的是现在的管理，当前的管理，例如企业基层管理者实行现场管理，抓5S，同质量管理体系“产品/服务的提供”(ISO 9001/7.5)要求是一致的；但是仅仅顾及现在和当前是不够的，质量管理体系要求，越是高层管理者越要关注未来，管理未来，例如关注社会法律/市场走向，持续改进体系、改进过程、改进产品(ISO 9001/8.5.1)，进行未来产品的开发(ISO 9001/7.3)，防范各种可能的风险，采取预防措施(ISO 9001/8.5.3)。当然，不仅管理现在/当前，不仅管理未来，质量管理体系也教我们对历史负责，要管理自己的历史。管理历史的方法，就是管理好记录；建立可追溯系统，检讨历史经验和教训，使得未来的路走得更好。

时间管理的作用：系统井然有序，高质量，高效率，降低成本。时间管理的方法：“天道酬勤”、“业精于勤”，树立时间观念，在认识管理时间的规律的基础上根据对象的特点及其误差要求水平确定计量方式和控制方式。当然时间管理的改进，需要通过审核和评审，不断总结积累经验，不断改善。

9.2.4 中

定理3(标准定理)：管理体系要素管理到位的关键支柱是管理行为标准化和执行标准的水平。

《中华人民共和国标准化法》(1989年4月1日起施行)要求对工业产品,工业生产,工程建设和环境保护统一技术要求,制定标准。其中"保障人体健康,人身、财产安全的标准和法律、行政法规规定强制执行的标准是强制性标准,其他标准是推荐性标准。""国家鼓励积极采用国际标准。""质量标准和技术标准是研究企业国际化战略的重要着眼点。质量问题、质量水准实际上就是国际化水准的一个标志。"(龙永图 2008.1.8.)

DIN的研究结果:德国国民经济的增长30%是标准化的贡献。BSI的研究结果:在英国,标准与1948—2003年生产力的增长13%有关,标准对技术进步的贡献为25%。尽管数据分析的角度和数值存在差异,但是对于经济和技术进步的贡献不容忽视,却可能是具有普遍意义的。

ISO 9001质量管理体系要求组织的最高管理者尊重法律,领导全体员工遵守法律法规和标准;标准,实际上是具体化可操作的法律法规。ISO 9001质量管理体系要求,但是并不提供任何法律法规和标准文本,至少因为不同的产品/服务对应的法律法规标准是不同的,不同的目标市场要求也是不尽相同的。

衡量一个组织的社会责任,首先应体现在对顾客的责任,而最重要的是衡量其对强制性标准执行的如何;因为强制性标准体现了顾客的根本利益(无论具体顾客是否了解,无论具体顾客是否明示),这是顾客要求的最低限度。一个组织如果尚未达到强制性标准的要求,便没有资格进入市场,这是法律法规的限制;同时,一个组织的良知和社会责任也不容许你以任何方式规避法律法规的限制。例如涉及产品安全、环保的法律法规,也包括企业信息安全和职工的健康保健安全等。

海尔公司是参与国际国内标准活动最多的家电生产企业。海尔申报51项国际标准提案,其中无粉洗涤技术、防电墙等27项提案已经发布为国际标准。海尔累计主导参与了262项国家标准的起草,其中238项已经发布为国家标准。海尔是唯一进入国际电工委员会(IEC)国际决策层的发展中国家企业代表。这些事实说明,在人们意识标准时,海尔已经远远地走在前面,它在质量上乃至综合业绩的出色表现与标准上的成就密切相关。

ISO 9001等管理体系本身就是标准化的产物。它要求管理行为规范,符合标准要求。它对应产品/服务的标准化,适应产品/服务标准化的要求,例如产品/服务的水平的一致性、质量的稳定性、规格的互换性,时间的准确性,因而具备可信性和经济性等特征。ISO 9001质量管理体系要求组织的最高管理者"以顾客为关注的焦点"。同时,在7.2要素合同评审时,要求组织评估能力时,不仅对顾客明示的要求要满足,而且对顾客没有明示的但是实际使用应满足的像安全方面的要求也应当满足。例如,家电产品没有没有达到国家对应的安全标准,没有通过认证,便没有资格进入国内市场,不准出售;否则会受到市场监管部门的处罚。许多质量问题最终似乎都归结到标准上来,不是违反了标准,就是没有按标准生产。

时至2009年,前5个月在欧盟宣布召回的92项纺织服装产品中来自中国的65项,同比有增无减。仅以5月份欧盟宣布召回的18项纺织服装产品为例,其中来自中国的13项中12项是由于存在伤害危险,又主要是由于绳带/线圈不符合要求所致。欧盟的标准EN 14682要求固定在服装上的环绳收紧后其突出的长度,绳带/线圈平放其固定两点间长度,以及可调节搭袢的长度均不得超过7.5 cm;0～7岁(身高134 cm以下)儿童服装头部和颈部区域不允许有任何束带或绳索。然而出口企业在遭遇召回之前竟然对这些规定闻所未闻。

20 世纪玩具安全标准要求的重点是防止物理性伤害，例如当儿童“可预见合理滥用”时，不允许出现“可触及锐利边缘”、“可触及锐利尖端”，防辐射/噪声，防松动零部件吞咽/吸入等。进入 21 世纪玩具安全标准要求的重点项目，则增加许多并且向防止化学性伤害倾斜。正如国际社会已经了解的，偶氮染料经还原可以裂解出一种或多种致癌芳香胺；邻苯二甲酸酯具有致畸致癌和神经系统受损；甲醛可以与蛋白质生物细胞发生反应，可以致癌；含溴含氯阻燃剂会引起免疫系统紊乱和恶化，影响生殖系统/甲状腺/记忆功能；铅汞镉等重金属危害健康，污染环境等。除此而外，欧盟还不断研究并且不断推出新的禁用或限用指令，使得受到管制的有害物质的范围不断扩大，要求不断加强。

染料化学工业，为的是点缀人类的衣食住行，应该说是不错的初衷，然而大量事实表明其结果却不是“造福”，而是“作孽”。国家工商管理局曾经就可释放致癌芳香胺的 118 种偶氮染料进行调查，竟然发现其中还有 108 种仍然在广泛应用(见《玩具质量管理和安全》，冶金工业出版社)。染料化学工业，是危害的罪魁祸首当属确定无疑。不从染料化学工业的源头解决，怕是难以杜绝和终止危害的继续。

近来，各国标准在普遍刷新了有害化学物质、重金属等含量要求的基础上，还增加了新的要求。例如已经在制作婴儿奶瓶使用 50 余年化学物质双酚 A(BPA)，2008 年宣布为禁用有毒化学品，美国政府也相继颁布了禁令。基于人类健康和环境保护的目的，欧盟还通过了 REACH 法规，以便注册、评估、授权和限制化学品的使用，使得其下游家电、纺织、服装、鞋业、玩具、制药等多个行业均受影响。欧盟通过决议，要求自 2009 年 5 月 1 日起，各个成员国禁止将富马酸二甲酯 DMFU 含量超过 0.1 毫克/千克的消费品投放市场，发现应予以收回。富马酸二甲酯 DMFU 为防腐防霉剂，常使用于皮革、鞋类、纺织品、木竹制品等在保存、运输过程中。其特性易挥发而肉眼看不见，人体接触、摄入、吸入后会伤害皮肤、眼睛、黏膜和呼吸道，已经通报的有过敏、湿疹和灼伤等案例。目前，欧盟各国已经启动召回，多为鞋类、沙发等，也涉及玩具。

ISO 9001 质量管理体系要求 7.3 要素设计和开发，这是产品质量的源头，要求设计和开发的输入(依据)必须充分，不应当有任何疏忽和遗漏。你设计的家用电器，如果尚不知道 3C 认证标准，能通过强制性产品认证吗？你设计的出口欧洲的玩具如果尚不知道 EN 71 标准，出口美国的玩具如果尚不知道 ASTMF 963，能通过认证吗？忽略这种强制性认证，就是忽略市场壁垒，市场准入条件；忽略了市场准入的设计输入或设计依据，那么您的设计和开发还有意义吗？现代企业没有标准意识或标准意识不强，是很难参与市场竞争的。一些论述设计和开发的专业书籍不讲法规标准，不能不说是严重脱离工业实际的反映，对技术人员具有误导的作用。

ISO 9001 质量管理体系要求 6.2 要素人力资源管理，也涉及劳动法规。国家要求特种岗位必须持证上岗。例如：电工、焊接工、高空作业工、带电作业工、锅炉司炉工等。国家劳动监管部门将对此进行监管。

电力行业为了电力安全运行，为基层操作人员制定了许多规范和规程。例如：工作票制度、高空作业规程、带电作业规程、检修规范等。

特种行业还有许可证制度。例如：锅炉/压力容器的制造和安装维修业，必须通过国家技术质量监督行政管理部门的专业认证，方才可以从事经营业务活动。

在 ISO 14001 和 OHSAS 18001 的体系中更加注重法律法规的贯彻执行。因此，提高法律意识/标准意识非常重要，将法律法规标准融入管理体系中，变成可操作性的流程和制度化的规定加以贯彻。

要强调的是，法规标准不是一成不变的，是有时间性的。这种时间性体现在其版本的变化上。就是说，使用过期的标准等于没有执行标准。不应以为贯彻了标准就一劳永逸了，还必须观察法规标准变化的趋势，密切跟踪，使得我们的管理行为能够立即跟随法规标准改变而改变。对所有的法规标准均应如此，首当其冲的是产品质量技术标准，除非你自己在世界范围成行业老大，领跑产品质量技术标准。

9.2.5 鉴

定理 4(鉴别定理)：管理体系要素管理到位的前提和保证是管理体系的识别能力，鉴别能力和决策能力。

过程方法是控制论在管理体系中的运用。它要求我们有能力识别过程，识别过程变化趋势，变异，以便有效地控制过程，使之处于正常波动，防止和避免异常波动，甚至过程进入失控状态。

建立和实施管理体系的人们要有素质、有眼光，这样建立起的管理体系才会具有良好的识别能力、鉴别能力和决策能力。眼光，来自管理体系运行的智慧，知识和实践。管理体系不能只是一部按指令运作的机器，它要面对复杂的局面，要决策，就要有一双慧眼。因此，管理体系还特别设立"监视，测量和改进"要素。这个"监视，测量和改进"要素对体系、过程、产品分别进行不同频次全方位监视和测量，包括组织业绩(ISO 9001/8.2.1 顾客满意)，管理体系(ISO 9001/8.2.2 内部审核，ISO 9001/5.6 管理评审)，管理体系大大小小的过程(ISO 9001/8.2.3 过程的监视和测量等)，产品(ISO 9001/8.2.4 产品的监视和测量)。这里需要指出，顾客满意度是衡量组织业绩或管理体系业绩的指标，内部审核是监视测量体系的方法，至于其他监视测量方法标准并没有提供，各个组织自己需要量身定做，根据产品/服务的特点，顾客要求，组织的规模，人员素质，设备水平等来确定的。例如过程的监视测量手段就千差万别，有的使用仪表，有的人员观察；就是仪表也领域宽广，种类繁多，即使相同产品也大有选择余地；更不用说数十个行业中数不清的产品/服务了。只能八仙过海，各显其能。

(1) 识别

建立体系时对过程的识别，环境因素和危险源的识别，是至关重要的，因为这时要定义过程，明确过程之间的相互关系，从而确定整体过程网络。公司级的过程，按管理要素要求建立流程式管理，其中必要时建立文件化程序。管理体系要求编制管理手册，并且按照要求建立程序文件。部门级的过程，应当建立作业文件，或称作业指导书，包括重要个人岗位作业指导书。流程是否符合管理要素的要求，是否运作顺畅，规定是否合理，对责任人而言是否简便易行，取决于策划人员识别过程的能力和水平。通常，此时要借助外脑，请有经验的顾问师予以协助。

对体系过程的识别，基于对顾客要求的识别，对适用法律法规的识别。对顾客要求的识别，涉及过程的服务对象，涉及流程的始端和末端，涉及关键过程/关键设备/关键设施的选择乃至工作环境的设计。对适用法律法规的识别，涉及系统的合法性和社会责任，涉及市场准入与否的问题，当然也是不可忽视的。国家管制的特种行业，应当满足认证条例的要求；特种岗位人员，应满足持证上岗和劳动保护的要求。

对体系过程的识别，在满足一般要求的同时，应当增强风险意识，关注安全；在风险评估的基础上，确实落实预防措施；建立可操作的应急程序。

运行体系时对顾客要求的识别，对适用法律法规的识别，集中体现在合同评审的环节；而后的设计，生产，采购，售后服务等环节，也都需要认真予以保证，形成满足顾客要求的完整体系。对过程的识别，尤其是过程受控状态和失控状态及其形成条件的识别，是过程正确运行和过程质量控制不可忽视的环节。对产品及其状态的识别，又是生产过程提高效率，防止不同产品类型混淆，乃至防止误用不合格品的管理措施。

改进体系时对改进机会的识别，对不合格原因的识别，又是体系，过程和产品改进的关键前提和基础。

（2）鉴别

1）能力的鉴别

对过程的鉴别，尤其对应当提前确认的过程的鉴别，是确保过程能力满足要求的重要管理手段。人们常常说的特殊过程，就是一种需要事先确认，确认之后启动的过程。运行QMS，需要能够胜任的人员；而选择可以胜任的人员，一个前提就是人员能力的鉴别。当然，其他资源，基础设施，设备等也同样存在这个问题。

2）变异的鉴别

系统、过程、产品、人员、设备等都可能产生状态变异，管理体系应当具备鉴别能力。体系的个别状态变异，通常用审核方法鉴别，用不符合项来表述，例如某个部门人员培训不到位，不能胜任工作，或造成差错，或造成损失；而过程和产品的状态变异，可以通过现场管理加以识别和鉴别；但是也有一些变异，通过现场现时现物难以发现的状态变异，则需要无形管理要素监管，并且其状态大都用统计技术来鉴别。例如通过数据收集，鉴别某个特性指标标准差太大，也就是其特性指标数值离散程度高于规定值，构成影响产品质量水平的因素。于是，可以针对问题，进一步分析原因，采取措施。从而不仅显现出一般的现场管理，即通过现场现时现物难以发现的状态变异，而且使之得以有效控制。这是一般组织容易忽视的环节；对于现场问题成堆，忙于现场“救火”的组织而言，不应以为顾及不上就放弃，可能通过统计技术可以准确瞄准最主要的问题，抓住主要问题解决比眉毛胡子一把抓更容易奏效。

3）严重程度的鉴别

上述变异识别出来之后，通常还要进一步鉴别其程度如何，例如不符合项，分为严重、轻微和观察项三类。例如有个企业管理者代表更换以后，内部审核没有计划，也没有执行，没有贯彻执行程序文件要求每年两次内部审核的要求（ISO 9001/8.2.2要素）；例如有个电力工程部门在施工时，没有对雇佣民工的资格进行审定，也没有安全培训，发生安全事故后也没有改进（ISO 9001/7.4.1要素）；例如有个企业加工药品软管，忽略了行业厚度标准致使成批的产品到货就地销毁，不能使用（ISO 9001/8.2.4要素），等等。诸如此类管理要素全部或局部大面积失控，或造成顾客很大损失者就应列入严重不符合项，以便引起责任者的重视，加大力度改进。而产品缺陷通常分为致命，严重和轻微三类。其中致命缺陷，一般指涉及安全标准的部件整机，或涉及功能等重大缺陷的整机。定义其程度，并且加以准确鉴别，对于系统有效性的判断和产品合格与否，乃至应对决策是非常必要的。

(3) 决策

对组织/产品/流程及其改变的决策，在不同的层次以不同的周期进行的。例如，在年度管理评审会议上即将对于方针、目标和组织机构的现行版本的适宜性作出判断，对要不要改进和如何改进作出决策。对于实时合同评审而言，就要对于顾客要求是否认同作出决策；即使新产品什么时机推出最好，也需要一个适宜的决策。可见决策主要在高层管理者中进行，对质量管理体系运行重大问题决策；但也不尽然，在中层管理者中也需要对运行过程的一些重要问题进行决策。例如部分流程变更、产品品种的安排、局部计划的调整、设备人员的调度，都有时机的选择，多种方案的抉择问题。这些决策，都要在准确识别、鉴别的基础上进行。

无论识别，鉴别还是决策都是有时间要求的。在正确的时间做正确的事情，在这里尤其重要。例如，对于变异的识别，在过程控制中占有十分重要的地位。我们要仔细研究每一次变异，为的是尽可能提前预测变异，最好在它到来之前加以排除；至少一旦发生变异，可以立即识别，尽快加以处置。因为变异意味着过程质量的波动超出正常范围，意味着质量正要失控或已经失控。

现实提供了丰富的案例，相信对我们也会有所启迪。

继辣椒酱中发现苏丹红之后，著名的三鹿奶粉引起儿童三聚氰胺中毒事件和台湾“用塑化剂替代棕榈油”的污染事件表明：某些有毒化学品正以现代工业添加剂的名义挑战诚信理念和管理体系，堂而皇之进入食品中，威胁食品安全。人们不能不思考识别力/鉴别力哪里去了的问题。运行的关键控制点CCP如何识别和控制有毒化学品；运行的供应链质量控制如何识别和预防有毒化学品的浸入；运行的管理体系（包括HACCP）如何在识别和控制有毒化学品方面确保其有效性；运行的食品安全监管体系如何进行源头的监控；这些环节不能留下管理真空/盲点，不可形同虚设。

发表于1883年的“凯氏定氮法”利用氮在各种蛋白质中含量百分比十分接近，平均占16%左右，因而通过测量含氮量简易测算出蛋白质的含量是可行的。然而这个聪明的测算法的适用条件必须是测量对象为蛋白质而不是别的物质，因为它并不能辨别分子式的真伪。如果我们的质量管理体系，我们的监视和测量的主管忽略这一条件和局限性，将所有测试结果都认为是蛋白质含量则未免过于鲁莽。用于建材，涂料，塑料制品，清洗剂，胶水和化肥的工业原料——三聚氰胺，其分子式与蛋白质截然不同，但其中氮的含量却高达66.7%。这个被人戏称为“蛋白精”的化学品，早在1945年，美国纽约里德勒实验室毒理专家已经指出，三聚氰胺具有轻微生物学毒性。给大鼠，兔和狗长期大剂量喂食三聚氰胺后，会造成其生殖和泌尿系统损害，膀胱和肾结石，并进一步诱发癌症。怎么可以在食品中滥用三聚氰胺呢？

医学界认为塑化剂如在体内长期累积，其毒性远高于三聚氰胺，会引发激素失调，导致免疫力下降，影响生殖能力，造成孩子性别错乱，包括生殖器变短小、性征不明显，诱发儿童性早熟。特别是母亲体内的男性婴儿通过孕妇血液摄入DEHP，产生的危害更大。塑化剂会伤害人类基因，长期食用对心血管疾病风险加大，肝脏和泌尿系统也会受损，还可能通过基因遗传下一代。塑化剂种类很多，目前使用最多的是邻苯二甲酸酯类物质，主要用在PVC（聚氯乙烯）塑料制品中，这次台湾曝光的塑化剂DEHP、DBP、DINP、DIBP均属于这一类。所有塑化剂都是石油化工产品，只能在工业上使用，根本不是食品添加剂，因此禁止添加进任何食物、药品和保健品中。世界卫生组织、美国食品和药品管理局和欧盟都表示，以每人每天的公斤体重为标准，长期摄入量限制在1.5、2.4和3.0毫克及以下(DEHP)。

管理体系(包括HACCP/GMP)的控制力来自识别力/鉴别力；识别力/鉴别力来自诚信理念和渊博的专业知识。

9.2.6 变

定理5(深度定理)：管理体系要素管理到位的深度取决于管理行为推动PDCA循环的程度。

质量管理体系及其要素的管理深度应当体现在以下方面：

(1) 管理的执行性和有效性如何(针对空壳体系图有其名，文件规定一套，具体执行另一套和肤浅表面化管理，没有成效的情况)；

(2) 应变能力如何(针对体系遇到问题和变化时，出现随意性和走老路的情况)；

(3) 自我完善和改进的机制是否运行有效(针对体系空谈改进，事事不能与时俱进，渐渐老化蜕变和衰败的情况)。

不难看出，在上述三条中，只要自我完善和改进的机制运行有效，即使前两条有些问题，也是不难克服的。因此第三条更重要一些。倘若没有第三条自我完善和改进的机制，第一第二条即使小问题，也会发展演变成大问题，体系难免文件规定一套，具体执行另一套；难免不能与时俱进，渐渐老化蜕变和衰败。因此我们把涉及改进和推动改进的要素称为深度要素，其他则为广度要素。

辩证法告诉我们：变是绝对的，不变是相对的。就我们的愿望而言，总是希望轻车熟路，系统是原有的系统，过程是原来的过程，产品还是那个产品，这样对于标准化非常有利，不轻易出问题，即使有点问题也好处理。但是，实际情况往往与这样的愿望相违背。社会在发展，科技在进步，市场在变化，即使是标准也在改变，质量管理体系怎能无动于衷呢？ISO 9000标准从1987年首次发表以来，其中ISO 9001至今已经第四个版本了(自2000版以后，这个家族的版本更新已经不再同步了)。对于动态的运行的质量管理体系而言，根据实际情况随时随地做一定的调整和改进，是很自然的事情。更何况质量管理体系要求就包括持续改进(8.5.1)的要素。8.2监视和测量要素对体系、过程、产品分别进行不同频次全方位监视和测量，目的并非只是做作样子，不是仅为了考核记账，应付奖惩；也许奖惩考核记账是必要，但是找到问题缺陷不足，推动改进才是真正的目的。

8项管理原则，很重要的一条就是持续改进，组织要与时俱进，要可持续发展，要永续经营，靠的就是持续改进。ISO 9001标准把它作为一个管理要素，纳入管理空间体系意义十分重大。

ISO 9001/ISO 14001/OHSAS 18001管理体系标准将戴明循环概括为PDCA循环，并且贯彻到体系运行中，使其用户受益非浅。PDCA循环是历史经验的总结，具有普遍性。它体现持续改进的理念，持续改进的方法，渗透在质量管理体系的各个层次、各个要素、各个方面，使质量管理体系中形成大小不等，周期各异的PDCA循环，推动质量管理体系从局部到整体的持续改进。要素管理进入PDCA循环，才能有效建立起自我完善机制，才能有效推进持续改进；进而使整个体系持续改进，与时俱进。

我们已经多次强调，文件是管理体系运行的依据。文件有效版本的识别至关重要。管

理体系运行发生变化，应当先行改变其运行的依据。体系变更：包括组织变更、方针变更、目标变更、产品变更、流程变更等，属于重大变更，涉及这些变更，应当经过管理评审，在决策层解决。届时管理手册也要先行修订，并且在此基础上贯彻执行。而工程变更，则可先行修改工程文件，再行收回旧文件/发放新文件，加以贯彻执行；如果时间不允许，或者可以临时通知的方式进行；此时的临时通知是属时效文件，也就是它在限定时间内有效，如果不需要修改原文件，当超过这个期限时临时文件自动失效，继续使用原文件；如果需要修改原文件，在期限内完成旧文件修改，临时文件失效后，使用修改后的新文件运作。

改进需要变更，但变更并不一定是改进。就性质而言，有的变更可能涉及管理体系改进，有的只是涉及适应市场和顾客要求的局部变化和局部调整。

管理体系的改进，可以单独提出议题，作为独立项目，按 PDCA 循环运作。而大量的是把 PDCA 循环体现在各个要素运作中，推动持续改进。管理体系的这种大量的局部的改进，通常体现在纠正措施要素上。运作得好，要素不断完善，管理水平不断提升；运作得不好，则管理水平依然如故，特别是要解决的问题得不到解决，变成了“常见病”。尤其值得注意的是不少企业运用惩罚处理代替 ISO 9001/8.5.2 要素采取纠正措施。好像大会一宣布处罚结果，事情就此可以结案了。其实处罚只能让责任者知道什么是错的，并没有让责任者知道怎样做才会正确，因此下一次可能还是错的，并没有改进。也有的企业用 ISO 9001/8.3 要素不合格品处置取代 ISO 9001/8.5.2 要素采取纠正措施，同样达不到改进的目的。有一个企业针对注塑零件上存在“毛刺”(他们称为“披锋”)的问题，采取“纠正措施”。他们没有找到模具和注塑工艺的问题所在，没有从根本上解决，而是设立一个班组专门刮“毛刺”。这难道不仅仅是不合格品处置吗？这样做的结果使得“毛刺”的存在，成为“合理合法”的了。由此可见，实实在在运作纠正措施要素(ISO 9001/8.5.2)，识别/鉴别不合格原因，针对原因采取纠正措施的重要。

企业的“老大难”问题，长期此以往见怪不怪，例如煤矿的瓦斯爆炸问题，建筑的偷工减料问题，交通安全问题，药品的劣质问题和服装的同质化竞争问题等，都是持续改进要素没有执行，或执行不彻底所致。

产品改进，过程改进似乎更容易理解，体系如何改进却使常常使人们感到困惑。

谈到产品改进，人们自然会想到太多的范例：花样翻新的家电，不断升级的电脑，功能日益加强的手机。对于企业来说，每天每日都在忙呼产品功能的增加，性能的更加环保，外观的更加美观，使用的更加方便维护保养。

谈到过程改进，人们也会想到如何改进人员素质和熟练程度，改换更新设备，改造优化流程，以便如何提升过程能力/效率/成品率。

但是一讲到体系改进，人们却只能想到体系自我完善，想到管理评审改进方针目标，想到针对内审不符合项的改进，这当然是对的；但是仅仅限于这样一些改进，显然还远远不够，那么还要怎样作呢？管理体系改进一般是朝着深度和广度两个方向进行的。

就 ISO 9001 质量管理体系比较重大的改进而言，它可以是管理要素的增加或管理空间的拓宽，也可以是管理要素在管理方法和手段上加强或在管理深度方向上的拓展。作为特例，ISO 9001 质量管理体系改进时，是将 ISO 14001 环境管理体系要素整合进来，或将 ISO 14001环境管理体系和 OHSAS 18001 职业健康及安全两个管理体系诸要素一起整合进来，现在许多企业实际也是这样做的，例如不少大型企业例如电力企业就是这样做的。这些我们称为二合一或三合一整合的管理体系，是在 ISO 9001 的基础上拓展的结果，增加了环境管理诸要素和/或职业健康及安全管理诸要素。换句话说，基于 ISO 9001 质量管理体系的改进，可以成为二合一或三合一（或者更多）整合的管理体系，也就是 ISO 9001 质量管理体系在管理空间上的拓宽。

还是作为特例，ISO 9001 质量管理体系改进，可以在管理工具的深度应用上，例如企业为了适应行业变化进入电信行业，需要而采取的体系变更措施，导入 TL 9000 或进入汽车行业导入 ISO/TS 16949，我们可以称之为 ISO 9001 质量管理体系在管理深度上的拓展。无论电信行业 TL 9000 还是汽车行业 ISO/TS 16949，其要求原封不动地包涵了 ISO 9001 的要素，"原封不动地"这一点很重要，不应有随意性，否则不能声明符合 ISO 9001；此外，还增加了各自的行业要求。当然严格讲，也有管理空间拓宽的问题，但是主要还是由于采取了许多具体管理方法和手段，而体现出管理深度的加强。笔者认为，即使不进入这些行业，为了提升管理水平而采取各种先进管理手段方法，难道不可以么？只要符合持续改进要求，就是合理的。

创新（innovation）是奥地利经济学家熊彼特于《经济发展理论》首先提出的"创新理论"之中。他认为，创新是在产生新组合新事物时产生的，这些新组合新事物是通过打破各元素原有的排列和组合，进行科学创造性地重组形成的。

联合国人类环境会议于 1972 年 6 月 5 日至 16 日在斯德哥尔摩举行并发表《人类环境宣言》，其中第 3 条这样说："人类总得不断地总结经验，有所发现，有所发明，有所创造，有所前进。在现代，人类改造其环境的能力，如果明智地加以使用的话，就可以给各国人民带来开发的利益和提高生活质量的机会。如果使用不当，或轻率地使用，这种能力就会给人类和人类环境造成无法估量的损害。在地球上许多地区，我们可以看到周围有越来越多的说明人为的损害的迹象；在水、空气、土壤以及生物中污染达到危险的程度；生物界的生态平衡受到严重和不适当的扰乱；一些无法取代的资源受到破坏或陷于枯竭；在人为的环境，特别是生活和工作环境里存在着有害于人类身体、精神和社会健康的严重缺陷。"我们注意到，其中"人类总得不断地总结经验，有所发现，有所发明，有所创造，有所前进"这句话就是曾经在中国盛传的毛主席语录。

2010 年 12 月著名的欧睿国际（Euromonitor）公布消费品市场调研数据显示，海尔以 6.1％的市场份额蝉联全球家用电器品牌第一；海尔冰箱分别以品牌销售 10.8％和制造商销售 12.6％的全球份额，连续三年蝉联全球第一；海尔洗衣机以品牌销售 9.1％的全球份额，蝉联全球第一；海尔酒柜以品牌销售和制造商销售 14.8％的全球份额，首次跃居全球第一。美国《新闻周刊》（Newsweek）网站发布 10 大创新公司，海尔公司是唯一入选的全球家电企业。

截至 2010 年底，海尔累计申请专利 10 214 项，其中发明专利 3 057 项，居中国家电企业之首。2002 年起，海尔集团获得国际大奖 40 余项，其中国际顶级 iF 设计大奖 22 项。

海尔不满足于对本土市场，而将品牌拓展到了全球。不仅在美国/在英国/在日本，还在印度/在泰国/在巴基斯坦/在澳洲，举行大规模品牌宣传活动……威菲利普·科特勒（美国）在其著作《营销管理》（第 13 版·中国版）中，对海尔给予了很高评价。科特勒认为，创新的海尔是极具颠覆性的，"如果有一个公司可以颠覆中国过去生产低成本次品的形象，那么它就是白色家电生产商海尔。"

美国管理会计师协会通过长期观察和研究，意识到传统管理会计正在遭遇挑战，而海尔的探索可能是未来管理会计发展的突破口。传统的做法是事后算账，以企业为线索，只注重结果；而海尔的做法是人单合一，以人为线索。一些欧美学者认为海尔的创新突破了科斯理论的天花板；沃顿商学院教授马歇尔认为，海尔创造了超级团队理论，它超过了西方的代理理论。目前，海尔的库存周转天数是 5 天，应收周转天数为 4 天，营运周转天数负 10 天。在世界范围也极具竞争力。

2011 年 3 月，海尔开启海尔全球家电绿色元年。同时宣布，整合全球资源，与美国陶氏、欧洲 BEST 和新西兰斐雪派克三大巨头签署战略合作协议，共同研发领先的绿色家电解决方案。

当持续改进和创新成为企业文化时，PDCA 循环就会在企业的各个层次展开，并且硕果累累。

第10章 审　核

本章基于 ISO 19011:2002,其解读指南见表 10-1。

表 10-1　解读指南表

ISO 19011:2002 质量和环境管理体系审核指南	解读方式			
	标准原文	认知理解方法介绍	案例练习思考题	示例
3　术语和定义	• 242	• 244	○	○
4　审核原则	• 245	• 245	• 246	○
5　审核方案的管理	• 267(部分)	• 268	○	○
6　审核活动	○	○	○	○
6.1　总则	○	○	○	○
6.2　审核启动	○	• 266	○	○
6.3　文件审核的实施	• 250(部分)	• 251	○	○
6.4　现场活动准备	• 252 • 256(部分)	• 252 • 256	• 250	• 253 • 257
6.5　进行现场审核活动	• 247(部分)• 258	• 246 • 266	○	○
6.6　审核报告编制批准分发	• 260(部分)	• 261	• 263	• 262
6.7　完成审核	○	• 266	• 258	• 260
6.8　进行审核跟踪	○	• 249	○	○
7　审核员的能力和评价	• 271(部分)	• 272	○	○

注:其中 • 表示本书含有该项内容;○ 表示没有该项内容;随后数字表示本书页码。另,请留意本章的框架与标准略有不同,因此叙述顺序同标准的顺序也不尽相同。

10.1　审核概念和审核原则

10.1.1　术语和定义

【标准原文】(引自 ISO 19011:2002)

审核　audit

为获得审核证据并对其进行客观的评价,以确定满足审核准则的程度所进行的系统的、独立的并形成文件的过程。

注 1:内部审核,有时称第一方审核,由组织自己或以组织的名义进行,用于管理评审和其他内部目的,可作为组织自我合格声明的基础。在许多情况下,尤其在小型组织内,可以由与受审核活动无责任关系的人员进行,以证实独立性。

注 2:外部审核包括通常所说的"第二方审核"和"第三方审核"。第二方审核由组织的相关方(如顾客)或由其他人员以相关方的名义进行。第三方审核由外部独立的审核组织进行,如那些对与 GB/T 19001 或 GB/T 24001 要求的符合性提供认证或注册的机构。

注 3：当质量管理体系和环境管理体系被一起审核时，称为“结合审核”。

注 4：当两个或两个以上审核组织合作，共同审核同一个受审核方时，这种情况称为“联合审核”。

审核准则　audit criteria

一组方针、程序或要求。

注：审核准则是用作与审核证据进行比较的依据。

审核证据　audit evidence

与审核准则有关的并且能够证实的记录、事实陈述或其他信息。

注：审核证据可以是定性的或定量的。

审核发现　audit findings

将收集到的审核证据对照审核准则进行评价的结果。

注：审核发现能表明符合或不符合审核准则，或指出改进的机会。

审核结论 audit conclusion

审核组考虑了审核目的和所有审核发现后得出的审核结果。

审核委托方 audit client

要求审核的组织或人员。

注：审核委托方可以是受审核方，也可以是依据法律法规或合同有权要求审核的任何其他组织。

受审核方　auditee

被审核的组织。

审核员　auditor

有能力实施审核的人员。

审核组　audit team

实施审核的一名或多名审核员，需要时，由技术专家提供支持。

注 1：指定审核组中的一名审核员为审核组长。

注 2：审核组可包括实习审核员。

技术专家　technical expert

向审核组提供特定知识或技术的人员。

注 1：特定知识或技术是指与受审核的组织、过程或活动，语言或文化有关的知识或技术。

注 2：在审核组中，技术专家不作为审核员。

审核方案　audit programme

针对特定时间段所策划，并具有特定目的的一组（一次或多次）审核。

注：审核方案包括策划、组织和实施审核所必要的所有活动。

审核计划　audit plan

对一次审核活动和安排的描述。

审核范围　audit scope

审核的内容和界限。

注：审核范围通常包括对实际位置、组织单元、活动和过程以及所覆盖的时期的描述。

能力　competence

经证实的个人素质以及经证实的应用知识和技能的本领。

【认知理解】

“审核”相关概念见图 10-1。

注：为了查阅方便，全书一致将术语后附括弧内的条款序号采用 ISO 9000：2005 的序号数码。

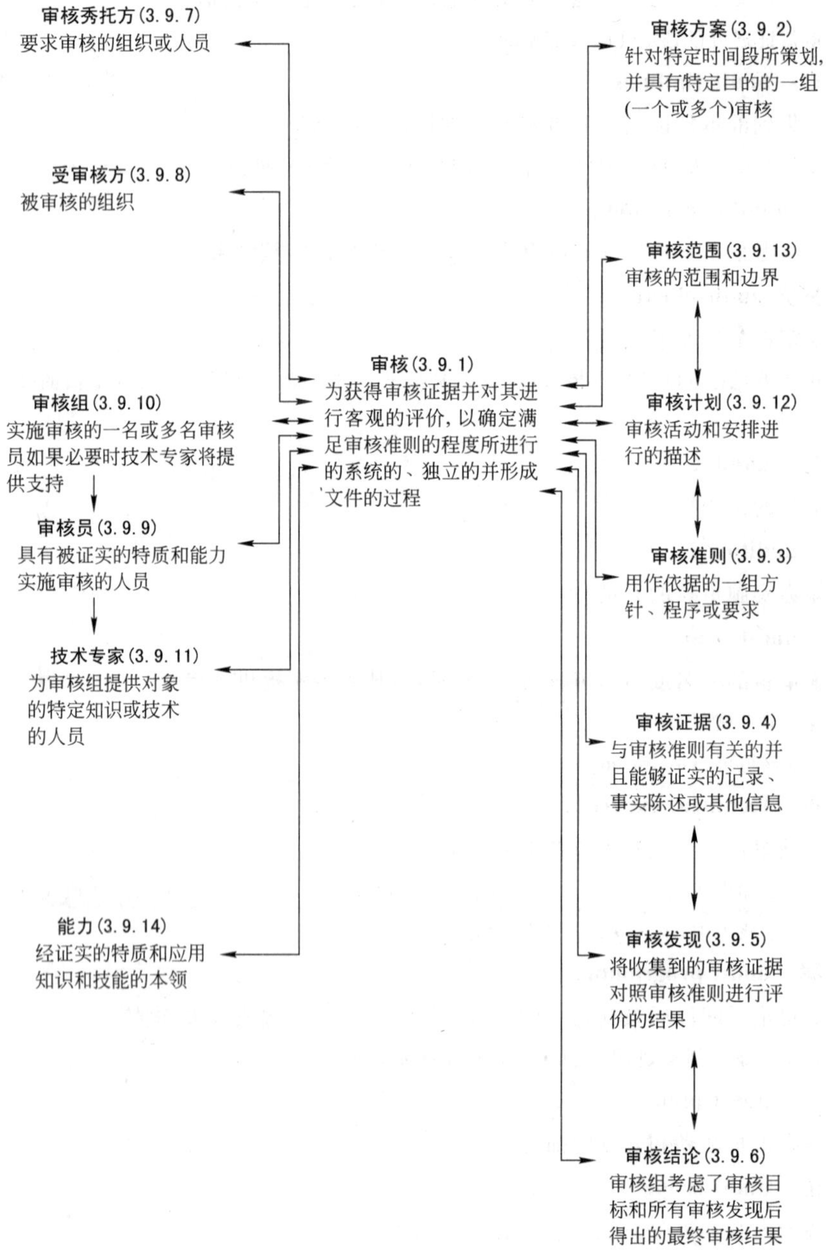

审核委托方(3.9.7)
要求审核的组织或人员

受审核方(3.9.8)
被审核的组织

审核组(3.9.10)
实施审核的一名或多名审核员如果必要时技术专家将提供支持

审核员(3.9.9)
具有被证实的特质和能力实施审核的人员

技术专家(3.9.11)
为审核组提供对象的特定知识或技术的人员

能力(3.9.14)
经证实的特质和应用知识和技能的本领

审核(3.9.1)
为获得审核证据并对其进行客观的评价，以确定满足审核准则的程度所进行的系统的、独立的并形成文件的过程

审核方案(3.9.2)
针对特定时间段所策划，并具有特定目的的一组(一个或多个)审核

审核范围(3.9.13)
审核的范围和边界

审核计划(3.9.12)
审核活动和安排进行的描述

审核准则(3.9.3)
用作依据的一组方针、程序或要求

审核证据(3.9.4)
与审核准则有关的并且能够证实的记录、事实陈述或其他信息

审核发现(3.9.5)
将收集到的审核证据对照审核准则进行评价的结果

审核结论(3.9.6)
审核组考虑了审核目标和所有审核发现后得出的最终审核结果

图 10-1　“审核”相关概念

10.1.2 审核原则

【标准原文】(引自 ISO 19011:2002)

> **4 审核原则**
>
> 审核的特征在于其遵循若干原则。这些原则使审核成为支持管理方针和控制的有效与可靠的工具,并为组织提供可以改进其业绩的信息。遵循这些原则是得出相应和充分的审核结论的前提,也是审核员独立工作时,在相似的情况下得出相似结论的前提。
>
> 以下原则与审核员有关:
>
> a) 道德行为:职业的基础
>
> 对审核而言,诚信、正直、保守秘密和谨慎是最基本的。
>
> b) 公正表达:真实、准确地报告的义务
>
> 审核发现、审核结论和审核报告真实和准确地反映审核活动。报告在审核过程中遇到的重大障碍以及在审核组和受审核方之间没有解决的分歧意见。
>
> c) 职业素养:在审核中勤奋并具有判断力
>
> 审核员珍视他们所执行的任务的重要性以及审核委托方和其他相关方对他们的信任。具有必要的能力是一个重要的因素。
>
> 以下原则与审核有关,并通过独立性和系统性来明确:
>
> d) 独立性:审核的公正性和审核结论的客观性的基础
>
> 审核员独立于受审核的活动,并且不带偏见,没有利益上的冲突。审核员在审核过程中保持客观的心态,以保证审核发现和结论仅建立在审核证据的基础上。
>
> e) 基于证据的方法:在一个系统的审核过程中,得出可信的和可重现的审核结论的合理方法
>
> 审核证据是能够证实的。由于审核是在有限的时间内并在有限的资源条件下进行的,因此审核证据建立在可获得信息的样本的基础上。抽样的合理性与审核结论的可信性密切相关。
>
> 本标准的其他条款所给出的指南建立在上述原则的基础上。

【认知理解】

QMS 审核同 5S 检查不同,不是组织体系中个别要素的检查,也不只是限于现场管理。它有三个特点:

(1) 客观性:公正诚信、正直、保守机密和谨慎是审核员的职业基础,审核发现,审核结论和审核报告真实、准确地反映审核活动。报告审核中的重大障碍及审核组与受审核方之间没有解决的分歧意见。

(2) 系统性:有计划地进行的正式审核活动。审核证据是可验证的,审核证据的获取,以适当的抽样方法取得的样本为基础,从准备到实施,到提出不符合项,采取纠正措施,验证后结案,都以文件化方式进行。

(3) 独立性:审核员独立于受审核的活动,不带偏见,没有利益冲突。独立性是审核的

公正性和审核结论的客观性的基础。

【案例练习】

为了帮助读者掌握审核的原则,以下思考题供参考:

(1) 在一次监督审核的时候,审核员在设计开发部遇到一位老同学,这位老同学说:“你一定审核了不少同行,像我在设计中这个难题,他们是怎样解决的,有什么诀窍?……”请问:此时审核员应当怎样回答?如何处理?

(2) 某年国家认监委公布对某认证公司的处罚:停业整顿。该公司一位审核员在未到现场的情况下,开具了认证审核报告,并使对方取得ISO 9001认证资格。请问:认证公司为什么会受到处罚?

(3) 某认证公司审核员在认证现场审核总结会前,被顾问公司一位顾问叫到一旁,小声同他协商:“我们领导以不符合项的多少和严重程度评价顾问水平,能否少开几个不符合项,比×××公司认证审核时×个不符合项少才好。”请问:认证公司的审核员该如何回答?如何处理?

(4) 某取得认证资格的公司,三年来内部审核时,一直使用建立体系初期顾问老师帮助制定的审核实施计划,除了日期改变一下,其余均照搬原稿。请问:这样做是否适宜?有什么可能的负面影响吗?

(5) 有一次内部审核之前,审核组长说:“小张是生产部的,比较熟悉,就审核生产部吧,小李是品质部的,就审核品质部吧,这样效率高,也容易审核得深入一些。”请问:如何评价审核组长的安排?

(6) 审核组内部开会时,受审核方来人报告:两个未按期校准的卡尺已经送出校准,不合格品返工未再检的重新检验记录已经补上,希望上述问题不开具不符合项报告。请问:审核组长应当如何回答?如何处置?

(7) 某认证公司审核员监督审核开具唯一不符合项报告是根据事实:仓库的账面存钢材176 kg,实测为175.5 kg。并据此提出账物不符。请问:你对此做何评论?

(8) 某认证公司首次审核时,受审核方解释审核看不到整机装配过程,是因为材料短缺,整机不配套,其他部门都没有问题,审核组长说:“有记录吗?”回答说有。审核组长说有记录就可以。于是审核照常进行。请问:你对此有何评论?

10.2 审核技术

审核得到受审核方的尊重、合作、配合,当然是好事;但也不是没有例外情况出现,也有时被误认为是“鸡蛋里挑骨头”的行为。因此,审核员有时也会遇到不配合、不合作的情况。例如:谈话时故意转移话题,在与审核内容无关的话题上发挥,拖延审核时间;要么找不到文件,要么找不到人员;或者借故把审核员关在办公室,而不能及时到审核现场……

显然审核员在此时,做审核的意义的过多的解释和宣传已经来不及或很难立即奏效。

创造一个开放、合作的氛围,建立和谐的相互关系,是搞好审核的一个重要条件,是在有限的时间内,完成审核目标和任务的基础。

10.2.1 沟通

【标准原文】（引自 ISO 19011:2002）

> 6.5.2 审核中的沟通
>
> 根据审核的范围和复杂程度，在审核中可能有必要对审核组内部以及审核组与受审核方之间的沟通做出正式安排。
>
> 审核组应当定期讨论以交换信息，评定审核进展情况，以及需要时重新分配审核组成员的工作。
>
> 在审核中，适当时，审核组长应当定期向受审核方和审核委托方通报审核进展及相关情况。在审核中收集的证据显示有紧急的和重大的风险（如安全、环境或质量方面）时，应当及时报告受审核方，适当时向审核委托方报告。对于超出审核范围之外的引起关注的问题，应当指出并向审核组长报告，可能时，向审核委托方和受审核方通报。
>
> 当获得的审核证据表明不能达到审核目的时，审核组长应当向审核委托方和受审核方报告理由以确定适当的措施。这些措施可以包括重新确认或修改审核计划，改变审核目的、审核范围或终止审核。
>
> 随着现场审核活动的进展，若出现需要改变审核范围的任何情况，应当经审核委托方和（适当时）受审核方的评审和批准。

【认知理解】

审核中沟通的对象、内容及注意事项见表 10-2。沟通的方法如下（其中书面沟通从略，可参阅 10.3 审核文件）。

表 10-2 审核中的沟通简表

<table>
<tr><th>对象</th><th>沟通内容</th><th>注意事项</th><th>备注</th></tr>
<tr><td>审核组与受审核方</td><td>1）了解情况，收集信息；
2）审核计划/变更确认；
3）审核范围确认/变更；
4）审核做法及合作希望；
5）保密声明；
6）审核进度；
7）报告审核结果</td><td rowspan="2">1）语言；
2）文化风俗习惯；
3）行业术语</td><td rowspan="2">1）会议；
2）个别交谈；
3）通过陪同人员；
4）电话；
5）书面报告</td></tr>
<tr><td>审核组与审核委托方</td><td>1）审核计划/变更确认；
2）报告审核进度和关心的其他问题；
3）涉及紧急重大风险的如安全环境或质量问题；
4）审核范围/变更确认；
5）报告审核结果</td></tr>
</table>

续表 10-2

对象	沟通内容	注意事项	备注
审核组内部	1）审核进度协调； 2）审核计划/变更，工作的重新分派； 3）审核范围/变更； 4）审核发现/协助验证； 5）审核结论讨论	1）语言； 2）文化风俗习惯； 3）行业术语	1）会议； 2）个别交谈； 3）通过陪同人员； 4）电话； 5）书面报告

1. 会议

(1) 首次会议

① 对审核计划的内容与受审核方共同确认。其中包括：

- 审核范围和标准不适用的条款；
- 审核计划中日程安排临时需要调整的部门；
- 安全注意事项和陪同人员的确定，明确责任。

② 要介绍审核方法和不符合项严重程度的界定：

- 强调抽样审核的风险性；
- 说明审核中发现不符合项分为严重(Ⅰ)、轻微(Ⅱ)和观察项三类；
- 要求对不符合项举一反三地加以改进。

③ 做保密声明并希望各位与会人员准时出席总结会。

(2) 总结会(末次会议)

① 感谢受审核方的合作，并指出优秀的方面；

② 重申保密声明、标准和审核范围；

③ 重述不符合项的分类；

④ 宣读审核报告；

⑤ 宣读不符合项；

⑥ 回答受审核方提出的问题，并予澄清；

⑦ 对纠正措施提出要求。

(3) 审核员内部会议

及时交换审核线索、问题点、疑点，或根据进度情况调整部分任务。内部会议对于确保审核的有效性是有益的，但不应过多占用审核时间。

2. 面谈

审核员应根据检查表和审核目标，灵活运用提问方法，找到有价值的信息。不应任凭受审核对象转移话题或在无关的话题上尽情发挥。一般来说，有这样几种提问方式：

(1) “是/非”提问法

这样的问题，就限制了对方回答的内容。例如：“这个记录是您做的吗？”

“您这儿有质量管理体系手册吗？”

(2) “什么、何时、何地、谁”提问法

这样的问题，就限制了对方回答的范围，可以得到明确的信息。例如：“生产部谁负责？”

“这项纠正措施是何时执行的?”“这个不合格品是哪道工序产生的?”“这投诉是针对哪个型号产品的?”

(3)“怎样、为什么”提问法

这样的问题，就放宽了回答的范围。如果对方海阔天空的发挥，走题太远，还是应该设法将其引导到主题上来；但这样放宽范围的回答，也可以使审核员从中获得有益的信息和线索。例如:“您的部门怎样贯彻质量方针?”

10.2.2 观察

观察，是审核员在现场搜集有价值信息的重要手段。观察对象包括:

(1) 流程:信息流、人流、物流是否按规定的要求从一个过程进入另一过程以及在每一过程中的先后顺序等。

(2) 活动:机器设备的运行及其状态，操作人员的操作等。

(3) 现场的一切客体:场地、设备设施、工具、合格品、不合格品、材料、半成品、成品，以及人员及标识是否有不符合要求、材料是否有混淆、不合格品是否有效管理、现场在用的质量管理体系文件是否现行有效版本等。对于审核员来说，面对的一个个客体，也是一条条“要素”，马上反应出“标准要求是什么”，这里“符合还是不符合”? 审核员的观察力来源于对于标准和现场作业的深入理解。

10.2.3 验证

验证活动，是直接取得客观证据的活动。在审核中获得的线索、疑点、口述的问题点，都需要经过验证，取得客观事实后才能证实或得到澄清。此外，上次审核提出的不合格项，需要对其纠正措施的有效性进行验证，假如还存在同样的问题，那就应使其不合格项升级，并促其改进。为了证实能力，有时也现场验证，要求受审核人员现场操作，检查其熟练程度和与作业指导书要求的一致性。

10.2.4 抽样方法

现场审核的时间是有限的，通常是采用抽样方式进行审核。审核对象如有许多相同的现场，例如相同电压等级的变电站，而人员、设备、产品、材料、记录相同或类似的情况就更多了，都需要抽样审核。与地毯式的排查不同，抽样审核具有漏查的风险，也就是问题的环节、事实没有出现在抽取的样本中。

为了降低风险，抽样方法应当注意避免随意性。

一些认证机构抽样数量在 3～12 之间。如果不讲究抽样方法，发现客观存在的问题的能力，就十分有限了。

首先，样本具有代表性是重要的。例如抽查设备时，铣床占总设备量的 1/3，却没有抽查铣床；又如占销售额 1/4 的大客户没有在客户抽样的样本中；再如检查材料时，占材料成本近一半的电脑芯片却没有抽查到，这样抽取样本，是很难说明问题的，其抽查结果便大大降低了置信度。

其次，随机抽样或样本应是均匀分布的。抽查产品时，不应图方便，随手把最靠近审核员的产品作为抽样样本。显然，这样做发现问题的能力是很低的。

此外，抽取样本时，应当由审核员亲自抽取，而不应当由受审核方代替抽取。一方面受审核方不一定了解审核员的意图和方案，另一方面也可能受审核方有意提供专门准备的样本，缺乏真实性。

现场抽样，适合于体系建立之后的认证审核。内部审核首次最好全部审核。现场抽样，应有计划，确保三年内全部覆盖所有现场。而不应出现每次抽样互不相关，结果有的现场始终没有抽到的情况。

交谈、观察、抽样、验证要点示例见表 10-3。

表 10-3 检查表示例

部门：品质部 IQC		审核时间：20××年 9 月 30 日	审核记录
共性的要求	ISO 9001:2008 要素	交谈/观察/抽样/验证的要点	
	5.3	请说明对公司质量方针的理解和与本职工作的关系	
	5.41	请介绍公司和部门的质量目标，执行情况	
	8.2.3	部门质量目标达成情况证据，未达成的处置情况	
	5.5	请说你的职责与权限，产品监视测量的接受准则，放行条件	
	4.2.3	体系文件的版本状态是否现行有效/与法规一致	
	8.5.2	请介绍上次审核 NCR(不符合项)的改进情况	
针对部门的要求	8.2.4	请介绍产品监视测量的输入(依据)输出(结果)是否有顾客特殊的监测要求？如何满足？记录现场合格批次，不合格批次，并查阅记录。抽样：电子元件 3 个型号，结构件 3 个规格，包装品 3 个型号，说明书 3 个型号，外协加工件 10 个规格，检查符合性	
	8.3	请说明是否有程序文件，查阅版本及有效性	
	7.5.3	查现场标识，隔离、存放情况，查处理情况	
	8.3	返工后的再检验情况	
	7.6	现场观察计量工具，工具仪表的标识和核准记录(或测计量员处查核准记录)	
	8.5.2	检验上次 NCR 的纠正措施的有效性，是否还存在同样的问题，质量目标未达成情况的纠正措施的有效性如何	
	6.2	抽查三名 NQC 检验员的上岗条件(证书等)、测量工具仪表的使用，了解与岗位职责相关要求情况	
审核期区间：20××.3.20—20××.9.30			

10.2.5 文件审核

【标准原文】（引自 ISO 19011:2002）

6.3 文件评审的实施

在现场审核活动前应当评审受审核方的文件，以确定文件所述的体系与审核准则的符合性。文件可包括相关的管理体系文件和记录及以前的审核报告。评审应当考虑组织的规模、性质和复杂程度以及审核的目的和范围。在有些情况下，如果不影响审核实施的有效性，文件评审可以推迟，直到现场活动开始。在其他情况下，为取得对可获得信息的适当了解，可以进行现场初访。

如果发现文件不适宜、不充分，审核组长应当通知审核委托方和负责管理审核方案的人员以及受审核方。应当决定审核是否继续进行或暂停，直到有关文件的问题得到解决。

【认知理解】

文件审核的对象:管理体系文件(方针、目标、管理手册、程序文件、规范、作业指导书、计划等);记录(表单、运行记录);以前的审核报告。

文件审核的依据——审核准则:管理体系要求,例如ISO 9001和ISO 14001;法律法规,例如中国国家强制性标准GB 4943《信息技术设备的安全》和GB 8898(音频、视频及类似电子设备安全要求》;行业规范,例如建设部建法[1993]814号《城市住宅小区竣工综合管理办法》;合同要求;质量方针、质量目标。

首先,应满足和覆盖管理体系要求。当删减个别要素时,必须符合可删减的条件。

其次,方针、目标的建立,要求设立的程序文件和记录应满足标准要求(ISO 9001)。

再次,名词术语的定义,在管理体系文件中,不应与管理体系要求出现歧义、异议的情况,与行业标准也应一致。

此外,文件应层次分明,接口适当,不应在同一过程或接口,出现与规定相互矛盾的情况。责任分明,不应出现"齐抓共管"、"相关部门和人员"之类含糊不清的界定。

所谓满足要求,即所有有要求的环节、对象、控制要求,均应按实际情况做出应有的规定,而不应留下管理真空。可以高于要求(标准),但不可以低于标准。

审核报告要求更改的文件,应适时予以变更。

所有文件的审批是符合规定的。

10.2.6 单项审核

管理体系审核,包括质量管理体系审核、环境管理体系审核、职业健康安全管理体系审核以及整合管理体系审核;除此之外,还可以同样的程序,有针对性地进行所关注的单项审核,例如产品审核、过程审核、环境审核、安全审核等。"关注"意味着管理者试图突破的改进方向所在。

例如产品审核,就是审核值得关注的产品(或者引起关注的质量特性)合格率水平与目标值是否一致。根据安全特性,功能特性,外观特性和包装特性对于产品质量影响的程度,在问题点的定义的基础上抽样检验,以求得各类问题点的分布。所谓值得关注的特性,就是通过分析顾客投诉等反馈的信息,或者其他信息得到的,需要进一步摸清底数以探求改进的特性。抽样可以抽查某一/几条生产线当日下线的产品。为了定量比较,汽车行业常用质量特征值QKZ=100-问题点数/样品数。其中致命问题点加权10,严重问题点加权值5,轻微问题点加权值1。问题点数即各加权问题点数之和。

又例如过程审核,就是审核值得关注的过程能力,尤其是过程能力指数,是否达到质量控制计划预期的水平。在审核人机料法环控制实施情况的基础上,可以抽查某一/几条生产线产品样本,并计算过程能力指数。

10.2.7 过程方法用于审核

过程方法,是建立和实施管理体系的重要原则。有深度的审核,必然注意到这样的特征。首要的问题当然是文件审核应当回答"过程识别在文件中是否得到充分体现"。现场审核则要验证文件关于过程定义和管理的规定。体现审核路径的审核计划和检查表,就要反映出过程的顺序和流程的走向。因为这样才能在过程接口和组织技术接口处发现体系实施过程方法的深度。问题体系往往在这里表现不佳,出现信息流、物流中断。有时因为组织规模较大审核组不得不增加人手,审核组内部沟通则要照顾到接口处有关信息的相互验证事项。在审核沟通和记录查阅中要回答"过程输入和输出有哪些,输出是否满足输入要求"的问题。现场审核,则要回答"过程控制是否满足文件要求"的问题,"人机料法环控制是否到位","过程能力是否满足要求"等问题。

我们实际上是把审核本身看作一个过程,那么它也必然将输入(审核准则),通过资源(审核组等)审核活动流程(签约,策划,实施,报告,后续活动等)转化为输出(审核发现/审核报告等)。这当然也属于过程方法用于审核的一个方面。在这里,审核活动的质量也是通过过程控制实现的。

10.3　审核文件

10.3.1　检查表

【标准原文】(引自 ISO 19011:2002)

> 6.4.3　准备工作文件
>
> 审核组成员应当评审与其所承担的审核工作有关的信息,并准备必要的工作文件,用于审核过程的参考和记录。这些工作文件可以包括:
>
> ——检查表和审核抽样计划;
>
> ——记录信息(例如:支持性证据,审核发现和会议记录)的表格。
>
> 检查表和表格的使用不应当限制审核活动的内容,审核活动的内容可随着审核中收集信息的结果而发生变化。
>
> 工作文件,包括其使用后形成的记录,应当至少保存到审核结束。关于审核完成后文件的保存见6.7。审核组成员在任何时候都应当妥善保管涉及保密或知识产权信息的工作文件。

【认知理解】

检查表是审核员的重要工具。认证机构的审核员在进行第三方审核时,一般都使用检查表。不少组织的内审员也使用。

检查表的作用:在审核时,提供审核思路,提供面谈、观察和验证的关注点,以及抽样审核的抽样方案等;审核结束之前,为写报告提供有价值的信息,包括审核中发现的积极的和消极的事实等。此外,也是对审核活动管理、监控和评估的依据之一。因此,检查表也称为审核员的备忘录。

检查表,通常事先设计好表格,制作时,填表即可。检查表样式和内容参见表10-3。

检查表的编制:

(1) 时机:审核计划批准之后,审核任务分工已明确,在现场审核之前。

(2) 编写依据:

① 审核计划;

② 审核准则(标准、体系文件、法规、合同);

③ 组织体系的要素职能分配表、质量计划和QC工程图;

④ 上次审核报告和不符合项报告。

(3) 编写内容:

① 面谈问题(从公共要素提出共性问题,从本部门要素提出针对性问题);

② 观察点:现场、设备设施、仪器仪表、工具、现场操作、产品文件等;

③ 验证:口述问题点的事实根据,疑点的进一步澄清,上次不符合项的纠正措施是否有效;

④ 抽样方案:明确抽样对象、数量、时间区间等。

10.3.2 审核作业指导书

审核有了检查表,还需要作业指导书。实际上 ISO 19011 都是审核员要熟悉和牢记的。然而对于一个具体的审核活动,提炼出一些重点和要点来,审核之前甚至审核当中看一下,会有一定提示、提醒和启发作用。其主要内容如下:

(1) 国家法律法规、行业标准(产品目标市场的法律法规、行业标准);

(2) 产品实现过程描述(建议使用流程图);

(3) 过程关键控制点;

(4) 组织和人员的资质要求;

(5) 建议的审核要点。

【审核作业指导书示例】

审核作业指导书

审核员:□□□

电脑显示器制造　　办公机械和计算机的制造　　日期:2001 年 12 月 28 日

1. 产品/服务相关的国家法律、法规及行业规定,行业标准

1) ANSI/IPC-A-600(美国);

2) ANSI/IPC-A-610(美国);

3) FCC PART 15J/Class A/Class B(美国);

4) GB 9313—1995 数字电子计算机用阴极射线管显示设备通用技术条件;

5) GB 9254 信息技术设备的无线电骚扰极限值和测量方法;

6) GB 6833 电子测量仪器电磁兼容性试验规范;

7) MIL-STD-105E(美国);

8) GB 4943 信息技术设备的安全。

2. 产品实现过程描述(建议使用流程图)

市场调查 → 设计和开发 → 计划制定 → 采购 → 插装 PCB → 波峰焊/汇流焊 →

组装测试 → 安全检验 → 最终检验 → 包装 → 放行

3. 过程关键控制点

1) 设计输入/产品特性控制应确保符合目标市场的安全规定;

2) 原材料控制;

3) 插装正确性;

4) 关键/特殊工序——波峰焊/汇流焊;

5) 在线测试系统的确认/再确认;

6) 安全规范执行的正确性。

4. 企业资质/人员资质要求说明

1）企业应在工商行政主管部门电力主管部门注册登记，凭电压等级施工执照经营；

2）人员：焊接工培训资格；

电工证；

计量（各个专业）证；

设计人员资格；

检验员/内审员合格证。

5. 建议的审核要点

除按标准/要素审核外还应注意：

1）标书/合同评审中合同变更常被忽视；

2）设计输入的充分性；

3）原材料控制的符合性；

4）波峰焊的参数确认/再确认；

5）在线测试系统的确认/再确认；

6）安全规范执行的正确性；

7）顾客要求/投诉处置是否及时/得当；是否形成 PDCA 改进机制。

审核作业指导书

审核员：□□□

物业管理 PROPERTIES MENAG。 39.11 其他服务活动　日期：2001 年 12 月 25 日

1. 产品/服务相关的国家法律、法规及行业规定，行业标准

中国：

1）建设部 33 号令《城市新建住宅小区管理办法》（1994.3.23）；

2）建设部《城市优秀管理住宅小区标准》（建房〔1995〕120 号）；

3）建设部《城市住宅小区竣工综合管理办法》（建法〔1993〕814 号）；

4）《深圳经济特区住宅区物业管理条例》（1944.11.1）；

5）《卫星电视广播地面接受设施管理规定》（1993.国务院 129 号令）及其细则，等等。

中国香港特区：

1）房屋条例；2）多层大厦（业主立案法团）条例；3）建筑物条例；4）消防条理；5）公共卫生条例，等等。

2. 产品实现过程描述（建议使用流程图）

发展商标书评审 → 投标 → 服务规范设计策划 → 楼宇验收接管 →

入住管理 → 提供日常管理服务 → 业主回访 → 服务改进

日常管理服务：

1）住户管理；2）便民服务；3）车辆管理；4）保安消防；5）清洁绿化；6）设备设施安装维护；7）社区文化活动；8）楼宇管理：公共设施/给排水/电梯/空调/取暖/机电设备/自控系统等；9）紧急情况应急处置（治安/消防/自然灾害等）。

3. 过程关键控制点

1）二次供水的水质控制；

2）自动安全监视过程控制；

3）自动/人工消防报警系统和火灾疏散体系确认；

4）消毒杀虫过程控制；

5）垃圾清运过程控制；

6）应急处置控制；

7）楼宇/给排水/供电/电梯/空调维护维修管理。

4. 企业资质/人员资质要求说明

1）企业应在工商行政主管部门注册登记，凭执照经营；

2）人员：地方物业管理上岗证；

电工证；

电梯工合格证；

检验员/内审员合格证。

5. 建议的审核要点

除按标准/要素审核外还应注意物业管理服务提供是并行运作的特点，尤其应注意：

1）楼宇接管验收，遗留问题的处置；

2）生活/生产/消防三类给水中，饮用水质应定期检测，确保符合国家标准；消防水应确保水量水压；

3）生活污水排水应分流；其中厨房污水和厕所粪便污水也应分别设置；

4）电梯/自动监视系统应定期确认其状态；

5）消防体系应通过实际演练演习确认；

6）企业/人员资格是否具备；

7）顾客要求/投诉处置是否及时/得当；是否形成 PDCA 改进机制。

审核作业指导书

审核员：□□□

服装（出口）　　4.3　纺织成品制造　　日期：2002 年 3 月 25 日

1. 产品/服务相关的国家法律、法规及行业规定，行业标准

1）生态纺织品 Eco-Textile

2）Oko-Tex Standard 100　　瑞士纺织鉴定有限公司

3）BS 6810-1987

4）EN 71-92

5）中国印染色织布类标准：

GB 5326—1997、GB/T 411—1993、GB/T 14311—1993、FZ/T 13001—1993、SN/T 0451—1995

6）SN/T 0553—1996　出口服装抽样方法　（中国出口商检行业标准）

7）SN/T 0554—1996　出口商品包装检验规程　（中国出口商检行业标准）

2. 产品实现过程描述（建议使用流程图）

样品试制 → 样板制作（规格/要求/标准） → 裁剪 → 缝制（零件/组合） → 熨烫（中间/成品） → 包装

其中包括：进货/半成品/成品检验

3. 过程关键控制点

1）服装材料质量控制（包括：面料/里料/辅料）；

2）样板控制（包括：材料/工艺/款式/其他特殊要求）和顾客确认；

3）外发加工：印染/水洗的质量要求；

4）裁剪控制；

5）缝制控制；

6）熨烫参数控制；

7）安全检查：针检/现场针控。

4. 企业资质/人员资质要求说明

1）板房师傅；　　4）熨烫人员；

2）检验人员；　　5）质量体系内审员；

3）设备维修/电工；　　6）计量管理/内校人员。

5. 建议的审核要点

1）服装材料质量控制（包括：面料/里料/辅料）。

疵点/色差/纬斜/伸缩率（自然/湿热）/缝缩率/色牢度/耐热度/强度-拉伸、撕裂、耐磨/其他物理特性（含功能）。

安全环保指标的控制要求：甲醛/致癌偶氮染料或芳香胺/有害金属/PCP防腐剂/残留农药/pH。

2）样板控制（包括：材料/工艺/款式/其他特殊要求）和顾客确认。

3）外发加工：印染/水洗（温度）的质量要求；供方控制。

4）裁剪控制（排料—经纬/误差/疵点）。

5）缝制控制（工艺符合性/线迹、缝迹、缝型/缝针、缝线、针迹密度）。

6）熨烫参数控制（温度控制（因材料不同而异）：棉麻200 ℃以下/毛织180 ℃以下/丝、睛纶150 ℃以下；时间控制；区别直接烫和覆盖干布/湿布情况）。

7）安全检查：针检/现场针控。

8）检查各环节的PDCA是否形成闭环。

10.3.3 审核计划

【标准原文】（引自ISO 19011:2002）

6.4.1 编制审核计划

审核组长应当编制一份审核计划，为审核委托方、审核组和受审核方之间就审核的实施达成一致提供依据。审核计划应当便于审核活动的日程安排和协调。

审核计划的详细程度应当反映审核的范围和复杂程度。例如对于初次审核和随后的审核以及内部审核和外部审核，内容的详细程度可以有所不同。审核计划应当有充分的灵活性，以允许更改，例如随着现场审核活动的进展，审核范围的更改可能是必要的。

审核计划应当包括：

a） 审核目的；

b） 审核准则和引用文件；

c） 审核范围，包括确定受审核的组织单元和职能单元及过程；

d） 现场审核活动的日期和地点；

e） 现场审核活动预期的时间和期限，包括与受审核方管理层的会议及审核组会议；

f） 审核组成员和随行人员的作用和职责；

g） 为审核的关键区域配置适当的资源。

适当时，审核计划还应当包括：

h） 明确受审核方的代表；

i） 当审核工作和审核报告所用语言与审核员和（或）受审核方的语言不同时，审核工作和审核报告所用的语言；

j） 审核报告的主题；

k） 后勤安排（交通、现场设施等）；

l） 保密事宜；

m） 审核后续活动。

在现场审核活动开始前，审核计划应当经审核委托方评审和接受，并提交给受审核方。

受审核方的任何异议应当在审核组长、受审核方和审核委托方之间予以解决。任何经修改的审核计划应当在继续审核前征得有关各方的同意。

【认知理解】

审核计划分为年度计划和实施计划两类。

年度计划规定了审核频次，一般内部审核使用。年度计划，可以是集中式的，就是说，在规定的时间里，集中审核全部要素和所有的部门；也可以是滚动式的，就是说，每个月只对部分要素和部分部门审核，连续几个月后覆盖全部要素和所有部门。

实施计划的要求如标准 ISO 19011:2002 中 6.4.1 所述。

实施计划除了要对审核员分配任务之外，还要考虑几个问题：

实施计划中的日程表，规定了审核员的任务分配和审核的顺序。由于 QMS 的要素、过程是相互关联的，尽可能考虑到这种联系接口和上下游关系，会使审核活动更加有序和讲究效率，一般要在分配任务和安排日程表时加以关注、留意。

有时认证公司以主过程(产品的实现)为线索形成一条线，以监视和测量为线索形成一条线，并对其中的要素做局部调整。在此基础上，根据工作量和分组情况对要素做适当的调整。例如，分两个审核组审核时的两条线是这样的(以下序号为 ISO 9001:2008 要素号)：

Ⅰ:7.2/8.2.1→→7.3→→7.1/7.5.1/7.5.2/7.5.3→→6.3/6.4→→5/6.1/4.1

Ⅱ:7.4→→7.5.5/7.5.4→→8/7.6→→6.2→→4(除去 8.2.1/4.1)

实施计划中的日程表也规定了审核的工作量，这个工作量用人日表示。最好建立体系之初，通过内审的实践，并考虑到内审熟悉程度，来确定人日的多少。不少认证机构用组织人数规定人日，有时是不科学、不实际的。例如一个研究院有若干研究所，每个研究所专业和流程各不相同，人员虽不多，但审核工作量是很大的。因此除了考虑人数的因素之外，还应考虑组织结构和专业结构，确定工作量。应在原有人日的基础上增加修正值，根据复杂程度确定增加人日数量。例如 100 人的研究院原定 3 个人日，可能增为 6 个人日(应保证工作时间，每人×日≥人×6 h)。

实施计划中各部门/要素的审核时间也不是平均分配的。哪个多哪个少，是根据各部门的人数、工作复杂程度、记录多少来安排的，同时，也要根据上次审核结果，对于薄弱的环节、问题较多的部门/要素，应适当多安排一些审核时间，使得对问题把握更准、分析得更透彻、更能有效促进其改进。对于问题多的部门/要素甚至可以增加审核的频次，较其他部门/要素审核次数/年要多些，使得通过审核促其改进的力度加大。

【审核计划示例】

审核计划

<table>
<tr><td>受审核方名称</td><td colspan="2"></td><td>法人代表</td><td></td><td>管理者代表</td><td></td></tr>
<tr><td>地址</td><td colspan="4"></td><td>邮编</td><td></td></tr>
<tr><td>联系人</td><td></td><td>职务</td><td></td><td>电话/传真</td><td colspan="2"></td></tr>
<tr><td>审核日期</td><td colspan="2"></td><td>计划人日</td><td colspan="3"></td></tr>
<tr><td>审核类型</td><td colspan="6">□预审 □初审 □第 次监督 □复评 □内审 □供方审核</td></tr>
<tr><td colspan="7">审核目的：
□确定管理体系符合审核准则的程度，决定是否推荐注册或维持注册；
□评价管理体系确保符合法律法规和合同要求的能力(供方审核)；
□评价管理体系满足规定目标的有效性；
□评价管理体系的持续有效性，识别改进的机会</td></tr>
</table>

<table>
<tr><td colspan="4">审核范围：（包括覆盖产品的范围和所涉及的所有现场，并说明有无删减）</td><td colspan="2">专业小码或专业项目代码：</td></tr>
<tr><td colspan="6">审核依据：
□GB/T 19001—2008/ISO 9001：2008；
□受审核方质量管理手册（　版）、程序文件等体系文件的有效版本；
□法规和采用的标准；
□合同</td></tr>
<tr><td>审核组</td><td>姓名</td><td>注册资格、专业</td><td>工作单位</td><td>电话</td><td>级别</td></tr>
<tr><td>组长</td><td></td><td></td><td></td><td></td><td></td></tr>
<tr><td>组员</td><td></td><td></td><td></td><td></td><td></td></tr>
<tr><td>组员</td><td></td><td></td><td></td><td></td><td></td></tr>
<tr><td>组员</td><td></td><td></td><td></td><td></td><td></td></tr>
<tr><td>承诺</td><td colspan="5">在审核过程中接触的一切机密信息，审核组全体成员根据职业要求郑重承诺保守秘密，未经受审核方书面许可，不得向第三者泄露</td></tr>
<tr><td colspan="6">首次会议　　月　日　时　分至　时　分，受审核方管理层、各部门负责人参加</td></tr>
<tr><td colspan="6">末次会议　　月　日　时　分至　时　分，受审核方管理层、各部门负责人参加</td></tr>
<tr><td colspan="2">日期/时间</td><td colspan="2">受审核部门/审核要素</td><td colspan="2">审核组别/陪同人员</td></tr>
<tr><td colspan="2">示例：
11.25.
AM10：00-12：00</td><td colspan="2">示例：

采购部
7.4.1　采购过程
7.4.2　采购信息
7.4.3　采购产品的验证
8.4　数据分析
8.5.2　纠正措施（验证上次NCR纠正措施的有效性）</td><td colspan="2">示例：

二组/张恒</td></tr>
</table>

注：2008版标准中4.2.3、4.2.4、5.3、5.4.1、5.5.3、8.5.2在每个部门都应审核到，在审核计划中只需在主控部门列出即可。

10.3.4　不符合项报告

【标准原文】（引自ISO 19011：2002）

6.5.5　形成审核发现

应当对照审核准则评价审核证据以形成审核发现。审核发现能表明符合或不符合审核准则。当审核目的有规定时，审核发现能识别改进的机会。

审核组应当根据需要在审核的适当阶段共同评审审核发现。

应当汇总与审核准则的符合情况，指明所审核的场所、职能或过程。如果审核计划有规定，还应当记录具体的符合的审核发现和支持的证据。

应当记录不符合和支持的审核证据。可以对不符合进行分级。应当与受审核方一起评审不符合，以确认审核证据的准确性，并使受审核方理解不符合。应当努力解决对审核证据和（或）审核发现有分歧的问题，并记录尚未解决的问题。

【认知理解】

审核的消极发现，应当整理出书面的不符合项报告。不符合项报告向组织指出质量管理体系偏离要求的情况。无论不符合项对组织影响程度如何，组织均应加以处理。一般来说，不符合项的严重程度可以分为三类：

Ⅰ类：严重。凡属要素失效，运行失控，造成较严重的经济和社会后果，成批不合格品发往客户，或以往的不符合项未有改进，反复出现亦可由轻微升级为严重类不符合项。

Ⅱ类：轻微。凡属运行中偶然、个别的问题点，尚未形成严重后果和影响，可以判为此类不符合项。

Ⅲ类：观察项。凡尚未形成事实的缺陷，若不引起注意可能产生不符合项，应提出引起关注和改善的情况，称为观察项。

组织对待Ⅰ类严重不符合项，应立即采取措施纠正，把损失降为最低；同时分析原因，举一反三地采取纠正措施，防止再次出现类似问题。在各项措施中，尤其应当注意对相关的所有人员进行教育、培训。

对于Ⅱ类轻微不符合项，应立即纠正，并应针对原因采取纠正措施，防止再次出现类似问题，同时也要注意教育、培训工作。

对于Ⅲ类观察项不要求书面纠正措施，但如何改进和改进效果应予记录。

以上三类不符合项在下次审核前应自行验证、关闭。并且在下次审核时正式再行验证。关闭不符合项由审核员进行。审核员根据记录分析判断：责任方是否分析找到不符合的原因；是否针对原因采取纠正措施；措施是否已经实施；验证和评估措施对于不再发生不符合是否有效。如果是严重不符合项，还应现场验证和评估，确认纠正措施有效才可以结案，也称为“关闭”。

不符合项报告的写法一般要求为：“界定问题，描述事实，指出后果与潜在影响，判定不符合条款和严重程度。”界定问题就是指出问题点出现在哪个管理环节上，与后面对应的不符合条款相呼应。也相当于论文中的立论，它是需要论证的。

描述事实就是用事实论证上述立论。事实的描述，应指出时间、地点或场所、标识（例如产品标识、设备编号等，文件的版本号、记录编码等），发生的什么事情，这件事情的出现表明上述问题存在。

指出后果及潜在影响就是说明由于出现上述事实，已经产生的后果；如果尚未产生后果，应说明可能造成的潜在的影响和危害。

不符合条款就是在上面论述的基础上，进一步指出问题点违反了标准哪个条款，包括程序文件或作业文件对应的条款，这样做，既说明了审核准则，也有利于受审核方对照检查、检讨，有助于改进。

严重程度就是审核员在上述论述的基础上，还应指出问题点对于体系运行影响的程度，引起受审核方的关注，帮助受审核方对问题点有清醒的认识。这个环节既不夸大，也不缩小，应当保持客观的立场加以判断。

初次从事审核的审核员经常会提出这样的问题：如何判定不符合项对应的标准条款呢？根据经验可归纳以下几条意见：

(1) 一对一原则：一个问题点对应一个条款。例如：仓库漏雨，或者判 7.5.5 或者判 6.4，选其一就成。

（2）就近原则：在时间上，同样问题，就近不就远；在空间上，问题发生在什么地方就判在什么条款上。例如，人员的培训记录不判为 4.2.4，而判为 6.2。

（3）尽可能细分原则：为方便受审核方改进，判定的要素应尽可能细分，能指出三级要素，不要只判为二级要素。

（4）避免望文生义：判定培训中心的过程不符合项并不只有 6.2 要素，设计院并不只有 7.3 要素，同样，检验试验机构也并不只有 8.2.4 要素（见表 10-4）。

表 10-4　判定不符合项对应的标准条款

项目＼组织类	培训中心	设计院	检验试验机构
产品/服务	培训服务	设计服务	检验试验服务
顾客	学员和委托方	委托方	委托方
6.2　人力资源	针对内部员工	针对内部员工	针对内部员工
7.3　设计和开发	课程设计	设计方案	检验试验方案
7.5.1　生产和服务提供的控制 7.5.2　生产和服务提供过程的确认	授课 实验 演练 答疑	样品制作 模型、结构件、试验件制作 绘图	设备仪器调整 测试/记录 分析 报告制作
8.2.4　产品的监视和测量	考试 考核	设计工具材料检验、过渡制品检验、审图、抽查	复测、抽查、 结果再验证、审查
	不限于 6.2	不限于 7.3	不限于 8.2.4

总之，要在深入理解标准要素和质量管理体系内部运作的基础上，才能较准确地判断不符合项对应的要素。

【不符合项报告示例】

不符合项报告的样板可以参照第 4 章～8 章的【不符合项案例】。只是应当注意，常用的不符合项报告的格式中还应添加“纠正措施”和“验证”栏目，同“不符合项的描述”栏目锁定一起构成完整的不符合项报告。三者分开，各自独立成表并不可取，增加了归类检索的麻烦。

10.3.5　审核报告

【标准原文】（引自 ISO 19011:2002）

> **6.6　审核报告的编制、批准和分发**
>
> **6.6.1　审核报告的编制**
>
> 审核组长应当对审核报告的编制和内容负责。
>
> 审核报告应当提供完整、准确、简明和清晰的审核记录，并包括或引用以下内容：

a) 审核目的；

b) 审核范围，尤其是应当明确受审核的组织单元和职能单元或过程以及审核所覆盖的时期；

c) 明确审核委托方；

d) 明确审核组长和成员；

e) 现场审核活动实施的日期和地点；

f) 审核准则；

g) 审核发现；

h) 审核结论。

适当时，审核报告可包括或引用以下内容：

i) 审核计划；

j) 受审核方代表名单；

k) 审核过程综述，包括遇到的可能降低审核结论可靠性的不确定因素和(或)障碍；

l) 确认在审核范围内，已按审核计划达到审核目的；

m) 尽管在审核范围内，但没有覆盖到的区域；

n) 审核组和受审核方之间没有解决的分歧意见；

o) 对改进的建议(如果审核目的有规定)；

p) 商定的审核后续活动计划(如果有)；

q) 关于内容保密的声明；

r) 审核报告的分发清单。

6.6.2 审核报告的批准和分发

审核报告应当在商定的时间期限内提交。如果不能完成，应当向审核委托方通报延误的理由，并就新的提交日期达成一致。

审核报告应当根据审核方案程序的规定注明日期，并经评审和批准。

经批准的审核报告应当分发给审核委托方指定的接受者。

审核报告属审核委托方所有，审核组成员和审核报告的所有接受者都应当尊重并保持报告的保密性。

【认知理解】

审核报告示例如下。

审核报告格式中无疑应当包括受审核方的基本信息，应当概述审核过程以表明审核的真实性；应当重点阐述审核发现，包括提出的不符合项和审核结论。在结论中，既要肯定体系运行在质量、环境和职业健康安全方面的绩效，也要指出体系运行中的薄弱环节，需要进一步改善的部门和管理要素。

为了对后续审核提供必要的信息和方便，有的认证公司还要求审核报告在附件中提供公司确切地址以及管理代表的姓名和联系方式(这些信息应当反映出最新变化)、生产流程、主要设备清单、主要计量器具清单。

审核报告

合同号：

<table>
<tr><td colspan="2">受审核方名称</td><td colspan="3"></td><td>联系人</td><td colspan="2"></td></tr>
<tr><td colspan="2">地址</td><td colspan="4"></td><td>邮编</td><td></td></tr>
<tr><td colspan="2">电话</td><td></td><td>传真</td><td></td><td>网址</td><td colspan="2"></td></tr>
<tr><td colspan="2">审核日期</td><td colspan="3"></td><td colspan="2">专业小类或专业项目代码</td><td></td></tr>
<tr><td colspan="8">审核目的：</td></tr>
<tr><td rowspan="2">审核范围</td><td>合同确定的范围</td><td colspan="6"></td></tr>
<tr><td>审核界定的范围</td><td colspan="6">□同上
□与受审核方协商确定：</td></tr>
<tr><td colspan="8">审核准则：
□GB/T 19001—2008/ISO 9001:2008　□ISO 9001:2008　□法规，产品标准
□受审核方质量手册版程序文件等体系文件的有效版本</td></tr>
</table>

<table>
<tr><td rowspan="2">审核组长</td><td>姓名</td><td></td><td rowspan="2">组员</td><td>姓名</td><td></td><td></td><td></td><td></td></tr>
<tr><td>证号</td><td></td><td>证号</td><td></td><td></td><td></td><td></td></tr>
<tr><td colspan="9">（公章）　　年　月　日</td></tr>
</table>

<table>
<tr><td>1　审核内容简况：
1）文件初查（　年　月　日）：共发现质量手册（　版）需改进项目______个，不符合标准规定项目______个，经审核组提出，受审核方已基本纠正，质量手册（　版）可作为审核依据。
2）现场审核提出文件需改进项目______个，受审核方同意修改。
3）审核组分______个小组审查了管理层和下列部门的质量活动：

总经理________________　管理者代表：________________
4）组织产品/服务之过程流程及主要设施/设备、主要计量工具（可附清单）：

5）最近两年是否发生过重大质量事故　□否　□是（简述处理结果）
6）行业/技术监督部门质量抽查结果　□合格　□不合格（摘要说明）
7）用户对产品质量的反映　□好　□较好　□差（摘要说明）
8）用户对质量问题的投诉　□无　□有（摘要说明）
9）现场审核中共发现不符合项______个，其中严重不符合项______个，一般不符合项______个（见附件：不符合项报告共______项）。</td></tr>
<tr><td>2　不符合项目说明：（按不符合项分布情况说明是否存在系统性/区域性问题）</td></tr>
<tr><td>3　观察项说明：</td></tr>
<tr><td>4　审核组对受审核方完成纠正措施所需时间的要求：从末次会议起　　天内完成。</td></tr>
<tr><td>5　对受审核方质量体系评价和审核结论：（指出体系运行的薄弱环节/应改进的问题）</td></tr>
</table>

6	本报告内容与末次会议内容:□相同 □不同,简述差异 审核组组长: 年 月 日
7	审核部审核意见:(注:如对审核组长签置的审核报告有不同意见,应说明理由) 签名: 年 月 日
8	中心审核意见: 签名: 年 月 日
9	审核报告发放清单:受审核方和××质量认证中心各一份。 报告发生日期: 年 月 日

注:请关注栏目内容,各栏目可视内容多少改变长度。

【思考题】

1) 请在案例中找出不符合项,写出不符合项报告,确定不符合标准的条款,指出类型(严重程度)。

2) 试编写不符合该标准条款(接上题)的其他案例。

3) 说明不符合项的纠正措施。

(1) 在监督审核的现场,审校员发现实际情况与受审核方提供的QC工程图不符。而这个QC工程图是现行有效文件。生产部负责人回答审核员提出疑问,说:"原来生产的CRT显示器已经停产3个月了,目前生产的LCD显示器新的QC工程图还没有批准发放。我们会尽快解决这个问题的。"

(2) 在某公司进料检验IQC现场,审核员看了几份检验记录,发现都是合格的。审核员问一位检验员几个问题,检验员说自己本来是仓库管理员,工作很忙,顾不上检验,只是看看外观有无问题。审核员注意到现场五金件很多,便从已经检验合格的箱子中抽几个零件,请检验员重新检验一遍。在检验员用卡尺检查尺寸时,审核员发现检验员尚不会正确读数;对于不合格品处理的程序也说不清楚。

(3) 某公司的设备部,所有的设备维护保养记录都是日常点检、加油(润滑)。管理人员说:"我们的设备都是新的……"审核员说:"设备说明书中要求维护保养内容,没有纳入维护保养计划和规定,例如发电机滤清器的定期更换,齿轮箱油的定期更新,等等,目前这样能确保维护保养的有效性吗?"管理人员说:"今后我们会修订我们的规定,把这些内容都包括进来。"

(4) 在审核设备开发的输入时,审核员问到:"设计输入好像没有涉及法律法规?"对方回答:"是的,实际上我们有不成文的规定,就是要参照国家强制性标准。"审核员又问:"这个玩具准备提供哪个市场?"回答:"欧洲为主。"问:"是否应当依据欧洲标准呢?"回答:"是的,采购方要求这样做,但我们手头没有这个标准,所以……"

(5) 看到装配线上退下很多半成品,审核员问:"为什么这些半成品不能继续往下流呢?"班长回答:"打印头有问题,不处理不能流入下一工序。"审核员问:"打印头是谁生产的?”回答:“是采购来的部件。”后来,审核员到采购部问打印头的采购活动:“打印头在生产过程中问题很多,是否在采购当中明确了质量要求?”回答:“虽然我们没有明确要求,但是很久了,我们多次口头反映这些问题,他们应该是知道的,就是解决不了。”

(6)供电系统的某电测班,正在进行DT 862-4/380V-3×5(20)/2.0级电能表校准,但没有进行工频耐压试验。审核员问道:“规程JJG-307-88要求的项目,为什么取消了呢?”回答说:“几个月前,我们做过,一般没有问题,规程也允许抽检。”

(7)某公司的顾客满意度测定为98%。当审核员问及测量方法时,回答说是去年年终,公司抽取50家顾客到酒楼参加宴会,席间发问卷,其中一家有意见,其余很满意,因此顾客满意度测定为98%。当审核员进一步问及抽样代表性时,回答说,虽然这些均为“小顾客”占销售额不大,但是挺有“代表性”的。占销售额10%以上的六、七家因为距离较远,不方便出席宴会,就没有发问卷。

(8)在进料检验的不合格区,审核员发现一批不合格品器件1 600只被生产车间领出。审核员问这些不合格品应当如何处置?回答说:“按理说应退回供货商,但我们任务紧急,只好先用上,来不及退换了。”审核员问:“这些器件是什么问题?”检验员拿出检验报告,说:“只是个别参数达不到要求。”问:“使用前检测了么?”答:“没有,总之,车间会进行整机测量,到那时如果还是不成再替换下来也不迟,我们会对最终产品的指标负责的。”

(9)审核员问总经理:“这次管理评审会议,是否检讨上次评审的决议执行情况?”总经理说检讨过了,只是关于提高成品率的目标没有达成,其他各项都已提前达成。“这次会议,对提高成品率问题是如何讨论的呢?好像在决议中没有涉及。”“是的,这次决议是针对顾客投诉等问题提出的,对提高成品率问题暂时放一放。估计这个问题的解决,也较困难,不是一下子就能解决的。”

(10)审核员在核对顾客提供的DJX-1配件数量时,发现账本中记录应库存2 150只,实际数量只有2 100只。仓管员说,检查合格方能入库,50只不合格品不能入库。当审核员问道,50只不合格品在何处时,仓管员说品质部负责。品质部检验员说,已报废处置。“通知顾客了么?”“没有”。

(11)审核员在品质部验证上次不符合项的纠正措施实施情况。“按纠正措施要求,首先修改检验规范,增加绝缘耐压项目,并对检验员进行培训,是吗?”“是的”。审核员于是来到现场,翻阅了检验规范,确实已经修订。审核员按墙上名单,提问一位检验员,但这位检验员不了解此事,不知道检验规范已变更。此外,也不会做绝缘耐压项目测试。解释说,由于休产假,没有参加检验员培训。

(12)审核员问:“今日生产数量已经完成200箱,为什么检验数量180箱?”“待检区放不下,在搬运时,临时将20箱放在不合格区,检验员没有留意,以为只有待检区180箱呢!”“借用不合格区时,没有标识吗?”“忘记了,也没有来得及通知检验员。”

(13)在抽查客户中心高压供电合同时,负责人没有提供书面合同,建议查阅“合同管理数据库”。审核员从中调出××化工总厂的供电合同,但该合同的有效期为2006.12.31,到审核日期为止已经失效。负责人解释说,我们数据库刚建立不久,数据更新的制度也有,但不够及时,今后一定注意。

10.4　审核的操作运行

10.4.1　审核目的/目标

审核目标规定审核所要完成的任务，包括：

(1) 决定受审核方的管理体系，或体系的一部分符合审核准则的程度；

(2) 评价管理体系确保符合法律、法规和合同要求的能力；

(3) 评价管理体系满足规定目标的有效性；

(4) 识别管理体系可能改进的领域。

它们受以下一项或数项要求制约：

(1) 管理的优先项目；

(2) 商业意图；

(3) 管理体系要求；

(4) 法律、法规及合同要求；

(5) 对具体评价的要求；

(6) 顾客要求；

(7) 其他相关的要求；

(8) 组织的风险。

10.4.2　审核范围

审核范围说明了审核的广度和界限，诸如地理位置、组织单位、受审活动和过程、审核所覆盖的时间段、受审核的规模、性质、复杂性以及下列因素影响：

(1) 要进行审核的范围、目标和持续时间；

(2) 要进行审核的频次；

(3) 被审核的活动和数量、重要性、相似性质地点；

(4) 标准、法律法规、合同或其他审核准则的要求；

(5) 认可或认证注册的需要；

(6) 以往审核结论和以往审核方案评审结果；

(7) 语言文化及社会因素；

(8) 相关方的关注点；

(9) 组织或运行有重大变化。

10.4.3　审核准则

审核准则作为确定符合性的基准，可包括适用的方针、程序、标准、法律、法规、管理体系要求，合同要求或行业/业务行为规范。

10.4.4　审核责任

审核目标应由审核委托方决定。审核范围及准则应由审核委托方及审核组长按照审核方案程序加以规定。任何对审核目标、范围或准则的修改应得到原各方的同意。

当进行联合审核时，重要的一点是：审核组长要确保审核的目标、范围和准则适合于联合审核的性质。

审核组长：

(1) 主持首次会议，末次会议；

（2）负责编写计划；

（3）负责审核组分工和组织现场审核；

（4）对审核报告负责；

（5）负责审核组内部协调与沟通，负责与受审核方委托与沟通。

审核员：

（1）按审核组长分工要求完成审核任务；

（2）搞好沟通和协调。

向导：

向导和观察员可随同审核组，但不是审核组的一部分，他们不能影响或干涉审核的进行。

当受审核方指定向导人员时，他们应协助审核组并应审核组长的要求行事。他们的职责包括：

（1）为面谈建立接触并规定时间；

（2）安排对场所或组织的特定部分的访问；

（3）确保审核组成员知道场所安全规则及保全程序；

（4）代表受审核方目证审核；

（5）在收集信息中提供澄清或帮助。

10.4.5　审核程序

审核程序见图 10-2。

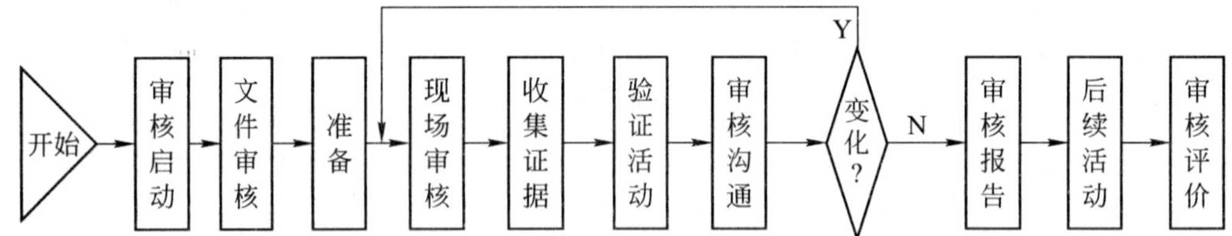

其中审核启动：(1)指定审核组长；(2)规定审核目标、范围、准则；(3)决定审核可行性；(4)选择审核组与受审核方接触。准备：(1)编审核计划；(2)审核分工；(3)准备工作文件。现场审核：(1)首次会议；(2)审核中的沟通；(3)向导、观察员职责；(4)收集并验证信息；(5)产生审核发现；(6)准备审核结论；(7)末次会议。

图 10-2　审核的程序

10.4.6　审核记录

（1）与每次审核有关的记录：

① 审核计划；

② 审核报告；

③ 不符合项报告；

④ 纠正措施报告，预防措施报告；

⑤ 审核后续报告；

⑥ 首次/末次会议签到表；

⑦ 首次/末次会议内容核查表。

（2）审核方案评审结果。

（3）与审核人员有关的记录：

① 审核员能力表现评价；

② 审核员；

③ 能力的保持和提高。

10.5　审核方案的管理

第三方审核较第一方审核（内审）情况要复杂一些，策划工作要充分，防止非审核因素对审核工作干扰、影响。例如，审核组成员专业能力不足，没有配备技术专家，无法确保审核深度，这就是审核方案的资源问题；审核组长不能驾驭审核活动，应到现场审核的内容只是在案头做了表面文章，这是个审核方案的程序问题；对严重不符合项，没有进行必要现场跟踪验证，这是审核方案的实施的问题；诸如此类的问题，时有发生。因此，审核方案的管理，就是十分必要的了，是确保审核有效性的重要手段。

【标准原文】（引自 ISO 19011:2002）

5　审核方案的管理

5.1　总则

根据受审核组织的规模、性质和复杂程度，一个审核方案可以包括一次或多次审核。这些审核可以有不同的目的，也可包括结合审核或联合审核（见 3.1 中注 3 和注 4）。

审核方案还包括对审核的类型和数目进行策划和组织，以及在规定的时间框架内为有效和高效地实施审核提供资源所必要的所有活动。

一个组织可以建立一个或多个审核方案。组织的最高管理者应当对审核方案的管理进行授权。

负责管理审核方案的人员应当：

a）　建立、实施、监视、评审与改进审核方案；

b）　识别并确保提供必要的资源。

图 1 所示是审核方案的管理流程。

如果受审核的组织同时运行质量管理体系和环境管理体系，审核方案可包括结合审核。在这种情况下，应当特别关注审核组的能力。

作为各自审核方案的一部分，两个或两个以上审核组织可以进行合作，实施联合审核。在这种情况下，应当特别注意职责分工、附加资源的提供、审核组的能力以及适当的程序，并在审核开始之前就此达成一致意见。

实用帮助——审核方案的示例

审核方案的例子包括：

a）　覆盖组织质量管理体系的当年的一系列的内部审核；

b）　在六个月内对关键产品的潜在供方实施的第二方管理体系审核；

c）　在认证机构和委托方之间合同规定的时间周期内，由第三方认证机构对环境管理体系进行的认证和监督审核。

审核方案还包括为实施审核方案中的审核进行适当的策划、提供资源和制定程序。

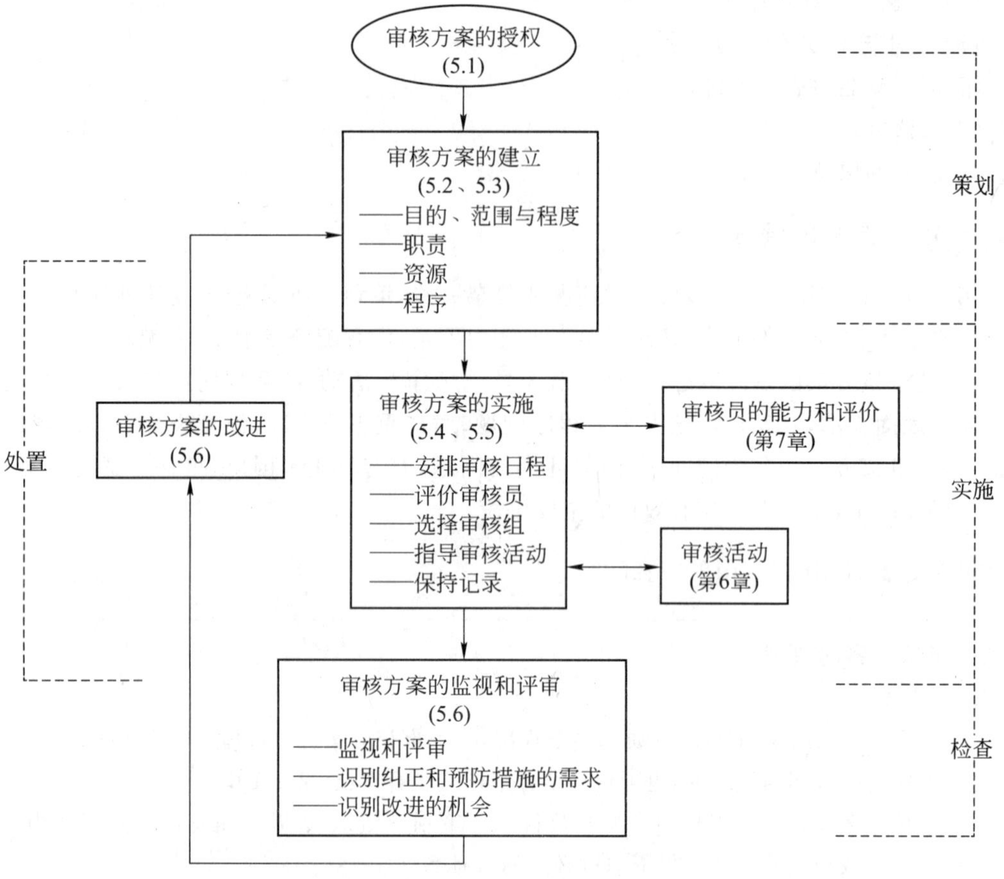

审核方案的授权
(5.1)

审核方案的建立
(5.2、5.3)
——目的、范围与程度
——职责
——资源
——程序

审核方案的实施
(5.4、5.5)
——安排审核日程
——评价审核员
——选择审核组
——指导审核活动
——保持记录

审核员的能力和评价
(第7章)

审核活动
(第6章)

审核方案的改进
(5.6)

审核方案的监视和评审
(5.6)
——监视和评审
——识别纠正和预防措施的需求
——识别改进的机会

策划

实施

检查

处置

图 1　审核方案管理流程图示

注 1:图 1 说明了策划—实施—检查—处置(P—D—C—A)方法在本标准中的应用。

注 2:图中及下文图表中的数字指的是本标准的相关条款。

【认知理解】

审核过程是由审核资源将一组输入——审核准则和受审核体系转化为输出——审核结果的过程,实际上构成了一个开放监测系统,对于审核方案的监视和评审正是一个对于监测系统自身的监视和测量。监视和评审审核方案是对于审核系统,包括审核活动和审核资源进行有效管理的重要环节;将 PDCA 循环引进审核方案管理以持续改进的重要环节。

1. 审核记录的改进

审核记录的改进是专业性的体现。

齐套性:是否按程序要求建立?是否有临时调用?否则应属审核员和档案审核人员疏漏。

完整性:记录是否完整?与计划比较,是否在规定的时间审核规定的部门?是否审核规定的要素?有无疏漏?例如计划规定审核设计部门,实际没有设计部门的审核记录,没有相应抽样的人员/项目等。又例如检查表中检验人员抽样 3 人,没有记录;检验产品抽样 5 台,实际只有 1 台检验记录,不能确保审核深度,避免抽样少带来的风险。或者有的记录显示抽

样检验有1台整机存在故障，经过检修方才正常，但是并没有记录这台整机的型号和标识码，也没有记录什么问题，事后谁也找不到，无法验证。

重点：审核过程输入与输出的记录。审核发现的记录是否有重点？是否准确？有的审核员记录通篇文字，密密麻麻，记录的全是被访对象的讲话，但是看不出抽样的情况，看不出审核发现，更看不出证据；有的虽然有审核发现，但是问题点完全是文字描述，设备没有编号，计量器具没有编号，检验记录没有日期编号，总之没有利用标识或标识不清；人员没有部门、职务和姓名等，既没有重点，也没有可验证性。

清晰：审核记录，不必要求文字过于工整。因为现场可能的情形很复杂，很多情况下都没有坐下来记录的条件。但是只要记录，就应当可以识别其内容如何，不应过于潦草。

其他。

2. 审核计划的改进

审核计划的改进是审核熟练程度的体现。

计划中有缺少要素的现象。在生产车间并非只有生产和服务的提供的过程，还有其他过程。例如不合格品的控制等；同样在检验部门也不只是产品的监视和测量要素，还有监视和测量装置的控制等，不应遗漏。

审核时间安排的合理性：不同的部门对应不同的要素，审核工作量不同，审核时间也应当适当加以区别。例如设计开发部门、生产部门、质量管理部门，时间相对要长一些；文件控制中心、教育培训等部门时间相对要短一点才成。不应有随意性。更不能把审核组开会时间安排得很长，现场审核时间安排得很短，否则有“偷工减料”之嫌。现场审核时间每天不得少于6 h，有的审核机构则要求每天8 h，其中内部会议合计不应多于1 h。

审核组审核各个部门的衔接虽然没有一定之规，但是考虑受审核方主流程会带来许多方便，使审核一环扣一环，上个过程的输出正好是下个过程的输入。这样做，如果组织技术接口存在问题则很容易发现。

审核人日数的合理性：可能涉及合同和审核范围认定问题。审核组来到现场后如果发现有出入，及时沟通解决是必要和可行的，但是最好事先解决。这是组织规模和审核工作量的评估的问题。当几个主过程截然不同的部门，例如隶属不同的行业/专业，在同一组织内部，即使人员数量不多，审核工作量却大了许多，不可单纯凭借人员数量确定人日数。如若不然，审核面和审核深度都将打折扣。

其他。

3. 审核资源的改进

审核员运用笔记本电脑和手机通信工具取代手工作业更适合于审核活动的特点，有助于提高工作效率。此外，审核活动对于专业要求，不容忽视。有的认证机构在审核方案中没有充分考虑专业风险，没有安排技术专家，而审核员中又没有适当人选掌握该专业的技术，难免审核有遗漏，或者没有足够的审核深度，有时还会出现不能在规定时间内完成预期的审核任务的情况。

其他。

4. 审核员行程的安排改进

在安排审核员下一个审核地时，应考虑审核员上一个审核地与该地点的距离，给审核员提供充分的时间完成行程，防止对下一家审核构成影响。有一些新建的企业设置于十分偏远的地方，没有街道门牌号码可循。应当事先绘制简单地图，附在行程表的后面或计划表后面供审核员参考，避免误事。

其他。

5. 审核深度的改进

深度问题表现种种：监督审核发现首次审核漏审的问题，例如没有不合格品控制程序，这是在首次审核的文件审核中就应当提出并纠正的问题。需要在监督审核时验证纠正措施的不符合项本身是错的，例如一个根据过期失效文件判定错误的不符合项，根据现行有效文件则属正常范围，说明审核员没有事先识别审核准则的有效版本。还有的不符合项提出的问题是可提可不提的问题，甚至就不是问题，例如仓库账物不符的问题，一份报告列举的唯一事实是：钢材的账上记录与实物称量相差几公斤。对于钢材库存按规定是允许有一定误差的，成吨的钢材称量以后出现几公斤误差可能反映出该项的账物恰恰属于没有问题的范围。如果在足够抽样的样品中仅发现一项“问题”，表明账物相符做得很不错；如果很多问题，那么列举的事实实在没有代表性。还有的审核员对标准很生疏，开出的不符合项报告，事实与违犯要素号“不搭界”，例如危险化学品与易燃物堆放在一起，本来是个产品防护问题(7.5.5)，却被界定成文件问题(4.2.3)等。

从现场审核记录中也能反映出一些问题。审核范围是要覆盖管理体系一个时间段，例如半年或一年的运行情况的。审核中抽样的时间仅仅在审核期间，或最近一个月，是不能反映出要求的时间段的情况的。这是审核活动同检查卫生，或通常意义的安全检查不同。另外抽样数量也显不足，有的甚至低于检查表的数量，实际上加大了抽样风险，降低了审核发现的能力。对于不符合项的结案，轻描淡写地通过了，使受审核方失去一次改进机会，致使同样的问题一再出现，没有推进力度。

审核方案的监视应当抽查现场审核。现场审核可以发现审核员现场表现，促进现场作业的规范和成熟度。有的审核员事先准备不足，在审核现场花费很多时间研读文件，影响现场有效的审核时间，使得抽样活动十分仓促。有的审核员则对于受审核方的某些情况感兴趣，出现长时间“走题”。也有个别审核员精神不集中，手机响声不断，不得不多次中断审核。

其他。

10.6　审核委托方和受审核方

10.6.1　委托方

审核委托方　(audit client)即要求审核的组织或人员(GB/T 19000—2008/ISO 9000：2005，3.9.7)。

注：审核委托方可以是与审核有法律或合同关系的受审核方或其他组织。

审核委托方的职责如下：

(1) 确定审核目标和审核机构。

(2) 与审核组长规定审核范围和审核准则。

(3) 确认审核组成员。有权根据审核原则提出更换特殊审核组成员的要求，例如，利益冲突情况——以前是受审核方雇员或对受审核方提供过咨询服务或存在品质道德问题，届时与审核组、受审核方共同解决。

(4) 与审核组确定关于审核暂停事宜，例如文件审查表明不适宜立即进行现场审核时。

(5) 接受审核报告。

(6) 必要时确定需要采取的纠正措施,并通知受审核方。

10.6.2 受审核方

受审核方 (auditee)被审核的组织。(GB/T 19000—2008/ISO 9000:2005,3.9.8)。

对受审核方的要求如下:

(1) 将审核的目的、范围、日程通知有关人员。

(2) 指定向导,陪同审核员。

(3) 为审核顺利进行提供所需资源。

(4) 当审核员要求时,为提供有关设施和证明材料提供便利。

(5) 配合审核员,使审核目的得以实现。

(6) 对审核证据确认,并按要求对不符合项分析原因,制定和实施纠正措施,并及时通报审核组。

10.7 审核员

【标准原文】(引自 ISO 19011:2002)

7 审核员的能力和评价

7.1 总则

审核过程的信心和可信程度取决于进行审核的人员的能力。这种能力通过以下方面予以证实:

——具有 7.2 所述的个人素质;

——具有 7.3 所述的知识和技能的应用能力,这些知识和技能通过 7.4 所描述的教育、工作经历、审核员培训和审核经历获得。

图 4 描述了审核员能力的概念。7.3 描述的知识和技能有一些是质量管理体系审核员和环境管理体系审核员通用的,有一些是特别针对单一领域审核员的。

审核员通过持续专业发展和不断地参加审核来扩展、保持和提高其能力(见 7.5)。

7.6 描述了对审核员和审核组长的评价过程。

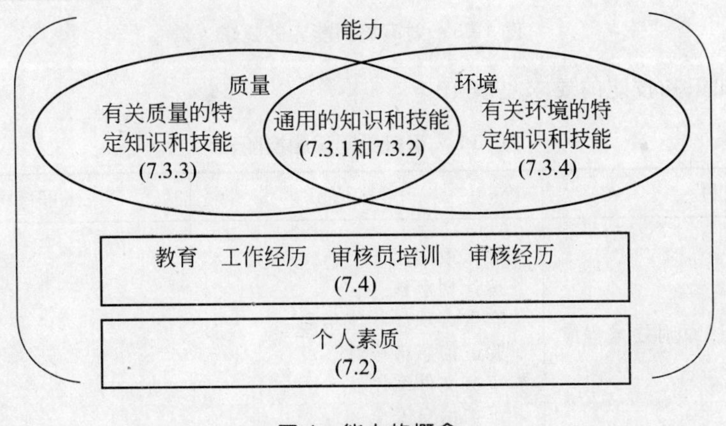

图 4 能力的概念

【认知理解】

1. 对审核员能力的要求

对审核员能力的要求见图 10-3。

素质　　教育经历　　知识技能

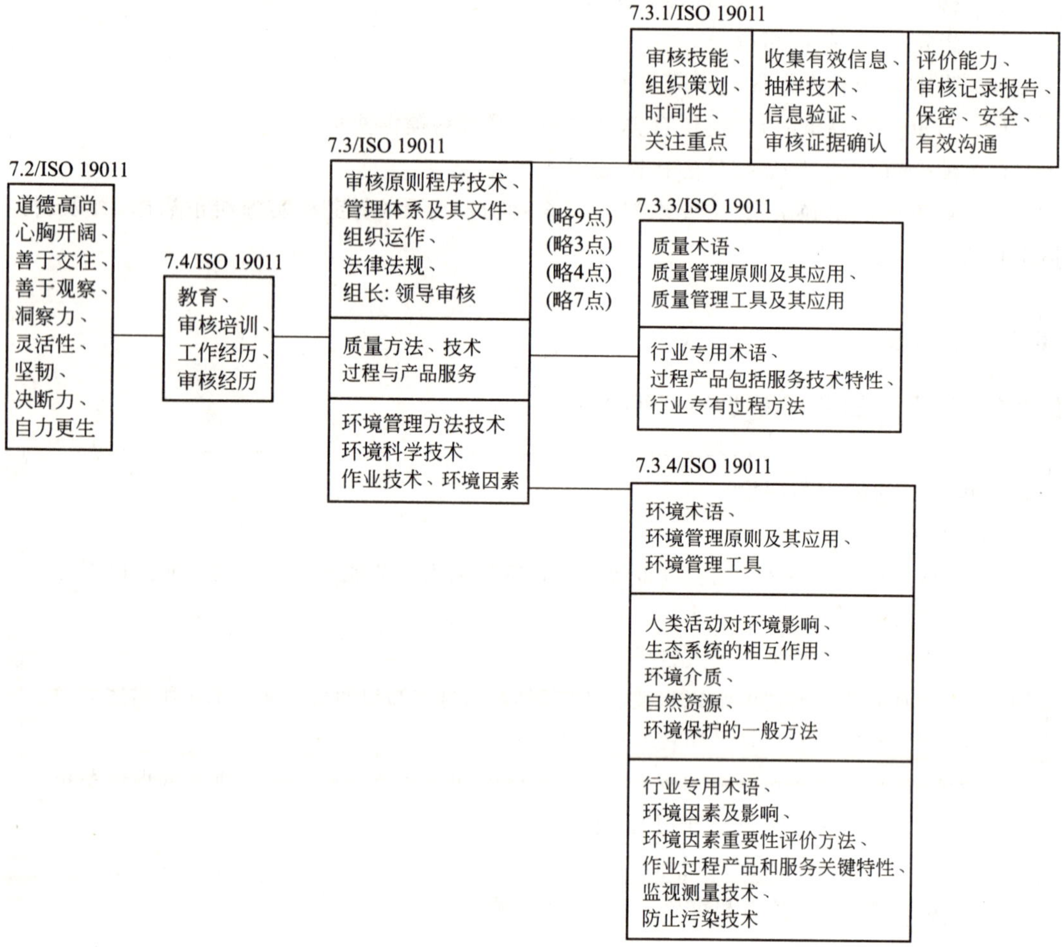

图 10-3　对审核员能力的要求

对审核员知识和技能的要求见表 10-5。

表 10-5　审核员知识和技能表

项目		审核员	审核组长
通用知识技能	1）审核原则技术程序的运用	工作策划组织 按计划审核 有重点现场收集信息 验证信息准确性 审核文件编制 维护信息安全和保密 有效沟通	

续表 10-5

<table>
<tr><th colspan="2">项目</th><th>审核员</th><th>审核组长</th></tr>
<tr><td rowspan="4">通用知识技能</td><td>2）质量管理体系文件及其引用文件</td><td>通过文件理解管理体系
文件之间的关系
审核如何使用文件
文件系统管理各个环节</td><td></td></tr>
<tr><td>3）组织状况</td><td>组织规模结构职能和关系
总体运营过程和特定术语
受审核方文化习俗</td><td></td></tr>
<tr><td>4）适用的法律法规</td><td>具体法律、法规及标准
合同协议
国际条约和公约
其他</td><td></td></tr>
<tr><td>5）其他</td><td></td><td>审核策划有效利用资源
代表审核的沟通
组织指导各级审核员
作出审核结论
完成审核报告
预防和解决冲突</td></tr>
<tr><td rowspan="2">质量管理体系</td><td>1）质量相关方法技术</td><td>质量术语
质量管理原则及其应用
质量管理工具及其应用</td><td></td></tr>
<tr><td>2）过程产品/服务</td><td>行业特定的术语
过程和产品/服务的技术特性
行业特定的过程和惯例</td><td></td></tr>
<tr><td rowspan="3">环境管理体系</td><td>1）环境管理方法和技术</td><td>环境术语
环境管理原则及其应用
环境管理工具</td><td></td></tr>
<tr><td>2）环境科学和技术</td><td>人类活动对环境的影响
生态系统的相互作用
环境介质（如：空气、水和土壤）
自然资源管理
环保一般方法</td><td></td></tr>
<tr><td>3）动作的技术因素和环境因素</td><td>行业特定的术语
环境因素环境影响
环境因素评价方法
过程产品/服务关键特性
监视测量技术
污染预防技术</td><td></td></tr>
</table>

从事认证或类似审核的审核员的教育、工作经历、审核员培训和审核经历的水平示例见表 10-6。

表 10-6 从事认证或类似审核的审核员的教育、工作经历、审核员培训和审核经历的水平的示例

(ISO 19011:2002 表 1)

项目	审核员	两个领域的审核员	审核组长
教育	中等教育(见注 1)	同审核员要求	同审核员要求
全部工作经历	5 年(见注 2)	同审核员要求	同审核员要求
质量或环境管理领域的工作经历	5 年全部工作经历中至少有 2 年	第二领域 2 年(见注 3)	同审核员要求
审核员培训	40 学时的审核培训	24 学时第二领域的培训(见注 4)	同审核员要求
审核经历	作为实习审核员，在能胜任审核组长的审核员的指导和帮助下完成4 次完整审核且不少于 20 天的审核经历(见注 5)。 审核应当在最近连续 3 年内完成	在能胜任第二领域审核组长的审核员的指导和帮助下完成第二领域的 3 次完整审核且不少于 15 天的审核经历(见注 5)。 审核应当在最近连续 2 年内完成	作为审核组长，在能胜任审核组长的审核员的指导和帮助下完成 3 次完整审核且不少于 15 天的审核经历(见注 5)。 审核应当在最近连续 2 年内完成

注 1:中等教育是在国家教育体系中，初等教育阶段后，进入大学或类似教育机构前完成的那一部分。

注 2:如果已完成中等教育以后阶段的适当的教育，工作经历可减少 1 年。

注 3:两个领域的工作经历可同时发生。

注 4:第二领域的培训是为获得相关标准、法律、法规、原则、方法和技术的知识。

注 5:一次完整审核包含 6.3 至 6.6 所描述的所有步骤。总的审核经历应当覆盖整个管理体系标准。

2. 对审核员能力的评价

对审核员的评价有以下不同阶段:

——对希望成为审核员的申请人进行初始评价;

——对审核员的评价，作为审核组选择过程的组成部分;

——对审核员表现的持续评价，以识别知识和技能的保持与提高的需要。

图 10-4 描述了评价阶段之间的关系。

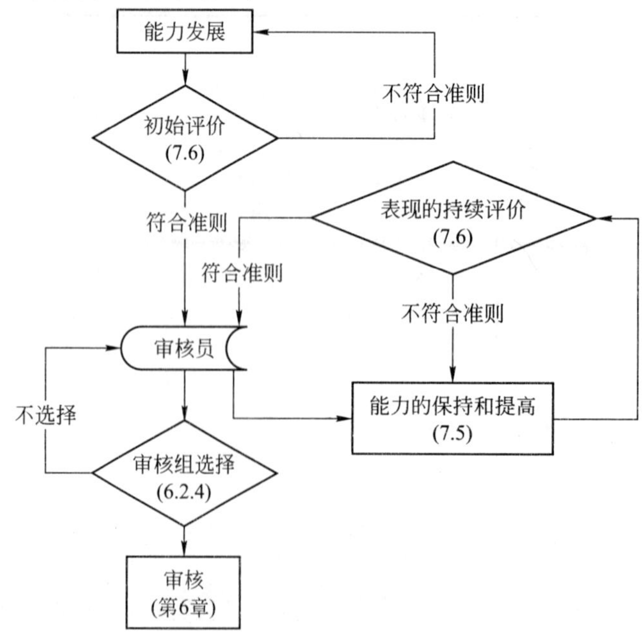

图 10-4 评价阶段之间的关系(ISO 19011:2002 图 5)

对审核员评价的方法见表10-7。在一个假设的内部审核方案中，审核员的评价过程见表10-8。

表10-7 评价方法(ISO 19011:2002 表2)

评价方法	目的	举例
对记录的评审	对审核员背景的验证	对教育、培训、工作和审核经历的记录进行分析
正面和负面的反馈	提供观察到的有关审核员表现的信息	调查表，问卷表，个有资料，证明书，抱怨，表现评价，同行评审
面谈	评价个人素质和沟通技巧，验证信息和测试知识，获得更多信息	面对面和电话交谈
观察	评价个人素质以及运用知识和技能的能力	角色扮演，审核见证，岗位表现
测试	评价个人素质、知识和技能及其运用	口试和笔试，心理测试
审核后的评审	在直观观察不可能或不适当时，提供信息	评审审核报告，与审核委托方、受审核方和同事及审核员交谈

表10-8 在一个假设的内部审核方案中，审核员评价过程的应用(ISO 19011:2002 表3)

能力领域	步骤1 个人素质、知识和技能	步骤2 评价准则	步骤3 评价方法
个人素质	有道德，思想开明，善于交往，善于观察，有感知力，适应力强，坚忍不拔，明断，自立	在工作场所满意的表现	表现评价
通用知识和技能			
审核原则、程序和技术	根据内部程序进行审核的能力，与工作场所同事沟通的能力	完成内部审核员培训课程。 作为内部审核组成员完成3次审核	培训记录的评审 观察 同行评审
管理体系和引用文件	应用管理体系手册相关部分和有关程序的能力	阅读和理解管理体系手册有关审核目的、范围和准则的程序	培训记录的评审 测试 面谈
组织状况	在组织文化以及组织的结构和报告的结构中有效运作的能力	在该组织的监督岗位上至少工作1年	聘用记录的评审
适用的法律法规和其他要求	对与过程、产品和(或)环境排放有关的法律法规的应用进行识别和理解的能力	完成与受审核活动和过程有关的法律培训课程	培训记录的评审

续表 10-8

能力领域	步骤 1 个人素质、知识和技能	步骤 2 评价准则	步骤 3 评价方法
针对质量的知识和技能			
与质量有关的方法和技术	描述内部质量控制方法的能力。 区别过程测试和最终测试要求的能力	完成质量控制方法应用的培训。 证实在工作场所使用过程测试和最终测试程序	培训记录的评审观察
过程和产品（包括服务）	识别产品、产品制造过程、规范和最终使用的能力	作为过程策划人员从事生产策划工作。 在服务部门工作	聘用记录的评审
针对环境的知识和技能			
环境管理方法和技术	理解环境表现评价方法的能力	完成环境表现评价培训	培训记录的评审
环境科学和技术	理解组织针对重大环境因素采取的污染预防和控制方法的能力	在类似制造环境中具有 6 个月从事污染预防和控制的工作经历	聘用记录的评审
运作的技术因素和环境因素	识别组织的环境因素及其影响（如材料，与其他材料反应以及泄漏和释放对环境的潜在影响）的能力。 评定应用于环境事故的应急响应程序和能力	完成有关材料储存、混合、使用、处置及其环境影响的内部培训课程。 完成应急响应计划的培训并具有作为应急响应小组成员的经历	培训记录、课程内容和培训结果的评审 培训和聘用记录的评审

附录 A　统计技术的作用

【标准原文】(引自 ISO 9000:2005)

> 2.10　统计技术的作用
>
> 应用统计技术有助于了解变异，从而可帮助组织解决问题并提高有效性和效率。这些技术也有助于更好地利用可获得的数据进行决策。
>
> 在许多过程的运行和结果中，甚至是在明显的稳定条件下，均可观察到变异。这种变异可通过产品和过程的可测量特性观察到，也可在产品的整个寿命周期(从市场调研到顾客服务和最终处置)的不同阶段中看到。
>
> 统计技术有助于对这种变异进行测量、描述、分析、解释和建立模型，甚至在数据相对有限的情况下也可实现。这种数据的统计分析能对更好地理解变异的性质、程度和原因提供帮助，从而有助于解决，甚至防止由变异引起的问题，并促进持续改进。

ISO/TR 10017 给出了质量管理体系中的统计技术指南。

【认知理解】

了解变异和识别变异，有助于解决问题，识别和把握改进机会，提高过程的有效性和效率。

统计过程控制 SPC 已经广泛应用于 ISO 9000 认证的企业。直方图、散布图、排列图和因果图也已经得到普及，其中应用较为广泛的是排列图和因果图，排列图可以突显出主要问题和缺陷，而因果图则展示了主要问题和缺陷可能的原因和实际的原因，为纠正措施和预防措施的针对性提供明确的方向和目标。

统计技术在质量管理体系中的应用见表 A-1。

表 A-1　定量数据的需求及支持性统计技术(GB/Z 19027—2005/ISO/TR 10017:2003 表 1)

ISO 9001:2008 的条款	使用定量数据的需求	统计技术
4　质量管理体系 4.1　总要求	ISO/TR 10017:2003 (GB/Z 19027—2005)	
4.2　文件要求 4.2.1　总则	未识别出需求	
4.2.2　质量手册	未识别出需求	
4.2.3　文件控制	未识别出需求	
4.2.4　记录控制	未识别出需求	
5　管理职责 5.1　管理承诺	未识别出需求	

续表 A-1

ISO 9001:2008 的条款	使用定量数据的需求	统计技术
5.2　以顾客为关注焦点	确定顾客要求的需求 评价顾客满意的需求	见本表 7.2.2 条款 见本表 8.2.1 条款
5.3　质量方针	未识别出需求	
5.4　策划 5.4.1　质量目标	未识别出需求	
5.4.2　质量管理体系策划	未识别出需求	
5.5　职责、权限与沟通 5.5.1　职责和权限	未识别出需求 未识别出需求	
5.5.2　管理者代表	未识别出需求	
5.5.3　内部沟通	未识别出需求	
5.6　管理评审 5.6.1　总则	未识别出需求	
5.6.2　评审输入 5.6.2a)　审核结果	获得并评审审核数据的需求	描述性统计;抽样
5.6.2b)　顾客反馈	获得并评价顾客反馈的需求	描述性统计;抽样
5.6.2c)　过程的绩效和产品的符合性	评价过程的绩效和产品的符合性的需求	描述性统计;过程能力分析;抽样;SPC 图
5.6.2d)　预防措施和纠正措施的状况	获得并评审来自预防和纠正措施的数据的需求	描述性统计
5.6.3　评审输出	未识别出需求	
6　资源管理 6.1　资源提供	未识别出需求	
6.2　人力资源 6.2.1　总则	未识别出需求	
6.2.2　能力、培训和意识 6.2.2a)	未识别出需求	
6.2.2b)	未识别出需求	
6.2.2c)　评价所采取措施的有效性	评价人员的能力和培训有效性的需求	描述性统计;抽样
6.2.2d)	未识别出需求	
6.2.2e)	未识别出需求	
6.3　基础设施	未识别出需求	
6.4　工作环境	监视工作环境的需求	描述性统计;SPC 图
7　产品实现 7.1　产品实现的策划	未识别出需求	

续表 A-1

ISO 9001:2008 的条款	使用定量数据的需求	统计技术
7.2 与顾客有关的过程 7.2.1 与产品有关的要求的确定	未识别出需求 未识别出需求	
7.2.2 与产品有关的要求的评审	评价组织满足已确定的要求的能力的需求	描述性统计;测量分析;过程能力分析;抽样;统计容差法
7.2.3 顾客沟通	未识别出需求	
7.3 设计和开发 7.3.1 设计和开发策划	未识别出需求	
7.3.2 设计和开发输入	未识别出需求	
7.3.3 设计和开发输出	验证设计输出满足输入要求的需求	描述性统计;试验设计;假设检验;测量分析;回归分析;可靠性分析;抽样;模拟;时间序列分析
7.3.4 设计和开发评审	未识别出需求	
7.3.5 设计和开发验证	验证设计输出满足设计输入的需求	描述性统计;试验设计;假设检验;测量分析;过程能力分析;回归分析;可靠性分析;抽样;模拟;时间序列分析
7.3.6 设计和开发确认	确认产品满足需求和规定用途的需求	描述性统计;试验设计;假设检验;测量分析;过程能力分析;回归分析;可靠性分析;抽样;模拟
7.3.7 设计和开发更改的控制	评审、验证和确认设计更改所产生的影响的需求	描述性统计;试验设计;假设检验;测量分析;过程能力分析;回归分析;可靠性分析;抽样;模拟
7.4 采购 7.4.1 采购过程	确保采购的产品符合规定的采购要求的需求 评审供方提供满足组织要求的产品的能力的需求	描述性统计;假设检验;测量分析;过程能力分析;回归分析;可靠性分析;抽样 描述性统计;试验设计;过程能力分析;回归分析;抽样
7.4.2 采购信息	未识别出需求	
7.4.3 采购产品的验证	确定并实施检验和其他活动,以确保采购的产品满足规定要求的需求	描述性统计;假设检验;测量分析;过程能力分析;可靠性分析;抽样
7.5 生产和服务提供 7.5.1 生产和服务提供的控制	监视和控制生产和服务活动的需求	描述性统计;测量分析;过程能力分析;回归分析;可靠性分析;抽样;SPC 图;时间序列分析
7.5.2 生产和服务提供过程的确认	确认、监视和控制其输出不易测量的过程的需求	描述性统计;过程能力分析;回归分析;抽样;SPC 图;时间序列分析

续表 A-1

ISO 9001:2008 的条款	使用定量数据的需求	统计技术
7.5.3 标识和可追溯性	未识别出需求	
7.5.4 顾客财产	验证顾客财产的特性的需求	描述性统计;抽样
7.5.5 产品防护	监视搬运、包装和储存对产品质量的影响的需求	描述性统计;回归分析;可靠性分析;抽样;SPC 图;时间序列分析
7.6 监视和测量设备的控制	确保监视和测量过程以及设备与要求相一致的需求 要求时评价以往测量的结果有效性的需求	描述性统计;测量分析;过程能力分析;回归分析;抽样;SPC 图;统计容差法;时间序列分析描述性统计;假设检验;测量分析;回归分析;抽样;统计容差法;时间序列分析
8 测量、分析和改进 8.1 总则	未识别出需求	
8.2 监视和测量 8.2.1 顾客满意	监视和分析与顾客感受有关的信息的需求	描述性统计;抽样
8.2.2 内部审核	策划内部审核方案和报告审核数据的需求	描述性统计;抽样
8.2.3 过程的监视和测量	监视和测量质量管理体系过程,以证实过程实现所策划的结果的能力的需求	描述性统计;试验设计;假设检验;测量分析;过程能力分析;抽样;SPC 图;时间序列分析
8.2.4 产品的监视和测量	在产品实现的适当阶段,监视和测量产品的特性,以验证产品的要求得到满足的需求	描述性统计;试验设计;假设检验;测量分析;过程能力分析;回归分析;可靠性分析;抽样;SPC 图;时间序列分析
8.3 不合格品的控制	确定已交付的不合格品的范围的需求 重新验证已得到纠正的产品,以确保其符合要求的需求	描述性统计;抽样 见本表 8.2.4 条款
8.4 数据分析	获取和分析与以下各方面有关的数据,以评价质量管理体系的有效性,并评估改进的可能性的需求: a) 顾客满意 b) 与产品要求的符合性 c) 过程的特性和趋势 d) 供方	见本表 8.2.1 条款 见本表 8.2.4 条款 见本表 8.2.3 条款 见本表 7.4.1 条款
8.5 改进 8.5.1 持续改进	使用以下各方面的定量数据,改进质量管理体系过程的需求: ——设计和开发 ——采购 ——生产和服务提供 ——监视和测量装置的控制	见本表 7.3.3、7.3.5、7.3.6 条款 见本表 7.4.1、7.4.3 条款 见本表 7.5.1、7.5.2、7.5.5 条款 见本表 7.6 条款

续表 A-1

ISO 9001:2008 的条款	使用定量数据的需求	统计技术
8.5.2 纠正措施	分析与不合格有关的数据，以帮助理解其原因的需求	描述性统计；试验设计；假设检验；过程能力分析；回归分析；抽样；SPC 图；时间序列分析
8.5.3 预防措施	分析与不合格和潜在不合格有关的数据，以帮助理解其原因的需求	描述性统计；试验设计；假设检验；过程能力分析；回归分析；抽样；SPC 图；时间序列分析

统计技术对于中国企业之所以意义特殊，不仅在于它十分重要，而且在于大多数企业常常忽视它。其实大家重视“现时现物现场”的现场管理并不错，但是不能只看到只关注直观的要素，而忽视那些无形的要素；忽视无形要素，也会形成管理盲点的。许多时候可以借助统计技术来发现质量特性或其他特性的变异，寻求改进的重点所在；这是一般的现场管理难以做到的。

【知识链接】

★知识链接 1 排列图

排列图又称帕雷托图(Pareto diagram)或 ABC 分类法。它是分析和识别影响质量的主要因素、寻找质量改进机会所采用的一种图示技术。排列图由两个纵坐标、一个横坐标、几个顺序排列的直方和一条累计百分率曲线所组成。

应用步骤如下：

(1) 确定分析的对象。可以是某种产品(零件)的废品件数、吨数、损失金额、消耗工时及不合格项数等。

(2) 确定问题分类的项目。可按废品项目、不合格品项目、零件项目、不同操作者等进行分类。

(3) 确定收集数据的时间。

(4) 收集数据。

(5) 整理数据。列表汇总每个项目发生的频数，由大到小排列(“其他”项不论发生的频数大小，皆放在最后一项)。计算各项目累积发生的频数与累积百分率。

(6) 画图。横坐标表示项目，按上表中的顺序由左到右排列；左边的纵坐标表示项目发生的频数，右边的纵坐标表示项目发生的累积百分率；直方的高度表示对应项目发生的频数；画累积百分率曲线。将排列图名称、分析对象总数、生产单位、绘图者、绘图时间等标在图上。

(7) 根据排列图，选择严重影响质量的、累积百分率最大的或较大的一个或几个关键问题作为质量改进项目。

★知识链接 2 因果图

因果图(cause-effect diagram)又叫鱼刺图、石川图、特性要因图、树叉图，是表达和分析质量波动特性与其潜在原因的因果关系的一种图表。因果图由质量问题和影响因素两部分组成。图中主干箭头所指的为质量问题，主干上的大枝表示影响因素的大分类(如操作者、机器、材料、方法、环境等)，中枝、小枝、细枝等表示因素的逐次展开，构成树枝状图形。

★知识链接 3 常规控制图(基于 GB/T 4091—2001)

统计过程控制的目的，就是要建立并保持过程处于可接受的并且稳定的水平，以确保产品和服务符合规定的要求。要做到这一点，所应用的主要统计工具就是控制图。控制图是一种图形方法，它给出表征过程当前状态的样本序列的信息，并将这些信息与考虑了过程固有变异后所建立的控制限进行对比。

控制图法首先用来帮助评估一个过程是否已达到、或继续保持在具有适当规定水平的统计控制状态，然后用来帮助在生产过程中，通过保持连续的产品质量记录，来获得并保持对重要产品或服务的特性的控制与高度一致性。应用控制图并仔细分析控制图，可以更好地了解和改进过程。

1. 常规控制图的性质

常规控制图要求从过程中以近似等间隔抽取的数据。此间隔可以用时间来定义(例如，每小时)或者用数量来定义(例如，每批)。通常，这样抽取的数据在过程控制中称为子组，每个子组由具有相同可测量单位和相同子组大小的同一产品或服务所组成。从每一子组得到一个或多个子组特性，如子组平均值 $\bar{X}$、子组极差 R 或标准差 s。常规控制图就是给定的子组特性值与子组号对应的一种图形，它包含一条中心线(CL)，作为所点绘特性的基准值。在评定过程是否处于统计控制状态时，此基准值通常为所考查数据的平均值。对于过程控制，此基准值通常为产品规范中所规定特性的长期值，或者是基于过程以往经验所点绘特性的标称值，或者是产品或服务的隐含目标值。控制图还包含由统计方法确定两条控制限，位于中心线的各一侧，称为上控制限(UCL)和下控制限(LCL)，参见图 A-1。

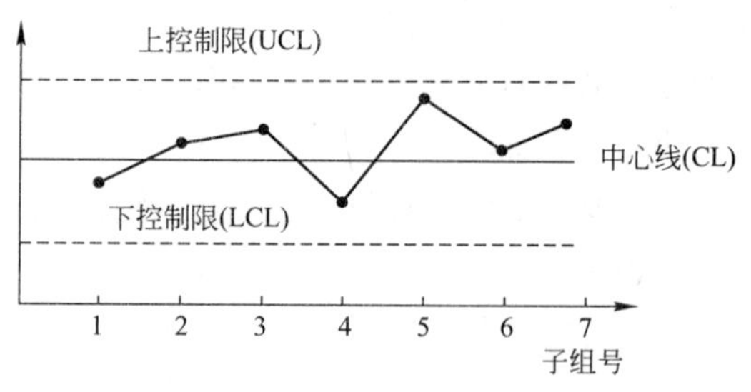

图 A-1 控制图的示意图

常规控制图的控制限分别位于中心线两侧的 3σ 距离处。其中，为所点绘统计量的总体组内标准差。组内变异是用来度量随机变差的，σ 可用子组标准差或子组极差的适当倍数进行估计。σ 的这种度量不包括组间变差，仅包括组内变差。3σ 控制限表明，若过程处于统计控制状态，则大约有 99.7%的子组值将落在控制界限之内。换句话说，当过程受控时，大约有 0.3%的风险，或每点绘 1 000 次中平均有 3 次，描点会落在上控制限或下控制限之外。这里使用“大约”这个词，是因为如果对基本假定(例如对数据分布形式的假定)有偏离，将会影响此概率数值。

2. 常规控制图的类型

常规控制图主要有两种类型：计量控制图和计数控制图。每一种类型的控制图又有两种不同的情形：

(1) 标准值未给定；

(2) 标准值给定。

标准值即为规定的要求或目标值(见表 A-2 和表 A-5 的注)。

计量控制图和计数控制图的类型如下：

(1) 计量控制图

① 平均值($\overline{X}$)图与极差(R)或标准差(s)图；

② 单值(X)图与移动极差(R)图；

③ 中位数(Me)图与极差(R)图；

(2) 计数控制图

① 不合格品率(p)图或不合格品数(np)图；

② 不合格数(c)图或单位产品不合格数(u)图。

表 A-2、表 A-3 与表 A-4 分别给出了计量控制图的控制限公式和系数。表 A-5 给出了计数控制图的控制限公式。

表 A-2 常规计量控制图的控制限公式

统计量	标准值未给定		标准值给定	
	中心线	UCL 与 LCL	中心线	UCL 与 LCL
$\overline{X}$	$\overline{\overline{X}}$	$\overline{\overline{X}}\pm A_2\overline{R}$ 或 $\overline{\overline{X}}\pm A_3\overline{s}$	X_0 或 μ	$X_0\pm A\sigma_0$
R	$\overline{R}$	$D_3\overline{R}$、$D_4\overline{R}$	R_0 或 $d_2\sigma_0$	$D_1\sigma_0$，$D_2\sigma_0$
s	$\overline{s}$	$B_3\overline{s}$、$B_4\overline{s}$	s_0 或 $c_4\sigma_0$	$B_5\sigma_0$，$B_6\sigma_0$
单值 X	$\overline{X}$	$X\pm E_2\overline{R}$	X_0 或 μ	$X_0\pm 3\sigma_0$
移动极差 R	$\overline{R}$	$D_4\overline{R}$，$D_3\overline{R}$	R_0 或 $d_2\sigma_0$	$D_2\sigma_0$，$D_1\sigma_0$
中位数 Me	$\overline{Me}$	$\overline{Me}\pm A_4R$		

注 1：X_0、R_0、s_0、μ 和 σ_0 为给定的标准值。

注 2：$\overline{R}$ 表示 $n=2$ 时观测值的平均移动极差。

注 3：系数 d_2、D_1、D_2、D_3、D_4 以及 $E_2(=3/d_2)$ 由表 A-3 中 $n=2$ 行查得。

表 A-3 计量控制图计算控制限的系数表(GB/T 4091—2001 表 2)

子组中观测值个数 n	控制限系数											中心线系数			
	A	A_2	A_3	B_3	B_4	B_5	B_6	D_1	D_2	D_3	D_4	C_4	$1/C_4$	d_2	$1/d_2$
2	2.121	1.880	2.659	0.000	3.267	0.000	2.606	0.000	3.686	0.000	3.267	0.797 9	1.253 3	1.128	0.886 5
3	1.732	1.023	1.954	0.000	2.568	0.000	2.276	0.000	4.358	0.000	2.574	0.886 2	1.128 4	1.693	0.590 7
4	1.500	0.729	1.628	0.000	2.266	0.000	2.088	0.000	4.698	0.000	2.282	0.921 3	1.085 4	2.059	0.485 7
5	1.342	0.577	1.427	0.000	2.089	0.000	1.964	0.000	4.918	0.000	2.114	0.940 0	1.063 8	2.326	0.429 9
6	1.225	0.483	1.287	0.030	1.970	0.029	1.874	0.000	5.078	0.000	2.004	0.951 5	1.051 0	2.534	0.394 6
7	1.134	0.419	1.182	0.118	1.882	0.113	1.806	0.204	5.204	0.076	1.924	0.959 4	1.042 3	2.704	0.369 8
8	1.061	0.373	1.099	0.185	1.815	0.179	1.751	0.388	5.306	0.136	1.864	0.965 0	1.036 3	2.847	0.351 2
9	1.000	0.337	1.032	0.239	1.761	0.232	1.707	0.547	5.393	0.184	1.816	0.969 3	1.031 7	2.970	0.336 7
10	0.949	0.308	0.975	0.284	1.716	0.276	1.669	0.687	5.469	0.223	1.777	0.972 7	1.028 1	3.078	0.324 9
11	0.905	0.285	0.927	0.321	1.679	0.313	1.637	0.811	5.535	0.256	1.744	0.975 4	1.025 2	3.173	0.315 2
12	0.866	0.266	0.886	0.354	1.646	0.346	1.610	0.922	5.594	0.283	1.717	0.977 6	1.022 9	3.258	0.306 9
13	0.832	0.249	0.850	0.382	1.618	0.374	1.585	1.025	5.647	0.307	1.693	0.979 4	1.021 0	3.336	0.299 8
14	0.802	0.235	0.817	0.406	1.594	0.399	1.563	1.118	5.696	0.328	1.672	0.981 0	1.019 4	3.407	0.293 5
15	0.775	0.223	0.789	0.428	1.572	0.421	1.544	1.203	5.741	0.347	1.653	0.982 3	1.018 0	3.472	0.228 0

续表 A-3

子组中观测值个数 n	控制限系数											中心线系数			
	A	A_2	A_3	B_3	B_4	B_5	B_6	D_1	D_2	D_3	D_4	C_4	$1/C_4$	d_2	$1/d_2$
16	0.750	0.212	0.763	0.448	1.552	0.440	1.526	1.282	5.782	0.363	1.637	0.983 5	1.016 8	3.532	0.283 1
17	0.728	0.203	0.739	0.466	1.534	0.458	1.511	1.356	5.820	0.378	1.622	0.984 5	1.015 7	3.588	0.278 7
18	0.707	0.194	0.718	0.482	1.518	0.475	1.496	1.424	5.856	0.391	1.608	0.985 4	1.014 8	3.640	0.274 7
19	0.688	0.187	0.698	0.497	1.503	0.490	1.483	1.487	5.891	0.403	1.597	0.986 2	1.014 0	3.689	0.271 1
20	0.671	0.180	0.680	0.510	1.490	0.504	1.470	1.549	5.921	0.415	1.585	0.986 9	1.013 3	3.735	0.267 7
21	0.655	0.173	0.663	0.523	1.477	0.516	1.459	1.605	5.951	0.425	1.575	0.987 6	1.012 6	3.778	0.264 7
22	0.640	0.167	0.647	0.534	1.466	0.528	1.448	1.659	5.979	0.434	1.566	0.988 2	1.011 9	3.819	0.261 8
23	0.626	0.162	0.633	0.545	1.455	0.539	1.438	1.710	6.006	0.443	1.557	0.988 7	1.011 4	3.858	0.259 2
24	0.612	0.157	0.619	0.555	1.445	0.549	1.429	1.759	6.031	0.451	1.548	0.989 2	1.010 9	3.895	0.256 7
25	0.600	0.153	0.606	0.565	1.435	0.559	1.420	1.806	6.056	0.459	1.541	0.989 6	1.010 5	3.931	0.254 4

资料来源:ASTM,Philadelphia,PA,USA.

表 A-4 计量控制图计算控制限的系数A_4的值

n	2	3	4	5	6	7	8	9	10
A_4	1.88	1.19	0.80	0.69	0.55	0.51	0.43	0.41	0.36

表 A-5 常规计数控制图的控制限公式

统计量	标准值未给定		标准值给定	
	中心线	3σ 控制限	中心线	3σ 控制限
p	$\bar{p}$	$\bar{p}\pm 3\sqrt{\bar{p}(1-\bar{p})/n}$	p_0	$p_0\pm 3\sqrt{p_0(1-p_0)/n}$
np	$n\bar{p}$	$n\bar{p}\pm 3\sqrt{n\bar{p}(1-\bar{p})}$	np_0	$np_0\pm 3\sqrt{np_0(1-p_0)}$
c	$\bar{c}$	$\bar{c}\pm 3\sqrt{\bar{c}}$	c_0	$c_0\pm 3\sqrt{c_0}$
u	$\bar{u}$	$\bar{u}\pm 3\sqrt{\bar{u}/n}$	u	$u_0\pm 3\sqrt{u_0/n}$

注:p_0,np_0,c_0 和 u_0 为给定的标准值。

3. 变差的可查明原因的模式检验

当一个描点值落在任一控制限之外,或一系列描点值反映出如下所述的异常模式,则统计控制状态不再被接受。此情形一旦发生,就应开始进行调研以确定可查明原因,过程可能被终止或进行调整。一旦可查明原因被确认并消除,则过程恢复受控状态,随时可以继续。如上所述,对于第一类错误,在极少的情况下,可能找不到可查明原因,于是必须做出结论:虽然过程处于受控状态,但是某个偶然原因造成了描点落在控制限之外,这表明一种非常罕见的事件发生了。

图 A-2 给出了一组用于解释常规控制图的八个模式检验示意图。

虽然上述模式检验可以作为一组基本的检验,但是分析者还应留意任何可能表明过程受到特殊原因影响的独特模式。因此,每当出现可查明原因的征兆时,这些检验就应该仅仅看做是采取行动的实用规则。这些检验中所规定的任何情形的发生都表明已出现变差的可查明原因,必须加以诊断和纠正。

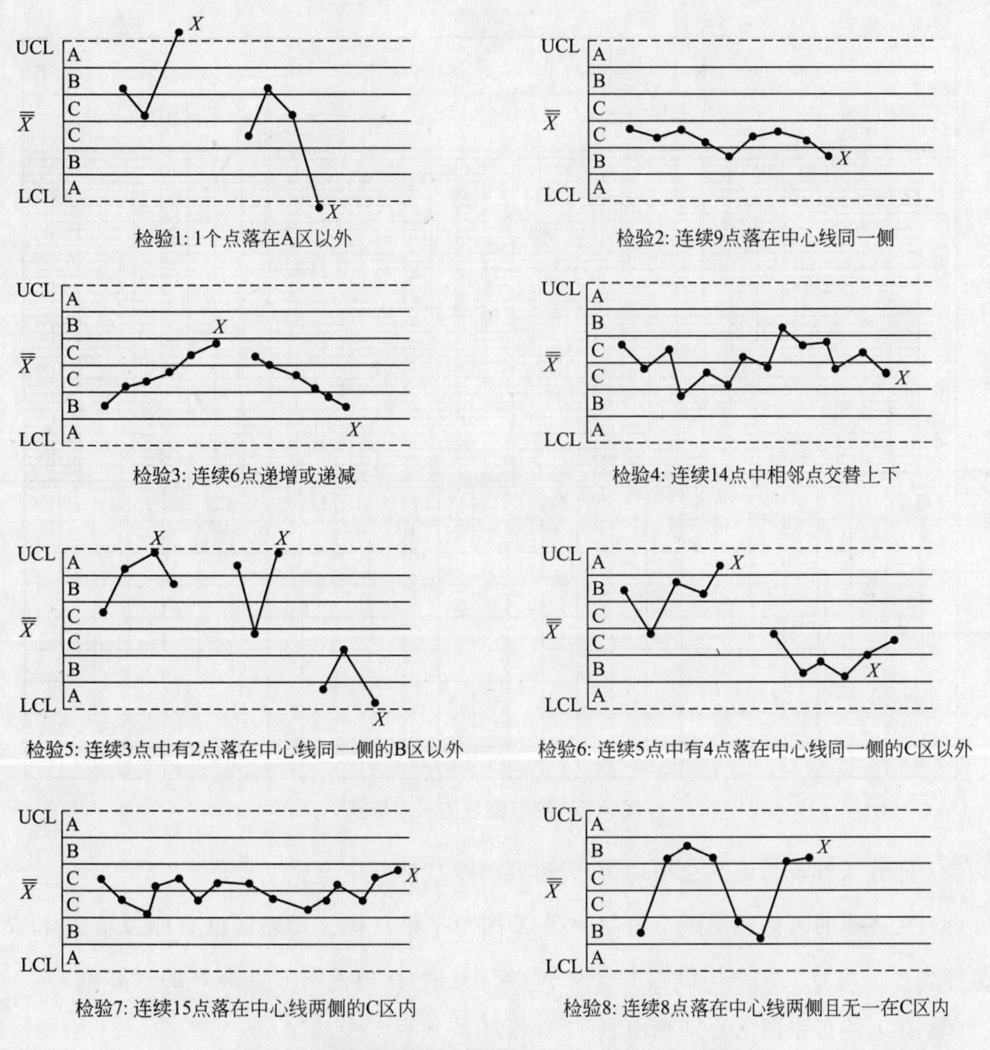

图 A-2 可查明原因的检验(GB/T 4091—2001 图 2)

上下控制限分别位于中心线之上与之下的 3σ 距离处。为了应用上述检验,将控制图等分为 6 个区,每个区宽 1σ。这 6 个区的标号分别为 A、B、C、C、B、A,两个 A 区、B 区及 C 区都关于中心线对称。这些检验适用于 $\overline{X}$ 图和单值(X)图。这里假定质量特性 X 的观测值服从正态分布。

4. 建立控制图的步骤

标准控制图表的一般格式如图 A-3 所示。根据过程控制实际情况的特殊需求,可以对此表格进行修改。

(1) 若预备数据未依照规定计划按子组来获取,则依照合理子组准则,将整批观测值分解成子组序列。这些子组必须具有相同的结构和大小。任一子组的样品都应具有某个被认为是重要的共性,例如在同一个短时间间隔内生产的单位产品,或是来自若干个不同来源或位置之一的单位产品。不同的子组应反映产生这些产品的过程的可能或可疑的差别,如不同的时间间隔、或不同的来源或位置。

(2) 计算每个子组的平均值 $\overline{X}$ 和极差 R。

控制图

工序	样本量	特性	
规范: USL LSL	日期	部门	质量管理员

	平均值	极差

子组号		1	2	3	4	5	6	7	8	9	10	11	12	13	14	15	16	17	18	19	20	21	22	23	24	25
	1																									
	2																									
	3																									
	4																									
	5																									
求和																										
平均值$\overline{X}$																										
极差R																										

图 A-3　控制图表的一般格式

(3) 计算所有观测值的总平均值 $\overline{\overline{X}}$ 和平均极差 $\overline{R}$。

(4) 在适当的表格或图纸上绘制一张 $\overline{X}$ 图与一张 R 图。用左侧纵坐标表示 $\overline{X}$ 和 R，用横坐标表示子组号。在平均值图上点绘 $\overline{X}$ 的计算值，在极差图上点绘 R 的计算值。

(5) 在上述每张图上分别画出表示 $\overline{\overline{X}}$ 和 $\overline{R}$ 的水平实线。

(6) 在上述图上标出控制限。在 $\overline{X}$ 图上于 $\overline{\overline{X}} \pm A_2\overline{R}$ 处作两条水平虚线，而在 R 图上分别于 $D_3\overline{R}$ 和 $D_4\overline{R}$ 处作两条水平虚线，这里 A_2、D_3 和 D_4 与子组大小 n 有关，于表 2-7 中给出。无论何时，只要 n 小于 7，R 图上就不需要标出 LCL 项，因为这时 D_3 的值设为零。

★知识链接 4　计数抽样检验程序(基于 GB/T 2828.1—2003/ISO 2859-1:1999)

1. 概述

在各种计数抽样方案中，美国军用标准 MIL-STD-105D(以下简称“105D”)具有代表性。“105D”起始于 1945 年美国哥伦比亚大学统计研究小组为美国海军制定的、由美国国防部命名的抽样检验表 JAN-STD-105。从 1960 年起，由美国、英国和加拿大三国联合组成了一个 ABC 工作组，在 MIL-STD-105C 的基础上，负责制定适合于三国的共同抽样标准，于 1963 年公布了 ABC-STD-105。作为国家标准，该标准在美国命名为 MIL-STD-105D，在英国为 BS-9001，在加拿大为 105-GP-1。1974 年国际标准化组织采用“105D”作为国际标准，代号为 ISO 2859。

这里推荐采用国家标准 GB/T 2828.1—2003《计数抽样检验程序　第 1 部分：按接收质量限(AQL)检索的逐批检验抽样计划》。该标准等同采用国际标准 ISO 2859-1:1999，已将合格质量水平(AQL)改为接收质量限(AQL)。

2. 抽样检验程序

(1) 确定质量检验标准，对问题点及不合格品分类

通常批量产品的合格与否，是通过其不合格个体或项目的数量多少来判断；并非发现一个问题，不分青红皂白地拒收；也不可以因为只要有合格品就全部接受。由于合格品个体和合格品批并非不含问题，甚至包含不合格品个体，为了避免混淆，这里将单个不合格个体或项，称为问题点，而不再像许多企业文件中那样习惯地称为"缺陷"，因为按标准定义，"缺陷"涉及法律层次的问题，理应慎用。

根据严重程度的差别问题点可分为以下三类：

① 致命点(critical points)——影响产品基本功能的问题点，又称A类点；

② 严重点(major points)——影响产品性能或效用的问题点，又称B类点；

③ 轻微点(minor points)——对产品使用性能无影响的问题点，又称C类点。

一个不合格品可能同时含有几种不同程度的问题点一般常按其中最严重的问题点来定义不合格品，如致命不合格品、严重不合格品和轻微不合格品。

(2) 规定接收质量限AQL

接收质量限AQL是供需双方共同接受的连续交验批的最大过程平均不合格品率，是计数抽样方案的基本设计依据，在协调供需双方各自承担的抽样风险中具有关键作用。

AQL可由技术标准确定，也可由供需双方协议确定。确定AQL值要考虑需方的质量要求，也要考虑供方的生产能力和检验成本。

(3) 规定检验水平(IL)

样本量n不仅关系到抽样方案对检验批实际质量的鉴别能力，还关系到检验成本及可能的错判损失。GB/T 2828.1并不直接提供检验的样本量n，而是根据检验批批量N提供查询样本量的索引字码，然后，根据索引字码(见表A-6及AQL值在GB/T 2828.1主表(见表A-7、表A-8和表A-9)中检索抽样方案，即确定所需样本量n和合格判定数Ac、不合格判定数Re。

表A-6 样本量字码(GB/T 2828.1—2003表1)

批　量	特殊检验水平				一般检验水平		
	S-1	S-2	S-3	S-4	Ⅰ	Ⅱ	Ⅲ
2～8	A	A	A	A	A	A	B
9～15	A	A	A	A	A	B	C
16～25	A	A	B	B	B	C	D
26～50	A	B	B	C	C	D	E
51～90	B	B	C	C	C	E	F
91～150	B	B	C	D	D	F	G
151～280	B	C	D	E	E	G	H
281～500	B	C	D	E	F	H	J
501～1 200	C	C	E	F	G	J	K
1 201～3 200	C	D	E	G	H	K	L
3 201～10 000	C	D	F	G	J	L	M
10 001～35 000	C	D	F	H	K	M	N
35 001～150 000	D	E	G	J	L	N	P
150 001～500 000	D	E	G	J	M	P	Q
≥500 001	D	E	H	K	N	Q	R

表 A-7 正常检验一次抽样方案(主表)(GB/T 2828.1—2003 表 2-A)

样本量字码	样本量	接收质量限(AQL)																									
		0.010	0.015	0.025	0.040	0.065	0.10	0.15	0.25	0.40	0.65	1.0	1.5	2.5	4.0	6.5	10	15	25	40	65	100	150	250	400	650	1 000
		Ac Re	Ac Re	Ac Re	Ac Re	Ac Re	Ac Re	Ac Re	Ac Re	Ac Re	Ac Re	Ac Re	Ac Re	Ac Re	Ac Re	Ac Re	Ac Re	Ac Re	Ac Re	Ac Re	Ac Re	Ac Re	Ac Re	Ac Re	Ac Re	Ac Re	Ac Re
A	2	⇩	⇩	⇩	⇩	⇩	⇩	⇩	⇩	⇩	⇩	⇩	⇩	⇩	⇩	0 1	⇩	⇩	1 2	2 3	3 4	5 6	7 8	10 11	14 15	21 22	30 31
B	3	⇩	⇩	⇩	⇩	⇩	⇩	⇩	⇩	⇩	⇩	⇩	⇩	⇩	0 1	⇧	⇩	1 2	2 3	3 4	5 6	7 8	10 11	14 15	21 22	30 31	44 45
C	5	⇩	⇩	⇩	⇩	⇩	⇩	⇩	⇩	⇩	⇩	⇩	⇩	0 1	⇧	⇩	1 2	2 3	3 4	5 6	7 8	10 11	14 15	21 22	30 31	44 45	⇧
D	8	⇩	⇩	⇩	⇩	⇩	⇩	⇩	⇩	⇩	⇩	⇩	0 1	⇧	⇩	1 2	2 3	3 4	5 6	7 8	10 11	14 15	21 22	30 31	44 45	⇧	⇧
E	13	⇩	⇩	⇩	⇩	⇩	⇩	⇩	⇩	⇩	⇩	0 1	⇧	⇩	1 2	2 3	3 4	5 6	7 8	10 11	14 15	21 22	30 31	44 45	⇧	⇧	⇧
F	20	⇩	⇩	⇩	⇩	⇩	⇩	⇩	⇩	⇩	0 1	⇧	⇩	1 2	2 3	3 4	5 6	7 8	10 11	14 15	21 22	⇧	⇧	⇧	⇧	⇧	⇧
G	32	⇩	⇩	⇩	⇩	⇩	⇩	⇩	⇩	0 1	⇧	⇩	1 2	2 3	3 4	5 6	7 8	10 11	14 15	21 22	⇧	⇧	⇧	⇧	⇧	⇧	⇧
H	50	⇩	⇩	⇩	⇩	⇩	⇩	⇩	0 1	⇧	⇩	1 2	2 3	3 4	5 6	7 8	10 11	14 15	21 22	⇧	⇧	⇧	⇧	⇧	⇧	⇧	⇧
J	80	⇩	⇩	⇩	⇩	⇩	⇩	0 1	⇧	⇩	1 2	2 3	3 4	5 6	7 8	10 11	14 15	21 22	⇧	⇧	⇧	⇧	⇧	⇧	⇧	⇧	⇧
K	125	⇩	⇩	⇩	⇩	⇩	0 1	⇧	⇩	1 2	2 3	3 4	5 6	7 8	10 11	14 15	21 22	⇧	⇧	⇧	⇧	⇧	⇧	⇧	⇧	⇧	⇧
L	200	⇩	⇩	⇩	⇩	0 1	⇧	⇩	1 2	2 3	3 4	5 6	7 8	10 11	14 15	21 22	⇧	⇧	⇧	⇧	⇧	⇧	⇧	⇧	⇧	⇧	⇧
M	315	⇩	⇩	⇩	0 1	⇧	⇩	1 2	2 3	3 4	5 6	7 8	10 11	14 15	21 22	⇧	⇧	⇧	⇧	⇧	⇧	⇧	⇧	⇧	⇧	⇧	⇧
N	500	⇩	⇩	0 1	⇧	⇩	1 2	2 3	3 4	5 6	7 8	10 11	14 15	21 22	⇧	⇧	⇧	⇧	⇧	⇧	⇧	⇧	⇧	⇧	⇧	⇧	⇧
P	800	⇩	0 1	⇧	⇩	1 2	2 3	3 4	5 6	7 8	10 11	14 15	21 22	⇧	⇧	⇧	⇧	⇧	⇧	⇧	⇧	⇧	⇧	⇧	⇧	⇧	⇧
Q	1 250	0 1	⇧	⇩	1 2	2 3	3 4	5 6	7 8	10 11	14 15	21 22	⇧	⇧	⇧	⇧	⇧	⇧	⇧	⇧	⇧	⇧	⇧	⇧	⇧	⇧	⇧
R	2 000	⇧	⇧	1 2	2 3	3 4	5 6	7 8	10 11	14 15	21 22	⇧	⇧	⇧	⇧	⇧	⇧	⇧	⇧	⇧	⇧	⇧	⇧	⇧	⇧	⇧	⇧

⇩——使用箭头下面的第一个抽样方案。如果样本量等于或超过批量,则执行100%检验。

⇧——使用箭头上面的第一个抽样方案。

Ac——接收数。

Re——拒收数。

表 A-8 加严检验一次抽样方案(主表)(GB/T 2828.1—2003 表 2-B)

样本量字码	样本量	接收质量限(AQL)																									
		0.010	0.015	0.025	0.040	0.065	0.10	0.15	0.25	0.40	0.65	1.0	1.5	2.5	4.0	6.5	10	15	25	40	65	100	150	250	400	650	1 000
		Ac Re	Ac Re	Ac Re	Ac Re	Ac Re	Ac Re	Ac Re	Ac Re	Ac Re	Ac Re	Ac Re	Ac Re	Ac Re	Ac Re	Ac Re	Ac Re	Ac Re	Ac Re	Ac Re	Ac Re	Ac Re	Ac Re	Ac Re	Ac Re	Ac Re	Ac Re
A	2	⇩	⇩	⇩	⇩	⇩	⇩	⇩	⇩	⇩	⇩	⇩	⇩	⇩	⇩	⇩	0 1	⇩	⇩	1 2	2 3	3 4	5 6	8 9	12 13	18 19	27 28
B	3	⇩	⇩	⇩	⇩	⇩	⇩	⇩	⇩	⇩	⇩	⇩	⇩	⇩	⇩	0 1	⇩	⇩	1 2	2 3	3 4	5 6	8 9	12 13	18 19	27 28	41 42
C	5	⇩	⇩	⇩	⇩	⇩	⇩	⇩	⇩	⇩	⇩	⇩	⇩	⇩	0 1	⇩	⇩	1 2	2 3	3 4	5 6	8 9	12 13	18 19	27 28	41 42	⇧
D	8	⇩	⇩	⇩	⇩	⇩	⇩	⇩	⇩	⇩	⇩	⇩	⇩	0 1	⇩	⇩	1 2	2 3	3 4	5 6	8 9	12 13	18 19	27 28	41 42	⇧	⇧
E	13	⇩	⇩	⇩	⇩	⇩	⇩	⇩	⇩	⇩	⇩	⇩	0 1	⇩	⇩	1 2	2 3	3 4	5 6	8 9	12 13	18 19	27 28	41 42	⇧	⇧	⇧
F	20	⇩	⇩	⇩	⇩	⇩	⇩	⇩	⇩	⇩	⇩	0 1	⇩	⇩	1 2	2 3	3 4	5 6	8 9	12 13	18 19	⇧	⇧	⇧	⇧	⇧	⇧
G	32	⇩	⇩	⇩	⇩	⇩	⇩	⇩	⇩	⇩	0 1	⇩	⇩	1 2	2 3	3 4	5 6	8 9	12 13	18 19	⇧	⇧	⇧	⇧	⇧	⇧	⇧
H	50	⇩	⇩	⇩	⇩	⇩	⇩	⇩	⇩	0 1	⇩	⇩	1 2	2 3	3 4	5 6	8 9	12 13	18 19	⇧	⇧	⇧	⇧	⇧	⇧	⇧	⇧
J	80	⇩	⇩	⇩	⇩	⇩	⇩	⇩	0 1	⇩	⇩	1 2	2 3	3 4	5 6	8 9	12 13	18 19	⇧	⇧	⇧	⇧	⇧	⇧	⇧	⇧	⇧
K	125	⇩	⇩	⇩	⇩	⇩	⇩	0 1	⇩	⇩	1 2	2 3	3 4	5 6	8 9	12 13	18 19	⇧	⇧	⇧	⇧	⇧	⇧	⇧	⇧	⇧	⇧
L	200	⇩	⇩	⇩	⇩	⇩	0 1	⇩	⇩	1 2	2 3	3 4	5 6	8 9	12 13	18 19	⇧	⇧	⇧	⇧	⇧	⇧	⇧	⇧	⇧	⇧	⇧
M	315	⇩	⇩	⇩	⇩	0 1	⇩	⇩	1 2	2 3	3 4	5 6	8 9	12 13	18 19	⇧	⇧	⇧	⇧	⇧	⇧	⇧	⇧	⇧	⇧	⇧	⇧
N	500	⇩	⇩	⇩	0 1	⇩	⇩	1 2	2 3	3 4	5 6	8 9	12 13	18 19	⇧	⇧	⇧	⇧	⇧	⇧	⇧	⇧	⇧	⇧	⇧	⇧	⇧
P	800	⇩	⇩	0 1	⇩	⇩	1 2	2 3	3 4	5 6	8 9	12 13	18 19	⇧	⇧	⇧	⇧	⇧	⇧	⇧	⇧	⇧	⇧	⇧	⇧	⇧	⇧
Q	1 250	⇩	0 1	⇩	⇩	1 2	2 3	3 4	5 6	8 9	12 13	18 19	⇧	⇧	⇧	⇧	⇧	⇧	⇧	⇧	⇧	⇧	⇧	⇧	⇧	⇧	⇧
R	2 000	0 1	⇧	⇩	1 2	2 3	3 4	5 6	8 9	12 13	18 19	⇧	⇧	⇧	⇧	⇧	⇧	⇧	⇧	⇧	⇧	⇧	⇧	⇧	⇧	⇧	⇧
S	3 150			1 2																							

⇩——使用箭头下面的第一个抽样方案。如果样本量等于或超过批量,则执行100%检验。

⇧——使用箭头上面的第一个抽样方案。

Ac——接收数。

Re——拒收数。

表 A-9 放宽检验一次抽样方案(主表)(GB/T 2828.1—2003 表 2-C)

样本量字码	样本量	接收质量限(AQL) 0.010	0.015	0.025	0.040	0.065	0.10	0.15	0.25	0.40	0.65	1.0	1.5	2.5	4.0	6.5	10	15	25	40	65	100	150	250	400	650	1 000
		Ac Re	Ac Re	Ac Re	Ac Re	Ac Re	Ac Re	Ac Re	Ac Re	Ac Re	Ac Re	Ac Re	Ac Re	Ac Re	Ac Re	Ac Re	Ac Re	Ac Re	Ac Re	Ac Re	Ac Re	Ac Re	Ac Re	Ac Re	Ac Re	Ac Re	Ac Re
A	2	⇩	⇩	⇩	⇩	⇩	⇩	⇩	⇩	⇩	⇩	⇩	⇩	⇩	⇩	0 1	⇩	⇩	1 2	2 3	3 4	5 6	7 8	10 11	14 15	21 22	30 31
B	2	⇩	⇩	⇩	⇩	⇩	⇩	⇩	⇩	⇩	⇩	⇩	⇩	⇩	0 1	⇧	⇩	⇩	1 2	2 3	3 4	5 6	7 8	10 11	14 15	21 22	30 31
C	2	⇩	⇩	⇩	⇩	⇩	⇩	⇩	⇩	⇩	⇩	⇩	⇩	0 1	⇧	⇩	⇩	1 2	2 3	3 4	5 6	6 7	8 9	10 11	14 15	21 22	⇧
D	3□	⇩	⇩	⇩	⇩	⇩	⇩	⇩	⇩	⇩	⇩	⇩	0 1	⇧	⇩	⇩	1 2	2 3	3 4	5 6	6 7	8 9	10 11	14 15	21 22	⇧	⇧
E	5□	⇩	⇩	⇩	⇩	⇩	⇩	⇩	⇩	⇩	⇩	0 1	⇧	⇩	⇩	1 2	2 3	3 4	5 6	6 7	8 9	10 11	14 15	21 22	⇧	⇧	⇧
F	8	⇩	⇩	⇩	⇩	⇩	⇩	⇩	⇩	⇩	0 1	⇧	⇩	⇩	1 2	2 3	3 4	5 6	6 7	8 9	10 11	⇧	⇧	⇧	⇧	⇧	⇧
G	13□	⇩	⇩	⇩	⇩	⇩	⇩	⇩	⇩	0 1	⇧	⇩	⇩	1 2	2 3	3 4	5 6	6 7	8 9	10 11	⇧	⇧	⇧	⇧	⇧	⇧	⇧
H	20□	⇩	⇩	⇩	⇩	⇩	⇩	⇩	0 1	⇧	⇩	⇩	1 2	2 3	3 4	5 6	6 7	8 9	10 11	⇧	⇧	⇧	⇧	⇧	⇧	⇧	⇧
J	32	⇩	⇩	⇩	⇩	⇩	⇩	0 1	⇧	⇩	⇩	1 2	2 3	3 4	5 6	6 7	8 9	10 11	⇧	⇧	⇧	⇧	⇧	⇧	⇧	⇧	⇧
K	50□	⇩	⇩	⇩	⇩	⇩	0 1	⇧	⇩	⇩	1 2	2 3	3 4	5 6	6 7	8 9	10 11	⇧	⇧	⇧	⇧	⇧	⇧	⇧	⇧	⇧	⇧
L	80□	⇩	⇩	⇩	⇩	0 1	⇧	⇩	⇩	1 2	2 3	3 4	5 6	6 7	8 9	10 11	⇧	⇧	⇧	⇧	⇧	⇧	⇧	⇧	⇧	⇧	⇧
M	125	⇩	⇩	⇩	0 1	⇧	⇩	⇩	1 2	2 3	3 4	5 6	6 7	8 9	10 11	⇧	⇧	⇧	⇧	⇧	⇧	⇧	⇧	⇧	⇧	⇧	⇧
N	200□	⇩	⇩	0 1	⇧	⇩	⇩	1 2	2 3	3 4	5 6	6 7	8 9	10 11	⇧	⇧	⇧	⇧	⇧	⇧	⇧	⇧	⇧	⇧	⇧	⇧	⇧
P	315□	⇩	0 1	⇧	⇩	⇩	1 2	2 3	3 4	5 6	6 7	8 9	10 11	⇧	⇧	⇧	⇧	⇧	⇧	⇧	⇧	⇧	⇧	⇧	⇧	⇧	⇧
Q	500	0 1	⇧	⇧	⇩	1 2	2 3	3 4	5 6	6 7	8 9	10 11	⇧	⇧	⇧	⇧	⇧	⇧	⇧	⇧	⇧	⇧	⇧	⇧	⇧	⇧	⇧
R	800	⇧	⇧	⇧	1 2	2 3	3 4	5 6	6 7	8 9	10 11	⇧	⇧	⇧	⇧	⇧	⇧	⇧	⇧	⇧	⇧	⇧	⇧	⇧	⇧	⇧	⇧

⇩——使用箭头下面的第一个抽样方案。如果样本量等于或超过批量,则执行100%检验。

⇧——使用箭头上面的第一个抽样方案。

Ac——接收数。

Re——拒收数。

表 A-6 对一次、二次和多次抽样方案都适用。表中列有一般检验的三个级别（Ⅰ、Ⅱ和Ⅲ）和特殊检验的 4 个水平（S-1、S-2、S-3 和 S-4），根据批量和确定的检验水平，可从表 A-6 中查得相应的样本水平字码。在同等 AQL 水平下，字码越“大”（即在英语字母表中的位置越后），对应的样本水平 n 就越大，从而抽样方案的鉴别能力就越强。所以，上述 7 个检验水平的鉴别能力由小到大的次序为 S-1、S-2、S-3、S-4、Ⅰ、Ⅱ、Ⅲ。

1）选择检验水平的一般原则

① 若无特殊规定，一般采用一般检验水平Ⅱ；

② 检验较容易、费用较低或产品质量不稳定时，宜采用适当的高水平检验。

③ 破坏性检验及严重降低产品性能的检验或检验费时、费力、成本昂贵时，宜采用适当的低检验水平。

2）一般检验水平Ⅰ的选用

① 即使错判，产品问题点对使用效果无明显影响或不会引起严重后果；

② 单位产品价格便宜，供需双方都能承受；

③ 产品生产过程比较稳定，质量波动较小。

3）一般检验水平Ⅲ的选用

① 需方对产品质量要求高或有特殊要求；

② 单位产品价格较昂贵；

③ 产品质量不稳定或对产品质量无把握；

④ 产品质量对使用效果有一定的影响或对不良品的处理较麻烦。

4）特殊检验水平的选用

特殊检验水平仅适用于必须使用小样本，且允许较大错判风险的场合。例如：

① 贵重产品的破坏性检验；

② 检验费用特别大；

③ 检验时间太长。

(4) 正常、加严和放宽检验

原则上，提交检验的批产品应来自同一总体，即检验批应由同型号、同等级、同种类并且生产条件和生产时间基本相同的单位产品组成。实践中，检验批的组成应由供需双方协商确定。

GB/T 2828.1 备有三种不同宽严度的抽检方案，即正常检验、加严检验和放宽检验，分别见表 A-7，表 A-8 和表 A-9。

除非负责部门另有指示，开始检验时应采用正常检验。必要时，按照转移规则和程序进行转移（见图 A-4）。

1）正常到加严：当正在采用正常检验时，只要初次检验中连续 5 批或少于 5 批中有 2 批是不可接收的，则转移到加严检验。本程序不考虑再提交批。

2）加严到正常：当正在采用加严检验时，如果初次检验的接连 5 批已被认为是可接收的，应恢复正常检验。

3）正常到放宽：当正在采用正常检验时，如果下列各条件均满足。应转移到放宽检验：

① 当前的转移得分至少是 30 分；

② 生产稳定；

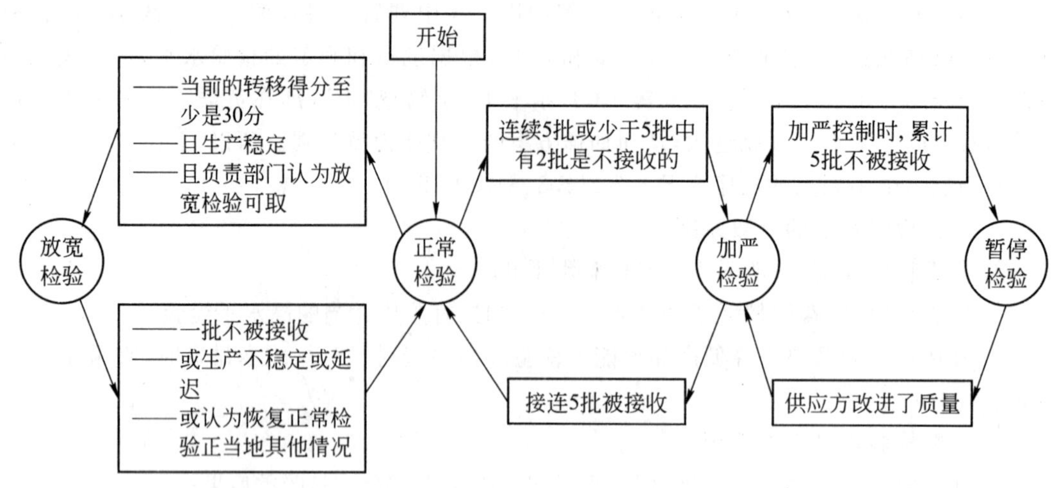

图 A-4 转移规则简图

③ 负责部门认为放宽检验可取。

4）转移得分：除非负责部门另有规定，在正常检验一开始就应计算转移得分。在正常检验开始时，应将转移得分设定为0，而在检验每个后继的批以后应更新转移得分。

① 对于一次抽样方案：

- 当接收数等于或大于2时，如果当AQL加严一级后该批被接收，则给转移得分加3分，否则将转移得分重新设定为0。
- 当接收数为0或1时，如果该批被接收，则给转移得分加2分；否则将转移得分重新设定为0。

② 对于二次和多次抽样从略（参见GB/T 2828.1—2003）。

5）放宽到正常：当正在执行放宽检验时，如果初次检验出现下列任一情况，应恢复正常检验。

① 一个批未被接收；

② 生产不稳定或延迟；

③ 认为恢复正常检验是正当的其他情况。

6）暂停检验：如果在初次加严检验的一系列连续批中未接收批的累计数达到5批，应暂时停止检验，直到供方为改进所提供产品或服务的质量已采取行动，而且负责部门承认此行动可能有效时，才能恢复检验程序。恢复检验应从加严检验开始。

附录B　审核案例分析

研究9个案例和背景，注意其间是否有与ISO 9001：2008不符合的项目，并明确不符合条款号和理由。

提出改进意见。

讨论日期设定为审核日期。

宇宙公司质量管理体系审核

【背景】

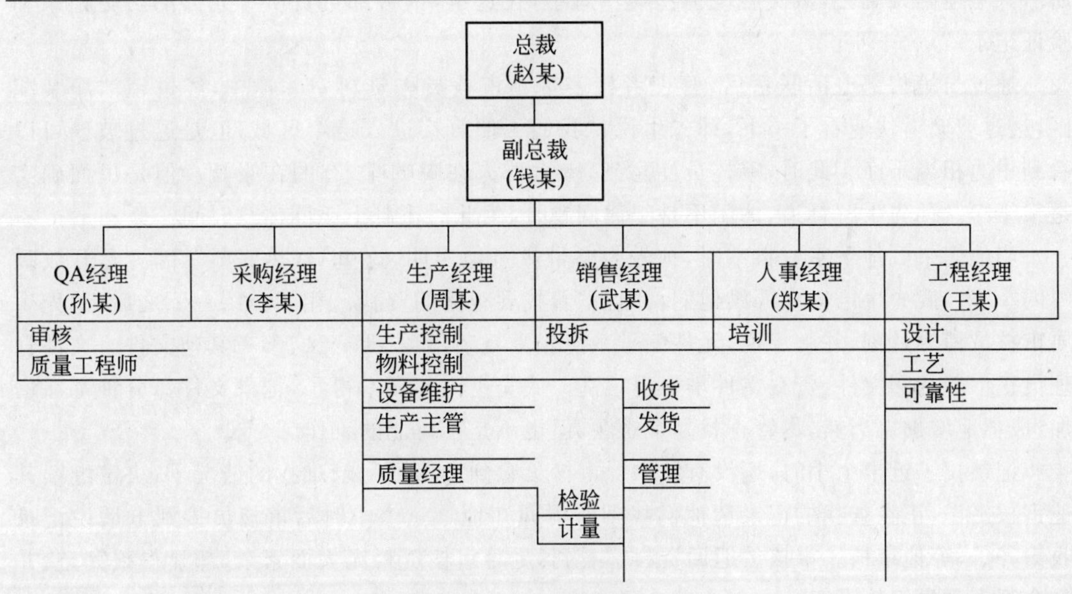

图B-1　宇宙公司组织图

(1) 宇宙公司生产电子元件

(2) 9个内部审核案例为2009年12月16日的一次现场审核。第一个案例内容可以用来回答第二个案例的问题，依次类推。

(3) 宇宙公司成立于2003年11月。

(4) 宇宙公司自组织机构图和人员变化至今历时一年多。

(5) 宇宙公司年产量为3 000 000单位/年，并以30%的速度增长。

(6) 宇宙公司如今有员工130人。

(7) 宇宙公司的质量管理手册和程序文件按照ISO 9001写成于2005年1月，手册级文件从无再版；程序文件最后一次修改日期为2007年11月5日，由当时在位的人员编写/修改，当时在位的总经理批准。

(8) QA经理孙某任管理者代表。

(9) 物料审核委员会MRB由李先生领导，并根据程序规定他出席了所有MRB的会议。

(10) 根据规定，郑先生负责培训计划的起草和确认。

(11) 产品标识使用批次管理：数码的前两位代表年，后三位代表当季生产的批号，英文字母表示季(A-春季；B-夏季；C-秋季；D-冬季)，例如：05009B，表示2005年夏季第009批。

问题：1) 你认为宇宙公司质量管理体系和组织机构设置如何？有问题吗？

2) 宇宙公司在背景描述中有没有与ISO 9001:2008不符合之处？如何改进？

【案例1】　资料室(记录保存)

管理者代表孙某根据他的理解向审核员介绍了体系改进的情况后，拿出上年度《顾客投诉一览表》。他说，不敢说新官上任三把火吧，总算理出个头绪啦，"以顾客为关注焦点嘛！"审核员从他手上接过《顾客投诉一览表》，从中抽出三个严重投诉分别涉及的三个批号：08056B，08035C和09003A。他请求提供这些元件的记录资料。孙某回答说"让我查一下手册"，只见他翻来翻去，数次后说道："噢！对了，在这里，销售部负责所有元件的历史记录和验证记录。"

通过与销售部电话联系后，管理者代表带领审核员去资料室。途中，经过超洁净装配区，透过玻璃窗快速看了一下，孙先生说："我们不便直接进入这个区域，但是透过玻璃可以看到里边相当干净。"此时，审核员注意到，一大群人在喝咖啡，有的在吸烟。但是里面确实是很干净。孙先生解释道，休闲不是纪律问题，因为此时正赶上工间休息时间。

当他们来到地下室资料室时，孙先生略带歉意地声明，这里"好热好湿"，因为是开放暖气的季节。武先生已经在等候他们，并且忙着找要查阅的资料。相互介绍一下之后，武先生要审核员稍等片刻，并解释说，元件编号系统非常复杂，且需要交叉，参考其他文件。文件管理员正忙着翻阅文件，资料文件堆显得很乱。武先生说："真不得了，记录文件每分钟都在增加、成摞地增加。当然，尽管查找是个难题，但也不是不可能的工作。"

记录找了近半个小时，还没有结果。审核员感到又遇到记录难找的情况了，决定继续其他审核工作，正在查找的记录请他们找到时再通知他。三个小时后审核员接到电话说记录收集齐了，等他审核。审核员返回资料室看到，尽管审核资料庞大而繁杂，却显得很完整，并且全都由武先生签了字。

问题：你如何评价资料室工作？与ISO 9001:2008不符合之处吗？如果有，那些地方需要改进？

【案例2】　投诉区域

审核员来到顾客投诉区域向武先生作了自我介绍后，要求出示批号为08056B，08035C和09003A的顾客投诉的处理记录。武先生的秘书递过来档案，但是整个档案中未发现这三个记录，只有两个尚未关闭的投诉资料。审核员问："请问这些是所有公司接受的投诉吗？"秘书说："不，只有未关闭的投诉才存在这里。这样就突出了尚未处置的，一目了然地明确了工作的重点。""那么已经关闭的投诉呢？"秘书递过一份已关闭顾客投诉清单，上面列出谁接到的投诉，投诉类型，投诉描述以及处理结果。审核员注意到他所要找的三个批号确实登记在表中。其中两个列为"极严重"的，还有一个注明"无须调查"字样。两个"极严重"的投诉的分析，追溯到不适当程序。审核员注意到为了防止投诉问题再发生，该程序已经作了变更，而管理者代表也已签字批准。

离开武先生办公室前，审核员说："为什么不搞一个极严重投诉的独立的档案呢？"武先生说："有已关闭顾客投诉清单，就成啦！不必再设档案了。我们的耳朵就是档案。没完没了的投诉，我们转身之间就会来个新的投诉。若下功夫建立档案，那就什么也干不了喽！"人事部试图给他们安排培训"记录课程"已经两年了。"哪有时间啊？再说我是销售经理，销售才是我的主要任务。你说对不对？"

问题：1）你认为宇宙公司质量管理体系处置顾客投诉做得如何？有什么需要改进的地方？

2）宇宙公司在处置顾客投诉环节有没有与 ISO 9001：2008 不符合之处？

【案例3】 培 训

审核员访问了人事部经理郑先生，要求验证培训的计划制订的依据，内容和实施等情况。郑先生从最近3年来他致力于增加预算以满足良好培训系统开始了他的谈话。由于他一直努力增加人手和经费开支，因此几乎没有时间做"更深远意义"的培训。他说："我的要求丝毫没有超出质量管理手册要求，但是非常吃力，几乎得不到任何回应。"为了证实他的论点，他拿出成堆的备忘录和报告副本。"领导的眼里只有生产，产量，产值，我们被看作是包袱，负担，我们的问题永远排不到日程。"他说，"要让马儿跑，就得让马儿吃草。由于上述理由，几乎无法遵从程序要求的确认培训需求和保存培训记录。要改变局面也可以，请你帮我向领导进一言。"言外之意，审核员此行，只好空手而来又空手而去了。

问题：1）你认为宇宙公司质量管理体系的人力资源管理如何？有什么问题需要改进？

2）宇宙公司在培训环节有没有与 ISO 9001：2008 不符合之处？

【案例4】 装配区（过程控制）

审核员来到装配区。在同生产部经理周某相互介绍以后，开始讨论生产情况。根据审核员要求，周先生介绍了根据合同安排生产，并有条不紊地组织协调的情况。经过努力，质量目标还可以实现。

之后，审核员准备进入现场。周先生告知进入此区域的所有人员必须佩戴帽子，穿工作服。工作服正好在装配间洁净区入口处。审核员注意到，贴在门口的通告："进入此区的人员必须穿工作服和戴指定的帽子。"按要求穿戴整齐后，他们进入该区。装配线的工人正在工作。审核员在一位工人面前停下来，问道："你在做什么？"这位工人微笑一下，没有说话，继续他的工作。周先生笑着告诉审核员，这些工人讲蒙古话，并叫来该区领班为审核员翻译。于是审核员通过翻译分别向几个工人问了几个关于公司质量方针和目标问题以及安全操作的问题，看来回答还是满意的。走过装配线，审核员问从装配线退下来的拒收成品元件如何处置？周先生用手指向成品箱子旁边的一个箱子解释说，所有拒收元件集中在一个箱子里，然后送交维修区。这个箱子没有标识也没有挂牌。

当通过装配其余区域时，周先生注意到副总裁也在那里。他告诉审核员，稍远处那位穿着深色西装的人站在一小组人员中间讨论着什么，那个人就是副总裁。

问题：1）你认为宇宙公司质量管理体系的过程控制管理如何？有什么问题需要改进？

2）宇宙公司在过程控制环节有没有与 ISO 9001：2008 不符合之处？

【案例5】 **维 修 区**

审核员同生产经理周某一同来到装货台旁边的维修区。审核员开始检查现场的仪器仪表标识和校准日期。他说,“有些仪器仪表的校准有效期已经过了”并要求解释。周先生告知审核员计量室最近太忙,正委派新的员工受训,以便减轻其负担。“不过,说实在的,根据我的经验只要没有超出有效期三个月还是不会有太大问题的。所以我们还允许现场使用。当然,严格说这同程序规定有点儿出入。等以后计量人手多起来矛盾就会缓解的。”

审核员问维修主管,他们发现了什么问题,有没有记录,得到的答复是“其实大部分是好的可以直接转入发货区,没有什么问题;其余的问题来时因为没有任何文件说明,也没有标注,不知道拒收的原因到底是什么,我们确认问题点也很困难。只好拆散从头检查,所有元件检查一遍,然后退回仓库。在我们维修前,往往花费很长时间来确认出了什么问题。很抱歉,由于实在太忙,在这里也就顾不上记录了”。

问题:1) 你认为宇宙公司质量管理体系的维修区管理如何?有什么问题需要改进?

2) 宇宙公司在维修区有没有与ISO 9001:2008不符合之处?

【案例6】 **计 量 室**

审核员来到计量室。相互自我介绍以后,冯主任按照审核员要求,说明仪器仪表计量计划和执行情况。后来,冯某说他正在忙着修理公司唯一的一台伏特计,它是用来检测电池电压用的。这台伏特计已经超过每月一次的常规校准日期。审核员与他讨论以后,确认该伏特计读数高出0.4伏,但是简单的调整后读数即恢复正常,“这种情况经常发生”。冯先生解释说,他要做的事是维修,并且重新标定该仪器,现在已经结束。审核员问道:“电池是重要元件吗?”冯回答:“是的。”审核员说:“既然如此,看来或许有必要继续审核进货检验。”临行冯先生对审核员说:“如果你走这条路的话,麻烦您请把这个表拿给陈先生,我已经计量过,他正等着要用。”

问题:1) 你认为宇宙公司质量管理体系的计量管理如何?有什么问题需要改进?

2) 宇宙公司在计量管理方面有没有与ISO 9001:2008不符合之处?

【案例7】 **进货检验**

当审核员走向进货检验区时,孙先生骄傲地解释说,要见的检验员楚某资格很老,工作也很勤奋。实际上,他独自一人承担了所有原材料的检验工作。到达后,审核员被介绍给楚先生。审核员要求检查上个月的VS392电池的检验记录。楚介绍了检验依据,并演示如何测量并记录数据。当时收了2批,他的记录是一整张数据单,包括测量值,取样量,可接受数,注明抽样标准为MTL-STD-105E。楚某说这是用于所有产品的抽样标准。接受检验的最后一批,3个次品,没有超过质量限,因此判定接收。但是审核员注意到,如果考虑到0.4伏的校正值,还会有两个次品。楚某脸红了,他有点无奈地回答说:“我是用计量校准过的仪器,怎么知道何时失准呢?”

问题:1) 你认为宇宙公司质量管理体系的进货检验如何?有什么问题需要改进?

2) 宇宙公司在进货检验有没有与ISO 9001:2008不符合之处?

【案例 8】 采 购

审核员来到采购作业区并向李先生作了自我介绍。审核员要求出示刚刚进货检验的元件的采购清单,并介绍供货方评估的资料。李先生解释说,他们只与信誉好的供货商合作,他们的高质量无需再行评估,自然也不必用记录了。当然只要验货拒收,他们几乎总是把来料拉回去。审核员随即要求看拒收产品实例。当拿出上个月 4 个例子后,李先生立即插话说:"我们在 DFS(指标超差特许审批程序)基础上使用了这些元件,而且事后证实确无问题。这边四个例子不能说明什么问题。"于是,李先生解释 DFS 程序,是由 QA 经理和生产部组成的物料审核委员会(MRB),在进入装配前评价并决定问题元件可否使用。

问题:1) 你认为宇宙公司质量管理体系的采购管理如何?

2) 宇宙公司在采购方面有没有与 ISO 9001:2008 不符合之处?

【案例 9】 进货检验(重访)

审核员重访进货检验区,到达时再遇楚先生。正巧他在从卡板上一堆箱子中抽样。审核员问他如何抽样,他说用批量平方根加 1 确定抽样量。每批货按照订单要求检验其规格指标。审核员问:"车间现在正在使用哪个版本的文件?"楚先生电话联系后得知是 G 版文件,日期为一个月前。审核员问:"你现在收到的元件是哪个版本?"楚某查后说是 E 版。

据楚某分析,出现差别可能是订单发出后,文件作了修订。审核员问:"公司是否有专人在订单发出前检查订单?"楚先生说,采购部负责检查。

问题:1) 你对宇宙公司质量管理体系总体评价的如何?有什么问题需要改进?

2) 宇宙公司在采购和进货检验方面有没有与 ISO 9001:2008 不符合之处?

附录C　儿童医院胸外科改进管理案例

——儿童胸外科降低术后死亡率的成功尝试

伦敦大奥蒙德街儿童医院胸外科

人物	马克·德勒瓦尔	伦敦大奥蒙德街儿童医院胸外科主任
	艾伦·戈德曼	伦敦大奥蒙德街儿童医院加护病房(ICU)主任
	马丁·艾略特	伦敦大奥蒙德街儿童医院心脏外科医生
	尼克·皮高特	伦敦大奥蒙德街儿童医院加护病房(ICU)医生
	戴夫·莱恩	F1 麦克拉伦车队经理
	肯·凯契波尔	心理学家　博士　(有过航空业界经历)
	奈杰尔·史戴普尼	意大利马兰尼洛　法拉利技术经理

注:本案例依据 Juliet Butler 的《F1 赛车的启示》(《海外星云》2008 年 10 月)改写而成。

问题的提出

做完动脉位置转换手术后的马克·德勒瓦尔主任向婴儿的父母保证,一切顺利。然而不到 24 小时他突然接到通知:婴儿死了。这是他最担心的事情。因为在过去 48 小时内他手术的患者已经接连发生死亡的悲剧。手术的危险性并不高,为什么术后死亡率如此之高呢?到底哪里出了问题?

问题原因的确认

心力交瘁的马克·德勒瓦尔主任几乎丧失了信心。他观看其他医生的手术,并且一起工作。他求助统计专家。统计专家也认为这种手术不应有如此高的死亡率。奇怪的是死亡并不是发生在手术过程,而是因为过程中手术刀脱落和器械发生故障等因素所致。

他说服 21 位英国各地的执业外科医生允许观看他们的动脉位置转换手术。研究“人为因素”的专家观察后,十分不安:发现问题不是出现在个人技术上,而是出在不惹人注意的小问题“错误百出”,甚至连环出错,累积起来,就会酿成大错,甚至是灾难。经过深入调查研究,专家们认为,关键在于从手术室移交到加护病房的过程乱哄哄的,毫无章法。

(1) 没有人通知加护病房,送来患者时还没有准备;

(2) 在拥挤嘈杂的狭小空间里,可能有三到四个对话交叉进行;

(3) 手推车上的移动监护设备的线路、管子和泵筒缠在患者身上,解开,再接到固定设施上,消耗大约 30 分钟;

(4) 有的护士在匆忙中把重要的移交信息慌乱地记在手术服上,等等。

引入“外脑”和学习高风险行业作业规范

问题找到了,但不等于有了解决之道。

一个星期天的早晨,艾伦·戈德曼和马丁·艾略特被召集到医院进行一项紧急心脏移植手术。12 个小时才结束手术,精疲力尽的马丁·艾略特移交了患者之后,与艾伦·戈德

曼来到咖啡室休息。两个人都喜欢运动,因此他们开始收看一场一级方程式赛车转播。当他们看到一辆赛车开进维护站,维护完又开走时都惊讶得目瞪口呆。维护站里 21 个人,他们更换轮胎,为车加油,清理车子进气口,然后送车上路,仅仅花了 7 秒钟时间!他们如此动作协调,如此熟练,如此训练有素!两位医生意识到:多年学习手术,如何移交患者,如何护理加护病房患者,却没有接受过训练。难道不是要向 F1 赛车维护站学点什么吗?

因为有熟人介绍,医院请来麦克拉伦车队经理戴夫·莱恩,请他看了一段患者移交过程的录像带。戴夫·莱恩面对录像带研究一番后,问道:"怎么会有这么多嘈杂声?这些人为什么挤挤撞撞地干一些没有必要的事情?为什么不把任务分摊开来,列出一份有条理的指令清单呢?"听了这些问题以后,德勒瓦尔,戈德曼和艾略特都点了点头。

他们又请来了产业心理学家肯·凯契波尔博士。这位专门研究人员在紧张状态下行为表现的专家非常震惊,他发现医疗系统竟然如此不可靠。他说:"在大部分高风险产业中,出错率大约 0.001%;而医疗界的出错率竟然达 10%左右。打个比方,一艘航空母舰上载有上千人,有那么多高科技设备,还有炸药和燃料,每几分钟就有飞机起降。但是他们鲜有意外发生。如果他们的出错率像医疗行业这样高,那么十架飞机就会有一架掉入海中。"

2004 年 2 月,戈德曼、皮高特和凯契波尔博士一起前往意大利的马兰尼格,同时任法拉利技术经理的奈杰尔·史戴普尼会面。他们再次播放患者转移录像带。史戴普尼注意到生命维持设备拔下来,转移到移动装置上,这时麻醉师正拿着一个橡皮袋为患者"呼吸",一群人忙忙碌碌,三三两两地说话;患者移交后,重新接上了生命维持设备。结束后,大家都眼睁睁地盯着史戴普尼,不知他又会有什么见解。

史戴普尼问道:"我不明白,谁是负责人?"几位医生面面相觑。经过一番思索,戈德曼说:"这要看个案,可能是最年长的,可能是声音最高的,也可能是个子最高的。"史戴普尼难以置信地摇了摇头,接着提出一系列问题:"他们是否写简报或听取简报?有没有可供核对的清单?他们是否事前进行过演练?""不是说招来最优秀的人员凑在一起就成了。关键是一群人能否形成一个同心协力的团队。"来访者纷纷表示谢意,切实感到深受启发。

【资料链接】

F1 赛车是世界上最昂贵、速度最快、科技含量最高的运动,是商业价值最高,魅力最大,最吸引人观看的体育赛事。

世界一级方程式锦标赛——英文拼写为 Formula One,简称为 F1。是当今世界最高水平的赛车比赛。与奥运会,世界杯足球赛并称为"世界三大体育"。包含了以空气动力学为主,加上无线电通讯、电气工程等世界上最先进的技术。很多新的科技都是在 F1 上得以最初的实践的。F1 中,本意为"规格",即统一规格的赛车,因级别最高,固称 F1。

F1,中文称为"一级方程式锦标赛",是英文 Formula Grand Prix 的简称,目前这项比赛的正式全名为——"FIA Formula One World Championship"(一级方程式赛车世界锦标赛)。年收视率高达 600 亿人次。我们今天欣赏的 F1 比赛可以说是高科技、团队精神、车手智慧与勇气的集合体。现在 F1 是赛车中的顶级赛事,全年的统筹安排,每站比赛的赛事组织,车队工作,电视转播等各个方面都井井有条,可以说现在的 F1 世界已经非常健全。1950 年国际汽联第一次举办了世界锦标赛(First FIA Drivers' World Championship),而且一直举办到今天。这段时间,是 F1 稳步发展的阶段。目前 F1 共有 11 支参赛车队，每场比赛最多只有22位车手上场，每年规划有16～17站的比赛，通常约在三月中开跑，十月底结束赛季。除了大量的特别是与安全、空气动力学有关的规定外，目前的“方程式”限定是发动机气缸总容积为2.4升、禁用增压器、最小车重600公斤(包括车手及比赛装备)。

结合作业流程，规范患者转移过程

医生们回到英国以后，成立了一个小组。按照F1的模式，设计出一套规则，要求医护人员在患者移交过程一律严格遵守。新的规则规定，麻醉师是患者移交的总负责人。还列出一份清单，要求患者移交过程逐项核对：1)移交患者前，加护病房做好准备；2)负责接应的护士确定患者安置位置，并通知加护病房医生前往手术室协助移交；3)加护病房的医生与患者家属沟通；……还列出注意事项。新的规则还配有图示，表明各自应当站立的正确位置。并且确保整个过程安静，有序，忙而不乱。

改进收效明显但没有结束

规则从2005年夏天开始实施，凯契波尔博士监督了27例手术。报告令人振奋：技术错误减少将近一半，移交信息出错也减少了一半。戈德曼说，这可以挽救很多生命。

德勒瓦尔教授现在已经退休，而戈德曼和艾略特仍然继续这项工作。消息不胫而走，各地对于他们的成果反应热烈。戈德曼说：“我已经接到邀请，请我去澳洲、巴黎和美国介绍我们的做法。”

现在F1赛车维护站的作业方式已被运用到医学界的其他领域。这个研究小组还打算从美国太空署和海军等其他高风险行业学些什么。

尾声

星期四，手术室气氛安静，有序。艾略特教授准备为一名婴儿动手术。尽管是个小手术，但是手术室却有5架摄像机，每位医护人员都带着连接录音机的麦克风，准备拍摄记录手术全过程，供日后分析。

在准备移交患者时，9个人的小组，静静地核对着清单。艾略特露出笑容。移交患者工作顺利完成了。他前往候诊室，告诉婴儿父母，手术很成功。显然他的语气比以前更加有把握。婴儿母亲高兴地跳起来，热泪盈眶地拥抱着医生。“没有什么比这更令人欣慰了。”说着，艾略特教授轻轻地关上了身后的门。

思考问题：

1）请问伦敦大奥蒙德街儿童医院胸外科改进管理的启示是什么？

2）如何评价该院胸外科改进成果？

3）医生运用何种方式探求婴儿术后死亡率高的原因？为什么？

4）系统改进如何使用“外脑”？

5）F1赛车维护站的作业方式那里值得学习？高风险行业是如何降低风险的？

6）如何建立同心协力高效率的团队？

附录D　整合管理体系
管理手册编写/修改作业指导书

1　**目的**:规范管理手册编写/修改的要求,以满足标准规定的要求。

2　**范围**:《管理手册》覆盖 ISO 9001:2008/ISO 14001:2004/OHSAS 18001:2007 关于手册要求。

3　**职责**:

	质量管理体系(含公共部分)	环境管理体系	职业健康安全体系
批准	总经理		
审核	管理代表(质量)	管理代表(环境)	管理代表(健康安全)
编写	被授权者		

4　**定义**:管理手册(参考 ISO 9000:2005/3.7.4):规定组织质量环境职业健康安全一体化管理体系的文件。

5　**方法步骤**

5.1　管理手册的格式

5.1.1　管理手册除内容外,应有标题,编号/版本,应有编写/审核/批准人员签署,应标注受控/作废状态。

5.1.2　管理手册的编号:

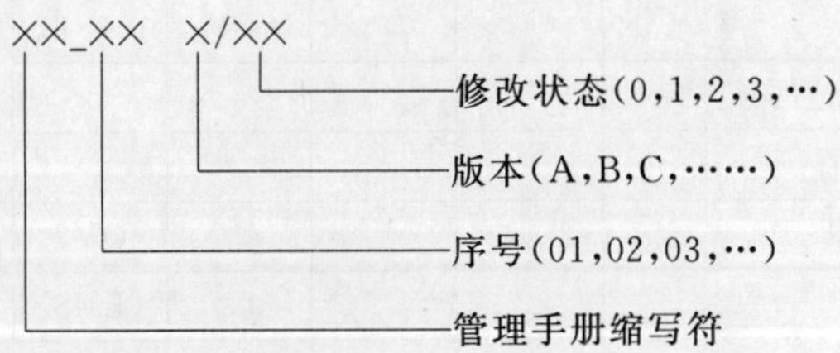

5.2　三个体系的主过程基本要素和重要资料

5.2.1　主过程基本要素

质量管理体系(QMS)主过程基本要素:

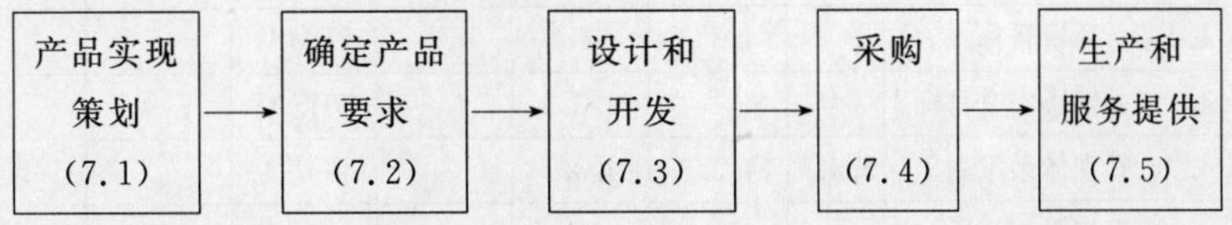

环境管理体系(EMS)主过程基本要素:

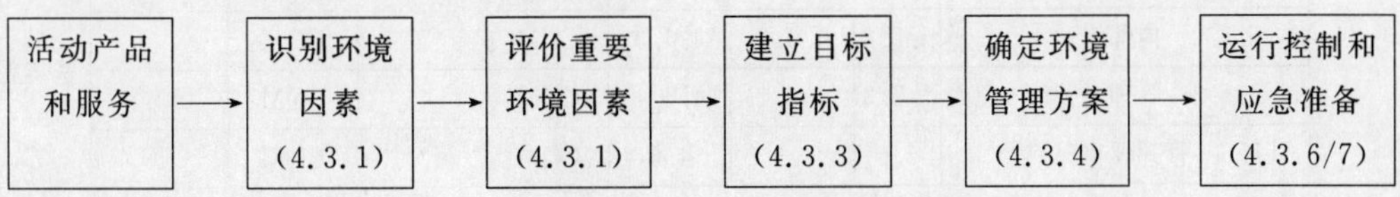

职业健康安全体系(OMS)主过程基本要素：

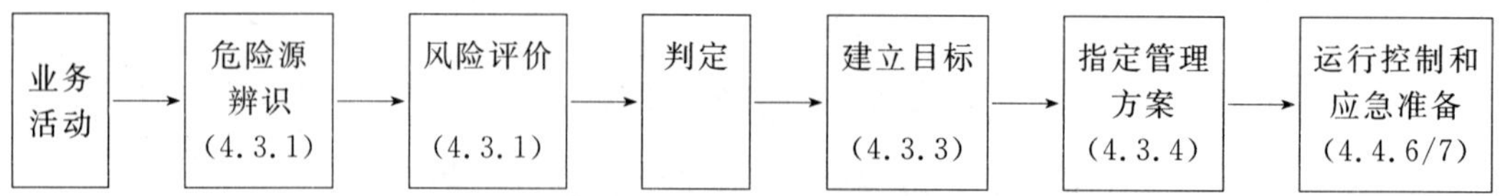

注：括号中编号为标准条号。

5.2.2　重要资料(列为手册内容)

(1) 适用于QMS/EMS/OMS体系的法律法规清单应分别列出；

(2) 列出主过程各类产品QC工程图/流程图；

(3) 列出主要设备设施清单；

(4) 列出主要计量器具清单；

(5) 列出要求持证上岗人员的岗位(和人员名单)。

5.3　管理手册章节覆盖对应标准条款见表D-1。

表D-1　三个分体系要素整合表

整合管理手册章节		各分体系要素			整合后文件的描述方式				
		QMS	EMS	OHSAS	合并	分述	突出各自重点	QMS要素内容扩充	主要原因
4　管理体系	4.1　总要求	4.1	4.1	4.1					
	4.2　文件要求				COM				基本相同
	4.2.1　总则	4.2.1	4.4.4	4.4.4					
	4.2.2　管理手册	4.2.2			COM			质量手册	
	4.2.3　文件控制	4.2.3	4.4.5	4.4.5	COM		COM		基本相同
	4.2.4　记录控制	4.2.4	4.5.3	4.5.3	COM		COM		基本相同
5　管理职责	5.1　管理承诺	5.1			COM			管理承诺	
	5.2　以顾客为关注焦点	5.2						顾客焦点	
	5.3　管理方针								
	5.3.1　质量方针	5.3				QMS			内容各异
	5.3.2　环境方针		4.2			EMS			
	5.3.3　健康安全方针			4.2		OHSAS			
	5.4　策划(标题)								
	5.4.1　管理目标								
	5.4.1.1　质量目标	5.4.1				QMS			内容各异
	5.4.1.2　环境目标		4.3.3			EMS			
	5.4.1.3　健康安全目标			4.3.3		OHSAS			
	5.4.2　管理体系策划	5.4.2	(4.3.3)	(4.3.3)		见7.1			
	5.5　职责权限与沟通								
	5.5.1　职责与权限	5.5.1	4.4.1	4.4.1	COM		COM		基本相同
	5.5.2　内部沟通	5.5.2	4.4.3	4.4.3	COM		COM		
	5.5.3　管理者代表	5.5.3	(4.4.1)	(4.4.1)	COM		COM		
	5.6　管理评审(标题)	5.6	4.6	4.6	COM		COM		

续表 D-1

整合管理手册章节		各分体系要素			整合后文件的描述方式				主要原因
		QMS	EMS	OHSAS	合并	分述	突出各自重点	QMS要素内容扩充	
6 资源管理	6.1 资源提供	6.1	4.4.1	4.4.1	COM		COM		基本相同
	6.2 人力资源								
	6.2.1 总则	6.2.1			COM			总则	
	6.2.2 能力培训和意识	6.2.2	4.4.2	4.4.2	COM		COM		基本相同
	6.3 基础设施	6.3			COM			基础设施	
	6.4 工作环境	6.4			COM			工作环境	
7 产品实现运行控制	7.1 策划								
	7.1.1 产品实现策划	7.1				QMS			
	7.1.2 环保运行策划		4.3.1/2/3			EMS			内容各异
	7.1.3 健安运行策划			4.3.1/2/3		OHSAS			
	7.2 与顾客有关的过程	7.2				QMS			
	7.3 设计和开发	7.3			COM			设计开发	
	7.4 采购	7.4			COM			采购	
	7.5 生产和运行控制								
	7.5.1.1 生产服务提供控制	7.5.1				QMS			
	7.5.1.2 环保运行控制		4.4.6			EMS			内容各异
	7.5.1.3 健安运行控制			4.4.6		OHSAS			
	7.5.2 生产过程确认	7.5.2				QMS			
	7.5.3 标识可追溯性	7.5.3			COM			标识	
	7.5.4 顾客财产	7.5.4			COM			顾客财产	
	7.5.5 产品防护	7.5.5			COM			产品防护	
	7.6 监测设备控制	7.6	4.5.1	4.5.1	COM				基本相同
8 测量分析和改进	8.1 总要求	8.1						总要求	
	8.2 监视和测量								
	8.2.1 顾客满意	8.2.1						顾客满意	
	8.2.2 内部审核	8.2.2	4.5.4	4.5.4	COM				基本相同
	8.2.3 过程监视测量	8.2.3	(4.5.1)	(4.5.1)				过程检测	
	8.2.4 产品监视测量	8.2.4				QMS			
	8.2.5 环境监视测量		4.5.1/2			EMS			内容各异
	8.2.6 健安监视测量			4.5.1/2		OHSAS			
	8.3 不合格及事故控制								
	8.3.1 不合格品控制	8.3				QMS			
	8.3.2 不符合控制		4.5.3	4.5.3.2		EMS			内容各异
	8.3.3 事故控制			4.5.3.1		OHSAS			
	8.3.4 应急准备响应		4.4.7	4.4.7	COM		COM		
	8.4 数据分析	8.4						数据分析	

续表 D-1

整合管理手册章节		各分体系要素			整合后文件的描述方式				
		QMS	EMS	OHSAS	合并	分述	突出各自重点	QMS 要素内容扩充	主要原因
8 测量分析和改进	8.5 改进	8.5							
	8.5.1 持续改进	8.5.1			COM			持续改进	
	8.5.2 纠正措施	8.5.2	(4.5.3)	(4.5.3.2)	COM				基本相同
	8.5.3 预防措施	8.5.3	(4.5.3)	(4.5.3.2)	COM				基本相同

5.4　各个章节的内容展开：

5.4.1　程序文件的内容应包括：目的（Why）、范围（Where，What）、职责（Who）、定义、程序（When，How）、支持文件、记录。

5.4.2　目的：简要说明程序文件执行要达到的目的/目标。

5.4.3　范围：界定程序活动范围，如设计的产品、部门、场所，以及控制对象。

5.4.4　职责：明确程序的批准、管理和执行的责任。

5.4.5　定义：规范统一名词术语定义，可以引用标准术语及其定义；标准中没有的行业术语，本企业/地区常用语，应分别加以定义。

5.4.6　程序：可以简要描述，并引用程序文件；也可以如同程序文件一样描述。

程序可以用流程图描述：将过程展开，即将过程分解为若干子过程，子过程用简要文字描述，并用矩形框图框起来，再按照子过程出现的先后时间顺序排列，用箭头把它们连接起来。

程序也可以将上述过程分解，顺序连接，用文字描述。

选择描述方式，应视具体情况决定。一般采用流程图和文字描述结合的方式，其中流程图中每个矩形框内的内容，即为文字描述部分的小标题，分别对小标题一一进行说明即可。

5.4.6.1　简单程序是描述这样的过程：过程仅仅是一串子过程组成；而有时子过程又可以分解为若干二级子过程，组成子程序；一个程序可能由一个或几个子程序组成。子程序可以单独描述，也可以与主程序一起描述。子程序单独描述时，它在主程序中可以用一个矩形框表示，框内的文字描述即子程序名称。

5.4.6.2　管理手册章节编写应注意：

（1）应覆盖对应标准（兼顾三个标准）要素要求；

（2）应与《质量方针》一致，不应有矛盾冲突；

（3）与接口要素/程序衔接口径一致；

（4）语言准确流畅，简洁易懂，不模棱两可，不产生误解；

（5）结合实际，流程优化，可操作性强。

5.4.7　支持文件：列出程序文件、作业文件清单。

5.4.8　记录：列出章节产生的记录；本章节应用的其他章节产生的记录也应列出。

附录E 整合管理体系
程序文件编写/修改作业指导书

1 **目的**:规范程序文件编写/修改的要求,以满足标准规定的要求。

2 **范围**:支持《管理手册》的所有程序文件。

3 **职责**:

	公共部分	环境体系	职业健康安全体系
批准	管理代表(质量)	管理代表(环境)	管理代表(健康安全)
审核	质量部	环境部	健康安全部
编写	被授权者	被授权者	被授权者

4 **定义**:程序(引自 ISO 9000:2005):为进行某项活动或过程所规定的途径。

注 1:程序可以形成文件,也可以不形成文件。

注 2:当程序形成文件时,通常称为“书面文件”或“形成文件的程序”。含有程序的文件可称为“程序文件”。

5 **方法步骤**:

1) 程序文件的格式

(1) 程序文件除内容外,应有标题,编号/版本,应有编写/审核/批准人员签署,应标注受控/作废状态。

(2) 程序文件的编号:

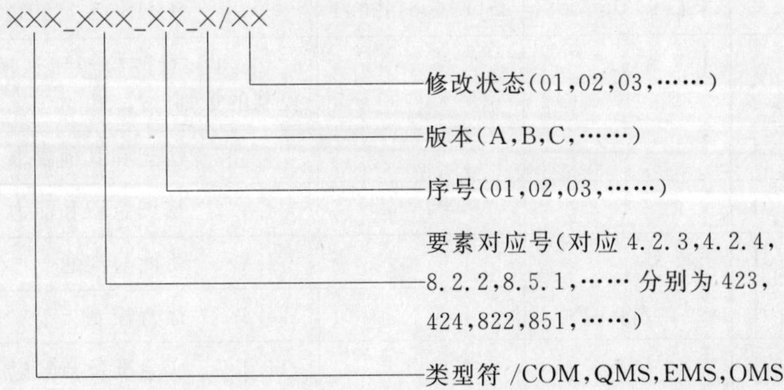

其中,COM(含 QMS,EMS,OMS 各标准要求一致的要素):

程序文件编号	内容覆盖各个标准要素要求		
	ISO 9001:2008	ISO 14001:2004	OHSAS 18001:2007
COM-423-01 A/01	4.2.3 文件控制	4.4.5 文件控制	4.4.5 文件和资料控制
COM-424-01 A/01	4.2.4 记录控制	4.5.4 记录控制	4.5.3 记录和记录管理
COM-822-01 A/01	8.2.2 内部审核	4.5.5 内部审核	4.5.4 审核

续表

程序文件编号	内容覆盖各个标准要素要求		
	ISO 9001:2008	ISO 14001:2004	OHSAS 18001:2007
COM-830-01　A/01	8.3　不合格品控制	4.5.3　不符合纠正和预防措施	4.5.2　不符合纠正和预防措施
COM-852-01　A/01	8.5.2　纠正措施	4.5.3　不符合纠正和预防措施	4.5.2　不符合纠正和预防措施
COM-853-01　A/01	8.5.3　预防措施	4.5.3　不符合纠正和预防措施	4.5.2　不符合纠正和预防措施
EMS-431-01　A/01		4.3.1　环境因素	
EMS-432-01　A/01		4.3.2　法律法规和其他要求	
EMS-442-01　A/01		4.4.2　能力培训和意识	
EMS-443-01　A/01		4.4.3　信息交流	
EMS-446-01　A/01		4.4.6　运行控制	
EMS-447-01　A/01		4.4.7　应急准备与响应	
EMS-451-01　A/01		4.5.1　监视和测量	
EMS-452-01　A/01		4.5.2　合规性评价	

OMS(仅适用于职业健康安全体系)：

程序文件编号	内容覆盖各个标准要素要求		
	ISO 9001:2008	ISO 14001:2004	OHSAS 18001:2007
OMS-431-01　A/01			4.3.1　对危险源辨认风险评价和风险控制的策划
OMS-432-01　A/01			4.3.2　法规和其他要求
OMS-442-01　A/01			4.4.2　培训意识和能力
OMS-443-01　A/01			4.4.3　协商与沟通
OMS-446-01　A/01			4.4.6　运行控制
OMS-447-01　A/01			4.4.7　应急准备与响应
OMS-451-01　A/01			4.5.1　绩效测量和监视

2）程序文件的内容

（1）程序文件的内容应包括：目的（Why）、范围（Where，What）、职责（Who）、定义、程序（When，How）、支持文件、记录。

（2）目的：简要说明程序文件执行要达到的目的/目标。

（3）范围：界定程序活动范围，如设计的产品、部门、场所，以及控制对象。

（4）职责：明确程序的批准、管理和执行的责任。

(5) 定义:规范统一名词术语定义,可以引用标准ISO 9000:2005术语及其定义,标准中没有的行业术语,本企业/地区常用语,应分别加以定义。

(6) 程序:程序可以用流程图描述:将过程展开,即将过程分解为若干子过程,子过程用简要文字描述,并用矩形框图框起来,再按照子过程出现的先后时间顺序排列,用箭头把它们连接起来。

程序也可以将上述过程分解,顺序连接,用文字描述。

选择描述方式,应视具体情况决定。一般采用流程图和文字描述结合的方式,其中流程图中每个矩形框内的内容,即为文字描述部分的小标题,分别对小标题一一进行说明即可。

① 简单程序描述这样的过程:过程仅仅是一串子过程组成;而有时子过程又可以分解为若干二级子过程,组成子程序;一个程序可能由一个或几个子程序组成。子程序可以单独描述,也可以与主程序一起描述。子程序单独描述时,它在主程序中可以用一个矩形框表示,框内的文字描述即子程序名称。

② 程序文件编写应注意:应覆盖对应要素要求;应与《管理手册》一致,不应有矛盾冲突;与接口程序衔接口径一致;语言准确流畅,简洁易懂,不模棱两可,不产生误解;结合实际,流程优化,可操作性强。

(7) 支持文件:列出程序文件涉及的作业文件(作业文件描述技术细节,程序文件一般不描述技术细节)。

(8) 记录:列出本程序文件产生的记录;本程序应用的其他程序产生的记录也应列出。

参 考 文 献

[1] GB/T 19000—2008(ISO 9000:2005,IDT) 质量管理体系 基础和术语[S].北京:中国标准出版社,2009.

[2] GB/T 19001—2008(ISO 9001:2008,IDT) 质量管理体系 要求[S].北京:中国标准出版社,2009.

[3] 中国标准出版社第一编辑室.质量管理标准汇编[M].北京:中国标准出版社,2008.

[4] GB/T 24001—2004(ISO 14001:2004) 环境管理体系 要求及使用指南

[5] GB/T 24004—2004(ISO 14004:2004) 环境管理体系 原则、体系和支持技术通用指南

[6] OHSAS 18001:2007 职业健康安全管理体系 要求

[7] GB/T 19580—2004 卓越绩效评价准则[S].北京:中国标准出版社,2004.

[8] GB/T 4091—2001(idt ISO 8258:1991) 常规控制图[S].北京:中国标准出版社,2001.

[9] GB/T 2828.1—2003(ISO 2859-1:1999,IDT) 计数抽样检验程序 第1部分:按接收质量限(AQL)检索的逐批检验抽样计划[S].北京:中国标准出版社,2003.

[10] GB/T 27024—2004(ISO/IEC 17024:2003,IDT) 合格评定 人员认证机构通用要求[S].北京:中国标准出版社,2004.

[11] JB/T 5059—2006 特殊工序质量控制导则[S].北京:机械工业出版社,2006.

[12] 龚益鸣.现代质量管理学[M].第2版.北京:清华大学出版社,2007.

[13] 彼得·德鲁克.管理的实践[M].齐若兰,译.北京:机械工业出版社,2006.

[14] 彼得·斯科尔特斯.戴明领导手册[M].钟汉清,译.北京:华夏出版社,2001.

[15] 亚伯拉罕·马斯洛.动机与人格[M].许金声,译.北京:中国人民大学出版社,2007.

[16] 约瑟夫 M 朱兰,A 布兰顿·戈弗雷.朱兰质量手册[M].焦叔斌,译.第5版.北京:中国人民大学出版社,2003.

[17] 桑德霍姆.全国质量管理[M].段一泓,译.中国经济出版社,2003.

[18] 万晓霞,邹毓俊.印刷概论[M].北京:化学工业出版社,2003.

[19] F 巴特曼.水是最好的药[M].刘晓梅,译.长春:吉林文史出版社,2007.

[20] 屈云波.营销企划实务[M].北京:企业管理出版社,1997.

[21] 卓岍.2008版ISO 9001质量管理体系运行指南.北京:中国标准出版社,2009.